Archiv deutscher Klein- und Privatbahnen
Sachsen-Anhalt

Archiv deutscher Klein- und Privatbahnen

Wolfgang List · Hans Röper · Gerhard Zieglgänsberger

Herausgegeben von Dirk Endisch

Sachsen-Anhalt

transpress

Einbandgestaltung: Michael Kreutz

Titelbild: Auf den Gleisen der ehemaligen »Altmärkischen Kleinbahn A.G.« war am 8. April 1993 ein Personenzug mit 64 491 unterwegs. Im Bahnhof Kalbe/Milde nahm die Lokomotive Wasser.
Foto: Dirk Endisch

An den einzelnen Kapiteln haben mitgearbeitet:
Frank Barby (Kapitel 8 und 37)
Dr. Werner Dietrich (Kapitel 19)
Friedhelm Köhler (Kapitel 24)
Hartmut Schöttge (Kapitel 6)
Ulrich Wahrendorf (Kapitel 29)

Mit Fotos unterstützten uns außerdem:
Volker Anton, Günther Filz, Frank Haupt, Hans Galistel, Andreas Knipping, Michael Kratzsch-Leichsenring, Axel Mehnert, Hans Müller und Werner Pilkenrodt.

ISBN: 3-613-71087-0

Postfach 10 37 43, 70032 Stuttgart
Ein Unternehmen der Paul Pietsch Verlage GmbH + Co.
1. Auflage 1998

Lektorat: Claus-Jürgen Jacobson
Innengestaltung: Viktor Stern
Druck und Bindung: Fotolito Longo, I-39100 Bozen
Printed in Italy

Vorwort

Mit dem vorliegenden Band wird eine Lücke im »Archiv deutscher Klein- und Privatbahnen« geschlossen. Das Land Sachsen-Anhalt war reich an Klein- und Privatbahnen, die nicht unterschiedlicher hätten sein können. Von der HBE mit ihren schweren Bergloks über die Schmalspurbahnen im Harz bis hin zur fast schon vergessenen Kleinbahn Bergwitz–Kemberg reichte das Spektrum.
Es ist nicht die Absicht der Autoren, eine detaillierte Abhandlung über jede der 35 Bahnen vorzulegen, zumal bereits zu einigen Strecken umfassende Publikationen erschienen sind. Vielmehr soll ein kurzer Abriß über die Geschichte, den Betrieb, die Fahrzeuge und die Strecken der Bahngesellschaften gegeben werden. Wo immer es ging, wurden Originalunterlagen ausgewertet. Wo sich Widersprüche nicht klären ließen, ist dieses vermerkt. Dennoch gibt es in der Geschichte vieler Gesellschaften noch große »weiße Flecke«, die trotz jahrelanger Recherchen nicht ausgefüllt werden konnten. Autoren und Verlag freuen sich deshalb auf Hinweise und Ergänzungen.
Einige Anmerkungen noch zum Inhalt des Bandes. Auf die elektrischen Kleinbahnen um Helfta im Mansfelder Land und Staßfurt–Löderburg haben die Autoren verzichtet, da beide Strecken im Straßenbahn-Archiv bereits behandelt wurden. Die Delitzscher Kleinbahn sowie die Kleinbahnen Schildau–Mockrehna und Burxdorf–Mühlberg sind in diesem Band enthalten, da sie bis 1945 zur preußischen Provinz Sachsen gehörten. Aus Gründen der Einheitlichkeit wird bei den Abkürzungen der Eisenbahn-Gesellschaften die zu Beginn des Jahrhunderts übliche Zeichensetzung nicht verwendet. Auch bei den Ortsnamen wurde die heute übliche Schreibweise gewählt.

Leider war Günther Fiebig, dem Kenner der Kleinbahnen in Sachsen-Anhalt, die Mitarbeit an diesem Band nicht mehr vergönnt, obwohl er den Grundstein dafür legte. Ohne die tatkräftige Mitarbeit zahlreicher Eisenbahnfreunde in Wort und Bild wäre dieses Buch nicht zustandegekommen. Stellvertretend für alle geht ein Dank an Dr. Werner Dietrich, Friedhelm Köhler, Jörg und Steffen List, Hartmut Schöttge und Ulrich Wahrendorf sowie das Landeshauptarchiv Magdeburg und das Archiv der Rbd Magdeburg. Last but not least noch einen ganz besonderen Dank an meine Freundin Manuela Lieske für ihre Hilfe und Geduld, als in den zurückliegenden Monaten das Manuskript zu diesem Band entstand.

Leonberg-Höfingen im Juni 1998,
Dirk Endisch

Inhaltsverzeichnis

Die Bahnen des Provinzialverbandes Merseburg

Geschichte des Provinzialverbandes

Kunstgebilde

Die ehemalige preußische Provinz Sachsen war kein historisch gewachsenes Territorium. Sie entstand im Zuge der preußischen Verwaltungsreform Anfang des 19. Jahrhunderts. Diese war notwendig, da das Königreich Preußen nach dem Wiener Kongreß 1814/15 zahlreiche neue Gebiete übernahm. In Mitteldeutschland fielen die nördlichen Teile des Königreiches Sachsen um Wittenberg und Torgau, die Besitzungen des Kurfürstentums Mainz bei Erfurt und im Eichsfeld sowie kleine Gebiete in Thüringen an Preußen. Sie wurden mit den alten preußischen Stammlanden um Magdeburg, Halberstadt und Halle am 1. April 1816 zur Provinz Sachsen mit insgesamt 29 Landkreisen und drei Regierungspräsidien (Erfurt, Magdeburg und Merseburg) zusammengefaßt. Allerdings war die Provinz kein zusammenhängendes Gebiet. Das Herzogtum Anhalt trennte die Provinz Sachsen in einen Nord- und Südteil, die nur bei Aschersleben direkt miteinander verbunden waren. Ohne Verbindung zum Kernland waren die Exklaven um Suhl, Schleusingen, Saalfeld und Ziegenrück.

Preußen stattete die Provinzen mit weitreichenden Befugnissen aus und förderte die Selbstverwaltung. Oberstes Organ in den Provinzen wurde der Landtag, dessen Rechte und Pflichten per Gesetz am 27. März 1824 festgelegt wurden. Als Zugeständnis an die ehemals kursächsischen Gebiete tagte der Landtag in Merseburg. Für die Verwaltung und Umsetzung der Landtagsbeschlüsse schuf man den sogenannten Provinzialverband, der ebenfalls in Merseburg saß und 1825 seine Arbeit aufnahm. Der Oberpräsident der Provinz Sachsen residierte allerdings in Magdeburg, der Hauptstadt der Provinz Sachsen.

Die Provinz Sachsen behielt ihre territoriale Struktur bis 1932. Der ehemalige hannoversche Kreis Ilfeld im Südharz wurde im Rahmen einer Gebietsreform Sachsen zugeschlagen. Erst kurz vor Ende des 2. Weltkrieges löste man im Zuge einer umfassenden Verwaltungsreform in Mitteldeutschland die preußische Provinz Sachsen auf und teilte sie am 1. Juli 1944 in die neuen Provinzen Magdeburg und Halle-Merseburg auf. Das Gebiet des Regierungspräsidiums Erfurt wurde dem neu gegründeten Land Thüringen zugeschlagen.

Diese Einteilung währte nur bis zum Ende des 2. Weltkrieges. Nach dem Einmarsch der sowjetischen Streitkräfte am 1. Juli 1945 entstand die neue Provinz Sachsen-Anhalt. In ihr waren die Provinzen Magdeburg und Halle-Merse-

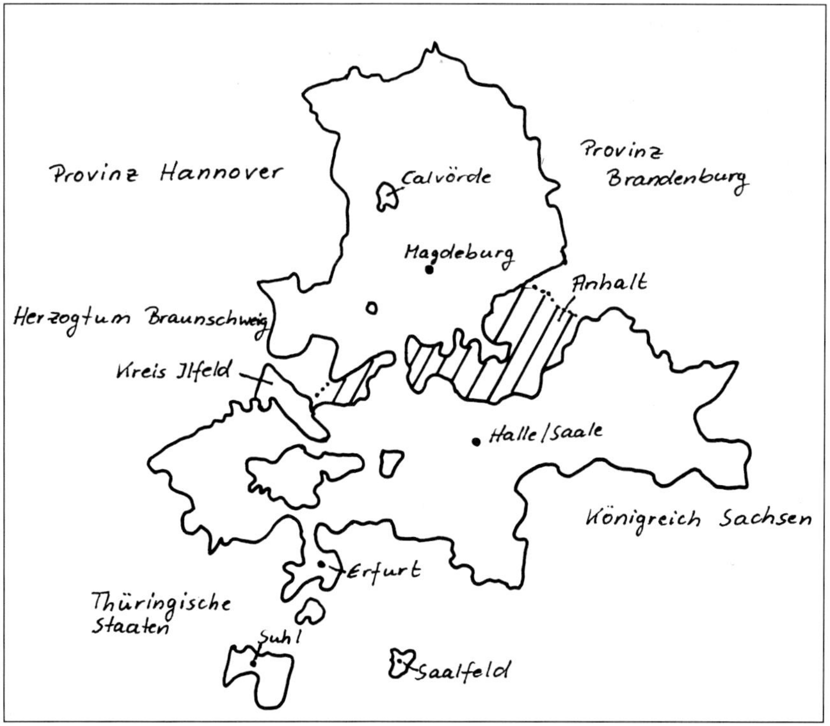

Anhalt trennte die preußische Provinz Sachsen in einen Nord- und Südteil. In Thüringen lagen kleinere Exklaven.
Skizze: D. Endisch

Mit über 150 km Länge war die Genthiner Kleinbahn das größte Unternehmen im Verband der provinzialsächsischen Kleinbahnen. Das Bild entstand 1909 während der Eröffnungsfeierlichkeiten der Stichstrecke nach Sandau.
Foto: Sammlung F. Barby

Zu den kleinsten Kleinbahnen gehörte die Strecke Bergwitz–Kemberg. Stolz nahmen die Eisenbahner vor dem Zug Aufstellung.
Foto: Sammlung G. Zieglgänsberger

burg sowie der ehemalige Freistaat Anhalt zusammengefaßt. Neuer Sitz der Verwaltung war nun Halle. Ab 21. Juli 1947 hieß diese Verwaltungseinheit dann Land Sachsen-Anhalt. Am 23. Juli 1952 wurde Sachsen-Anhalt in die neuen Bezirke Magdeburg und Halle geteilt. Beide Bezirke vereinigten sich 1990 wieder zum Land Sachsen-Anhalt.

Die Eisenbahn kommt

In der ersten Hälfte des 19. Jahrhunderts prägte die hochentwickelte Landwirtschaft besonders in der Magdeburger Börde, der Goldenen Aue und der Altmark die Wirtschaft in der Provinz Sach-

An die meisten Kleinbahnen Sachsen-Anhalts erinnern heute nur noch die Bahnhofsgebäude. In Hessen hält seit 1969 kein Zug mehr.
Foto: D. Endisch

Die ehemalige Lok Nr. 269 der Kleinbahn Bebitz–Alsleben ist heute Eigentum des Deutschen Dampflokomotiv-Museums in Neuenmarkt-Wirsberg. Am 17. Juni 1973 stand sie noch mit einen Sonderzug in Obercunnersdorf.
Foto: A. Mehnert

sen. Ihr wichtigstes Erzeugnis war die Zuckerrübe, für deren Verarbeitung bis 1840 allein im Regierungsbezirk Magdeburg 30 Zuckerfabriken entstanden. Die Fabriken deckten ihren Energieverbrauch mit Braunkohle ab, die seit 1791 in der Provinz im Tagebau oder untertage gewonnen wurde. Mit dem Braunkohlenbergbau entstand in der Provinz ein weiterer wichtiger Industriezweig, dessen Schwerpunkt später im Gebiet Halle-Merseburg lag. Durch Förderung von Kali- und Steinsalzen entstand außerdem eine leistungsfähige chemische Industrie. Das Nebeneinander von Chemie, Bergbau und Landwirtschaft förderte auch den Maschinenbau. Im Mansfelder Land bestimmte der Kupferbergbau das wirtschaftliche Leben.
Aber auch der Handel florierte in der Provinz Sachsen, der besonders von den beiden Handelswegen Flandern–Krakau und Nordsee–Italien sowie dem Verkehr zwischen den westlichen preußischen Provinzen und Berlin profitierte. Schon in der ersten Hälfte des 19. Jahrhunderts begann die eisenbahntechnische Erschließung der Provinz mit der Eröffnung der Strecke Magdeburg–Leipzig am 18. August 1840. Drei Jahre später folgten die Magistralen Magdeburg–Potsdam, Magdeburg–Halberstadt und Wolfenbüttel–Oschersleben. Nach der Inbetriebnahme der Strecke Halle–Erfurt war auch der Regierungsbezirk Erfurt an die Eisenbahn angeschlossen. Zwar waren 1890 alle wichtigen Städte der Provinz mit dem neuen Verkehrsmittel erreichbar, die dünn besiedelten und eher landwirtschaftlich geprägten Regionen wie die Altmark gerieten aber immer mehr ins Abseits. Hier war das Pferdefuhrwerk noch das wichtigste Verkehrsmittel.

Das Kleinbahngesetz und die Provinz

Im Königreich Preußen wußte man um die völlig unzureichende verkehrstechnische Erschließung der dünner besiedelten Regionen. Um auch hier Wirtschaft und Handel zu beleben, mußten diese Regionen an die Eisenbahn angeschlossen werden. Doch die KPEV konnte diese Aufgabe nicht übernehmen. Die per Gesetz geforderten Standards beim Bau und der Sicherung der Nebenbahnen hätten keinen wirtschaftlichen Betrieb für die KPEV gestattet. Also mußte ein neues Gesetz her, das den Bau einfacherer Nebenbahnen zuließ. Das »Ge-

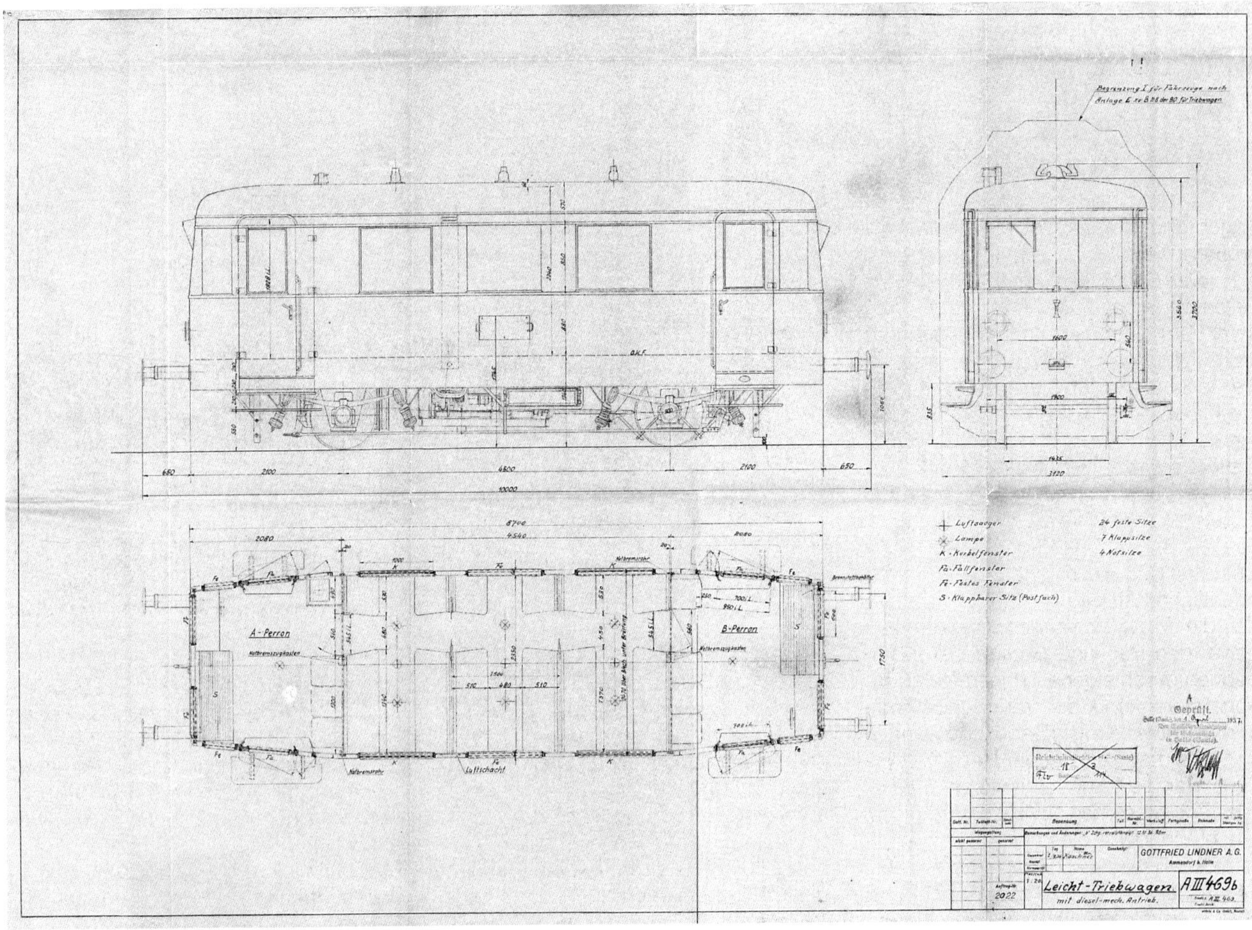

setz über Kleinbahnen und Privatanschlußbahnen« trat schließlich am 28. Juli 1892 in Kraft. Bahnen, die nach diesem Gesetz gebaut und betrieben wurden, durften nur *»den örtlichen Verkehr innerhalb eines Gemeindebezirks oder benachbarter Gemeindebezirke«* vermitteln. Die stark vereinfachten Bau- und Betriebsvorschriften ermöglichten nun auch Städten, Gemeinden und Kreisen, ihren Wunsch nach einer Eisenbahn zu erfüllen.
Im Gegensatz zu anderen preußischen Provinzen blieb in Sachsen der Bauboom durch die öffentliche Hand aus. In erster Linie waren es Eisenbahnunternehmen wie Lenz & Co, die die ersten Kleinbahnen eröffneten. Die Zurückhaltung hatte Gründe: Der Landtag in Merseburg fürchtete, daß sämtliche Kosten an der Provinz hängen blieben, obwohl das Königreich zu einer Unterstützung verpflichtet war. Außerdem waren sich die Abgeordneten nicht einig, ob die Mittel für den Kleinbahnbau aus der Staats- oder Provinzialsteuer bestritten werden sollten.
Erst am 24. Februar 1894 beschlossen die Abgeordneten auf ihrer XIV. Sitzung, das Kleinbahnwesen zu unterstützen.

Ein »Kleiner Wettiner« war der Triebwagen 5 der Kleinbahn Annaburg–Prettin.
Abbildung: Sammlung D. Endisch

Allerdings war der Bau von Strecken im Auftrag der Provinz nicht vorgesehen. In ihren »Allgemeinen Grundsätzen zur Sicherung eines im öffentlichen Interesse entsprechenden Einflußes der zur Aufsicht über die von der Provinzialverwaltung unterstützten Kleinbahnen berufenen Korporationen auf den Bau und Verwaltung dieser Eisenbahnen« legten die

Am 5. Juni 1973 war der VT 186 012, der ehemalige Triebwagen 32 der Kyffhäuser Kleinbahn, im Bw Saalfeld am Ende seiner Laufbahn.
Foto: A. Mehnert

Abgeordneten auf absolute Sparsamkeit größten Wert. Wörtlich heißt es dazu in § 1: *»Der Bahnbau muß in allen seinen Teilen dauerbar, indes mit Sparsamkeit unter Vermeidung aller durch den Zweck nicht gebotenen Anlagen ausgeführt werden.«* Weiterhin verständigten sich die Abgeordneten über die Form der Unterstützung. Vorgesehen waren dabei die kostenlose Überlassung der Chausseen für den Bahnbau, Darlehen mit günstigen Zinsen sowie die Übernahme von Aktien und Zinsbürgschaften.
Der Erlaß des preußischen Ministers der öffentlichen Arbeiten vom 31. Juli 1895, der die Provinzialverwaltungen aufforderte, den Bau und Betrieb der Kleinbahnen durch eigene Angestellte zu rationalisieren und die völlig unbefriedigende Entwicklung in Sachsen zwangen den Landtag zu neuen Beschlüssen. Zwar war die Provinz mit vielen potentiellen Interessenten für Kleinbahnen im Gespräch, doch diese waren nur an einer Beteiligung der Provinz interessiert, wenn der wirtschaftliche Erfolg einer Bahn zweifelhaft war. Eine Quersubventionierung lehnten die meisten Betreiber ab. Außerdem blieben die erhofften Kleinbahnen aus, da die Kreisverwaltungen auf Geheiß der Provinz die Geschäftsführung übernehmen sollten.

Neue Regelungen

Im Jahr 1896 berieten die Abgeordneten abermals, wie der Kleinbahnbau am zweckmäßigsten zu unterstützen sei. Am 7. März 1896 beschloß der Landtag neue Richtlinien für seine Engagement in Sachen Kleinbahn. Diese sahen die kostenlose Übernahme der Vorarbeiten, sofern die Strecke umgesetzt wurde, die kostenfreie Benutzung von provinzeigenem Bauland und Straßen, die Vergabe von Darlehen, wobei Kreise und Kommunen auf Zinsen verzichten können, und die Übernahme von Aktien bis zu einem Drittel des Stammkapitals vor.
Dank dieser neuen Regelungen entstanden schließlich die KHM, die GeK und die KSAb, bei denen die Provinz insgesamt vier Millionen Mark investierte. Allerdings zeigte sich sehr schnell, daß diese Entscheidungen noch nicht ausreichten. Sehr schnell erkannte der Provinzialverband, daß er immer nur gerufen wurde, wenn der wirtschaftliche Erfolg der Bahn fehlte. Außerdem monierten die mit der Ausarbeitung der Projekte beauftragten Beamten die oft überzogenen Kostenvoranschläge der Baufirmen. Je höher die Kosten, desto höher war die Provision der Firmen. Besonders die Auseinandersetzungen mit Lenz & Co während der Planungen zur Kleinbahn Wallwitz–Wettin zwangen die Provinz zum Handeln.
Lenz & Co hatten einen Kostenvoranschlag über 1,121 Millionen Mark präsentiert. Die Berechnungen des Baudezernats in Merseburg ergaben einen Preis von 960 000 Mark. Mißtrauisch ob dieser Differenz beauftragte der Oberpräsident der Provinz die KED Magdeburg mit einem Gutachten. Die KED veranschlagte rund 1,04 Millionen Mark. Daraufhin ging der Merseburger Landeshauptmann, der Chef der Verwaltung Bartels, die einzelnen Posten durch und brachte Erstaunliches zu Tage: Während die Provinz eine Lok bei Henschel für 27 000 Mark einkaufte, berechneten Lenz & Co für die gleiche Henschel-Lok 36 000 Mark. Nun ergriff der Landeshauptmann die Initiative und übernahm den Bau der KWW und später der Strecke Wusterwitz–Ziesar in eigener Regie. Doch eine Legitimation seitens des Landtages fehlte.
Mit seiner am 28. Februar 1905 verfaßten Denkschrift an den Magdeburger Oberpräsidenten gab der Landeshauptmann den entscheidenden Impuls zur Schaffung einer eigenen Kleinbahnabteilung innerhalb der Provinzialverwaltung. Wichtigste Argumente dafür waren

die mögliche Rationalisierung im Betrieb, die Einsparung von Kosten bei der Beschaffung von Betriebsstoffen und die bessere Vertretung der Interessen der Provinz. Doch es vergingen noch zwei Jahre, bis endlich zum 1. Januar 1907 die Kleinbahnabteilung der Provinzverwaltung ihre Arbeit aufnahm.

Die Kleinbahnabteilung Merseburg

Der neuen Abteilung stand ein Landeskleinbahndirektor vor, der die oberste Betriebsführung der provinzialsächsischen Kleinbahnen inne hatte. Doch die Kleinbahnen, an denen die Provinz finanziell beteiligt waren, wurden nicht automatisch von Merseburg aus verwaltet. Erst nach einem entsprechenden Antrag der Aktionärs-Hauptversammlung übernahm die Kleinbahnabteilung die Geschäfte. Im Sommer 1912 verwaltete die Provinz ein Streckennetz von rund 500 km Bahnstrecken.

Bei allen Kleinbahnen, die die Provinz vertrat, galten einheitliche Dienst-, Besoldungs-, Bekleidungs- und Betriebsvorschriften. Außerdem war das Amt für die Ausarbeitung weiterer Projekte und die Modernisierung der vorhandenen Anlagen zuständig. So war 1912 der Bau von weiteren Kleinbahnstrecken mit einer Länge von etwa 300 km geplant.

Für die Ausbesserung der Loks und Wagen schuf die Kleinbahnabteilung die »Sächsische Eisenbahnbedarfs- und Maschinenfabrik Sachsenwerk G.m.b.H.« in Stendal. Außerdem gründete man am 14. April 1919 für den Wohnungsbau die »Bau- und Kleinsiedlungsgesellschaft Sachsen G.m.b.H.«.

Der 1. Weltkrieg unterbrach die positive Entwicklung der provinzialsächsischen Kleinbahnen. Die mit rund sieben Millionen Mark Kriegsanleihen belasteten Unternehmen hatten nach 1918 mit zunehmender Geldentwertung und Verkehrseinbrüchen zu kämpfen. Dank des Kleinbahnhilfswerkes der Provinz, bei dem die starken Bahnen die wirtschaftlich schwächeren unterstützten, ging keine Gesellschaft in den Konkurs. Der Kleinbahnabteilung gelang es sogar noch, die Projekte Erfurt–Nottleben und Schildau–Mockrehna zu vollenden.

Von der wirtschaftlichen Stärke der Merseburger Einrichtung wollten auch andere Bahnen profitieren. So übernahm die Provinz nach einem entsprechenden Antrag für kurze Zeit die oberste Betriebsführung auf der KJ I und der Oberweißbacher Bergbahn. Eine dauerhafte Integration der KJ I scheiterte am nicht erfolgten Umbau auf Regelspur. Im Sommer 1923 verwaltete die Kleinbahnabteilung ein Streckennetz von 812,1 km Länge. Mitte der 20er Jahre trennten die Kleinbahnen ihren Personen- und Güterverkehr. Der Einsatz von ersten Triebwagen verhinderte größere Einbrüche im Personenverkehr.

Als äußerst weitsichtig erwies sich die Gründung der Kraftverkehrs-Gesellschaft m.b.H. Sachsen-Anhalt am 27. März 1919, die in der zweiten Hälfte der 20er Jahre den Bahnbetrieb mit Bussen ergänzte. Dadurch gelang es den Kleinbahnen, neue Verkehrspotentiale zu erschließen, ohne dem Schienenverkehr Konkurrenz zu machen.

Durch die Weltwirtschaftskrise gingen auch die Transportleistungen bei den provinzialsächsischen Kleinbahnen zurück. Obwohl der Güterverkehr ab 1933/34 wieder anstieg, sank der Personenverkehr noch weiter. Erst ein Jahr später stiegen auch wieder die Fahrgastzahlen. So beförderten alle provinzialsächsischen Bahnen im Rechnungsjahr 1934/35 insgesamt 1,78 Millionen Reisende und 3,62 Millionen Tonnen Güter. Damit verbuchte man Einnahmen von über 4,47 Millionen und einen Gewinn von 1,69 Millionen Mark.

Die Kleinbahnen der Provinz überstanden den 2. Weltkrieg ohne größere Zerstörungen. Lediglich die GeK konnte nach 1945 nicht auf allen Strecken ihren Betrieb aufnehmen. Die KEZ mußte wegen des Verlaufes der Demarkationslinie zwischen Ellrich und Zorge eingestellt werden. Ab Sommer 1945 unterstand das Kleinbahnamt dem Ministerium für Wirtschaft und Verkehr der in Halle ansässigen Provinzialverwaltung Sachsen-Anhalt. Die Demontage provinzialsächsischer Kleinbahnen als Reparation konnte das Kleinbahnamt verhindern.

Auf dem Weg zur Reichsbahn

Während die Provinzverwaltung einen Teil der Klein- und Privatbahnen auf der Grundlage des SMAD-Befehls Nr. 124 vom 30. Oktober 1945 enteignete, wurden andere erst zum 1. Januar 1947 rechtskräftig beschlagnahmt. Grundlage dafür war das »Gesetz über die Übergabe von Betrieben von Kriegs- und Naziverbrechern in Eigentum des Volkes« vom 30. Juni 1946. Das Ministerium für Wirtschaft und Verkehr teilte allen Bahngesellschaften am 15. Dezember 1946 mit, daß die Betriebsführung zum 1. Januar 1947 auf die »Sächsische Provinzbahnen G.m.b.H.« in Halle/Saale übergehe.

Diese Gesellschaft entstand aus der ehemaligen Betriebsabteilung Halle von Lenz & Co. Nach der Übernahme der Geschäfte auf allen ehemaligen Klein-

Verkehrsleistungen des Provinzialverbandes Merseburg

Geschäftsjahr	beförderte Personen	beförderte Güter in t	Streckenlänge in km
1913/14	1,81 Millionen	1,84 Millionen	509
1919/20	2,20 Millionen	1,65 Millionen	keine Angabe
1922/23	2,30 Millionen	2,23 Millionen	670
1926/27	2,67 Millionen	3,05 Millionen	830
1935/36	1,91 Millionen	4,01 Millionen	763

Fahrzeugbestand des Provinzialverbandes Merseburg

Geschäftsjahr	Lokomotiven	Triebwagen	Beiwagen	Personenwagen	Packwagen	Güterwagen
1913/14	58			83	35	319
1919/20	74			109	37	386
1922/23	77			111	39	416
1926/27	96	7	2	131	43	664

und Privatbahnen in Sachsen-Anhalt wurde die Kleinbahnabteilung Merseburg endgültig aufgelöst. Bereits am 15. August 1948 hatte die Provinzbahnen G.m.b.H. ausgedient und wurde der VVB des Verkehrswesens Sachsen-Anhalt zugeteilt. Mit der Übergabe aller Strecken in die Verwaltung und Nutznießung der Deutschen Reichsbahn zum 1. April 1949 trug das Land Sachsen-Anhalt keine Verantwortung mehr für den Eisenbahnbetrieb.

Mit Dampf und Diesel

Zur Jahrhundertwende genügten auf den meisten provinzialsächsischen Kleinbahnen B- und C-Kuppler den betrieblichen Anforderungen. Während es sich bei den Zweikupplern meist um Maschinen der Lenz-Typen »c« und »d« handelte, gehörten die Dreikuppler oft zur preußischen Gattung T 3.
Das Kleinbahnamt Merseburg gab 1905 bei Henschel & Sohn in Kassel für die von ihr betriebenen Strecken einen speziellen Dreikuppler in Auftrag. Die später als Typ »Bismarck I« von Henschel angebotenen Maschinen bewährten sich. Sie waren robust und zugkräftig. Mit 45 km/h Höchstgeschwindigkeit genügten sie über Jahre hinweg den betrieblichen Anforderungen. Größere Stückzahlen wurden zwischen 1912 und 1914 in Dienst gestellt. Die Deutsche Reichsbahn übernahm 1949 noch 22 Loks. Die »Bismarck I«-Maschinen bildeten gemeinsam mit der T 3, die das Kleinbahnamt in den 20er Jahren von der DRG gebraucht übernahm, das Rückgrat im Zugdienst.
Für spezielle Einsatzgebiete gab das Kleinbahnamt bei seinem Hoflieferanten Henschel sechs 1´Cn2-Tenderloks, die 1919/20 geliefert wurden, und fünf Ch2-Tenderloks in Auftrag. Die Heißdampfer baute Henschel zwischen 1914 und 1931 für die AMK. Die 1´C-Maschinen, Ableger der mecklenburgischen T 4, waren in Genthin, Stendal und Haldensleben zu Hause. Die in den 20er Jahren entworfenen ELNA-Loks setzten sich in der Provinz Sachsen nicht durch. Sie waren zu teuer und zu schwer für die meisten Strecken. Lediglich die GHWK, GeK und SaK beschafften ELNA-Loks. Noch vor Ausbruch des 2. Weltkrieges gab das Kleinbahnamt auf der Grundlage der ELNA-Maschinen sechs 1´C1´h2-Tenderloks in Auftrag. Sie waren die modernsten Loks und wurden der AMK, GeK, SaK, GHWK und KHM zugewiesen.
Bereits 1923 gab es in Merseburg erste Überlegungen, den Personenverkehr auf einigen Kleinbahnen durch den Einsatz von Triebwagen zu rationalisieren. Nach der Präsentation des DWK-Triebwagens auf der Eisenbahntechnischen Ausstellung in Seddin 1924 mietete die Kleinbahnabteilung ein solches benzolmechanisches Fahrzeug an. Die Probefahrten verliefen zufriedenstellend. Bis 1927 kauft die Kleinbahnabteilung insgesamt sieben Triebwagen.
Mitte der 30er Jahre gaben das Kleinbahnamt und verschiedene Bahnen bei der Wumag in Görlitz, bei Lindner in Ammendorf und bei der Waggonfabrik Dessau vier Bauarten für dieselmechanische Triebwagen mit Zug- und Stoßeinrichtung in Auftrag. Von diesen Fahrzeugen mit 4 500 mm, 5 800 mm, 6 000 mm und 7 000 mm Achsstand wurden zwischen 1934 und 1939 insgesamt 27 Triebwagen gebaut. Sie trugen die Hauptlast des Personenverkehrs. Die letzten Exemplare schieden erst Mitte der 70er Jahre aus dem Betriebsdienst aus.
Die Druckluftbremse hielt erst in den 20er Jahren Einzug. Sie lösten die Seilzugbremsen der Bauarten Heberlein und Görlitz ab. Bis 1940 vergab jede Kleinbahn ihre eigenen Lok- und Wagennummern. Erst zum 5. Mai 1940 führte das Kleinbahnamt ein einheitliches Nummern-System ein.

Sachsenwerk Stendal

Mit einem Kapital von 500 000 Mark gründeten 1914 die Provinz, das Königreich Preußen, die Stadt Stendal und die vom Kleinbahnamt betriebenen Bahnen die »Sächsische Eisenbahnbedarfs- und Maschinenfabrik Sachsenwerk G.m.b.H.«. In der Nähe des Bahnhofes Stendal Ost entstand eine moderne Hauptwerkstatt, die sämtliche Untersuchungen und Reparaturen an den Loks und Wagen der provinzialsächsischen Kleinbahnen vornahm. Außerdem baute das Sachsenwerk Personen- und Güterwagen. Desweiteren reparierten die rund 100 Beschäftigten landwirtschaftliche Geräte und Straßenfahrzeuge. Die DR wandelte das Sachsenwerk 1949 in eine Außenstelle des Raw Stendal um.

Kleinbahnen, bei denen 1941 der Provinzialverband Merseburg Betriebsführer war:

Kleinbahn-Gesellschaft	Spurweite	heutiges Bundesland	Eröffnung	Länge	Bemerkungen
Altmärkische Kleinbahn	1435 mm	Sachsen-Anhalt	21. August 1897	126,8 km	abschnittsweise eröffnet; letztes Streckenstück Kakerbeck–Klötze am 20. Juni 1922 eröffnet
Kleinbahn Bebitz–Alsleben	1435 mm	Sachsen-Anhalt	17. Dezember 1905	8,4 km	abschnittsweise eröffnet; letztes Streckenstück Beesenlaublingen – Alsleben am 14. Mai 1908 eröffnet
Kleinbahn Bergwitz–Kemberg	1435 mm	Sachsen-Anhalt	9. Februar 1903	6,0 km	
Kleinbahn Burxdorf–Mühlberg	1435 mm	Sachsen	17. September 1909	7,36 km	
Delitzscher Kleinbahn	1435 mm	Sachsen	1. Mai 1902	34,7 km	abschnittsweise eröffnet; letztes Streckenstück Delitzsch West–Zwochau am 2. August 1929 eröffnet
Kleinbahn Erfurt–Nottleben	1435 mm	Thüringen	11. November 1926	21,6 km	
Kleinbahn Ellrich–Zorge	1435 mm	Thüringen	11. August 1908	7,3 km	
Kleinbahn Gardelegen–Neuhaldensleben–Weferlingen	1435 mm	Sachsen-Anhalt	1. Dezember 1906	75,67 km	abschnittsweise eröffnet; letztes Streckenstück Süpplingen–Dönstedt-Alvensleben am 8. Oktober 1928 eröffnet
Genthiner Kleinbahn	1435 mm	Sachsen-Anhalt	25. Oktober 1899	154,2 km	abschnittsweise eröffnet; letztes Streckenstück Jerichow–Genthin am 23. März 1925 eröffnet
Kleinbahn Heudeber–Mattierzoll	1435 mm	Sachsen-Anhalt	1. August 1899	20,32 km	Personenverkehr am 1. September 1899 eröffnet
Kleinbahn Könnern–Rothenburg	1435 mm	Sachsen-Anhalt	24. Dezember 1916	5,44 km	
Kyffhäuser Kleinbahn	1435 mm	Thüringen	13. November 1915	28,8 km	abschnittsweise eröffnet; letztes Streckenstück Hackpfüffel-Artern am 21. Dezember 1916 eröffnet
Langensalzaer Kleinbahn	1435 mm	Thüringen	4. Juli 1914	27,5 km	abschnittsweise eröffnet; letztes Streckenstück Kirchheilingen–Haussömmern am 13. Juli 1923 eröffnet
Obereichsfelder Kleinbahn	1435 mm	Thüringen	13. April 1913	10,1 km	Strecke Silberhausen–Hüpstedt
Kleinbahn Osterburg–Pretzier	1435 mm	Sachsen-Anhalt	15. Juli 1914	39,0 km	
Prettin–Annaburger Kleinbahn	1435 mm	Sachsen-Anhalt	15. Juni 1902	12,5 km	Personenverkehr am 17. April 1903 eröffnet
Kleinbahn Rennsteig–Frauenwald	1435 mm	Thüringen	11. November 1913	4,8 km	
Salzwedeler Kleinbahn	1435 mm	Sachsen-Anhalt	24. Oktober 1900	54,47 km	ursprünglich Schmalspurbahn, später auf Regelspur umgebaut; abschnittsweise eröffnet; letztes Streckenstück Dähre–Diesdorf am 3. Oktober 1928 eröffnet
Kleinbahn Schildau–Mockrehna	1435 mm	Sachsen	1. Juni 1921	10,55 km	abschnittsweise eröffnet; letztes Streckenstück am 27. August 1922 eröffnet
Stendaler Kleinbahn	1435 mm	Sachsen-Anhalt	8. August 1899	83,0 km	teilweise schmalspurig, später auf Regelspur umgebaut; abschnittsweise eröffnet; letztes Streckenstück Darnewitz–Bismark Anschlußbahnhof am 18. Oktober 1921 eröffnet
Kleinbahn Wallwitz–Wettin	1435 mm	Sachsen-Anhalt	5. Juli 1903	10,0 km	
Kleinbahn Wolmirstedt–Colbitz	1435 mm	Sachsen-Anhalt	10. September 1910	8,52 km	

Nummernschema des Provinzialverbandes Merseburg vom 5. Mai 1940:

Betriebs-Nummern	Bauart der Fahrzeuge	Bemerkungen
1 bis 9	Leichttriebwagen mit einem Achsstand von 4 500 mm	Diese Wagen wurden auch als »Kleine Wettiner« bezeichnet.
11 bis 15	Triebwagen mit einem Achsstand von 5 800 mm	
28 bis 29	Triebwagen mit einem Achsstand von 6 000 mm	
31 bis 35	Triebwagen mit einem Achsstand von 5 800 mm	
38 bis 39	Triebwagen mit einem Achsstand von 5 800 mm	
51 bis 61	Triebwagen mit einem Achsstand von 7 000 mm	Der Triebwagen 61 hatte zwei angetriebene Achsen.
91 bis 97	vierachsige DWK-Triebwagen	
181 bis 199	Tenderlokomotiven der Bauart Bn2	
201 bis 205	Tenderlokomotiven der Bauart Ch2	
251 bis 298	Tenderlokomotiven der Bauart Cn2	
299	Tenderlokomotiven der Bauart Cn2v	
301 bis 304	Tenderlokomotiven der Bauart 1´Ch2	
351 bis 354	Tenderlokomotiven der Bauart 1´Cn2	
401 bis 406	Tenderlokomotiven der Bauart 1´C1´h2	
501 bis 541	Tenderlokomotiven der Bauart Dh2	
581 bis 599	Tenderlokomotiven der Bauart Dn2t	

Triebfahrzeuge des Provinzialverbandes Merseburg nach dem Umzeichnungsplan vom 5. Mai 1940:

Dampflokomotiven der Bauart Bn2t

Betriebs-Nr.	Hersteller	Baujahr	Fabrik-Nr.	DR-Nr.	letzte Bahn-Gesellschaft	Bemerkungen
180	Henschel	1914	12 952	98 5901	KAP	Typ »Bonifacius«; 1956 ausgemustert
181	Hohenzollern	1899	1173	98 6202	AMK	Lenz-Typ »c«; am 1. Januar 1958 verkauft
182	Hohenzollern	1899	1174	98 6203	AMK	Lenz-Typ »c«; am 20. Juli 1962 ausgemustert
183	Hohenzollern	1899	1303	98 6301	GHWK	Lenz-Typ »c«; am 1. Februar 1958 verkauft
184	Hohenzollern	1901	1493		GHWK	Lenz-Typ »c«; am 30. September 1942 verkauft
185						nicht besetzt
186						nicht besetzt
187	Henschel	1902	6258	98 6206	KBK	Typ »Riebeck; 1964 ausgemustert
188	Henschel	1902	6259	98 6207	KBK	Typ »Riebeck; 1964 ausgemustert
189	Henschel	1907	7244	98 6208	DeK	1963 ausgemustert
190	Henschel	1907	7245	98 6101	KKR	am 6. April 1960 ausgemustert
191	Henschel	1907	7248	98 6209	KKR	am 31. Mai 1964 ausgemustert
192	Henschel	1907	7249	98 6210	GHWK	am 1. Oktober 1965 ausgemustert
193	Henschel	1907	7250	98 6211	StK	am 18. März 1964 ausgemustert
194	Henschel	1910	10 329	98 6217	AMK	am 1. Januar 1957 verkauft
195	Henschel	1909	7217	98 6214	GeK	am 13. Mai 1964 ausgemustert
196	Henschel	1910	9858	98 6102	LaK	am 6. April 1960 ausgemustert
197	Henschel	1910	10 018	98 6215	KWoC	am 31. Mai 1964 ausgemustert
198	Henschel	1910	10 019	98 6216	KRF	am 16. April 1960 ausgemustert
199	Henschel	1913	12 386	98 6218	StK	am 10. Mai 1950 als Werklok verkauft

Dampflokomotiven der Bauart Ch2t

Betriebs-Nr.	Hersteller	Baujahr	Fabrik-Nr.	DR-Nr.	letzte Bahn-Gesellschaft	Bemerkungen
201	Henschel	1914	13 030	89 6277	AMK	am 12. Dezember 1967 ausgemustert
202	Henschel	1914	13 030	89 6278	AMK	am 7. August 1967 ausgemustert
203	Henschel	1925	20 572	89 6279	AMK	am 15. April 1967 ausgemustert
204	Henschel	1929	21 447	89 6281	AMK	am 16. Januar 1965 ausgemustert
204	Henschel	1931	21 809	89 6376	AMK	am 6. Februar 1965 ausgemustert

Dampflokomotiven der Bauart Cn2t

Betriebs-Nr.	Hersteller	Baujahr	Fabrik-Nr.	DR-Nr.	letzte Bahn-Gesellschaft	Bemerkungen
251	LHB	1924	2936	89 6237	BAK	1955 verkauft
252	LHB	1924	2937	89 6406	SaK	1958 mit einem Tender 3 T 10 ausgerüstet; am 16. September 1966 ausgemustert
253	Henschel	1931	21 846	89 6310	KSM	Typ »Bismarck II«; am 11. Juli 1961 verkauft
254	Krupp	1941	2436	89 6601	StK	Typ »Hannibal«; am 8. Februar 1967 ausgemustert
255						nicht besetzt
256						nicht besetzt
257	Hohenzollern	1900	1295	89 6110	KWW	pr. T 3; am 11. September 1965 ausgemustert
258	LHB	1923	718	89 6235	KAP	pr. T 3; am 21. März 1963 ausgemustert
259	Hohenzollern	1900	1270	89 6109	KAP	pr. T 3; am 1. Dezember 1962 ausgemustert
260						nicht besetzt
261	Henschel	1910	10 330		GeK	Typ »Bismarck I«; 1945 zerstört
262	Henschel	1911	10 678	89 6017	StK	Typ »Bismarck I«; am 18. März 1964 ausgemustert
263	Henschel	1912	11 085	89 6019	LaK	Typ »Bismarck I«
264	Henschel	1912	11 086	89 6020	LaK	Typ »Bismarck I«; am 31. Mai 1964 ausgemustert
265	Henschel	1913	12 209	89 6160	KyK	Typ »Bismarck I«; 1964 verkauft
266	Henschel	1913	12 210	89 6021	KOP	Typ »Bismarck I«; am 22. September 1958 ausgemustert und verkauft
267	Henschel	1913	12 211	89 6022	KOP	Typ »Bismarck I«; am 22. Februar 1966 ausgemustert
268	Henschel	1914	13 024	89 6023	KyK	Typ »Bismarck I«;am 31. Mai 1964 ausgemustert
269	Henschel	1914	13 025	89 6024	BAK	Typ »Bismarck I«; ab 1. April 1963 Werklok im Raw Görlitz-Schlauroth
270	Henschel	1914	13 026	89 6162	KyK	Typ »Bismarck I«; am 24. Oktober 1966 ausgemustert
271	Henschel	1914	13 027	89 6025	GeK	Typ »Bismarck I«; am 23. April 1958 ausgemustert und am 5. September 1958 verkauft
272	Henschel	1914	13 028	89 6026	GeK	Typ »Bismarck I«; am 14. September 1965 ausgemustert
273	Henschel	1914	13 029	89 6027	KWW	Typ »Bismarck I«; am 12. Dezember 1967 ausgemustert
274	Henschel	1925	20 504	89 6028	GeK	Typ »Bismarck I«; am 29. Juli 1966 ausgemustert
275	Henschel	1929	21 445	89 6030	GeK	Typ »Bismarck I«; am 15. Dezember 1967 ausgemustert
276	Henschel	1929	21 446	89 6031	GeK	Typ »Bismarck I«; am 13. Juli 1959 verkauft
277	Henschel	1930	21 810	89 6032	BAK	Typ »Bismarck I«
278	Henschel	1925	20 505	89 6029	KHM	Typ »Bismarck I«
279	Henschel	1927	20 938	89 6166	DeK	Typ »Bismarck I«; am 31. Mai 1964 ausgemustert
280	Henschel	1927	20 939	89 6167	DeK	Typ »Bismarck I«; am 31. Mai 1964 ausgemustert
281	Union	1894	791	89 6004	GeK	pr. T 3; 1958 verkauft
282	Hagans	1897	342	89 6006	AMK	pr. T 3; am 14. September 1965 ausgemustert
283	Jung	1898	350	89 6007	AMK	pr. T 3; am 27. Mai 1967 ausgemustert
284	Humboldt	1902	135	89 6009	KHM	pr. T 3; seit 16. November 1971 betriebsfähige Museumslok des VM Dresden
285	Henschel	1913	12 387	89 6228	GHWK	pr. T 3; am 7. September 1965 ausgemustert
286	Henschel	1902	6268	89 6011	KWW	pr. T 3; 1959 ausgemustert und verkauft
287	Henschel	1902	62798	89 6116	KSM	pr. T 3; am 25. August 1965 ausgemustert
288	Henschel	1906	7028	89 6015	GHWK	pr. T 3; am 20. Januar 1954 verkauft
289	Henschel	1906	7029	89 6209	KAP	pr. T 3; am 1. Dezember 1962 verkauft
290	Henschel	1906	7030	89 6210	GHWK	pr. T 3; am 18. Juli 1967 ausgemustert und verkauft
291	Henschel	1908	8587	89 6133	StK	Typ »Bismarck I«; am 17. April 1967 ausgemustert
292	Henschel	1909	9246	89 6137	StK	pr. T 3; am 10. Februar 1965 ausgemustert
293	Henschel	1909	9248	89 6138	KBM	pr. T 3; am 17. Juli 1961 ausgemustert und verkauft
294	Henschel	1909	9249	89 6139	KWW	pr. T 3; am 15. April 1967 ausgemustert

Betriebs-Nr.	Hersteller	Baujahr	Fabrik-Nr.	DR-Nr.	letzte Bahn-Gesellschaft	Bemerkungen
295	Henschel	1910	10 038	89 6140	BAK	pr. T 3; 1957 ausgemustert
296	Henschel	1910	10 039	89 6016	GeK	pr. T 3; am 5. März 1965 ausgemustert
297	Henschel	1911	10 838	89 6156	KBM	pr. T 3; 1956 verkauft
298	Hanomag	1909	5832	89 6220	GHWK	pr. T 3; am 17. April 1967 ausgemustert

Dampflokomotiven der Bauart Cn2vt

Betriebs-Nr.	Hersteller	Baujahr	Fabrik-Nr.	DR-Nr.	letzte Bahn-Gesellschaft	Bemerkungen
299	Hanomag	1908	5205	89 6403	SaK	am 14. Juli 1958 ausgemustert

Dampflokomotiven der Bauart 1´Ch2t

Betriebs-Nr.	Hersteller	Baujahr	Fabrik-Nr.	DR-Nr.	letzte Bahn-Gesellschaft	Bemerkungen
301	Henschel	1927	20 973	91 6483	SaK	ELNA 5; am 13. Mai 1971 ausgemustert
302	Henschel	1929	21 450	91 6486	SaK	ELNA 5; am 23. März 1972 ausgemustert
303	Henschel	1936	23 421	91 6493	GeK	ELNA 5; am 6. November 1968 ausgemustert
304	Henschel	1939	25 049	91 6495	GeK	ELNA 5; am 6. November 1968 ausgemustert

Dampflokomotiven der Bauart 1´Cn2t

Betriebs-Nr.	Hersteller	Baujahr	Fabrik-Nr.	DR-Nr.	letzte Bahn-Gesellschaft	Bemerkungen
351	Henschel	1919	16 431	91 6401	GHWK	am 7. August 1967 ausgemustert
352	Henschel	1919	16 432	91 6402	GHWK	am 19. Juli 1967 ausgemustert
353	Henschel	1919	16 433	91 6403	StK	am 4. April 1967 ausgemustert
354	Henschel	1920	16 434	91 6404	StK	am 4. April 1967 ausgemustert

Dampflokomotiven der Bauart 1´C1h´2t

Betriebs-Nr.	Hersteller	Baujahr	Fabrik-Nr.	DR-Nr.	letzte Bahn-Gesellschaft	Bemerkungen
401	Henschel	1940	24 757	75 6682	GeK	am 6. November 1968 ausgemustert
402	Henschel	1941	25 991	75 6685	GeK	am 17. Juli 1968 ausgemustert
403	Henschel	1941	25 928	75 6684	SaK	am 16. Januar 1968 ausgemustert
404	Henschel	1940	24 752	75 6683	KHM	am 16. Januar 1968 ausgemustert
405	Henschel	1942	26 459	75 6686	GHWK	am 16. Januar 1968 ausgemustert
406	Henschel	1942	26 499	75 6687	AMK	am 6. November 1968 ausgemustert

Dampflokomotiven der Bauart Dh2t

Betriebs-Nr.	Hersteller	Baujahr	Fabrik-Nr.	DR-Nr.	letzte Bahn-Gesellschaft	Bemerkungen
501	Henschel	1936	23 271	92 6491	GHWK	ELNA 6; am 14. Juni 1967 ausgemustert
502	Henschel	1939	24 753	92 6492	GHWK	ELNA 6; am 31. Dezember 1964 ausgemustert und am 21. Januar 1965 verkauft
541	Henschel	1925	20 589	92 6581	GeK	am 18. Januar 1967 ausgemustert

Dampflokomotiven der Bauart Dn2t

Betriebs-Nr.	Hersteller	Baujahr	Fabrik-Nr.	DR-Nr.	letzte Bahn-Gesellschaft	Bemerkungen
581	Hohenzollern	1912	2938	92 6401	GHWK	pr. T 13; am 10. März 1964 ausgemustert
599	Hanomag	1918	8463		GHWK	1941 verkauft

Triebwagen

Betriebs-Nr.	Hersteller	Baujahr	Fabrik-Nr.	DR-Nr.	letzte Bahn-Gesellschaft	Bemerkungen
1 1-Adm	Wumag	1935		VT 135 525	KWW	ab 1. Juni 1970: 186 019; 1971 ausgemustert
2 1-Adm	Wumag	1935		VT 135 549	BAK	1949 falsch umgezeichnet, ab 1952 richtig als VT 135 549 im Einsatz; ab 1. Juni 1970: 186 035; 1971 ausgemustert
3 1-Adm	Wumag	1935	10 324	VT 135 547	OeK	ab 1. Juni 1970: 186 034; 1972 ausgemustert
4 1-Adm	Lindner	1937		VT 135 544	KOP	ab 1. Juni 1970: 186 032; 1971 ausgemustert
5 1-Adm	Lindner	1937		VT 135 534	KAP	ab 1. Juni 1970: 186 023; am 25. Oktober 1976 ausgemustert
6 1-Adm	Lindner	1937			KBM	1946 von der SMAD beschlagnahmt und später in die UdSSR abgefahren
7 1-Adm	Lindner	1937			KWoC	in Haldensleben abgebrannt; vermutlich als Ersatzteilspender im Sachsenwerk Stendal zerlegt
8 1-Adm	Lindner	1937		VT 135 535	KSM	ab 1. Juni 1970: 186 024; am 7. November 1972 ausgemustert
9 1-Adm	Lindner	1938		VT 135 550	KRF	ab 1. Juni 1970: 186 036; am 23. März 1973 ausgemustert
11 1-Adm	Lindner	1937		VT 135 533	KHM	ab 1. Juni 1970: 186 022; 1971 ausgemustert
12 1-Adm	Lindner	1937		VT 135 530	DeK	ab 1. Juni 1970: 186 020; am 5. Oktober 1970 ausgemustert
13 1-Adm	Lindner	1939		VT 135 540	GeK	ab 1. Juni 1970: 186 019; 1973 ausgemustert
14 1-Adm	Lindner	1939		VT 135 541	KWW	ab 1. Juni 1970 als 186 030; 1975 ausgemustert
15 1-Adm	Lindner	1935		VT 135 519	LaK	ab 1. Juni 1970: 186 013; am 30. März 1972 ausgemustert
28 1-Adm	Wumag	1934			KHM	von 27. zum 28. Dezember 1944 verbrannt
29 1-Adm	Wumag	1935		VT 135 521	DeK	ab 1. Juni 1970: 186 015
31 1-Adm	Dessau	1935		VT 135 524	GeK	ab 1. Juni 1970: 186 018; 1971 ausgemustert
32 1-Adm	Dessau	1935		VT 135 518	KyK	ab 1. Juni 1970: 186 012
33 1-Adm	Dessau	1935		VT 135 522	AMK	ab 1. Juni 1970: 186 016; 1971 ausgemustert
34 1-Adm	Dessau	1935		VT 135 523	StK	ab 1. Juni 1970: 186 017; 1971 ausgemustert
35 1-Adm	Dessau	1937		VT 135 532	AMK	1969 ausgemustert
38 1-Adm	Dessau	1935		VT 135 546	GeK	ab 1. Juni 1970: 186 033; 1970 ausgemustert
39 1-Adm	Dessau	1937		VT 135 531	LaK	ab 1. Juni 1970: 186 021; am 5. Oktober 1970 ausgemustert
51 1-Adm	Dessau	1939		VT 135 535	GHWK	ab 1. Juni 1970: 186 025; am 1. September 1970 ausgemustert
52 1-Adm	Dessau	1939		VT 135 537	GHWK	ab 1. Juni 1970: 186 026; 1970 ausgemustert
53 1-Adm	Dessau	1939		VT 135 558	GHWK	ab 1. Juni 1970: 186 027; 1970 ausgemustert
61 A-Adm	Dessau	1939		VT 135 539	GHWK	ab 1. Juni 1970: 186 028; am 15. Juli 1976 ausgemustert
91 (1-A)´(A-1)`dm	DWK	1924	40	VT 137 514	SaK	DWK-Typ IV; am 4. März 1961 ausgemustert
92 (1-A)´(A-1)`dm	DWK	1925	71	VT 137 518	SaK	DWK-Typ IV; am 19. Mai 1965 ausgemustert
93 (1-A)´(A-1)`dm	DWK	1926	74	VT 137 519	SaK	DWK-Typ IV; am 22. Mai 1968 ausgemustert
94 (1-A)´(A-1)`dm	DWK	1925	43	VT 137 520	StK	DWK-Typ IV; am 30. Juli 1965 ausgemustert
95 (1-A)´(A-1)`dm	DWK	1925	44	VT 137 516	AMK	DWK-Typ IV; am 29. Oktober 1968 ausgemustert
96 (1-A)´(A-1)`dm	DWK	1924	39	VT 137 517	KOP	DWK-Typ IV; Umbau zum VB 147 083, ab 1. Juni 1970: VB 197 823
97 (1-A)´(A-1)`dm	DWK	1926	73	VT 137 515	KEN	DWK-Typ IV; am 30. November 1957 zum VB 147 082 umgebaut; am 18. März 1964 ausgemustert

Altmärkische Kleinbahn AG

Vorgeschichte

Durch die Altmark führten in der zweiten Hälfte des 19. Jahrhunderts nur drei große Hauptbahnen, die 1849 von der MWE gebaute Strecke Magdeburg–Stendal–Wittenberge, die zwischen 1870 und 1873 eröffnete Strecke Stendal–Salzwedel–Uelzen und die 1871 in Betrieb genommene Magistrale Berlin–Gardelegen–Oebisfelde. Damit waren zwar die drei größten Städte der Altmark, Gardelegen, Salzwedel und Stendal, an das Eisenbahnnetz angeschlossen, doch der überwiegende Teil der Altmark nicht. Daran änderte auch die 1889 von der KPEV gebaute Nebenbahn Oebisfelde–Klötze–Salzwedel nichts. Die Städte und Gemeinden, die einen Bahnhof ihr eigen nannten, erlebten einen wirtschaftlichen Aufschwung, der den Ruf nach einer eisenbahntechnischen Erschließung der Altmark laut werden ließ. Doch die KPEV lehnte alle Gesuche ab, da die gewünschten Nebenbahnen unrentabel erschienen. Erst nach Inkrafttreten des preußischen Kleinbahngesetztes ergaben sich neue Chancen.
Besondere Initiativen gingen dabei von der rund 3100 Einwohner zählenden Kleinstadt Klötze aus. Auf zahlreichen Versammlungen, die Stadt- und Kreisverwaltung organisierten, wurden 1896 verschiedene Projekte vorgestellt. Unter anderem schlug man den Bau einer Kleinbahn von Klötze nach Kalbe und weiter über Groß Apenburg, Beetzendorf und Diesdorf nach Wittingen vor.
Doch das Vorhaben für diese Schmalspurbahn scheiterte, da zum einen Kalbe auf einer Regelspurstrecke bestand, zum anderen ein Komitee unter Vorsitz des Grafen von der Schulenburg eine Konkurrenzstrecke vorschlug. In Klötze beschloß man deshalb, die Schmalspurbahn nicht mehr nach Norden sondern nach Südosten, zur Hauptbahn Stendal–Oebisfelde zu bauen.

Schmalspurbahn Klötze–Vinzelberg

Mit einer Stammeinlage von 548 600 Mark gründeten die Stadt und der Kreis Klötze am 15. Juli 1896 die »Altmärkische Kleinbahn G.m.b.H.« (AM). Während die Stadt 424 100 Mark übernahm, steuerte der Kreis 124 100 Mark bei. Wenige Tage später reichte die AM beim Regierungspräsidium Magdeburg die Bauunterlagen für die Kleinbahn Klötze–Wernstedt–Groß Engersen–Vinzelberg mit 750 mm Spurweite ein. Bereits am 15. Oktober 1896 begannen bei Hohenhenningen die ersten Bauarbeiten. Nach nur neun Monaten rollten am 21. August 1897 die ersten Züge zwischen Klötze und Faulenhorst. Danach gingen die Arbeiten nur schleppend voran, da der AM Geld fehlte. Die Kosten für die gesamte Strecke veranschlagte man auf 1 229 600 Mark, das war mehr als das Doppelte der Stammeinlage. Das fehlende Kapital konnte nur sehr schwer beschafft werden. Außerdem stand die endgültige Betriebsgenehmigung noch aus, die aber am 8. August 1900 erteilt wurde. Der Abschnitt Faulenhorst–Lind-

In Groß Engersen entstand um 1910 dieses Bild mit einem Personenzug der Schmalspurbahn Klötze–Vinzelberg.
Foto: Sammlung W. List

Am 3. Mai 1970 wartete die 91 6486 mit ihrem Personenzug nach Klötze in Wernstedt auf das Abfahrsignal.
Foto: W. List

Zugkreuzung in Badel am 15. September 1970: Die 64 1055 (rechts) kam mit ihrem Zug aus Beetzendorf und mußte auf das Salzwedeler Gleis umsetzen. Erst dann konnte der Gegenzug einfahren. Im Vordergrund der Oberbau: Zehn-Meter-Schienen auf Holzschwellen in Kiesbettung.
Foto: W. List

stedt ging am 29. September 1900 in Betrieb. Erst am 25. August 1901 nahm die AM auf ihrer 46,5 km langen Strecke den Personenverkehr auf. Die ersten Güterzüge trafen bereits am 14. Juli 1901 in Vinzelberg ein.

Der Oberbau der AM bestand aus Schienen mit einem Gewicht von 13,9 kg/m und 20 kg/m. Die größte Steigung betrug 1 : 70. Der kleinste Radius maß 100 m. Die Züge rumpelten mit 25 km/h Höchstgeschwindigkeit von Klötze über Hohenhenningen, Lockstedt, Neuendorf, Ziegelei Mosel, Kakerbeck, Winkelstedt, Faulenhorst, Wernstedt, Groß Engersen, Schenkenhorst, Algenstedt, Cassiak, Lindstedt, Seethen, Lotsche-Wollenhagen, Klinke, Deetzer Warthe und Käthen nach Vinzelberg. Dort bestand Anschluß an die Strecke Oebisfelde–Stendal.

Bismark–Kalbe/Milde–Beetzendorf

Als man in Klötze noch über die Schmalspurbahn nach Vinzelberg diskutierte, unterbreitete der Graf von der Schulenburg aus Beetzendorf im Herbst 1896 den Vorschlag zum Bau einer regelspurigen Kleinbahn von Bismark über Kalbe nach Beetzendorf. Dieser Vorschlag stieß in Kalbe auf großes Interesse und am 6. März 1897 beschlossen die Kalber Stadtverordneten, den Bau einer regelspurigen Kleinbahn von Beetzendorf über Kalbe nach Bismark oder Kläden mit Unterstützung des Staates anzustreben. Man plädierte noch nicht offen für eine Kleinbahn, da die KPEV das Projekt einer Nebenbahn Celle–Wittingen–Kläden noch nicht endgültig verworfen hatte. Wenige Tage später verzichtete die KPEV jedoch auf die genannte Nebenbahn. Am 29. März 1897 fiel schließlich die Entscheidung zugunsten der Kleinbahn Beetzendorf–Kalbe–Bismark. Die 30 Anliegergemeinden erklärten sich am 3. Mai 1897 bereit, den notwendigen Grund und Boden für den Bahnbau kostenlos zur Verfügung zu stellen. Nachdem am 11. Mai 1897 der ungefähre Ver-

In Kalbe/Milde begegneten sich am 4. Juli 1971 64 1444 und 64 1201. Im Hintergrund ist der imposante Triebwagenschuppen zu sehen.
Foto: W. List

Mit zwei Triebwagen-Beiwagen am Zughaken wartet 64 1444 im Sommer 1973 in Kalbe/Milde auf Fahrgäste.
Foto: A. Mehnert

lauf der Trasse festgelegt worden war, begannen Soldaten des Eisenbahn-Regiments Nr. 2 aus Berlin-Schöneberg mit den Vermessungsarbeiten und erstellten die zum Bau notwendigen Unterlagen. Das Regiment war auf Initiative des Grafen von der Schulenburg in die Altmark gekommen.
Nur vier Wochen später, am 14. Juni 1897, reichte der Graf von der Schulenburg das fertige Projekt zur Prüfung beim Ministerium der öffentlichen Arbeiten in Berlin ein und bat um die Konzession als Kleinbahn. Die AM erhob dagegen Einspruch, da die geplante Strecke teilweise parallel zur Schmalspurbahn verlief. In Klötze befürchtete man einen Rückgang des Verkehrs. Doch das Ministerium lehnte die Beschwerde ab und erteilte am 22. November 1898 die Konzession für die Kleinbahn Bismark–Beetzendorf.
Die Beschaffung des notwendigen Kapitals dauerte aber noch einige Monate. Erst am 7. September 1899 gründeten das Königreich Preußen, vertreten durch das Ministerium der öffentlichen Arbeiten, die Provinz Sachsen, die Kreise Salzwedel und Stendal, die Städte Kalbe und Bismark, 23 Gemeinden, vier Privatpersonen sowie die Firma Lenz & Co die »Kleinbahn AG Bismark–Kalbe–Beetzendorf« (KBG). Das Stammkapital legte man auf 1,932 Millionen Mark fest. Die größten Aktionäre waren die Provinz Sachsen mit 500 000 Mark, das Königreich Preußen mit 483 000 Mark, Lenz & Co mit 305 000 Mark, der Kreis Salzwedel mit 170 000 Mark und der Kreis Stendal mit 85 000 Mark.
Als die KBG aus der Taufe gehoben wurde, liefen die Bauarbeiten bereits. Lenz & Co hatte bereits Anfang 1899 mit den Erdarbeiten begonnen, so daß die insgesamt 42,8 km lange Strecke schon am 15. Dezember 1899 abgenommen werden konnte. Am 18. Dezember 1899 eröffnete die KBG feierlich ihre Stammstrecke. Die Betriebsführung oblag der Betriebsabteilung Altona von Lenz & Co, die in Kalbe einen Bahnverwalter beschäftigte.

Betrieb und Verkehr

Der Betrieb auf der KBG entwickelte sich ganz im Sinne der Aktionäre. Bereits 1901/02 beförderte die Bahn rund 82 000 Fahrgäste und 43 000 t Güter.
In Klötze sah man diese Entwicklung mit gemischten Gefühlen, denn die Befürchtungen hatten sich bewahrheitet. Mit der Eröffnung der KBG gingen die

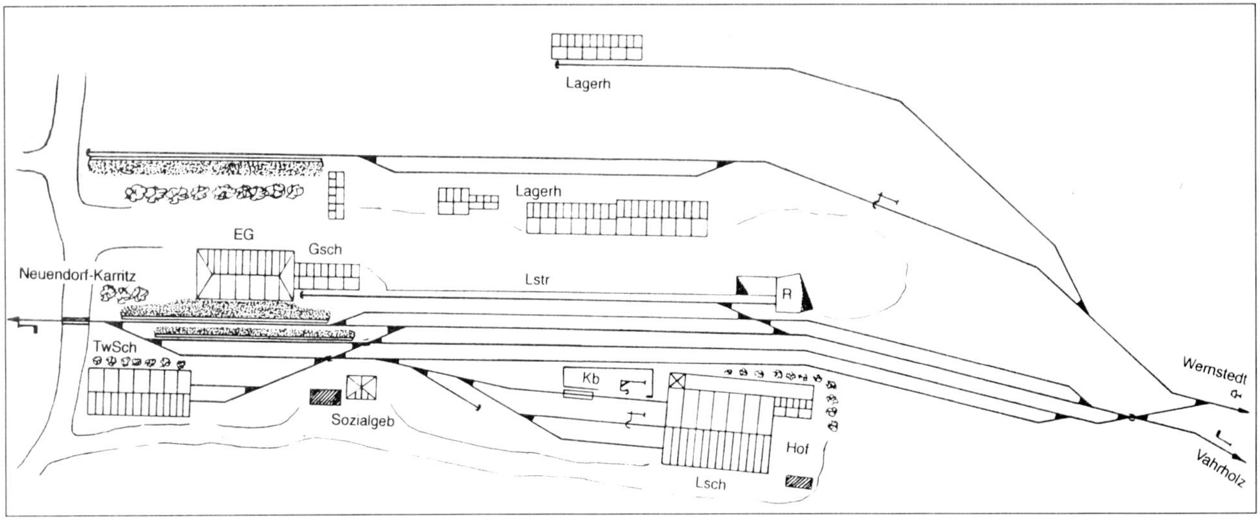

Als betrieblicher Mittelpunkt der AMK besaß der Bahnhof Kalbe/Milde die umfangreichsten Gleisanlagen.
Skizze: W. List

Beförderungsleistungen auf der AM merklich zurück. Sie schrumpften von über 65 000 Fahrgästen und fast 78 000 t Gütern im Geschäftsjahr 1900 auf rund 57 000 Reisende und 30 000 t Güter im Jahr 1902.

Bei der KBG hingegen baute man das Streckennetz zielstrebig aus. Vom Bahnhof Beetzendorf an der Strecke Oebisfelde–Salzwedel ging es weiter nach Diesdorf. Der rund 17 km lange Abschnitt ging am 24. Dezember 1903 in Betrieb. Nach der Eröffnung firmierte die KBG nun als »Kleinbahn AG Bismark–Kalbe/Milde–Beetzendorf–Diesdorf«. Zu diesem Zeitpunkt wickelte die KBG ihren Betrieb in eigener Regie ab. Als größter Aktionär hatte die Provinz Sachsen die Auflösung des Betriebsvertrages mit Lenz & Co zum 1. Oktober 1903 durchgesetzt. Neuer Betriebsleiter wurde ein Mitglied des Vorstandes, der dem Provinzialverband in Merseburg direkt unterstellt war.

Ende 1903 gingen die Bauarbeiten an der Kleinbahn Gardelegen–Kalbe/Milde ihrem Ende entgegen. Mit einem Stammkapital von 959 000 Mark hatte sich am 25. Juli 1902 in Gardelegen die »Kleinbahn AG Gardelegen–Kalbe/Milde« (KGK) gegründet. Auch an dieser Gesellschaft waren die Provinz und das Königreich Preußen maßgeblich beteiligt. Sie übernahmen jeweils 312 000 Mark. Die Betriebsgenehmigung für die Kleinbahn erteilte das Magdeburger Regierungspräsidium am 8. August 1902. Am 25. März 1904 eröffnete die KGK schließlich ihre 22 km lange Strecke. Die Kleinbahn kreuzte in Groß Engersen die schmalspurige AM, der damit ein weiterer Konkurrent erwuchs.

KBG und KGK vereinbarten eine gemeinsame Betriebsführung. Auf Initiative der Provinz Sachsen fusionierten beide Gesellschaften am 5. November 1904 zur »Kleinbahn AG Bismark–Gardelegen–Diesdorf«. Die gemeinsame Kassen- und Buchführung für beide Strecken begann aber erst am 1. April 1906.

Zu diesem Zeitpunkt mußte die AM schon um ihr Überleben kämpfen. Mit der Eröffnung der KGK gingen ihr weitere Frachten verloren. Der Abschnitt Groß-Engersen–Vinzelberg hatte de facto seine Existenzgrundlage verloren. Das Aufkommen an Massengütern wie Kartoffeln oder Zuckerrüben fehlte gänzlich. Bereits 1905 war die AM hoffnungslos überschuldet. Nur durch ein 1906 von der Provinz und dem Ministerium der öffentlichen Arbeiten gewährtes Darlehen über 644 000 Mark konnte die Liquidation der KGK verhindert werden.

Ganz anders sah es bei der KBG aus. Hier dachte man weiter über den Ausbau des Streckennetzes nach. Auf ihrer Versammlung am 30. April 1907 beschlossen die Gesellschafter die Verlängerung der Strecke Beetzendorf–Diesdorf nach Wittingen. Gut ein Jahr später, am 23. September 1908, stimmten die Aktionäre dem Bau der Zweigstrecke Rohrberg–Zasenbeck zu. Die Vermessungsarbeiten dafür begannen am 2. Oktober 1908.

Den 11,6 km langen Abschnitt Diesdorf–Wittingen nahm die KBG dann am 1. August 1909 in Betrieb. Die Verlängerung hatte jedoch keine große Bedeutung für den Personenverkehr. Hier dominierte der Güterverkehr. Anschließend änderte die Gesellschaft abermals ihren Namen. Sie hieß nun »Kleinbahn AG Bismark–Gardelegen–Wittingen« (KBGW).

Blick aus dem Empfangsgebäude am 4. Juli 1971 auf die westlichen Anlagen des Kalber Bahnhofs. Im Hintergrund der Lokschuppen. Links ist die Ladestraße zu erkennen. Die Strecke nach Beetzendorf verläßt den Bahnhof in einer Rechtskurve. Foto: W. List

Die 17 km Zweigstrecke Rohrberg–Zasenbeck eröffnete die KBGW am 1. Oktober 1911 für den Güterverkehr. Die ersten Personenzüge verkehrten am 1. Dezember 1911. Mit einer Streckenlänge von 92,6 km gehörte die KBGW nun zu den größten Kleinbahnen in der Provinz Sachsen. Das Aktienkapital betrug 4,905 Millionen Mark. Die Gesellschaft rechnete sich für ihre Investoren. Im Geschäftsjahr 1909/10 beförderte sie rund 341 000 Fahrgäste und 2,1 Millionen t Güter. Der Betriebsüberschuß lag bei fast 122 000 Mark. Kein Wunder, daß die KBGW Dividenden zwischen 1,5 und 2 Prozent auszahlen konnte.

Die kleine AM hingegen mußte nach wie vor um das Überleben kämpfen. Sie beförderte 1912 gerade einmal 85 000 Fahrgäste und rund 42 000 t Güter. Zwar erwirtschaftete sie damit einen kleinen Gewinn von 34 000 Mark, der aber zur Tilgung der Schulden verwendet wurde. Die AM konnte 1912 nicht einmal die notwendige Sanierung des Oberbaues finanzieren. Deshalb lag die Idee nahe, den Abschnitt Klötze–Groß Engersen auf Regelspur umzubauen und den anderen Abschnitt bis Vinzelberg stillzulegen. Doch der 1. Weltkrieg verhinderte das Vorhaben.

Während des Krieges verzeichneten KBGW und AM einen Rückgang der Beförderungsleistungen, der die Schmalspurbahn in weitere Bedrängnis brachte. Nach 1918 drohte der AM die Gesamtstillegung, die nur durch den Umbau des Abschnitts Klötze–Wernstedt abgewendet werden konnte. Ende 1920 begann man von Wernstedt aus mit dem Umbau. Am 17. März 1921 wurde der Abschnitt Wernstedt–Kakerbeck für den Verkehr freigegeben. Im Gemeinschaftsbahnhof Wernstedt wickelte die AM den Betrieb ab. In Klötze traf der erste Zug auf den neuen Regelspurgleisen am 20. Juni 1922 ein.[1]

Im Sommer 1921 setzte die AM zwischen Klötze und Kakerbeck drei und zwischen Groß Engersen und Vinzelberg nur noch ein Zugpaare ein. Zum Jahresende 1921 wurde dann der Abschnitt Groß Engersen–Vinzelberg stillgelegt. Die KBGW setzte im Sommer 1921 auf allen Strecke täglich zwei Personenzugpaare ein.

Zur Einsparung von Kosten übernahm die KBGW ab 1926 auch die Betriebsführung auf der AM. Im Sommer 1926 verkehrten auf allen Strecken werktags drei Personenzugpaare. Lediglich auf der Relation Beetzendorf–Wittingen verkehrten nur zwei Zugpaare. Durch den immer stärker werdenden Kraftverkehr verloren beide Gesellschaften aber immer mehr Einnahmen. Dadurch nahmen die Bestrebungen zu einer Fusion immer klarere Gestalt an. Am 21. Dezember 1927 war es soweit: AM und KBGW verschmolzen zur »Altmärkischen Kleinbahn AG« (AMK) mit einem Streckennetz von rund 127 km, gut ein Viertel des gesamten altmärkischen Kleinbahnnetzes. Der erste gemeinsame Geschäftsbericht war aber nicht sehr ermutigend. 1927/28 beförderte die AMK rund 355 000 Reisende und 297 000 t Güter und nahm damit über 892 000 Mark ein. Für den Transport von Milch und Butter setzte die Kleinbahn spezielle Eilkurswagen ein. Die alljährlichen Viehauktionen in Bismark bescherten der AMK einen recht hohen Anteil an Viehtransporten.

In den Jahren der Weltwirtschaftskrise schrumpften die Beförderungsleistungen. Auch die einstmals gezahlten Dividenden waren nun Vergangenheit. Das Geschäftsjahr 1935/36 schloß die Bahn mit einem Gewinn von etwa 400 (!) Mark ab. Erst in der zweiten Hälfte der dreißiger Jahren besserte sich die Situation wieder. Im Jahr 1938 beförderte die AMK fast 308 000 Reisende und 328 000 t Güter. Im 2. Weltkrieg nahm der Personenverkehr wieder spürbar zu, denn der Kraftverkehr mußte seine Linien einstellen. Ab 30. Juli 1943 änderte die AMK letztmalig ihren Namen. Sie hieß nun »Altmärkische Eisenbahn AG«. Mit dem Einmarsch der US-Armee im Frühjahr 1945 stellte die AMK ihren Be-

1 Die Angaben zur Inbetriebnahme der Strecke Kakerbeck–Klötze wiedersprechen sich. Während in einigen Veröffentlichungen der 20. Juli 1921 als Termin genannt wird, nennen die Geschäftsberichte des Merseburger Kleinbahnamtes den 20. Juni 1922 als Eröffnungsdatum. Für diesen Tag spricht auch das Kursbuch vom Sommer 1921, das zwischen Kakerbeck und Klötze noch Schmalspurzüge verzeichnet.

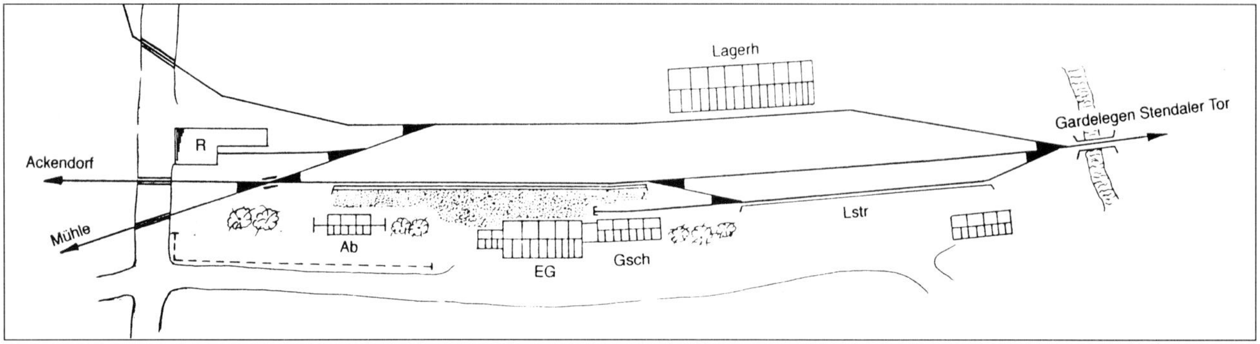

Die Anlagen des Bahnhofs Gardelegen Nord waren bescheiden.
Skizze: W. List

trieb kurzzeitig ein. Wann der Verkehr wieder aufgenommen wurde, ist bis heute nicht zweifelsfrei geklärt. Mit dem Einmarsch der Roten Armee am 1. Juli 1945 änderte sich die betriebliche Situation radikal.
Der durchgehende Zugverkehr auf den Strecken Diesdorf–Wittingen und Rohrberg–Zasenbeck wurde eingestellt, da die Endstationen bereits in der britischen Besatzungszone lagen. Während die Wittinger Strecke eingestellt und demontiert wurde, endete der Betrieb auf der Zasenbecker Schiene in Hanum.
Im Sommer 1946 enteignete die Provinz Sachsen die AMK und teilte dies im Verordnungsblatt Nr. 33 am 10. August 1946 mit. Ende 1946 übernahm dann die »Sächsische Provinzbahnen G.m.b.H.« die Betriebsführung auf dem Kleinbahnnetz. Nach der Übernahme der ehemaligen AMK durch die VVB des Verkehrswesens Sachsen-Anhalt am 15. August 1948 wurde die Gesellschaft am 18. August 1948 aus dem Handelsregister gestrichen. In die Verwaltung und Nutznießung der DR gelangte die ehemalige AMK offiziell am 1. April 1949. Das Personal und die Anlagen übernahm die DR aber erst am 1. Januar 1950.
Der Personenverkehr auf der Strecke Rohrberg–Hanum endete am 27. November 1961. Grund für diese Entscheidung war der Mauerbau im Sommer 1961. Der Güterverkehr hingegen lief weiter. Mit dem Ende des Reiseverkehrs auf der Strecke Gardelegen–Kalbe am 23. September 1967 begann der Abschied von den Strecken der AMK. Nach der endgültigen Stillegung der Gardelegener Schiene am 26. Mai 1968 stellte die Reichsbahn am 31. Dezember 1968 den Güterverkehr zwischen Hanum und Jübars ein.
Mitten im Sommerfahrplan 1970 endete dann der Personenverkehr zwischen Kalbe und Klötze. Am 28. Juni 1970 zuckelte der letzte Reisezug über die Strecke. Der Güterverkehr überlebte nur wenige Wochen. Er endete am 31. Juli 1970 mit der Gesamtstillegung der Bahnlinie Kalbe–Klötze. Das gleiche Schicksal ereilte gut drei Jahre später auch die Strecke Beetzendorf–Diesdorf. Mit dem Ablauf des Sommerfahrplanes 1973 am 29. September 1973 stellte die Reichsbahn den Personenverkehr ein. Der Güterverkehr endete erst mit der Gesamtstillegung am 27. April 1975. Damit hatte auch das Reststück Rohrberg–Jübars ausgedient.
Auf der ehemaligen Stammstrecke von Hohenwulsch, dem ehemaligen Bismark Anschlußbahnhof, nach Kalbe und Beetzendorf rollte der Personenverkehr bis 1991. Seit der Einstellung des Personenverkehrs auf der Strecke Kalbe–Beetzendorf am 10. Mai 1991 wird nur noch die heutige KBS 307 Hohenwulsch–Kalbe von Reisezügen befahren. Der Güterverkehr ist seit dem 1. Januar 1995 Geschichte. Zwischen Kalbe und Beetzendorf endete er bereits am 1. Januar 1994.

Strecke und Anlagen

Die Stammstrecke der AMK beginnt im Bahnhof Hohenwulsch (früher Bismark Anschlußbahnhof), der gegenüber dem Staatsbahnhof liegt. Als Gemeinschaftsbahnhof der AMK und der StK besaß er neun Gleise, zwei Bahnsteige, ein Empfangsgebäude, eine Ladestraße und einen eingleisigen Lokschuppen mit Kohlebansen und Übernachtung für das Personal. Die Strecke nach Kalbe verläßt die Station in westlicher Richtung. Parallel zur Landstraße geht es nach Bismark Stadt. Hinter Bismark rumpelt der Triebwagen durch Wiesen und Felder über Berkau nach Neuendorf-Karritz. Parallel zur Landstraße geht es weiter nach Kalbe/Milde (Kilometer 15,2). Noch heute beeindruckt der Bahnhof durch seine Größe. Als betrieblicher Mittelpunkt verfügte er über insgesamt zehn Gleise, ein Sozialgebäude, einen zweigleisigen Triebwagenschuppen, einen dreigleisigen Lokschuppen mit Werkstatt und Wasserturm, eine Ladestraße und drei Bahnsteige. 1938 errichte die AMK das stattliche Empfangsgebäude. Hinter Kalbe verlief die Kleinbahn nach Norden. Über Vahrholz und Bühne-Güssefeld ging es nach Badel. Typisch für

Am 18. April 1970 entstand dieses Foto vom Bahnhof Gardelegen Nord.
Foto: W. List

Badel waren die beiden spitzwinklig liegenden Bahnsteige, wo die Reisenden in die SaK umsteigen konnten. Die AMK übernahm dort den Betriebsdienst für die SaK. Fünf Gleise, ein Stationsgebäude, eine Ladestraße, eine Hochrampe und einen Wasserkran nannte die AMK ihr eigen. Hinter der Station bahnte sich die AMK ihren Weg weiter nach Westen. Der Bahnhof Winterfeld lag in unmittelbarer Nähe der heutigen Bundesstraße 71. Hach einer großen Linkskurve folgte die Kleinbahn der Landstraße nach Groß Apenburg. Fast schnurgerade ging es nun nach Hohentramm, dem früheren Stapen-Hohentramm. Anschließend schwenkte die AMK nach Süden, kreuzte die Landstraße Groß Apenburg–Beetzendorf und fädelte nun von Süden in den Bahnhof Beetzendorf (Kilometer 42,3) ein.

Die Anlagen der Kleinbahn lagen östlich und westlich des Staatsbahnhofs. Auf der Kalber Seite, der Ostseite, befanden sich sieben Gleise, ein eingleisiger Lokschuppen mit Kohlebansen, ein Stationsgebäude mit Bahnsteig und eine Ladestraße. Nach der Kreuzung mit der Staatsbahn, die durch zwei Deckungsscheiben gesichert war, konnten die Züge auf die Wittinger Seite wechseln. Hier lagen ein Kohlebansen, zwei Bahnsteige und die Übergabegleise zur Staatsbahn. Die Wittingener Strecke erhielt eine neue Kilometerierung.

In Rohrberg (Kilometer 3,9) zweigte die Strecke nach Zasenbeck ab. Hinter Stöckheim schwenkte die Kleinbahn nach Nordwesten ab und verlief parallel zur Landstraße über Wüllmersen-Mehnke, Abbendorf (früher Dankensen-Abbendorf) nach Diesdorf (Kilometer 17,2). Dort traf die AMK wieder auf die SaK. Die Anlagen der AMK bestanden aus einem Empfangsgebäude mit Bahnsteig und Güterschuppen, vier Gleisen, einer Rampe, einem Abort und einem eingleisigen Lokschuppen. Wie in Badel übernahm die AMK auch in Diesdorf den Betriebsdienst für die SaK.

In unmittelbarer Nähe der Landstraße dampfte die Kleinbahn weiter nach Wittingen, vorbei an Forst Vier, Waddekath-Rade und Wittingen Stadt. Nach 28,8 km war schließlich die Endstation Wittingen Kleinbahnhof erreicht. In diesem Gemeinschaftsbahnhof war die KWO für den Betrieb zuständig. Die AMK benutzte gemeinsam mit der KWO einen zweigleisigen Lokschuppen, die Ladestraße und den Güterschuppen. Die Züge der AMK begannen und endeten immer am gleichen Bahnsteig.

Die Strecke nach Zasenbeck schwenkte hinter Rohrberg nach Süden und verlief parallel zur heutigen Bundesstraße 248 in Richtung Ahlum. Vor dem Bahnhof Ahlum kreuzte die Kleinbahn zweimal die Straße. Der Anschluß zur BHG sorgte für einen regen Güterverkehr. Hinter Nieps ging es in unmittelbarer Nähe zur Landstraße weiter nach Lüdelsen. Das hiesige Sägewerk bescherte der AMK viele Tonnen Güter. Über Jübar und Hanum ging es zur Endstation Zasenbeck (Kilometer 16,1). Auch hier übernahm die KWO für die AMK den Betriebsdienst.

Die Strecke Gardelegen–Kalbe begann in Gardelegen Anschlußbahnhof. Die Station mit ihren 13 Gleisen, zwei Bahnsteigen, einem Empfangsgebäude, einem zweigleisigen Lokschuppen und einer Ladestraße lag nördlich des Staatsbahnhofes. In diesem Bahnhof endete auch die Gardelegener Strecke der GHWK. Den Betriebsdienst wickelte allerdings die AMK ab. Die Kleinbahn verließ den Bahnhof nach Norden. Nach den beiden Gardelegener Bahnhöfen Stendaler Tor und Salzwedeler Tor folgte nach 4,8 km Ackendorf. In unmittelbarer Nähe der heutigen B 71 verlief die Strecke über Berge, Laatzke und Estedt nach Wiepke. Durch Wiesen und Felder dampften die Züge nun vorbei an Engersen, dem früheren Groß Engersen, und Wernstedt nach Kalbe/Milde. Dort endeten nach 21,3 km die Züge, wie die aus Klötze, an einem eigenen Bahnsteig gegenüber dem Empfangsgebäude.

Östlich des Staatsbahnhofs in Klötze lagen die Anlagen der Kleinbahn nach Kalbe. Nach Norden hin verließ die AMK Klötze. Über den Haltepunkt Klötze Nord ging es nach Hohenhenningen. Kurz vor

Hohenhenningen schwenkte die Kleinbahn nach Osten. Vorbei an Lockstedt, Neuendorf und Brüchau rumpelten die Züge nach Kakerbeck. Der Bahnhof lag in unmittelbarer Nähe der heutigen B 71. Erst hinter Winkelstedt schwenkte die Strecke nach Süden ab und erreichte Faulenhorst. Nach 18,4 km fädelte die Strecke in Wernstedt in die Trasse nach Gardelegen ein. Wie in Badel gab es auch in Wernstedt zwei spitzwinklig angeordnete Bahnsteige, in deren Mitte das Stationsgebäude lag. Ein Ladegleis ergänzte die Station. Der Bahnhof war wie Badel und alle anderen Kreuzungsstationen nur durch Trapeztafeln gesichert. Lediglich der Bahnhof Kalbe/Milde besaß Formsignale

Der Oberbau bestand zu Anfang aus 10 m langen Schienen der preußischen Form V. Ab 1925 wurden Schienen der Form VI eingebaut. Die DR baute in den siebziger Jahren zwischen Kalbe und Hohenwulsch S 49-Schienen ein und ersetzte den Bettungskies durch Gleisschotter. Die größte Steigung der AMK war 1 : 60, der kleinster Radius 250 m. Die Höchstgeschwindigkeit betrug 40 km/h.

Fahrzeuge

Die schmalspurige AM kaufte zur Betriebseröffnung bei der Hanomag zwei Naßdampfloks, die dem Lenz-Typ »o« entsprachen. Außerdem beschaffte man vier Personen- und 44 Güterwagen. 1901 stockte die Kleinbahn ihren Lokpark um eine C1n2-Tenderlok von Krauss auf, die aber 1905 wieder abgegeben wurde. Als Ersatz kamen 1902 und 1910 noch zwei weitere Maschinen des Lenz-Typs »o« nach Klötze. Im Jahr 1912 gehörten der AM insgesamt vier Loks, vier Personen-, zwei Post-Pack-, acht G- und 55 O-Wagen. Nach dem Umbau verkaufte die AM zwei Loks an die RüKB. Die anderen Fahrzeuge wurden in Vinzelberg verschrottet.

Die KBG besaß bei der Eröffnung ihrer Stammstrecke vier Loks des Lenz-Typs »c«. Diese Zweikuppler genügten über Jahre hinweg den betrieblichen Belangen auf den recht flachen Strecken in der Altmark. Die Reichsbahn reihte 1949 noch drei Zweikuppler der AMK in ihren Fuhrpark ein.

Erst 1914 stellte die Bahn ihre ersten Dreikuppler in Dienst. Doch im Gegensatz zu vielen anderen Kleinbahnen kaufte die KBGW drei Heißdampfloks von Henschel. Die 8,8 m langen und 45 km/h schnellen Loks bewährten sich sehr gut, so daß 1929 und 1931 noch zwei weitere Loks nach Kalbe kamen.

Aber auch die preußische T 3 war in Kalbe zu Hause. Ihre ersten beiden T 3 erwarb die KBGW gebraucht 1916 von der KPEV. 1924 kam noch eine dritte Maschine hinzu. Gemeinsam mit den Henschel-Heißdampfloks trugen sie die Hauptlast des Verkehrs.

Ihren ersten Triebwagen stellte die AMK 1927 in Dienst. Der T 44 kam von der KyK und war mit Beginn des Winterfahrplanes 1927/28 im Einsatz. Der vierachsige DWK-Triebwagen war hier in bester Gesellschaft, denn für einzelne Leistungen auf ihrem Streckennetz mietete die AMK den DWK-Triebwagen der SaK an. Für ihr Fahrzeug kaufte die AMK 1928 noch einen passenden Beiwagen beim Sachsenwerk in Stendal.

Erst 1935 kam ein zweiter Triebwagen nach Kalbe, der T 2. Das in Dessau gebaute Fahrzeug war meist allein im Einsatz. Zwei Jahre später stellte die AMK einen zweiten Triebwagen aus Dessau in Dienst. Der T 3 und der VB 62 bildeten gemeinsam mit den beiden anderen Triebwagen das Rückgrat im Personenverkehr.

Ihre letzte Lok kaufte die AMK schließlich 1942. Die 1'C1'h2-Tenderlok konstruierte Henschel auf der Grundlage der bekannten ELNA-Maschinen. Sechs dieser ELNA-Ableger lieferte das Unternehmen an verschiedene Kleinbahnen der Provinz Sachsen ab. Sie war die stärkst Maschine der AMK. Sie, die drei Trieb- und zwei Beiwagen sowie zehn weitere Dampfloks erhielten 1950 noch eine DR-Nummer.

Der Wagenpark der KBG bestand 1901 aus sechs Personen-, einem Pack- und 32 Güterwagen. Zehn Jahre später gehörten der Bahn zwölf Personen- und sechs kombinierte Post-Packwagen. Für den Güterverkehr standen 22 G-, 30 O- und drei Langholzwagen zur Verfügung, davon waren die drei Langholzwagen sowie 16 G- und 20 O-Wagen in den Wagenpark der KPEV eingestellt. 1938 zählte die AMK insgesamt 13 Personen-, acht Pack- und 65 Güterwagen.

Triebfahrzeuge der Altmärkischen Kleinbahn:

Schmalspur-Dampflokomotiven (750 mm)

Bahn-Nr.	Bauart	Hersteller	Baujahr	Fabrik-Nr.	Bemerkungen
1	Cn2t	Hanomag	1897	2935	Lenz-Typ »o«; an die AM geliefert;
2	Cn2t	Hanomag	1897	2936	Lenz-Typ »o«; an die AM geliefert
3	C1n2t	Krauss	1901	4200	an die AM geliefert; 1905 an die KBB verkauft
3^{II}	Bn2t	Borsig	1905	5684	an die AM geliefert
4	Cn2t	Hanomag	1902	3809	Lenz-Typ »o«; an die AM geliefert; 1924 an die RüKB verkauft
5	Cn2t	Hanomag	1910	5966	Lenz-Typ »o«; an die AM geliefert; 1924 an die RüKB verkauft

Regelspur-Dampflokomotiven

Bahn-Nr.	neue Bahn-Nr. ab 1940	Bauart	Hersteller	Baujahr	Fabrik-Nr.	DR-Nr.	Bemerkungen
1^{C}	181	Bn2t	Hohenzollern	1899	1173	98 6202	Lenz-Typ »c«; am 1. Januar 1958 als Werklok an den VEB Förderanlagenbau Köthen verkauft
2^{C}	182	Bn2t	Hohenzollern	1899	1174	98 6203	Lenz-Typ »c«; ausgemustert am 20. Juli 1962
3^{C}		Bn2t	Hohenzollern	1899	1174		Lenz-Typ »c«
4^{C}		Bn2t	Hohenzollern	1899	1208		Lenz-Typ »c«
5		Bn2t	Hagans	1903	493		geliefert für KBG; ab 21. Dezember 1914 an die KCC vermietet; 1915 an KCC verkauft
6	196	Bn2t	Henschel	1910	9858	98 6102	1926 an die KyK verkauft; ausgemustert am 6. April 1960
7	194	Bn2t	Henschel	1910	10 329	98 6217	am 1. Januar 1957 als Werklok an den VEB Magnesitwerk Aken/Elbe verkauft
8	201	Ch2t	Henschel	1914	13 030	89 6277	am 12. Dezember 1967 im Bw Salzwedel ausgemustert
9	202	Ch2t	Henschel	1914	13 031	89 6278	am 7. August 1967 im Bw Brandenburg ausgemustert
10	203	Ch2t	Henschel	1925	20 572	89 6279	am 15. April 1967 im Bw Salzwedel ausgemustert
	204	Ch2t	Henschel	1929	21 447	89 6281	am 16. Januar 1965 im Bw Salzwedel ausgemustert
	205	Ch2t	Henschel	1931	21 809	89 6376	am 6. Februar 1965 im Bw Salzwedel ausgemustert
11		Bn2t	Hagans	1903	494		geliefert für KGK; 1916 an KKR verkauft
11^{II}	282	Cn2t	Hagans	1897	342	89 6006	pr. T 3; Erfurt 1759, ab ERFURT 6132; 1916 von der KPEV gekauft; am 14. September 1965 im Bw Haldensleben ausgemustert
12		Bn2t	Hagans	1903	495		geliefert für KGK; 1916 an KKR verkauft
12^{II}		Cn2t	Hagans	1897	341		pr. T 3; Erfurt 1758, ab ERFURT 6131; 1916 von der KPEV gekauft
	283	Cn2t	Jung	1898	350	89 6007	pr. T 3; MAGDEBURG 1790, ab MAGDEBURG 6179; 1924 von der DRG gekauft; am 27. Mai 1967 im Bw Halberstadt ausgemustert
	406	1´C1´h2t	Henschel	1942	26 499	75 6687	am 6. November 1968 im Bw Magdeburg-Rothensee ausgemustert

Triebwagen

Bahn-Nr.	neue Bahn-Nr. ab 1940	Bauart	Hersteller	Baujahr	Fabrik-Nr.	DR-Nr.	Bemerkungen
T 2	33	1-Adm	Dessau	1935		VT 135 522	ab 1. Juni 1970 als 186 016 im Einsatz; 1971 im Bw Altenburg ausgemustert
T 3	35	1-Adm	Dessau	1937		VT 135 532	1969 im Bw Stendal ausgemustert
T 44	95	(1-A)´(A-1)´dm	DWK	1925	44	VT 137 516	DWK-Typ IV; 1927 von der KyK gekauft; am 29. Oktober 1968 im Bw Salzwedel ausgemustert

Beiwagen

Bahn-Nr.	Hersteller	Baujahr	Fabrik-Nr.	DR-Nr.	Bemerkungen
61	Sachsenwerk	1928		VB 140 502	
62	Sachsenwerk	1929		VB 140 515	nach anderen Angaben auch 1937 von Dessau geliefert; am 3. Oktober 1968 ausgemustert

Kleinbahn Bebitz–Alsleben

Vorgeschichte

Südlich von Bernburg, am Westufer der Saale, liegt Alsleben. Die Kleinstadt mit ihrem Barockschloß kann auf eine über tausendjährige Geschichte zurückblikken. Einst als Grenzburg an der Saale gegründet, bestimmten die Landwirtschaft und die Saaleschiffahrt über Jahrhunderte hinweg die Wirtschaft Alslebens und der Umgebung. Erst mit der 1850 eröffneten Zuckerfabrik entstand ein völlig neuer Erwerbszweig. In der zweiten Hälfte des 19. Jahrhunderts entstanden dann in in Lebendorf nahe Alsleben die ersten beiden Braunkohlegruben. Für den Transport der hier geförderten Braunkohle eröffnete die AKBE bereits 1857 die Strecke Biendorf–Gerlebogk, die über Mukrena bis zur Saale verlängert werden sollte. Da das Projekt aus verschiedenen Gründen im Sande verlief, baute die Firma Wolff aus Halle im Auftrag der Grubenbetreiber 1857 eine Pferdebahn von Lebendorf nach Mukrena in der ungewöhnlichen Spurweite von 28 Zoll (733 mm). Rund drei Viertel der in Lebendorf gewonnenen Kohle wurden über diese Strecke, die man ab 1871 mit Dampfloks betrieb, zum Saalehafen bei Mukrena gebracht.

Als die MHE ab 1865 mit den Vorarbeiten für die Strecke Halle/Saale–Aschersleben begann, bemühte sich auch Alsleben um einen Eisenbahnanschluß. Allerdings lehnte die MHE eine Trasse über die Kleinstadt wegen der Lage im Saaletal ab. Auch die am 1. November 1889 von der KPEV eröffnete Strecke Könnern–Baalberge brachte Alsleben nicht den erhofften eisernen Weg. Da sich der fehlende Eisenbahnanschluß immer negativer auf die wirtschaftliche Entwicklung der Stadt auswirkte, ergriffen zum Ende des 19. Jahrhunderts Alslebener Bürger die Initiative. Doch deren Engagement stieß nicht überall in der Kleinstadt auf Begeisterung. Rund 130 Handwerker und Händler sprachen sich 1897 in einer Petition an den Magistrat gegen die Eisenbahn aus, da sie fürchteten, ihre Kunden würden nach Halle oder Bernburg abwandern.

Dennoch hielt der Magistrat an der beabsichtigten Kleinbahn fest. Verschiedene Projekte in Normal- und Schmalspur nach Belleben, Gnölbzig und Bebitz lagen den Stadtvätern vor. Erst das 1901 von der Firma Becker aus Berlin vorgelegte Projekt einer Kleinbahn von Bebitz über Beesenlaublingen und Mukrena nach Alsleben fand am 16. April 1904 die Zustimmung aller Interessenten, denn dadurch konnte auch die Lebendorfer Kohlenbahn ersetzt werden. Mit einem Stammkapital von 330 000 Mark gründeten am 11. Juli 1905 die Provinz Sachsen, das Königreich Preußen, die Gemeinde Beesenlaublingen und die Stadt Alsleben die Kleinbahn-AG Bebitz–Alsleben (BAK).

Stolz präsentierten sich die Triebwagenführer vor ihrem neuen Fahrzeug im Bahnhof Beesenlaublingen.
Foto: Sammlung G. Zieglgänsberger

Bau und Eröffnung

Nach der landespolizeilichen Prüfung der Bauunterlagen erteilte der Merseburger Regierungspräsident der BAK am 7. September 1905 die Bau- und Betriebskonzession. Zu diesem Zeitpunkt liefen unter Leitung der Kleinbahnabteilung der Provinz Sachsen die Bauarbeiten an der Strecke zwischen Bebitz und Beesenlaublingen bereits auf Hochtouren. Dabei nutzte man weitestgehend die Trasse der alten Kohlenbahn. Bereits am 1. Dezember 1905 beförderte die BAK die ersten Güterwagen. Nach der ersten Abnahme eröffnete die Kleinbahn am 8. Dezember 1905 den öffentlichen Güterverkehr. Nachdem alle Bahnhofsanlagen fertig waren, konnte die BAK am 17. Dezember 1905 den Personenverkehr eröffnen.

Für den Weiterbau der BAK nach Alsleben beschloß die Aktionärsversammlung der BAK am 18. Juni 1906 die Erhöhung des Stammkapitals auf 800 000 Mark. Das Königreich Preußen (223 000 Mark), die Provinz Sachsen (224 000 Mark) und die Stadt Alsleben (123 000 Mark) waren nun die größten Teilhaber der BAK. Die Verlängerung der Kleinbahn über Beesenlaublingen nach Alsleben gestaltete sich wegen der notwendigen, rund 200 m langen Brücke über die Saale recht schwierig. Obwohl die Gebäude des Bahnhofs Alsleben bereits im Frühjahr 1908 fertig waren, konnte die BAK den Gesamtverkehr auf dem Abschnitt Beesenlaublingen–Alsleben erst am 14. Mai 1908 aufnehmen.

Betrieb und Verkehr

Die BAK wickelte in den ersten Jahren ihren Betrieb in eigener Regie ab. Dank der insgesamt 10 Anschlußgleise entlang der nur 7,7 Kilometer langen Strecke machte der Güterverkehr über 90 Prozent der Transporte auf der Kleinbahn aus. Kohle, Steine, Zuckerrüben, Kies, Mehl und Getreide waren die Hauptgüter. Obwohl die BAK täglich sechs Zugpaare im Personenverkehr einsetzte, hielten sich die Fahrgeldeinnahmen in Grenzen. Der Betrieb entwickelte sich aber wegen des enormen Güterverkehrs so gut, daß die BAK in den ersten Geschäftsjahren ihren Aktionären Dividenden zwischen 5 und 10 Prozent auszahlen konnte.

Bereits kurze Zeit nach der Eröffnung der BAK gab es Überlegungen, die Kleinbahn über Gerbstedt nach Eisleben zu verlängern. Diese Idee blieb wie die vorgeschlagenen Bahnlinien Alsleben–Güsten (1910) und Alsleben–Sandersleben–Harzgerode (1928) nur ein Traum.

Während des 1. Weltkrieges mußte die BAK ihr Angebot im Personenverkehr auf drei Zugpaare reduzieren. Nur mit viel Mühe konnte die Geschäftsführung verhindern, daß die Kleinbahn in ernste wirtschaftliche Schwierigkeiten geriet. Erst der Einsatz eines Triebwagens ab 1925 verbesserte wieder die Ergebnisse im Personenverkehr. Er erreichte im Geschäftsjahr 1925/26 mit über 91 000 beförderten Reisenden einen Höhepunkt. Durch den Triebwageneinsatz konnte auch das Angebot auf werktags sieben Zugpaare erhöht werden. Ebenfalls 1926 übernahm die BAK die Betriebsführung auf der benachbarten Kleinbahn Könnern–Rothenburg.

Das imposanteste Bauwerk der BAK war die Brücke über die Saale in Alsleben.
Foto: Sammlung G. Zieglgänsberger

Mit der 1929 einsetzenden Weltwirtschaftskrise und dem konkurrierenden Kraftverkehr sanken die Beförderungszahlen der BAK wieder dramatisch ab. Erst im Geschäftsjahr 1932/33 hatte die Kleinbahn mit rund 5800 Reisenden und 35 000 Tonnen Gütern die Talsohle erreicht. Mitte der dreißiger Jahre nahm der Verkehr wieder zu. Zur Verbesserung des Reiseverkehrs setzte die Kleinbahn ab 1935 wieder einen Triebwagen ein.

Während des 2. Weltkrieges erreichten der Personen- und Güterverkehr auf der seit 8. September 1942 als Eisenbahn-AG Bebitz–Alsleben bezeichneten Kleinbahn ungeahnte Ausmaße. Doch der Krieg hinterließ auf der BAK seine Spuren. Beim Rückzug der Wehrmacht versuchten Pioniere am 13. April 1945 die Eisenbahnbrücke über die Saale bei Alsleben zu sprengen. Da aber nicht alle Sprengladungen explodierten, hielten sich die Schäden an der Brücke in Grenzen. Nachdem die schwersten Schäden behoben waren, verkehrten ab 2. Juni 1945 wieder die ersten Güterzüge auf der Kleinbahn.

Das Empfangsgebäude in Alsleben dient heute als Wohnhaus.
Foto: F. Haupt

Wie bei den anderen Klein- und Privatbahnen nahm auf Weisung der Verwaltung des Landes Sachsen-Anhalt ab 15. Dezember 1946 die »Sächsische Provinzbahnen G.m.b.H.« die Betriebsführung auf der Strecke Bebitz–Alsleben wahr. Bevor die Kleinbahn aber am 1. April 1949 von der Reichsbahn übernommen wurde, ist die BAK am 17. April 1948 enteignet worden.
Das zuständige Reichsbahnamt Aschersleben wandelte den Lokschuppen in Alsleben in eine Außenstelle des Bw Bernburg um. Im Winterfahrplan 1954/55 pendelten auf der Strecke, die im Kursbuch unter der Nummer 184b zu finden war, werktags neun Zugpaare. Bis 1959 wurde das Angebot auf sechs Zugpaare ausgedünnt. Zu Beginn der sechziger Jahre versuchte die DR schließlich den Personenverkehr einzustellen. Am 21. Mai 1966 verkehrten dann die letzten Reisezüge auf der ehemaligen BAK.
Den Güterverkehr dagegen mußte die Reichsbahn trotz aller Bemühungen bis zum 31. Dezember 1994 aufrechterhalten. Erst die wirtschaftlichen Entwicklungen nach 1990 machten die Bahn überflüssig. Da die ehemalige Kleinbahn zwischen Bebitz und Beesenlaublingen auch der Autobahn 14 Halle/Saale–Magdeburg im Wege stand, wurde der Streckenrangierbezirk Bebitz–Alsleben am 13. Juni 1995 stillgelegt und zum Abriß freigegeben.

Strecke und Anlagen

Die Anlagen der BAK im Bahnhof Bebitz waren sehr bescheiden. Zwei Gleise und ein Formsignal genügten den betrieblichen Belangen. Bis zum 3,6 km entfernten Bahnhof Beesedau verlief die Strecke fast ohne Kurven und Neigungen. Hier gab es ein massives Empfangsgebäude.
Wenige Minuten später erreichte die Kleinbahn den Bahnhof Beesenlaublingen. Er verfügte über recht umfangreiche Gleisanlagen. Die Hochrampe sowie die Anschlußgleise zur Zuckerfabrik, zur Tierhaarverwertung und zur Verladestelle für den Saalehafen sorgten für einen regen Güterverkehr. Das zweigeschossige Bahnhofsgebäude unterstrich die Bedeutung der Station. Bis 1934 gab es in Beesenlaublingen auch einen Lokschuppen, der später an die Langensalzaer Kleinbahn verkauft wurde.
Hinter Beesenlaublingen schlängelte sich die Trasse dann hinunter nach Alsleben. Die größte Neigung betrug dabei 1 : 100. Bevor die Kleinstadt aber erreicht war, überquerte der Zug auf einer 214 m langen Brücke die Saale.
Nach 7,7 km hatte die BAK ihre Endstation erreicht. Als betrieblicher Mittelpunkt besaß Alsleben einen zweigleisigen Lokschuppen, eine Ladestraße mit Rampe und ein großes Empfangsgebäude mit Güterschuppen. Im Frühjahr 1925 wurde der Bahnhof durch einen eingleisigen Triebwagenschuppen erweitert.
Im Jahr 1926 nahm die BAK ihr 700 m langes Anschlußgleis zum Stadtmühle in Alsleben in Betrieb. Ab 1934 richtete man hier den Haltepunkt Alsleben-Stadtmühle ein, der aber nur von Triebwagen bedient wurde. Der bis 1945 betriebene Haltepunkt bestand nur aus einem aufgeschütteten Bahnsteig und einer kleinen Wellblechbude für den Fernsprecher. Das Stichgleis wurde durch eine Deckungsscheibe im Bahnhof Alsleben gesichert.

Fahrzeuge

Zur Betrieberöffnung der Strecke Bebitz–Beesenlaublingen standen der BAK zwei Bn2t-Loks von Henschel zur Verfügung. Als die BAK ihre Strecke bis Alsleben verlängerte, kaufte sie 1909 von Henschel eine T 3. Während die Zweikuppler als N. 1 und Nr. 2 bezeichnet wurden, erhielt die T 3 die Betriebs-Nr. 3. Nur zwei Jahre später tauschte man die Nr. 3 gegen eine preußische T 2 von der KWW ein. Als Wertausgleich erhielt die BAK noch 20 000 Mark aus Wettin. Nur

Die 89 6024 war ab 1. April 1963 Werklok im Raw Görlitz-Schlauroth. Am 17. Juni 1973 beförderte sie einen Sonderzug durch die Lausitz.
Foto: A. Mehnert

sieben Jahre war die T 2 im Einsatz, bevor die BAK sie 1918 an das Sachsenwerk Stendal verkaufte.
Erst 1927 gab wieder eine dreiachsige Tenderlok für ein Jahr in Alsleben ein Gastspiel. Ein Jahr später, 1928, kam eine Dn2t-Lok von der OeK zur BAK, die aber erst 1931 Eigentum der BAK wurde. Da die große Lok für die Anschlußgleise entlang der Kleinbahn zu schwer war, gab man sie 1933 an die GHWK ab und übernahm als Ersatz von der KEZ einen Dreikuppler.
Mit dem Einsatz des als T 40 bezeichneten Triebwagens der DWK ab 21. Januar 1925 sank auch der Bedarf an Dampfloks bei der BAK. Allerdings konnte der Triebwagen mit einer jährlichen Laufleistung von rund 50 000 Kilometern nicht wirtschaftlich eingesetzt werden. Er hätte rund das Doppelte fahren müssen. Da er mit rund 52 Pfennigen je gefahrenen Kilometer recht hohe Kosten verursachte, wurde er 1932 an die DeK abgegeben. Erst am 21. März 1935 stellt die BAK wieder einen Triebwagen in Dienst, den die Reichsbahn 1949 noch als VT 133 508 übernahm.
Anfang der dreißiger Jahre kam auch Bewegung in den Lokpark der Kleinbahn. Von verschiedenen Kleinbahnen aus der Provinz Sachsen gelangten Dreikuppler nach Alsleben. Die Deutsche Reichsbahn reihte insgesamt noch drei Maschinen in ihren Bestand ein.
Für den Personenverkehr kaufte die BAK 1905 einen neuen Packwagen von Lindner, zwei gebrauchte Personenwagen sowie 15 offene und sieben gedeckte Güterwagen. Drei Jahre später ergänzte man den Fuhrpark noch durch einen weiteren Personen- und G-Wagen. Bei der Übernahme durch die Reichsbahn gehörten noch je ein Personen- und Packwagen sowie zwei O-Wagen zum Bestand der BAK.

Triebfahrzeuge der Kleinbahn Kleinbahn Bebitz–Alsleben:

Dampflokomotiven

Bahn-Nr.	neue Bahn-Nr. ab 1940	Bauart	Hersteller	Baujahr	Fabrik-Nr.	DR-Nr.	Bemerkungen
1	190	Bn2t	Henschel	1905	7245	98 6101	1936 an die KKR verkauft; am 6. April 1960 ausgemustert
2I		Bn2t	Henschel	1905	7246		
3I	294	Cn2t	Henschel	1909	9249	89 6139	pr. T 3; wurde 1911 an die KWW verkauft; am 15. April 1967 im Bw Oebisfelde ausgemustert
3III		Bn2t	Henschel				pr. T 2, 1911 von der KWW gekauft, 1918 an das Sachsenwerk Stendal verkauft
2II	279	Cn2t	Henschel	1927	20 938	89 6166	Typ »Bismarck I«; von der DeK angemietet; war bis zum 28. Februar 1928 im Einsatz ; am 31. Mai 1964 ausgemustert
2III	599	Dn2t	Hanomag	1919	8643		1928 von der KEN gekauft; 1933 an die GHWK verkauft
3III	251	Cn2t	LHB	1924	2936	89 6237	seit 1930 leihweise im Einsatz; 1931 von der KEZ gekauft; am 2. Januar 1941 an die KEN verkauft; 1955 als Werklok verkauft; seit 1981 Eigentum der Museums-Eisenbahn Minden
4	277	Cn2t	Henschel	1930	21 810	89 6032	Typ »Bismarck I«; 1936 von der GeK gekauft
11	296	Cn2t	Henschel	1910	10 039	89 6016	pr. T 3; 1937 von der GHWK gekauft; am 4. Juni 1939 an die GeK verkauft; am 5. März 1965 ausgemustert
	269	Cn2t	Henschel	1914	13 025	89 6024	Typ »Bismarck I«; am 3. Januar 1941 von der KEN im Tausch gegen die Lok 251 übernommen; ab 1. April 1963 Werklok im Raw Görlitz-Schlauroth; 1977 an das Deutsche Dampflok-Museum in Neuenmarkt-Wirsberg verkauft
	295	Cn2t	Henschel	1910	10 038	89 6140	pr. T 3; 1941 von der GHWK gekauft

Triebwagen

Bahn-Nr.	neue Bahn-Nr. ab 1940	Bauart	Hersteller	Baujahr	Fabrik-Nr.	DR-Nr.	Bemerkungen
T 40	91	(1-A)'(A-1)'dm	DWK	1924	40	VT 137 514	DWK-Typ IV; Vorführwagen auf der Eisenbahnausstellung in Seddin 1924; ab 21. Januar 1925 im Einsatz; am 1. März 1932 an die DeK verkauft; am 4. März 1961 ausgemustert
T 1	2	1-Adm	Wumag	1945		VT 133 508	1949 falsch umgezeichnet, ab 1952 richtig als VT 135 549 im Einsatz; ab 1. Juni 1970 als 186 035 im Einsatz; 1971 im Bw Blankenburg ausgemustert

Kleinbahn Bergwitz–Kemberg

Vorgeschichte

Südlich der Lutherstadt Wittenberg liegt Kemberg. Hier, an der Straße von Wittenberg nach Leipzig, ließen sich im 12. Jahrhundert flämische Kolonisten nieder. Bereits 1346 erhielt der Ort das Stadtrecht. Tuchmacherei und Landwirtschaft bestimmten das wirtschaftliche Leben der Kleinstadt. Durch die Straße Wittenberg–Leipzig profitierten Einwohner auch vom Fernhandel. Doch damit war in der zweiten Hälfte des 19. Jahrhunderts Schluß. Mit der Eröffnung der Strecke von Bitterfeld über das benachbarte Bergwitz nach Wittenberg 1859 durch die BAE geriet Kemberg ins Abseits der wirtschaftlichen Entwicklung. Die neuen Verkehrsströme umgingen die Kleinstadt. Erst zur Jahrhundertwende entstanden kleinere Fabriken für Zementwaren, Fässer und Handschuhe, die ihre Produkte aber mit Pferdefuhrwerken zum Bahnhof Bergwitz transportieren mußten. Die Fabrikbesitzer forderten deshalb den Bau einer Kleinbahn. Unterstützt wurden sie dabei von den Bergwitzer Braunkohle-Werken, die bei Bergwitz einen großen Tagebau betrieben. Dieser Wunsch traf beim Kemberger Magistrat und dem Landrat des Kreises Wittenberg auf offene Ohren. Auch die Provinz stand dem Anliegen aufgeschlossen gegenüber.
So konstituierte sich im Frühjahr 1902 mit einem Stammkapital von 330 000 Mark in Kemberg die »Kleinbahn Bergwitz–Kemberg G.m.b.H.« (KBK). Die Provinz Sachsen und das Königreich Preußen, vertreten durch das Ministerium der öffentlichen Arbeiten, übernahmen jeweils 110 000 Mark. Der Landkreis Wittenberg steuerte 15 000 Mark, die Stadt Kemberg 94 000 Mark und die Bergwitzer Braunkohlen-Werke 50 000 Mark bei.

Bau und Eröffnung

Noch im Frühjahr 1902 beantragte die KBK beim Regierungspräsidium im Merseburg die Konzession zum Bau und Betrieb der Kleinbahn. Die gewünschte Urkunde wurde schließlich am 19. Juni 1902 ausgestellt.
Noch im Sommer 1902 begannen die ersten Bauarbeiten für die rund 6 km lange Strecke. Da die Kleinbahn nur durch die flachen Ausläufer der Dübener Heide verlief, gingen die Bauarbeiten zügig voran. Bereits Ende 1902 lagen die Gleise. Am 9. Februar 1903 war es dann soweit: Der festlich geschmückte Eröffnungszug fuhr in den Bahnhof Kemberg ein.

Betrieb und Verkehr

Doch die Freude an dem neuen Verkehrsmittel war nicht ungetrübt. Mit rund 554 000 Mark schlugen die Baukosten zu Buche. Da die Kosten weit über dem Stammkapital der KBK lagen, übernahmen die Provinz Sachsen und das Königreich Preußen mit jeweils 75 000 Mark einen Großteil der Mehrkosten im Rahmen eines Darlehens. Dennoch entwickelte sich die KBK zur vollsten Zufriedenheit ihrer Gesellschafter. Bereits im Geschäftsjahr 1910/11 beförderte die Kleinbahn über 55 000 Fahrgäste und rund 27 000 t Güter. Damit konnte die Bahn einen Gewinn von gut 17 000 Mark erwirtschaften. Immerhin vier Prozent Dividende schüttete die KBK in jenem Geschäftsjahr aus.
Zu diesem Zeitpunkt beschäftigte die Kleinbahn einen Betriebsleiter, einen Stationsassistenten, einen Zugführer, einen Lokführer, einen Heizer, einen Hilfsheizer, einen Streckenläufer und fünf Arbeiter. Die Kleinbahn transportierte meist Kohle aus den Gruben bei Bergwitz und landwirtschaftliche Erzeugnisse.
Während des 1. Weltkrieges endete die positive Entwicklung der KBK. Wie viele andere Kleinbahnen hatte auch die KBK mit erhöhten Betriebskosten und Personalmangel zu kämpfen. Während der Inflation verschärfte sich die Situation weiter. Erst Mitte der zwanziger Jahre trat eine Besserung ein. Maßgeblichen Anteil an dieser Entwicklung hatten die Bergwitzer Braunkohlen-Werke. Sie sorgten für einen enormen Güterverkehr auf der KBK. So transportierte die Bahn im Geschäftsjahr 1927/28 über 278 000 t Güter und knapp 40 000 Reisende. Dennoch konnte man den Fuhrpark und die Anlagen nicht grundlegend erneuern.
Die Abhängigkeit der Kleinbahn von einen Großkunden erwies sich in der Weltwirtschaftskrise als sehr gefährlich, denn mit den Einschränkungen bei der Braunkohlenförderung gingen auch die Transportleistungen bei der KBK rapide zurück. Anfang der dreißiger Jahre erreichten sie ihren absoluten Tiefpunkt. Erst im Geschäftsjahr 1934/35 nahmen sie wieder zu. Im Vergleich zum Vorjahr beförderte die Kleinbahn rund 52 000 Tonnen mehr. Nun konnte die Kleinbahn ihren Teilhabern wieder eine Dividende auszahlen. 1934/35 waren es immerhin zwei Prozent. Während des 2. Weltkrieges nahmen der Personen- und Güterverkehr noch einmal zu. Dabei profitierte die Bahn von der Einstellung des

Kraftverkehrs. Ohne Zerstörungen überstand die KBK den Krieg.
Nach einer kurzen Unterbrechung des Betriebes im April und Mai 1945 rollten ab Sommer 1945 wieder die Züge planmäßig zwischen Bergwitz und Kemberg. Allerdings mußte man vorübergehend von anderen Bahnen Loks anmieten, da die SMAD die beiden Dampfloks der KBK als Kolonnenloks einsetzte.
Am 9. März 1946 beschlagnahmte die Verwaltung der Provinz Sachsen die KBK und unterstellte sie dem Präsidenten der Provinz. Ende 1946 übernahm die »Sächsische Provinzbahnen G.m.b.H.« die Betriebsführung. Ab

Kurz nach der Betriebseröffnung entstand dieses Foto vom Bahnhof Kemberg. Vor der Lok Nr. 1 nahmen die Eisenbahner der KBK Aufstellung. Links der eingleisige Lokschuppen.
Foto: Sammlung G. Zieglgänsberger

Im Winterfahrplan 1946/47 (gültig ab 4. November 1946) dauerte eine Fahrt auf der Kleinbahn 17 Minuten.
Abbildung: Sammlung D. Endisch

181b Bergwitz — Kemberg

Alle Züge 3. Klasse

											km	Zug Nr Eb Bergw-Kemb Zug Nr										
...	6.20	...	12.01		...	12.01	...	16.28	...	..		ab Halle (Saale) 180 ...... an	7.45	9.57	...	...	18.56	...	18.56	...	..	
5.30	7.48	...	.	..	...	16 10	...	17.48	...	...		ab Wittenberg (Pr Sa) 180 an	6.23	8.37	...	...	14.16	...	...	...	19.24	...
2	4		S 6	W 6		a W 8		a W 10		a W 12	km	Zug Nr	1	3			5		a W 7		a W 9	a W 11
6.15	8.20	...	S14.00	W14.40	..	W16.40	...	W19.10	...	W22.15	0,0	ab Bergwitz 180 .... an	5.39	7.52	...	...	13.22	...	W16.17	...	W18.47	W21.32
6.20	8.25	...	) 14.05	) 14.45	...	) 16.45	...	) 19.15	...	) 22.20	1,5	Bergwitz Dorf X	5.34	7.47	...	...	13.17	..	) 16.12	...	) 18.42	) 21.27
6.26	8.31	...	) 14.11	) 14.51	...	) 16.51	...	) 19.21	...	) 22.26	3,8	Reuden (Kr Wittenberg)	5.28	7.41	..	...	13.11	..	) 16.06	...	) 18.36	) 21.21
6.32	8.37	...	S14.17	W14.57	..	W16.57	...	W19.27	...	W22.32	6,0	an Kemberg (Kr Wittenberg) ... ab	5.22	7.35	.	.	13.05	...	W16.00	...	W18.30	W21.15

a = Berufszug an W, kann ohne Ankündigung ausfallen

16. August 1948 gehörte die KBK zur VVB des Verkehrswesens Sachsen-Anhalt. Nach der Übergabe an die DR am 1. April 1949 besichtigten Vertreter der Rbd Halle die KBK. Die Betriebsleitung in Kemberg wurde dann zum 30. September 1949 aufgelöst. Doch die Wochen der KBK waren gezählt: Zur Gewinnung von Oberbaustoffen legte die DR die Kleinbahn am 3. Oktober 1951 still und baute sie ab.

Strecke und Anlagen

Die bescheidenen Bahnanlagen der KBK befanden sich gegenüber dem Staatsbahnhof. Kurz hinter dem Bahnhof schwenkte die Kleinbahn nach Südosten ab. Der Bedarfshaltepunkt Bergwitz Dorf (Kilometer 1,5) lag in unmittelbarer Nähe der heutigen Bundesstraße 100.

Parallel zur Landstraße dampften die Züge der Kleinbahn über Reuden nach Kemberg (Kilometer 6,0). Als betrieblicher Mittelpunkt und Sitz der Betriebsleitung gab es in Kemberg ein repräsentatives zweigeschossiges Empfangsgebäude mit Güterschuppen, ein Aborthäuschen, eine Ladestraße, eine Rampe und einen zweiständigen Lokschuppen mit Werkstatt. Erst 1995/96 wurden die denkmalsgeschützten Bauten für einen Supermarkt abgerissen.

Der Oberbau bestand aus 10 m langen Schienen der preußischen Form V, die auf 12 Schwellen genagelt und in Kies gebettet waren. Die Höchstgeschwindigkeit auf der KBK lag bei 30 km/h. Die größte Steigung betrug 1 : 150. Der kleinste Halbmesser maß 280 m.

Nach der ersten Hauptuntersuchung einer Lok der KBK versammelten sich die Eisenbahner 1910 zu einem Erinnerungsfoto.
Foto: Sammlung G. Zieglgänsberger

Fahrzeuge

Zur Betriebseröffnung verfügte die KBK über zwei Bn2-Tenderloks des Typs »Riebeck«, zwei zweiachsige Personen- und einen kombinierten Post-Packwagen. Die beiden Personenwagen boten insgesamt 100 Sitzplätze in der II. und III. Klasse. Für den Gütertransport beschaffte man sieben Güterwagen. Dieser Fahrzeugpark blieb bis zur Übernahme durch die Reichsbahn erhalten.

Triebfahrzeuge der Kleinbahn Bergwitz–Kemberg:

Dampflokomotiven

Bahn-Nr.	neue Bahn-Nr. ab 1940	Bauart	Hersteller	Baujahr	Fabrik-Nr.	DR-Nr.	Bemerkungen
1	187	Bn2t	Henschel	1902	6258	98 6206	Typ »Riebeck«; 1964 ausgemustert
2	188	Bn2t	Henschel	1902	6259	98 6207	Typ »Riebeck«; 1964 ausgemustert
	280	Cn2t	Henschel	1927	20 939	89 6167	Typ »Bismarck I«; von der DeK (18. Februar 1938 bis 27. März 1938) angemietet; am 31. Mai 1964 ausgemustert

Die Bahnen des Provinzialverbandes Merseburg

Kleinbahn Burxdorf–Mühlberg

Vorgeschichte

Mühlberg an der Elbe, zwischen Falkenberg und Riesa gelegen, entstand im Mittelalter. Zum Schutze einer Furt über die Elbe diente eine Burg, an deren Fuße sich die Stadt entwickelte. Durch die Schlacht von Mühlberg am 24. April 1547 zwischen dem sächsischen Kurfürsten Johann Friedrich und Kaiser Karl V. fand die Stadt Eingang in die Geschichtsbücher. Bis weit in das 19. Jahrhundert lebten die Mühlberger von der Landwirtschaft und der Schiffahrt. Die BAE umging mit ihrer am 1. Oktober 1848 eröffneten Strecke Falkenberg–Röderau Mühlberg, da deren Stadtväter das neue Verkehrsmittel ablehnten. Ein folgenschwerer Fehler, denn durch die Begradigung der Elbe, bei der man einen Nebenarm ausbaute, verlor Mühlberg 1853 die günstige Anbindung an den Fluß. Da der Magistrat auch noch den Bau einer Zuckerfabrik verhinderte, stagnierte die wirtschaftliche Entwicklung der Stadt. Die Zuckerfabrik entstand im benachbarten Brottewitz. Dort baute sie dann auf eigene Rechnung ein Anschlußgleis zum Bahnhof Neuburxdorf.

Erst der Mühlberger Kaufmann und Vorsteher der Stadtverordneten, Albin Teich, setzte sich für eine Kleinbahn von Neuburxdorf nach Mühlberg ein. Dabei sollte das Anschlußgleis ausgebaut und nach Mühlberg verlängert werden. Obwohl auch der Kreis Liebenwerda dem Vorhaben zustimmte, scheiterte die Kleinbahn am Widerstand einiger Mühlberger. Sechs Jahre vergingen noch, ehe alle Vorbehalte ausgeräumt waren. Am 3. Dezember 1908 konstituierte sich in Mühlberg die »Kleinbahn AG Burxdorf–Mühlberg« (KBM). Das Stammkapital setzte man auf 770 000 Mark fest. Davon übernahmen jeweils 256 000 Mark die Provinz Sachsen und das Königreich Preußen. Der Kreis Liebenwerda zeichnete für 125 000 Mark Aktien, während die Stadt Mühlberg 132 000 Mark zur KBM beisteuerte. Mit 1000 Mark war der Kaufmann Hermann Dietrich der einzige Privatanleger der Kleinbahn.

Bau und Eröffnung

Das Regierungspräsidium Merseburg erteilte der Gesellschaft am 30. Januar 1909 die Konzession zum Bau und Betrieb der Kleinbahn. Anschließend kaufte die KBM das Anschlußgleis der Zuckerfabrik Brottewitz für 118 300 Mark an und begann am 17. April 1909 mit den Bauarbeiten in Richtung Mühlberg. Die Arbeiten an dem rund 2,5 km langen Gleis gingen zügig voran. Bereits am 16. September 1909 erfolgte die landespolizeiliche Abnahme. Einen Tag später eröffnete die KBM feierlich ihren Betrieb.
Wenige Wochen nach der Betriebsaufnahme forderte die Stadt Mühlberg den Bau eines Anschlußgleises zum Hafen. Die Hafenbahn und das Anschlußgleis zum Kornspeicher der Gebrüder Teiche gingen am 17. März 1910 in Betrieb.

Betrieb und Verkehr

Der Verkehr auf der KBM entwickelte sich sehr gut. Gemischte Züge genügten völlig dem Verkehrsaufkommen. Lediglich im Herbst mußten für den Rübenverkehr reine Güterzüge eingesetzt werden. In Brottewitz unterhielt die Zuckerfabrik einen separaten Güterbahnhof. Bereits im Geschäftsjahr 1911/12 beförderte die KBM über 45 000 Fahrgäste und 136 000 t Güter.
Ein Jahr zuvor hatte Kaufmann Hermann Dietrich seine Aktien an die Stadt Mühlberg verkauft. Damit war die KBM vollständig in kommunaler Hand. Allerdings war die Freude an der Kleinbahn nicht ungetrübt, denn die Hafenbahn rentierte

Im Sommerfahrplan 1935 waren auf der KBM nur noch drei Zugpaare im Einsatz. Der Busverkehr war ebenfalls im Kursbuch verzeichnet.
Abbildung: Sammlung G. Zieglgänsberger

153 u Burxdorf (Prov Sachs) - **Mühlberg** (Elbe)

Alle Züge 2. 3. Klasse

		2			4 S ⊙			6			km	Zug Nr *Kleinbahn* Zug Nr			1			3 S ⊙			5		[illegible]
...	...	8.35	...	...	S 15.45	...	...	18.30	...	...	0,0	ab **Burxdorf** (Prov Sachs) 136 b an	...	...	7.20	...	...	S 15.20	...	...	17.20	...	[illegible]
...	...	×8.41	...	...	×15.51	...	...	×18.36	...	...	2,3	Langenrieth	...	...	×7.14	...	...	×15.14	...	...	×17.14	...	[illegible]
...	...	8.49	...	...	15.59	...	...	18.44	...	...	5,0	Brottewitz	...	...	7.07	...	...	15.07	...	...	17.07	...	[illegible]
...	...	×8.51	...	...	×16.01	...	...	×18.46	...	...	5,7	Weinberge	...	...	×7.04	...	...	×15.04	...	...	×17.04	...	[illegible]
...	...	8.55	...	...	S 16.05	...	...	18.50	...	...	7,4	an **Mühlberg** (Elbe) ab	...	...	7.00	...	...	S 15.00	...	...	17.00	...	[illegible]

Außerdem Kraftwagenverkehr: Mühlberg Bf ab w 6.20, w 7.50, w 15.00; Burxdorf Reichsbf an w 5.42, w 8.16, w 15.26; Burxdorf Reichsbf ab w 8.30, Liebenwerda Marktplatz an 8.51, Liebenwerda Marktplatz ab w 12.05, Burxdorf an w 12.26, Mühlberg an w 12.55, Burxdorf Reichsbf. w ab 5.50, w 12.35, w 15.39; Mühlberg an w 6.10, w 12.55, w 16.03
⊙ Werktags Kraftomnibusse. × Zug hält nur nach Bedarf.

Auch wenn im Bahnhof Mühlberg im September 1993 gähnende Leere herrschte, wird die ehemalige Kleinbahn noch heute im Güterverkehr bedient. Foto: H. Galistel

Der Lokschuppen samt des Anbaus für den Triebwagen im Bahnhof Mühlberg. Foto: H. Galistel

sich nicht. Da das Gleis zu hoch lag, war das Umladen viel zu teuer. Auch das 1913 um 3 m tiefer angelegte Ladegleis brachte keinen Erfolg. 1918 brach man die Hafenbahn ab.
Aber die KBM dachte auch über einen Ausbau ihrer Strecke nach. So gab man für rund 22 000 Mark Vorarbeiten für die Strecke Neuburxdorf–Liebenwerda–Beuteritz und Neuburxdorf–Elsterwerda in Auftrag. Allerdings verhinderte der 1. Weltkrieg die Umsetzung dieser Pläne. Während und nach dem Krieg mußte die KBM wie viele andere Bahnen auch mit einem Rückgang der Beförderungsleistungen kämpfen. Mit rigiden Sparmaßnahmen überstand die Kleinbahn selbst die Inflation recht gut.
In den zwanziger Jahren stabilisierte sich der Verkehr wieder. Im Rechnungsjahr 1927/28 transportierten die 22 Eisenbahner über 58 000 Reisende und 117 000 t Güter. Um private Fuhrunternehmen abzuwehren, eröffnete die KBM am 15. Mai 1930 eine eigene Buslinie von Mühlberg über Neuburxdorf nach Liebenwerda. Obwohl die KBM ihr Ziel erreichte und auch Ausflugsfahrten anbot, rechnete sich der Busverkehr nicht. Nach dem Rückgang der Beförderungsleistungen in der Weltwirtschaftskrise verzeichnete die KBM ab 1935 wieder einen Aufschwung. 1935 transportierte die Kleinbahn rund 12 000 Reisende und 118 000 Güter. Mit der Aufnahme des Triebwagenverkehrs 1937 stellte die Bahn den Busverkehr ein. Da die Kleinbahn nun den Personen- und Güterverkehr trennte, konnten die Fahrzeiten verkürzt und das Angebot erweitert werden. Nach dem 2. Weltkrieg wurde die KBM 1945 von der Provinz Sachsen enteignet. Auf Anordnung des Präsidenten der Provinz übernahm zum 1. Januar 1947 die »Sächsische Provinzbahnen G.m.b.H.« die Betriebsführung. Die Übernahme durch die VVB des Verkehrswesens Sachsen-Anhalt erfolgte am 15. August 1948. Nach der offiziellen Übernahme durch die Reichsbahn am 1. April 1949 wurde die Betriebsleitung zum 1. Oktober 1949 aufgelöst. Der letzte Reisezug verkehrte am 30. September 1961 auf der Kleinbahn. Güterverkehr gibt es heute noch. Die Zuckerfabrik Brottewitz sowie die Sand- und Kieswerke Mühlberg sorgen für ein enormes Frachtaufkommen.

Eine alte Postkarte zeigt den Eröffnungszug der Kleinbahn Burxdorf–Mühlberg am 17. September 1909. Zuglok ist die Bn2t-Lokomotive, die mit ihrem Zug im Bahnhof Mühlberg angekommen ist. Postkarte: Sammlung A. Knipping

Strecke und Anlagen

Den Bahnhof Neuburxdorf (früher Burxdorf) verläßt die ehemalige Kleinbahn in westlicher Richtung. Nach 2,3 km passieren die Züge die ehemalige Haltestelle Langenrieth. Durch vorwiegend landwirtschaftlich genutztes Gebiet geht es weiter zum Anschluß Zuckerfabrik Brottewitz (Kilometer 4,3). Der Bahnhof Brottewitz mit Stationsgebäude und Güterschuppen kommt erst 700 m später. Hinter Brottewitz schwenkt die Trasse nach Süden ab. Über den ehemaligen Haltepunkt Mühlberg-Weinberge (früher Weinberge) sowie die Anschlüsse zum Kieswerk und zur Raiffeisen-Handlung Mühlberg geht es weiter zum Bahnhof Mühlberg (Kilometer 7,5) Als betrieblicher Mittelpunkt besaß Mühlberg ein Empfangsgebäude mit Güterschuppen sowie einen Triebwagen- und Lokschuppen mit Werkstatt und Wasserturm. Die größte Steigung beträgt 1 : 400, der kleinste Radius 200 m.

Fahrzeuge

Zur Betriebseröffnung verfügte die KBM über eine T 3 und eine Bn2-Tenderlok, vier Personen-, zwei kombinierte Post-Pack-, fünf G- und zwölf O-Wagen. Dazu kamen noch zwei Fakultativwagen. Zwei weitere T 3 kamen 1923 und 1935 nach Mühlberg. Der Zweikuppler schied 1935 aus. Den 1937 von Lindner gekauften Triebwagen beschlagnahmte die SMAD 1946.

Triebfahrzeuge der Kleinbahn Burxdorf - Mühlberg:

Dampflokomotiven

Bahn-Nr.	neue Bahn-Nr. ab 1940	Bauart	Hersteller	Baujahr	Fabrik-Nr.	DR-Nr.	Bemerkungen
1		Bn2t	Henschel	1909	9219		1935 verkauft
1^{II}	297	Cn2t	Henschel	1912	10 838	89 6156	pr. T 3; 1935 von der OeK übernommen; 1956 als Werklok verkauft
2	293	Cn2t	Henschel	1909	9388	89 6138	pr. T 3; am 17. Juli 1961 ausgemustert und als Werklok an den VEB Stahlwerk Gröditz verkauft
3		Cn2t					pr. T 3; 1923 von der DRG gekauft

Triebwagen

Bahn-Nr.	neue Bahn-Nr. ab 1940	Bauart	Hersteller	Baujahr	Fabrik-Nr.	DR-Nr.	Bemerkungen
T 1	6	1-Adm	Lindner	1937			1946 von der SMAD beschlagnahmt und später in die UdSSR abgefahren

Die Bahnen des Provinzialverbandes Merseburg

Delitzscher Kleinbahn

Vorgeschichte

Nach dem Wiener Kongreß fiel die sächsische Stadt Delitzsch 1815 an das Königreich Preußen. Die Tuchmacherei bestimmte zu diesem Zeitpunkt die Wirtschaft der Stadt. Mit der Eröffnung der Strecke Bitterfeld–Leipzig am 1. Februar 1859 durch die BAE erhielt Delitzsch Anschluß an das Eisenbahnnetz. Mit der Inbetriebnahme der Teilstrecke Eilenburg–Halle der HSGE am 30. Juni 1872 wurde Delitzsch zu einem regional bedeutenden Eisenbahnknoten. Die HSGE kreuzte die BAE in Delitzsch über einen aufgeschütteten Damm niveaufrei. In den kommenden Jahren erlebte die Stadt einen beachtlichen wirtschaftlichen Aufschwung. Dabei entstanden unter anderem 1889 eine Zuckerfabrik, 1894 die Schokoladenfabrik »Böhme« und 1908 die Hauptwerkstatt der KPEV. Aber auch das Delitzscher Umland profitierte von der guten verkehrstechnischen Erschließung.
Besonders die südöstlich der Kreisstadt liegenden Dörfer Groß Krostitz, Klein Krostitz und Hohenleima entwickelten sich zu einem ländlichen Zentrum. Allerdings hatte keine der drei Gemeinden einen Bahnanschluß. Da der Bahnhof Krensitz der HSGE nur rund drei Kilometer von Klein Krostitz und Groß Krostitz entfernt war, entstand die Idee, eine Anschlußbahn nach Krensitz zu bauen. Ein besonderes Interesse an dieser Bahn zeigten im Jahr 1900 die Besitzer der Dampfmolkerei Hohenleima, des Rittergutes und der Brauerei in Klein Krostitz sowie der in Bau befindlichen Lagerbierbrauerei in Groß Krostitz. Alle versprachen sich davon einen billigeren und schnelleren Transport von Rohstoffen und Produkten. Sie beauftragten deshalb den Ingenieur Emil Ferber aus Halle/Saale mit der Ausarbeitung der gewünschten Anschlußbahn. Um möglichst viele Einwohner in den betreffenden Gemeinden für die Eisenbahn zu gewinnen, sollte die Strecke auch dem öffentlichen Personen- und Güterverkehr dienen. Man hoffte, daß dann die Grundstückseigentümer ihren Grund und Boden günstig zur Verfügung stellten.

Nach den Plänen Ferbers sollte die Strecke in Krensitz beginnen und über Krostitz bis zum Bahnhof Rackwitz an der Strecke Leipzig–Bitterfeld verlängert werden. Zunächst sollte nur das Teilstück Krensitz–Krostitz fertiggestellt werden. Nachdem das Projekt auf Zustimmung stieß, gründete Ferber die »Kleinbahnen-Bau-und Betriebsgesellschaft Emil Ferber & Co zu Halle a. S.«.

Bau und Eröffnung

Anschließend beantragte Ferber die Konzession zum Bau und Betrieb der geplanten Privatanschlußbahn und die Einmündung derselben in den KPEV-Bahnhof Krensitz. Während er die Erlaubnis von der KPEV bereits am 26. Februar 1901 erhielt, ließ die Betriebsgenehmigung des Merseburger Regierungspräsidenten noch auf sich warten. In der Zwischenzeit konnte Ferber die notwendigen Grundstücke kaufen und begann schließlich im Juli 1901 mit den Bauarbeiten. Am 16. September 1901 erteilte das Regierungspräsidium die Konzession für die Anschlußbahn. Bereits drei Monate später, am 13. Dezember 1901, wurde die Genehmigung so erweitert, daß nun auch ein öffentlicher Personen- und Güterverkehr möglich war.

Am 2. August 1929 wurde die Neubaustrecke Delitzsch–Rackwitz in Betrieb genommen. Das Foto zeigt den reich geschmückten Eröffnungszug in Freiroda.
Foto: Sammlung H. Schulz

Lok Nr. 189 im Jahr 1945 in Krostitz. Die Maschine gehörte ursprünglich der Kleinbahn Neuhaldensleben–Weferlingen.
Foto: Sammlung H. Schulz

Obwohl die Strecke bereits am 11. März 1902 landespolizeilich abgenommen wurde, zog sich die Eröffnung noch einige Wochen hin. Erst nachdem der Regierungspräsident die Strecke am 10. April 1902 als Kleinbahn konzessioniert hatte und Ferbers Gesellschaft als Eigentümerin im Bahngrundbuch am 19. April 1902 registriert war, eröffnete man die Kleinbahn Krensitz–Krostitz am 1. Mai 1902. Der erste Güterzug rollte am 15. Mai 1902 über die Gleise.

Die Gleise der Kleinbahn endeten unmittelbar hinter dem Gasthof »Zur Grünen Tanne« am Ortseingang von Groß Krostitz. Davon profitierten lediglich die Eigentümer der Lagerbierbrauerei. Denn das Material für den Neubau der Lagerbierbrauerei, der späteren Malzfabrik, konnte direkt auf der Baustelle entladen werden. Von der Endstation sollte nun ein rund 700 m langes Gleis in Richtung Ortsmitte gebaut werden, damit auch die Brauerei von Klein Krostitz ihren Gleisanschluß erhielt. Da aber einige Anlieger nicht bereit waren, ihr Land zu einem realistischen Preis zu verkaufen, mußte Ferber das Enteigungsrecht beantragen, das der Merseburger Regierungspräsident der Gesellschaft aber erst am 25. März 1904 verlieh.

Nach dem Ausbau der Gleisanlagen konnte Ferbers Gesellschaft am 1. Februar 1905 endlich den Personenverkehr zwischen Krensitz und Krostitz-Tanne aufnehmen. Bis 1906 zog sich der Weiterbau der Kleinbahn bis nach Krostitz-Hohenleima hin. Dabei mußte auch ein Teich verfüllt werden. Die Kosten für den Bau des Anschlußgleises von Krostitz-Hohenleima zur Brauerei in Klein Krostitz trugen die Besitzer der Brauerei. Nach der Abnahme des Streckenstücks von Krostitz-Tanne nach Krostitz-Hohenleima und des Anschlußgleises am 16. Juni 1906 folgte am 18. Juni 1906 die offizielle Eröffnung.

Die verzögerte Inbetriebnahme der Kleinbahn und die erheblichen Mehrkosten beim Bau brachten Ferbers Kleinbahngesellschaft an den Rande des Ruins. Um die Strecke vor dem Konkursverwalter zu retten, initiierte Emil Ferber bereits 1904 die Gründung der »Kleinbahn Crensitz–Crostitz AG«, die am 23. Juni 1905 in das Handelregister eingetragen wurde. Da sich aber keine weiteren Gesellschafter für diese AG fanden und somit das nötige Kapital zur Übernahme der Kleinbahn fehlte, mußte Ferber am 8. Mai 1909 die »Kleinbahn Crensitz–Crostitz AG« wieder liquidieren. In der Zwischenzeit hatte sich die finanzielle Lage der Kleinbahnen-Bau- und Betriebsgesellschaft derart verschlechtert, so daß Ferber 1910 beim Amtsgericht in Halle Konkurs anmelden mußte. Das Gericht beraumte für den 18. Oktober 1910 die Zwangsversteigerung der Strecke an, während der Regierungspräsident die KED Halle mit der Verwaltung der Kleinbahn beauftragte.

Da das Regierungspräsidium aber ein Interesse an der Kleinbahn hatte, suchte es nach einer Lösung des Problems. Mit maßgeblicher finanzieller Beteiligung der Provinz Sachsen und des Königreiches Preußen, vertreten durch das Ministerium der öffentlichen Arbeiten, konstituierte sich mit einem Stammkapital von 384 000 Mark die »Neue Kleinbahn AG Crensitz–Crostitz« (KCC), die zum 1. September 1911 die Kleinbahn übernahm. Für 140 000 Mark gingen sämtliche Anlagen und Fahrzeuge der Strecke in das Eigentum der KCC über. Die Konzession zum Betrieb der Strecke erhielt die KCC am 27. Oktober 1911.

Die KCC beschloß am 17. Dezember 1913, die Strecke bis Rackwitz zu verlängern. Der dafür notwendigen Aufstockung des Stammkapitals auf 522 000 Mark stimmten die Gesellschafter am 28. Januar 1914 zu. Außerdem nannte man die KCC in »Crensitzer Kleinbahn AG« um. Bereits vor der Unterzeichnung der Betriebsgenehmigung für die Streckenerweiterung nach Rackwitz am 21. Juli 1914 begannen im Mai 1914 die Bauarbeiten. Allerdings verzögerte sich mit dem Ausbruch des 1. Weltkrieges die Fertigstellung der neuen Strecken. Am 9. Dezember 1914 nahm die KCC den Abschnitt Krostitz–Zschölkau in Betrieb. Nach der landespolizeilichen und eisenbahntechnischen Abnahme am 19. März 1915 traf der erste Personenzug am 1. April 1915

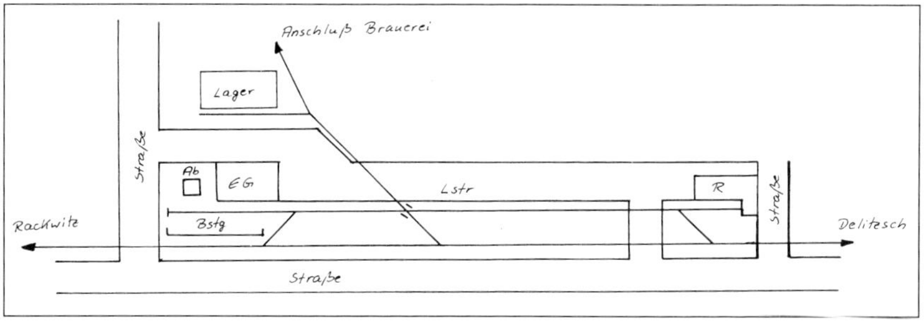

Spurplan des Bahnhofes Krostitz um 1945.
Skizze: Dirk Endisch

in Rackwitz ein. Das Übergabegleis zwischen der KCC und der KPEV im Bahnhof Rackwitz war erst im Juni 1915 fertig. Die Kleinbahnabteilung der Provinz Sachsen übernahm dann auch die Betriebsführung auf der KCC.

Betrieb und Verkehr

Während des 1. Weltkrieges nahm zwar der Personenverkehr auf der KCC zu – nicht zuletzt wegen der Streckenerweiterung nach Rackwitz – doch der Güterverkehr war rückläufig. Beförderte die KCC im Rechnungsjahr 1914/15 noch rund 40 000 t Güter und 25 000 Reisende, waren es zwei Jahre später nur noch knapp 26 000 t Güter, aber dafür über 72 000 Fahrgäste. Das war zwar mehr, als die Ferbersche Kleinbahn beförderte, doch Gewinne konnte die KCC trotz sparsamster Betriebsführung nicht erzielen.

Die finanzielle Situation der KCC war Anfang der zwanziger Jahre so prekär, daß die Provinz der Kleinbahn 1922 ein Darlehen über 270 000 Mark zur Instandsetzung ihrer Fahrzeuge und Anlagen gewähren mußte. Durch die Inflation und den weiter zurückgehenden Verkehr verschärfte sich die Situation. Im Geschäftsjahr 1923/24 hatten die Verkehrsleistungen der KCC mit nicht einmal 57 000 t Gütern und kanpp 27 000 Fahrgästen die Talsohle erreicht. Danach ging es langsam wieder bergauf.

Zeitgleich dachte man bei der KCC über eine Erweiterung der Kleinbahn von Rackwitz über Glesien nach Delitzsch nach. Von dieser Erschließung des westlichen Teils des Kreises Delitzsch versprach sich die KCC eine Belebung ihres Verkehrs. Der Aufsichtsrat der KCC stimmte dem Vorhaben am 21. Februar 1925 zu. Ein gutes Jahr später, am 22. März 1926, begann das in Delitzsch eingerichtete Provinzialbauamt mit den Vorarbeiten für die neue Strecke. Die Konzession zum Bau und Betrieb der Strecke Rackwitz–Delitzsch erteilte das Regierungspräsidium Merseburg am 22. Juli 1926.

Zur Finanzierung beschlossen die Aktionäre der KCC am 9. Januar 1927 die Erhöhung des Stammkapitals auf 2,972 Millionen Mark. Davon übernahmen das Deutsche Reich und der preußische Staat jeweils 567 000 Mark, die Provinz Sachsen 566 000 Mark sowie der Kreis Delitzsch 750 000 Mark. Fortan firmierte die KCC als »Delitzscher Kleinbahn AG« (DeK).

Im Juli 1927 rückten die ersten Baukolonnen an. Kopfzerbrechen bereitete der DeK die Einbindung der Strecke in die Gleisanlagen der Staatsbahn. Obwohl ein Gleis zum Berliner Bahnhof vorhanden war, durfte die DeK dieses nicht benutzen. Also mußte die Kleinbahn in Gertitz ihre Endstation Delitzsch West anlegen und bis zu den Bahnhöfen der DRG eine Buslinie einrichten. Den Betrieb der Buslinie genehmigte der Regierungspräsident am 19. April 1928. Am 1. November 1928 war es soweit: Der Abschnitt Delitzsch West–Zwochau wurde für den Güterverkehr freigegeben. Die gesamte Strecke von Delitzsch West nach Rackwitz-Güntheritz eröffnete die DeK feierlich am 2. August 1929.

Doch die Freude an der neuen Strecke war nicht ungetrübt. Zum einem lagen die Baukosten um ein Vielfaches über den ursprünglichen Voranschlägen, zum anderen nahmen die Beförderungsleistungen durch die Weltwirtschaftskrise nicht im erhofften Umfang zu.

Die Reduzierung der Anbauflächen für Zuckerrüben im Kreis Delitzsch war für die DeK ein schwerer Schlag. Im Personenverkehr verlor die Kleinbahn Fahrgäste an die Betreiber der Buslinie Leipzig–Bad Düben, die den Einwohnern zwischen Zschölkau und Krensitz eine attraktivere Verbindung anboten.

Bis zum Geschäftsjahr 1929/30 konnte die DeK ihre Beförderungsleistungen auf über 122 000 Fahrgäste und fast 93 000 t Güter steigern. Danach ging es bergab. Zwei Jahre später hatte die Kleinbahn erneut die Talsohle erreicht. Durch eine sparsame Betriebsführung, zu der ab 1932 auch der Einsatz eines Triebwagens gehörte, versuchte man, die DeK vor der Zahlungsunfähigkeit zu retten. Auch wenn sich ab 1933 der Verkehr zwischen Krensitz und Delitzsch wieder belebte, blieb die finanzielle Situation der Gesellschaft angespannt. Ab 1934 konnte die DeK ihre Schulden nicht mehr mit eigenen Mitteln tilgen. Die Verhandlungen mit den Gläubigern zogen sich bis zum Dezember 1939 hin. Den Kernpunkt der Entschuldung bildete eine Kapitalerhöung der DeK um 150 000 Mark. Dabei verpflichtete sich die Provinz Sachsen zur Zahlung von 150 000 Mark an die Mitteldeutsche Landesbank, die ihrerseits auf 220 000 Mark an Zinsen verzichtete und der Provinz Vorzugsaktien der DeK übergeben mußte. Die restlichen Schulden in Höhe von 265 000 Mark wollte die Provinz der Bank in fünf Jahresraten zinsfrei zurückzahlen.

180e Delitzsch unt Bf–Glesien–Rackwitz

Alle Züge nur 2. Klasse und bG Triebwagen = oG

km	Rbd Halle Zug Nr	b2701		2703	✕T2717	f 2705	✝2715	2715	■ 2707	Sa2707		✕ 2709	■T 2725	SaT 2725	■T2727	✕ 2711	T 2713	✝ 2713	■T2713	T 2780	T2723
	Bitterfeld 180 ... ab	...	...	...	*5.34*	*9.15*	...	...	...	...	...	*z 13.31*	...	...	*■ 14.55*	*✕16.29*	*✕16.29*	*17.15*	*19.04*	*22.55*	*22.55*
0,0	**Delitzsch** u Bf 180, 183 .. ab	...	...	4.43	✕ 6.22	✕10.40	✝11.07	...	■12.30	Sa 12.37	...	✕ 14.12	■15.03	Sa15.09	■ 16.43	✕17.15	Sa 18.17	✝18.20	■20.01	■d23.25	◪23.32
2,0	Delitzsch West ...	3.52	...	4.54	6.38	10.49	✝11.15	11.16	12.39	12.46	...	14.21	15.12	15.28	16.53	17.25	18.36	18.32	20.10	23.34	23.42
6,1	Lissa (Kr Delitzsch) ...	4.01	...	5.02	6.47	10.58	an	11.25	12.48	12.54	...	14.30	15.21	15.37	17.02	17.34	18.45	18.41	20.19	23.42	23.50
8,4	Zwochau Ost ...	|	...	|	|	|	...	|	|	|	...	|	|	|	|	17.41	|	|	|	23.48	◪23.57
9,3	Zwochau (Kr Delitzsch) ...	4.10	...	5.11	6.56	11.07	...	11.34	12.57	13.03	...	14.39	15.30	15.46	17.10	17.44	18.54	18.50	20.27	23.52	g 0.00
11,9	Kölsa (Kr Delitzsch) ...	4.17	...	5.18	7.03	11.14	...	11.41	13.04	13.09	...	14.45	15.37	15.53	17.17	17.52	19.01	18.57	20.34	■23.59	0.07
14,1	**Glesien** ...	4.24	...	5.25	7.19	11.21	...	11.48	13.10	13.15	...	14.51	■15.43	Sa15.59	■ 17.23	17.59	19.18	19.04	20.41	a 0.05	0.13
18,1	Freiroda (Kr Delitzsch) ...	4.34	...	5.34	7.29	11.31	...	11.58	13.20	13.25	...	15.01	an	an	an	18.09	19.28	19.14	20.51	0.15	0.23
19,9	Radefeld-Hayna ...	4.40	...	5.49	7.34	11.36	...	12.03	13.25	13.29	...	15.06	...	...	...	18.14	19.33	19.19	20.56	0.20	0.28
23,9	Wolteritz ...	4.50	...	5.58	7.44	11.46	...	12.13	13.35	13.38	...	15.16	...	...	...	18.24	19.43	19.29	21.06	0.30	0.37
26,9	**Rackwitz** (b Lpz) 178f, 180 an	4.58	...	6.06	✕ 7.52	✕11.54	...	12.21	■13.43	Sa 13.45	...	✕15.24	...	...	...	✕18.32	Sa 19.51	✝19.37	■21.15	a 0.38	a 0.45
	Leipzig Hbf 180 ... an	*5.22*	...	*6.32*	*8.43*	*⊡12.49*	...	*⊡12.49*	*14.28*	...	...	*15.52*	...	...	...	*19.59*	...	*19.59*	*22.29*	...	...
	Delitzsch unt Bf 183 180 an	...	...	*6.45*	*✕ 8.34*	*z 12.27*	...	*z 12.27*	*14.03*	...	...	*✕15.42*	...	...	...	*20.44*	...	*20.44*	*21.58*	...	...
	Bitterfeld ... 180 an	...	...	*7.06*	...	*z 12.50*	...	*z 12.50*	*14.23*	...	...	*✕16.01*	...	...	...	*21.03*	...	*21.03*	*22.18*	...	...

a außer S u nS, b ✝ als Triebwagen, f ✕ außer Sa als Triebwagen, g S u nS z ✕ sowie an gesetzlichen Wochenfeiertagen

180e Rackwitz–Glesien–Delitzsch unt Bf

Alle Züge 2. Klasse u bG, Triebwagen = oG

km	Rbd Halle Zug Nr	T2724	✕T2700	✕2702	2704	b 2706	✕T2718	f 2703	Sa2703	■ 2720	✝ 2710	2710	■T 2726	■ 2710	SaT 2726	✕ 2712	✕ 2714	■T 2722	Sa2728	h2716	◪T 2718
	Gegenrichtung																				
	Bitterfeld ... 180 ab	...	...	*4.30*	*5.34*	*7.52*	...	*9.15*	...	...	*⊡ 11.58*	*Sa 12.28*	...	*14.55*	...	*✕16.29*	*17.15*	...	*19.04*	*21.32*	...
	Delitzsch unt Bf 183 180 ab	...	...	*4.50*	*5.56*	*8.14*	...	*9.36*	...	...	*⊡ 12.18*	*Sa 12.49*	...	*15.18*	...	*✕16.52*	*17.35*	...	*19.26*	*21.54*	...
	Leipzig Hbf 180 ... ab	...	...	*3.58*	*6.12*	*8.49*	...	*z 11.5[illegible]*	...	...	*13.31*		...	*✕ 15.10*	...	*z 16.57*	*18.10*	...	*20.10*	*21.25*	...
0,0	**Rackwitz** (b Lpz) 178f, 180 ab	0.54	...	✕5.28	6.42	9.10	...	✕12.27	...	...	✝13.57	Sa14.54	...	■15.38	...	✕17.18	✕18.42	...	Sa 20.45	22.15	...
3,0	Wolteritz ... 183	×1.01	...	5.36	6.50	9.18	...	12.35	...	...	14.05	14.02	...	15.46	...	17.26	18.50	...	20.53	22.23	...
7,0	Radefeld-Hayna ...	×1.10	...	5.46	7.00	9.27	...	12.45	...	...	14.14	14.11	...	15.55	...	17.36	19.00	...	21.03	22.33	...
8,8	Freiroda (Kr Delitzsch) ...	×1.14	...	5.51	7.05	9.32	...	✕12.50	...	...	14.19	14.16	...	16.00	...	17.41	19.04	...	21.08	22.38	...
12,8	**Glesien** ...	×1.24	✕4.54	6.04	7.17	9.42	...	■13.14	Sa13.20	...	14.29	g 14.54	■15.46	16.10	Sa 16.10	18.02	19.15	...	21.19	22.49	...
15,0	Kölsa (Kr Delitzsch) ...	×1.29	5.00	6.10	7.23	9.47	...	13.20	13.26	...	14.34	15.00	15.51	16.15	16.15	18.08	19.20	...	21.25	22.55	...
17,6	Zwochau (Kr Delitzsch) ...	×1.35	5.16	6.17	7.30	9.54	...	13.27	13.33	...	14.41	15.07	15.57	16.23	16.23	18.15	19.27	...	21.32	23.02	...
18,5	Zwochau Ost ...	|	5.19	6.20	|	|	...	|	|	...	|	|	|	|	|	|	|	...	|	|	...
20,8	Lissa (Kr Delitzsch) ...	×1.43	5.26	6.27	7.39	10.02	...	13.36	13.42	...	14.49	15.16	16.07	16.31	16.31	18.24	19.36	...	21.41	23.11	...
24,3	Delitzsch West ...	1.51	5.34	6.35	7.47	✝10.10	✕10.25	■13.43	13.52	■13.52	14.58	15.24	16.19	■16.39	Sa 16.39	18.32	✕19.43	■19.50	Sa 21.49	23.19	◪23.20
26,9	**Delitzsch** unt Bf 180 183 an	an	✕5.43	✕6.44	7.56	✝10.20	✕10.34	an	Sa14.01	■14.01	✝15.07	Sa15.33	■16.38	an	an	✕18.41	an	■19.59	an	an	◪23.29
	Bitterfeld 180 ... an	...	*7.06*	*7.06*	*9.43*	*11.22*	*✕10.53*	...	*14.23*	*14.23*	*16.44*	*Sa 16.01*	*z 17.48*	...	...	*19.06*	...	*21.03*	...	...	*◪ 0.20*

a außer S u nS b ✝ als Triebwagen d von Delitzsch ob. Bf f ✕ außer Sa als Triebwagen g Glesien an 14.25 h S u Sa als Triebwagen z ✕ sowie an gesetzlichen Wochenfeiertagen

Das Zugangebot zwischen Delitzsch unt Bf und Rackwitz im Sommerfahrplan 1957 (gültig vom 2. Juni bis 28. September 1957).
Abb: Sammlung D. Endisch

Zwischenzeitlich hatte der Verkehr auf der Kleinbahn spürbar zugenommen. Mit der Eröffnung des Haltepunktes Delitzsch Stadt in unmittelbarer Nähe des Berliner Bahnhofes am 15. Dezember 1936 konnte der Buspendel nach Delitzsch West entfallen. Davon profitierte besonders der Personenverkehr auf der Schiene, der bis zum Rechnungsjahr 1937/38 auf über 136 000 Fahrgäste anstieg. Aber auch der Güterverkehr hatte sich positiv entwickelt. Er lag nun bei rund 98 000 Tonnen.

Mit der Einstellung des konkurrierenden Busverkehrs während des 2. Weltkrieges schnellte die Zahl der verkauften Fahrkarten in die Höhe. Bereits 1940/41 zählte die DeK über 534 000 Reisende. Der Anstieg des Güterverkehrs hingegen hielt sich in Grenzen. Für die Erneuerung ihrer Gleisanlagen setzte die DeK ab 1940 Kriegsgefangene ein. Wie viele andere Bahnen änderte auch die DeK während des Krieges ihren Namen. Ab 14. August 1942 nannte sich die Kleinbahn »Delitzscher Eisenbahn AG«.
Von Zerstörungen blieb die Kleinbahn verschont. Lediglich 1944 beschoß ein Tiefflieger einen Zug bei Radefeld. Erst mit dem Einmarsch der US-Armee am 20. April 1945 mußte die Kleinbahn den Verkehr einstellen. Bereits am 12. Mai 1945 nahm die DeK den Betrieb in eingeschränktem Umfang wieder auf.
Noch 1945 wurde das Vermögen der DeK zugunsten der Provinz Sachsen beschlagnahmt. Der Präsident der Provinz unterstellte die DeK am 9. März 1946 dann seiner unmittelbaren Aufsicht und Verfügungsgewalt.
Zum 1. Januar 1947 übernahm die »Sächsische Provinzbahnen G.m.b.H.« die Betriebsführung auf der Kleinbahn. Mit der Übernahme der ehemaligen DeK durch die VVB des Verkehrswesens Sachsen-Anhalt ab 16. August 1948 hatte die Kleinbahn endgültig ihre Selbständigkeit verloren. Nur wenige Tage nach der Übertragung der Verwaltung und Nutznießung auf die Deutsche Reichsbahn am 1. April 1949 besichtigten Vertreter der Rbd Halle die ehemalige DeK. Die Rbd Halle löste die Betriebsleitung zum 1. Oktober 1949 auf. Dabei wurden die Bahnhöfe Delitzsch West, Krostitz und Glesien zu selbständigen Dienststellen erhoben. Außerdem entstand in Rackwitz eine neue Bahnmeisterei. Der Lokschuppen und die Werkstatt in Delitzsch West wurden dem Bw Bitterfeld zugeschlagen.
In den fünfziger und sechziger Jahren waren die Strecken Delitzsch–Rackwitz (KBS 180e) und Rackwitz–Krensitz (KBS 178f) noch unverzichtbar. Im Winterfahrplan 1957/58 setzte die Reichsbahn auf

178f Rackwitz–Krensitz Alle Züge 2. Klasse und bG Triebwagen = oG

km	Rbd Halle	Zug Nr	a 2762	a 2764		2770			Sa 2768		■ 2772		⚒ 2774		⚒ 2776		⚒ 2778		† T 2780	T 2780	■ T 2780	
	Delitzsch unt Bf 180	ab	...	5.56		So 10.44 Sa 12.00		...	Sa 12.49	...		...	15.18	...	⚒ 16.52	...	17.35	...	19.26	...	⚒ 21.54	...
	Leipzig Hbf 180	ab	3.58	6.12	...	d 11.55 Sa 12.00		...	13.31	...	13.31	...	⚒ 15.10	...	z 16.57	...	18.10	...	20.10	...	21.25	...
0,0	**Rackwitz** (b Leipzig) 180	ab	5.00	6.38	...	12.23	...	...	Sa 13.53	...	■ 13.53	...	⚒ 15.39	...	⚒ 17.19	...	⚒ 19.08	...	† 20.31	Sa 20.46	■ 22.14	...
2,5	Zschölkau 180e, 183		|	6.45	...	12.30	...	...	14.00	...	14.00	...	15.46	...	17.26	...	19.15	...	20.38	20.53	22.21	...
3,6	Zschölkau Nord		|	6.49	...	12.34	...	...	14.04	...	14.04	...	15.50	...	17.30	...	19.19	...	20.42	20.57	22.24	...
4,3	Kletzen		|	6.52	...	12.36	...	...	14.07	...	14.07	...	15.53	...	17.33	...	19.21	...	20.45	20.59	22.27	...
5,4	Krostitz Süd		|	6.57	...	12.40	...	...	14.11	...	14.11	...	15.57	...	17.38	...	19.25	...	20.49	21.03	22.30	...
6,9	**Krostitz**		5.17	7.02	...	12.45	...	...	14.18	...	■ 14.16	...	16.02	...	17.43	...	19.30	...	20.53	21.08	22.35	...
8,3	Krostitz Nord		|	X 7.07	...	12.50	...	...	X 14.23	...	an	...	X 16.08	...	17.48	...	X 19.35	...	X 20.58	X 21.14	X 22.40	...
10,4	**Krensitz** 173	an	5.28	7.13	...	12.57	...	...	Sa 14.29	...	...	...	⚒ 16.14	...	⚒ 17.54	...	⚒ 19.41	...	† 21.04	Sa 21.20	■ 22.46	...

z ⚒ sowie an gesetzlichen Wochenfeiertagen ■ † als Triebwagen

178f Krensitz-Rackwitz Alle Züge 2. Klasse und bG Triebwagen = oG

km	Rbd Halle	Zug Nr	⚒ 2761		a 2763		a 2765		T 2767	2771	■ 2773		Sa 2769		⚒ 2775		⚒ 2777	Sa 7279	■ 2779	† T 2731	T 2781
0,0	**Krensitz** 178	ab	⚒ 4.16	...	5.36	...	7.30	...	Sa 11.43	13.05	...	...	Sa 14.44	...	⚒ 16.22	...	⚒ 18.05	Sa 20.05	■ 20.30	† 21.08	Sa 21.24
2,1	Krostitz Nord		X 4.22	...	X 5.42	...	X 7.36	...	X 11.49	X 13.11	...	...	X 14.50	...	X 16.28	...	X 18.11	X 20.11	X 20.36	X 21.14	X 21.30
3,5	**Krostitz**		4.27	...	5.47	...	7.41	...	11.54	13.16	■ 14.33	...	14.55	...	16.33	...	18.16	20.16	20.41	21.19	21.35
5,0	Krostitz Süd		4.32	...	5.51	...	7.46	...	11.58	13.21	14.38	...	15.00	...	16.38	...	|	20.21	20.46	21.24	21.40
6,1	Kletzen		4.36	...	5.55	...	7.50	...	12.02	13.25	14.42	...	15.04	...	16.42	...	|	20.25	20.50	21.28	21.44
6,8	Zschölkau Nord		4.38	...	5.58	...	7.52	...	12.05	13.28	14.45	...	15.07	...	16.45	...	18.26	20.28	20.53	21.30	21.46
7,9	Zschölkau 180e, 183		4.42	...	6.02	...	7.56	...	12.08	13.32	14.49	...	15.11	...	16.49	...	18.30	20.32	20.57	21.34	21.50
10,4	**Rackwitz** (b Leipzig) 180	an	⚒ 4.49	...	6.09	...	8.03	...	Sa 12.15	13.40	■ 14.57	...	Sa 15.19	...	⚒ 16.57	...	⚒ 18.37	Sa 20.40	■ 21.05	† 21.41	Sa 21.57
	Leipzig Hbf 180	an	5.22	...	6.32	...	8.48	...	Sa 12.42	z 14.28 So 14.12	15.52	...	15.52	...	⚒ 17.27	...	19.59	...	22.29	22.29	22.29
	Delitzsch unt Bf 180	an	6.46	...	6.46	...	⚒ 8.34	...	Sa 12.35	14.03	⚒ 15.42	...	⚒ 15.42	...	z 17.28	...	20.44	...	21.58	21.58	23.08

z ⚒ sowie an gesetzlichen Wochenfeiertagen ■ † als Triebwagen b So u Sa d außer So u Sa

Über eine halbe Stunde dauerte im Sommer 1957 eine Zugfahrt auf der 10, 4 km langen Strecke von Krensitz nach Rackwitz.
Abb: Sammlung D. Endisch

der KBS 180e zehn Reisezugpaare ein, während auf der KBS 178f werktags sechs Personenzugpaare im Einsatz waren. Erst Ende der sechziger Jahre hatte die ehemalige DeK durch den Kraftverkehr und den gewachsenen Individualverkehr ihre Existenzgrundlage verloren. Mit der Einstellung des Reiseverkehrs zwischen Delitzsch und Glesien zum 28. Mai 1967 begann das Ende der Kleinbahn. Das Teilstück Delitzsch–Glesien legte die DR am 24. September 1967 endgültig still. Auf dem Abschnitt Glesien–Rackwitz verkehrte am 30. Mai 1970 der letzte Personenzug. Tags darauf gingen auch große Teile des Personenverkehrs der Strecke Rackwitz–Krensitz auf den Bus über. An Wochenenden und Feiertagen ruhte der Verkehr auf dem östlichen Teil der ehemaligen DeK. Am Freitag, dem 26. Mai 1972, verkehrte der letzte Personenzug zwischen Rackwitz und Krensitz. Die offizielle Stillegung der Strecke erfolgte am 3. Juni 1973.

Strecke und Anlagen

Die rund 35 km lange Strecke der DeK begann im Bahnhof Krensitz. Hinter dem Bahnhof schwenkte die Strecke nach Südwesten. Zwischen dem Bach Leine, der an einigen Stellen verlegt werden mußte, und der heutigen Bundesstraße 2 verlief die Strecke über die Haltepunkte Niederossig und Krostitz Nord, dem früheren Lehelitz, nach Krostitz. Vor dem Gasthaus »Zur Grünen Tanne« zweigte das Anschlußgleis zur Malzfabrik ab.

Außerdem existierte hier ein Haupt- und Ladegleis, eine Ladestraße, ein kurzer Bahnsteig sowie ein 19 m langer Lokschuppen. Auf ein Stationsgebäude hatte man verzichtet. Der eigentliche Bahnhof Krostitz lag am Kilometer 3,5. Hier entstanden 1906 ein Empfangsgebäude mit Güterschuppen und Abort, ein 32 m langer Bahnsteig sowie ein Ladegleis mit Ladestraße und Rampe.

Hinter Krostitz verlief die Strecke dann weiter parallel zur Bundesstraße 2. Erst hinter Pröttitz, dem späteren Krostitz Süd, kreuzte die Kleinbahn die Straße. In Pröttitz, wie bei den folgenden Stationen auch, genügten ein Wellblechhäuschen mit Warte- und Dienstraum, ein Bahnsteig sowie ein Ladegleis mit Rampe dem Verkehrsaufkommen. Über Kletzen mit seinem Ladegleis und Rampe, Hohenossig (später Zschölkau Nord), Zschölkau und Güntheritz (später Rackwitz Süd) dampften die Züge der DeK nach Rackwitz Anschlußbahnhof.

Die Anlagen der Kleinbahn lagen westlich des Staatsbahnhofes. Bis 1921 gab es hier nur ein Wartehalle aus Wellblech und ein Ladegleis. Erst im Zuge des Streckenausbaus nach Delitzsch entstand das repräsentative zweigeschossige Empfangsgebäude. Eine Besonderheit stellten die Rillengleise mit 1000 mm Spurweite im Rackwitzer Bahnhof dar. Auf speziellen Wagen tauschten die Staatsbahn und die DeK Stückgut aus. In Krensitz gab es auch solche Gleise. Über eine Brücke mit zwei Öffnungen von 10,5 und 12,1 m lichter Weite kreuzte die Kleinbahn in Rackwitz die Gleise der Staatsbahn.

Die Strecke verlief nun in westlicher Richtung und führte über Lössen, dem späteren Wolteritz, Radefeld-Hayna und Freiroda nach Glesien (Kilometer 12,8). Bei Lössen mußte die DeK über den Loberbach eine 12 m lange Brücke anlegen. Ab Freirode verlief die Strecke in nördlicher Richtung. In Glesien, der wichtigsten Zwischenstation, gab es insgesamt drei Gleise, von denen eines als Ladegleis genutzt wurde. Ein eingleisiger Lokschuppen, ein Ladegleis, eine Waage, ein Beamtenwohnhaus und ein Stationsgebäude komplettierten den Bahnhof. Ansonsten verfügten alle Bahnhöfe der Strecke Rackwitz–Delitzsch West, mit Ausnahme von Freiroda und Grabschütz, über ein Stationsgebäude mit Dienst- und Warteraum im Erdgeschoß sowie einer Wohnung im Dachgeschoß und ein Abort.

Bevor die Züge in den Bahnhof Kölsa einfuhren, schwenkte die Strecke nach Osten ab, um hinter der Station wieder nach Norden zu verlaufen. Über Zwochau, Grabschütz, später Zwochau Ost, und Lissa ging es weiter nach Delitzsch West, dem betrieblichen Mittelpunkt der DeK. In Delitzsch West besaß die Kleinbahn neben neun Gleisen ein repräsentatives Empfangsgebäude, in dem auch die Betriebsleitung saß, einen Lokschuppen mit Werkstatt, einen Güterschuppen und einen Autohalle. Außerdem gab es einen Kohlenbansen und einen Wasserkran. Für die Einfädelung in den Berliner Bahnhof mußte die DeK über die Strecke Halle–Cottbus eine Brücke mit 20,5 m lichter Weite und 5,8 m Höhe anlegen.

Der Oberbau der DeK bestand aus Schienen der preußischen Formen V und VI auf Holzschwellen. Die Gleise waren entweder eingeschottert oder in Kies verlegt. Insgesamt 46 Weichen, zwei doppelte Kreuzungsweichen, eine Doppelweiche und ein Kreuzung waren vorhanden. Die größte Steigung betrug 1 : 100. Der kleinste Radius lag bei 300 m. Alle Stationen waren an die Fernsprechleitung angeschlossen. Insgesamt verfügte die DeK über 19 Fernsprecher. Die zulässige Höchstgeschwindigkeit auf der Kleinbahn betrug 40 km/h. Sämtliche Bahnübergänge waren unbeschrankt.

Fahrzeuge

Für seine Kleinbahn Krensitz–Krostitz kaufte Emil Ferber 1902 einen Zweikuppler bei der Hanomag, der als »CROSTITZ« zum Einsatz kam. Mit der Eröffnung des Personenverkehrs kaufte Ferber eine zweite Maschine, deren Herkunft bis heute ungeklärt blieb. Sie soll als »CRENSITZ« bezeichnet worden sein. Im Herbst 1909 erhielt die Lok bei der Lokfabrik Hartmann in Chemnitz eine Hauptuntersuchung. Da Ferber die Kosten in Höhe von 9150 Mark als zu hoch erachtete, ließ man die Lok in Chemnitz stehen und nahm sie nicht wieder zurück. Nach dem Konkurs von Emil Ferber übernahm die KCC 1911 von O & K einen hauptuntersuchten Zweikuppler, von dem nur die Fabrik-Nr. 160 bekannt ist.

Von der KBGW mietete die Kleinbahn am 21. Dezember 1914 eine Bn2-Tenderlok an, die erst 1915 gekauft wurde und dann als Lok 5 im Einsatz war. Ein zweiter Zweikuppler kam 1918 von der KRF nach Krostitz. Ihre ersten Dreikuppler vom Typ »Bismarck I« kaufte die Kleinbahn 1927.

Anfang der dreißiger Jahre hielten schließlich Triebwagen auf der DeK Einzug. Den Anfang machte der als T 2 bezeichnete DWK-Triebwagen, der am 1. März 1932 von der KBA in Delitzsch eintraf. Ihm folgte 1937 ein fabrikneuer der Waggonfabrik Ammendorf. Im Tausch gegen einen Wumag-Triebwagen samt Beiwagen gab die DeK am 11. Mai 1939 ihren DWK-Triebwagen an die SaK ab. Von der Lak übernahm man 1940 noch einen dritten Triebwagen. Zu diesem Zeitpunkt besaß die DeK nur noch zwei Dampfloks.

Der Wagenpark der Kleinbahn war bescheiden. Im Sommer 1906 besaß die DeK zwei Personenwagen und je einen O- und G-Wagen. Zehn Jahre später gehörten der KCC neben drei Personen- und 16 O-Wagen eine Draisine sowie ein Bahnmeisterwagen.

Im Sommer 1929 nannte die DeK vier Personenwagen der III. Klasse, einen Personenwagen der II./III. Klasse, zwei Pack- und 33 O-Wagen ihr eigen. Mit dem Einsatz von Triebwagen im Personenzugdienst konnte sich die DeK von einigen Reisezugwagen trennen. Nach der Indienststellung des dritten Triebwagens besaß die Kleinbahn 1940 nur noch zwei Packwagen sowie je einen Personenwagen der III. und der II./III. Klasse. Für den Güterverkehr hielt die DeK insgesamt 48 offene Güterwagen der unterschiedlichsten Bauarten vor.

Triebfahrzeuge der Delitzscher Kleinbahn:

Dampflokomotiven

Bahn-Nr.	neue Bahn-Nr. ab 1940	Bauart	Hersteller	Baujahr	Fabrik-Nr.	DR-Nr.	Bemerkungen
CROSTITZ		Bn2t	Hanomag	1902	3743		ab 17. Februar 1917 nicht mehr im Einsatz
CRENSITZ		Bn2t					verblieb 1909 nach einer Hauptuntersuchung bei Hartmann in Chemnitz

Bahn-Nr.	neue Bahn-Nr. ab 1940	Bauart	Hersteller	Baujahr	Fabrik-Nr.	DR-Nr.	Bemerkungen
40		Cn2t	Henschel	1914	13 024	89 6023	Typ »Bismarck I«; von 1914 bis 1916 von der KyK angemietet; am 31. Mai 1964 ausgemustert
160		Bn2t			160		1911 nach einer Hauptuntersuchung bei O & K gekauft
1	189	Bn2t	Henschel	1906	7244	98 6208	Lok 3 KCC; seit 1918 von der KRF angemietet; erst am 19. Januar 1923 gekauft; 1963 ausgemustert
3	279	Cn2t	Henschel	1927	20 938	89 6166	Typ »Bismarck I«; bis 29. Februar 1928 an die KBA vermietet; am 31. Mai 1964 ausgemustert
4	280	Cn2t	Henschel	1927	20 939	89 6167	Typ »Bismarck I«; am 31. Mai 1964 ausgemustert
5		Bn2t	Hagans	1903	493		Lok 5 der KCC; seit 21.Dezember 1914 von der KBGW angemietet; 1915 gekauft; ab 23. Januar 1935 bei der OeK im Einsatz; erst am 13. Juli 1935 verkauft

Triebwagen

Bahn-Nr.	neue Bahn-Nr. ab 1940	Bauart	Hersteller	Baujahr	Fabrik-Nr.	DR-Nr.	Bemerkungen
T 1	12	1-Adm	Lindner	1937		VT 135 530	am 30. Juni 1937 abgeliefert; ab 1. Juni 1970 als 186 020 im Einsatz; am 5. Oktober 1970 im Bw Leipzig-Wahren ausgemustert
T 2	91	(1-A)'(A-1)'dm	DWK	1924	40	VT 137 514	DWK-Typ IV; Vorführwagen auf der Eisenbahnausstellung in Seddin 1924; am 1. März 1932 von der KBA gekauft; ab 1934 mit Dieselmotor im Einsatz; am 11. Mai 1939 an die SaK verkauft; am 4. März 1961 ausgemustert
T 2II	39	1-Adm	Wumag	1937		VT 135 531	am 12. Mai 1939 von der SaK gekauft; ab 1. Juni 1970 als 186 021 im Einsatz; am 5. Oktober 1970 im Bw Leipzig-Wahren ausgemustert
	29	1-Adm	Wumag	1935		VT 135 521	1940 von der LaK gekauft; ab 1. Juni 1970 als 186 015 im Einsatz

Beiwagen

Bahn-Nr.	neue Bahn-Nr. ab 1940		Hersteller	Baujahr	Fabrik-Nr.	DR-Nr.	Bemerkungen
VB 1	177		Sachsenwerk	1938		VB 140 507	am 12. Mai 1939 von der SaK gekauft; ab 1. Juni 1970 als 190 849 im Einsatz

Die Bahnen des Provinzialverbandes Merseburg

Kleinbahn Gardelegen–Neuhaldensleben–Weferlingen

Vorgeschichte

Bis weit in die zweite Hälfte des 19. Jahrhunderts prägte die Landwirtschaft das Bild im ehemaligen Kreis Neuhaldensleben. Die Zuckerfabriken in Weferlingen und Neuhaldensleben sowie die Zementfabrik Drakenberg bei Walbeck brachten erst neue Arbeitsplätze in die von der Landwirtschaft geprägte Region. Allerdings blieb die Region verkehrstechnisch völlig ungenügend erschlossen, denn die zwischen 1872 und 1874 von der MHE eröffnete Strecke Magdeburg–Oebisfelde tangierte das Gebiet nur. Die zwischen 1860 und 1861 angelegte Chaussee von Neuhaldensleben nach Weferlingen genügte nicht mehr den Anforderungen. Auch die von der KPEV am 1. September 1895 in Betrieb genommene Nebenbahn Helmstedt–Grasleben–Weferlingen–Oebisfelde verbesserte die Situation nur geringfügig. Immerhin konnte die Weferlinger Zuckerfabrik ihre tieferliegenden Werkanlagen durch eine Zahnradbahn mit dem Bahnhof der KPEV verbinden. Damit konnte man zwar den Transport der Kohle zur Fabrik und die Abfuhr des Zuckers rationalisieren, doch der Großteil der Rüben mußte nach wie vor mit

Während des Baus der Kleinbahn Gardelegen–Neuhaldensleben entstand 1910 dieses Foto in den Kiesgruben bei Roxförde.
Foto: Sammlung W. List

Eisenbahner und Anwohner versammelten sich um 1915 für dieses Foto in Clüden.
Foto: Sammlung W. List

Anfang der 50er Jahre trug die 75 6685 des Bw Haldensleben noch keine Lokschilder.
Foto: Sammlung W. List

Fuhrwerken über die Chaussee gekarrt werden.
Die Inhaber der beiden Zuckerfabriken und des Kalkwerkes setzten sich mit Nachdruck für die eisenbahntechnische Erschließung des westlichen Kreisgebietes ein. Unterstützt wurden sie dabei vom Behnsdorfer Amtsvorsteher Kruse, der am 19. Januar 1899 beim Regierungspräsidium Magdeburg die Aufnahme von Vorarbeiten für eine Kleinbahn Neuhaldensleben–Weferlingen beantragte. Zwei Tage später gründeten Vertreter der Gemeinden und ansässige Firma ein Eisenbahnkomitee, das die »Centralverwaltung für Secundairbahnen« in Berlin mit der Ausarbeitung der Bauunterlagen beauftragte. Hermann Bachstein übergab am 31. Juli 1901 dem Magdeburger Regierungspräsidenten die Baupläne. Der erste Kostenvoranschlag belief sich auf 1,82 Millionen Mark für die gewünschte Eisenbahn. Nach der landespolizeilichen Prüfung legte man die Bauunterlagen in den Gemeindebüros aus.
Allerdings bereitete die Finanzierung des Projektes dem Komitee große Schwierigkeiten, so daß man die Anliegergemeinden bat, den für den Bau erforderlichen Grund und Boden kostenlos zur Verfügung zu stellen. Als auch das nicht reichte, vereinfachte man die Anlagen und verzichtete unter anderem auf eine der drei veranschlagten Loks. Damit konnte man die Kosten in den am 6. Mai 1905 vorgelegten Berechnungen auf 1,45 Millionen Mark reduzieren. Als sich schließlich im Herbst 1905 die Provinz Sachsen und das Ministerium der öffentlichen Arbeiten bereit erklärten, jeweils 483 000 Mark zu übernehmen, war die Finanzierung der Kleinbahn gesichert. Am 18. Dezember 1905 wurde schließlich die »Kleinbahn AG Neuhaldensleben–Weferlingen« (KNW) gegründet. Neben der Provinz und dem Königreich Preußen beteiligten sich unter anderem der Kreis Neuhaldensleben mit 81 000 Mark und der Kreis Gardelegen mit 45 000 Mark an der KNW. Die restlichen 358 000 Mark brachten mehrere kleinere Gesellschafter in die AG ein. Anschließend beantragte die KNW beim Regierungspräsidenten in Magdeburg den Bau und Betrieb der Kleinbahn. Die Konzessionsurkunde erhielt die Kleinbahn-Gesellschaft am 18. Juni 1906.

Bau und Eröffnung

Nach dem Erhalt der Betriebsgenehmigung beauftragte die KNW den Provinzialverband in Merseburg mit der Bau-

Heute bestimmen Triebwagen der Baureihe 171/172 das Bild auf der Strecke nach Weferlingen. Im Dezember 1993 begegneten sich in Walbeck der noch rote 171 011 und ein Nahgüterzug, den 50 3708 und 50 3606 zogen.
Foto: D. Endisch

Typisch Kleinbahn: Einschnitt und Telegrafenleitung bei Weferlingen im Mai 1991.
Foto: D. Endisch

leitung, der seinerseits die Firma Michaelson aus Hannover mit dem Bau der Gleisanlagen und Gebäude beauftragte. Als Generalunternehmer vergab Michaelson zahlreiche Aufträge an Handwerker im Landkreis Neuhaldensleben.
Im Zuge der Arbeiten wurde auch das Anschlußgleis der Weferlinger Zuckerfabrik als Verbindung zwischen den Bahnhöfen der KNW und der Staatsbahn ausgebaut. Dabei entfernte man auch die Zahnradstrecke. Bereits am 25. Oktober 1906 verkehrten auf der ehemaligen Anschlußbahn die ersten Güterzüge. Am 1. Dezember 1906 eröffnete die Kleinbahn den öffentlichen Güterverkehr auf dem Abschnitt von Weferlingen zum Bahnhof Weferlingen Zuckerfabrik .
Von Weferlingen aus gingen die Bauarbeiten weiter in Richtung Neuhaldensleben. Das Streckenstück Weferlingen Zuckerfabrik–Behnsdorf wurde am 15. März 1907 für den Personen- und Güterverkehr freigegeben. Bis zur Eröffnung der gesamten KNW vergingen nur noch ein paar Wochen. Am 16. Mai 1907 verkehrte schließlich der festlich geschmückte Eröffnungszug über die insgesamt 31,8 km lange Strecke. Der erste Güterzug aus Weferlingen traf am 21. Mai 1907 in Neuhaldensleben ein.
Mit der Betriebsaufnahme der KNW erhielten auch die Diskussionen um den Bau einer Kleinbahn zwischen Gardelegen und Neuhaldensleben neue Impulse. Die ersten Ideen für den Bau einer Schmalspurbahn von Salzwedel über Gardelegen nach Neuhaldensleben gab es bereits 1896. Doch da sich die Gemeinden zwischen den Kreisen Neuhaldensleben und Gardelegen lange nicht über den Verlauf einigen konnten, verzögerte sich der Bau der Kleinbahn immer wieder, zumal auch die braunschweigische Enklave Calvörde an das Schienennetz angeschlossen werden sollte. Außerdem hatte der Gardelegener Magistrat Angst, daß der Verkehr an der Stadt vorbei gehen könnte. Erst als die Gemeinde Calvörde im Dezember 1903 bekannt gab, daß sie kein Interesse mehr an einem Kleinbahnanschluß von Gardelegen aus habe, konnte man sich auf einen Trassenverlauf einigen. Doch es dauerte noch Jahre, bis am 14. Oktober 1905 das Ministerium der öffentlichen Arbeiten mit einem Erlaß den Verlauf der Kleinbahn in groben Zügen festlegte.
Fast fünf Jahre später, am 5. April 1910, konstituierte sich die »Kleinbahn AG Gardelegen–Neuhaldensleben« (KGN). Bereits am 22. April 1910 erteilte das Magdeburger Regierungspräsidium der

Der Lokschuppen und die ehemaligen Lokbehandlungsanlagen im Bahnhof Weferlingen Zuckerfabrik im März 1995.
Foto: F. Haupt

Von Weferlingen Zuckerfabrik geht es in Richtung Haldensleben bergan. Mit eindrucksvollen Dampffahnen verließen im Mai 1991 Zuglok 50 3708 und Schiebelok 65 1049 Weferlingen. Rechts die Anlagen der inzwischen abgerissenen Zuckerfabrik
Foto: D. Endisch

KGN die Konzession zum Bau und Betrieb der rund 38 km langen Strecke. Noch im selben Monat begannen die ersten Arbeiten. Das Angebot der KNW, beide Gesellschaften zu einer zusammenzufassen, lehnte die KGN ab. Lediglich auf den gemeinsamen Bahnhof und den Betriebsleiter Ingenieur Teidscheid für beide Kleinbahnen konnte man sich einigen.
Die Bauarbeiten an der Gardelegener Strecke gingen sehr zügig voran, so daß bereits im November 1910 die ersten Güterzüge verkehrten. Am 21. Mai 1911 nahm die KGN offiziell den Personen- und Güterverkehr auf.

Betrieb und Verkehr

Auf beiden Kleinbahnen verkehrten in den ersten Jahren vier durchgehende Personenzugpaare. Die Weferlinger Strecke zeichnete sich von Anfang an durch einen sehr großen Güterverkehr aus. So mußte man allein für den Transport von Kalksteinen drei Güterzüge einlegen. Die mit größter Sparsamkeit errichteten Anlagen reichten bald nicht mehr aus. Schon am 30. Juli 1907 beschloß der Aufsichtsrat der KNW die Erweiterung der Lade- und Kreuzungsgleise sowie den Kauf einer dritten Lok und weiterer Wagen. Allein im Geschäftsjahr 1909/10 transportierte die Weferlinger Kleinbahn über 180 000 t Güter. Bis zum Geschäftsjahr 1913/14 baute die KNW ihren Gütertransport auf über 365 000 t aus. Zu dieser Zeit gab es auch die ersten Überlegungen, die Steinbrüche bei Dönstedt mittels einer Stichbahn von Süplingen nach Alvensleben an die Kleinbahn anzuschließen. Doch der 1. Weltkrieg verhinderte die Umsetzung dieser Ideen.
Bei der Gardelegener Strecke fielen die Leistungen im Güterverkehr bescheidener aus. Hier schleppten die Maschinen im Rechnungsjahr 1913/14 nur 264 000 t über die Gleise. Dafür war der Personenverkehr mit über 110 000 Reisenden ganz ansehnlich.
Der 1. Weltkrieg unterbrach die positive Entwicklung beider Kleinbahnen. Sie hatten mit sinkenden Leistungen im Güterverkehr, ihrer Haupteinnahmequelle, steigenden Betriebskosten und fehlendem Personal zu kämpfen. Nur mit absoluter Sparsamkeit konnte der Betrieb aufrechterhalten werden. Ab 1916 verkehrten auf beiden Strecken täglich nur noch zwei Zugpaare. Zeitweilig mußte man sogar den Betrieb wegen Kohlemangels ganz einstellen.

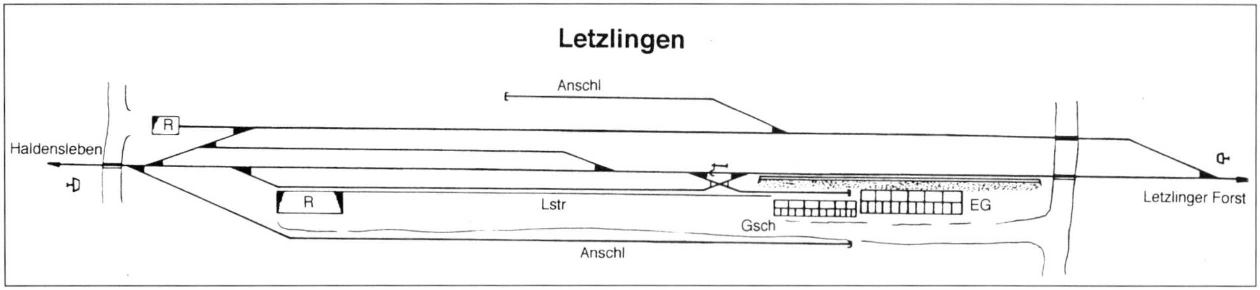

Der Gleisplan des Bahnhofs Letzlingen.
Skizze: W. List

Mitten im Wald liegen die Anlagen des Anschlußbahnhofs Forsthaus Eiche. Hier endet heute die Stichstrecke nach Bebertal.
Foto: D. Endisch

Auch nach dem 1. Weltkrieg änderte sich nichts an der schwierigen Lage der beiden Kleinbahnen. Im Gegenteil: Nach mehreren Streiks hatten die Beschäftigten der Kleinbahnen 1919 und 1920 höhere Löhne und kürzere Arbeitszeiten durchgesetzt. Mit Mühe und Not konnte man im Sommer 1921 auf den Strecken nach Weferlingen und Gardelegen werktags zwei Personenzugpaare einsetzen. Kein Wunder also, daß die Provinz Sachsen als größter Aktionär der KNW und KGN wieder eine Fusion beider Gesellschaften anregte. Die Vorstände und Aufsichtsräte der Bahnen stimmten zu. Am 19. August 1922 verschmolzen KNW und KGN zur »Kleinbahn AG Gardelegen–Neuhaldensleben–Weferlingen« (GHWK).

Diese Entscheidung erwies sich als goldrichtig, denn die wenig später beginnende Inflation brachte die GHWK in Schwierigkeiten. Nach der Einführung der Reichsmark 1924 setzte die Gesellschaft ihr Stammkapital neu auf 2,648 Millionen Mark fest. Mit der ab 1925 einsetzenden Belebung des Verkehrs auf den Strecken der GHWK verbesserte man auch wieder Zugangebot. Dabei setzte die Kleinbahn zu Testzwecken einen vierachsigen DWK-Triebwagen ein. Im Sommer 1926 verkehrten zwischen Neuhaldensleben und Weferlingen werktags erneut vier Zugpaare. Davon waren zwei Triebwagenfahrten. Auf der Gardelegener Schiene waren vier Zugpaare im Einsatz.

Bereits 1924 griff man auch wieder die Ideen zum Bau der rund 6 km langen Stichstrecke Süplingen–Alvensleben–Dönstedt auf. Nach der Bestätigung der Unterlagen begannen am 20. August 1927 die Bauarbeiten. Nach der landespolizeilichen Abnahme traf am 8. Oktober 1928 der erste Personenzug in Alvensleben-Dönstedt ein. Die Stichbahn belebte durch die Steinbrüche bei Dönstedt den Güterverkehr auf der GHWK. Im Rechnungsjahr bilanzierte die Kleinbahn rund 557 000 t Güter und über 247 000 Fahrgäste.

Mit dem Bau des Mittellandkanals bei Neuhaldensleben 1927/28 mußte die Kleinbahntrasse teilweise verlegt werden. Im Zuge dieser Arbeiten entstanden eine Stahlbrücke über den Kanal und das Anschlußgleis zum Hafen.

Die Weltwirtschaftskrise beendete die positive Entwicklung der Kleinbahn. Durch den zwischenzeitlich aufgekommenen Kraftverkehr verlor die Kleinbahn zusätzliche Fahrgäste. Um diesen Trend zu stoppen, kaufte die GHWK 1933 bei der Berliner Verkehrsgesellschaft insgesamt neun Busse, die nach einem Um-

Der spätere VT 133 511 der GHWK. Er entstand aus einem Omnibus der BVG.
Foto: Sammlung W. List

bau zu Schienenbussen fast den gesamten Personenverkehr auf den Strecken nach Gardelegen und Weferlingen übernahmen. Trotzdem muß die GHWK 1934 den Personenverkehr auf der Stichstrecke nach Alvensleben-Dönstedt aus Kostengründen aufgeben. Stattdessen setzte man einen bahneigenen Bus ein.
Erst nach 1935 stiegen die Beförderungsleistungen bei der Kleinbahn wieder an. In der zweiten Hälfte der dreißiger Jahre konnte die Kleinbahn ihre Fahrzeuge und Anlagen wieder erneuern. So ersetzte man nun die oft noch eingebauten Schienen der preußischen Form V durch die stärkeren der Form VI. Außerdem wurde der Bahnhof Gardelegen umgebaut und in Neuhaldensleben entstand eine neue Triebwagenhalle. Durch die vier 1939/40 beschafften Dieseltriebwagen konnte die GHWK auch auf ihre Schienenbusse verzichten.
Während des 2. Weltkrieges erreichte der Personen- und Güterverkehr auf der GHWK noch einmal ungeahnte Ausmaße, obwohl mit Beginn des Jahresfahrplanes 1941 am 5. Mai 1941 nur noch ein Minimum an Zügen eingesetzt werden konnte. Auf der Strecke nach Gardelegen verkehrten werktags vier Triebwagenpaare und ein lokbespanntes Personenzugpaar. Zwischen Weferlingen und der Kreisstadt Haldensleben (seit 1938) pendelte der Triebwagen dreimal. Ein weiteres Personenzugpaar war zwischen Haldensleben und Behnsdorf im Einsatz. Auf der Relation Haldensleben–Alvensleben waren werktags vier Busverbindungen vorgesehen, die aber bei Triebstoffmangel mit einem Triebwagen gefahren werden mußten.
Mit dem Näherrücken der US-Armee stellte die GHWK im Frühjahr 1945 ihren Betrieb ein. Wann die ersten Züge wieder in Richtung Weferlingen und Gardelegen dampften, läßt sich nicht mehr zweifelsfrei ermitteln. Mit der Übernahme der Landkreise Haldensleben und Gardelegen durch die Rote Armee im Sommer 1945 änderte sich die betriebliche Situation in Weferlingen radikal, denn die ehemalige Staatsbahnstrecke Helmstedt–Oebisfelde wurde durch die Demarkationslinie dreimal unterbrochen. Die Züge der Kleinbahn, die seit dem 1. September 1946 unter Zwangsverwaltung der Provinzialverwaltung Sachsen-Anhalt stand, verkehrten nun bis Döhren. Außerdem wickelte die Reichsbahn zwischen Helmstedt und Oebisfelde zahlreiche Lokleerfahrten für den Berlinverkehr ab. Diese endeten erst im Jahr 1952.
Die »Sächsische Provinzbahnen G.m.b.H.« übernahm dann im Dezember 1946 die Betriebsführung auf den Strecken der ehemaligen GHWK. Erst am 11. März 1949 enteignete das Land Sachsen-Anhalt die GHWK. Am 1. April 1949 wurde die ehemalige Kleinbahn in die Verwaltung und Nutznießung der Deutschen Reichsbahn übergeben.
Da die Reichsbahn dringend Oberbaumaterial benötigte, legte sie am 3. Oktober 1951 den Abschnitt Haldensleben–Letzlingen still und baute ihn ab. Dennoch herrschte in den fünfziger Jahren auf den ehemaligen GHWK-Strecken ein reger Verkehr. Im Winter 1956/57 verkehrten zwischen Haldensleben und Bebertal, so hieß Alvensleben seit Kriegsende, werktags vier Zugpaare, auf der Strecke Haldensleben–Weferlingen–Döhren fünf sowie drei zusätzliche Zugpaare auf der Relation Weferlingen Zuckerfabrik– Döhren. Auf dem Reststück Gardelegen–Letzlingen pendelten täglich fünf Zugpaare.
Obwohl die sogenannten Grenzsicherungsmaßnahmen im Sommer 1961 einen wesentlichen Einschnitt in den Betriebsablauf der Weferlinger Strecke darstellten – so durften nur noch Personen mit einem Passierschein nach Weferlingen reisen, und der Abschnitt Weferlingen–Döhren wurde am 1. Oktober 1961 stillgelegt – verlor die Kleinbahn erst Ende der sechziger Jahre ihre große Bedeutung. Auf der Strecke nach Bebertal verkehrte am 31. Mai 1970 der letzte Personenzug. Nur zwei Monate später, am 31. Juli 1970, endete der Güterverkehr zwischen Forsthaus Eiche und Bebertal. Anschließend baute man die Strecke bis Forsthaus Eiche zurück.

Der spätere Beiwagen VB 190 833 der GHWK stand noch im Frühjahr 1993 im Bahnhof Salzwedel.
Foto: D. Endisch

Noch heute pendeln zwischen Haldensleben und Dönstedt schwere Schotterzüge.
Vergangenheit hingegen ist die Strecke Gardelegen–Letzlingen, auf der am 25. September 1971 die letzten Reisezüge im Einsatz waren. Der Güterverkehr konnte sich bis 1991 behaupten. Nach der Schließung des Gütertarifpunktes Letzlingen 1992 legte die DB AG das Reststück am 21. Dezember 1994 still.
Auf der heutigen Kursbuchstrecke 314 Haldensleben–Weferlingen verkehren heute Regionalbahnen im Zwei-Stunden-Takt. Auch der Güterverkehr auf der Strecke floriert. Nach dem Wiederaufbau der 1952 demontierten Verbindung Weferlingen–Grasleben verkehren seit dem 8. September 1995 auch die Güterzüge von den Steinbrüchen in Walbeck über Weferlingen weiter in Richtung Helmstedt.

Strecke und Anlagen

Der Bahnhof der ehemaligen GHWK liegt westlich des Staatsbahnhofs und verfügt über einen eigenen Bahnsteig. Hier beginnen und enden noch heute die Personenzüge in Richtung Weferlingen.
Parallel zur Strecke Oebisfelde verließen KNW und KGN den Bahnhof Haldensleben. Unmittelbar vor dem Bahnübergang der B 245 liegen die Anlagen der ehemaligen Hauptwerkstatt der GHWK, aus denen später das Bw Haldensleben hervorging. Die Werkstatt mit Achsdrehbank ging 1911 in Betrieb. Hinter der Brücke über den Mittellandkanal schwenkte die Strecke in Richtung Weferlingen nach Süden ab, während die KGN hinter dem Haltepunk Loeper-Lager (Kilometer 1,4) nach Norden verlief. Am Kilometer 2,2 lag der inzwischen aufgelassene Haltepunkt Papenberg. Unmittelbar hinter dem Bahnübergang der Landstraße Haldensleben–Weferlingen liegt beim Kilometer 4,7 die mit Formsignalen gesicherte Abzweigstelle Süplingen. Während die Bebertaler Strecke weiter nach Süden verläuft, schwenkt die Weferlinger Schiene nach Westen ab. Zwischen den Haltepunkten Süplingen und dem Kreuzungsbahnhof Bodendorf (Kilometer 8,4) verläuft die Kleinbahn parallel zur Landstraße. Ein 130 m langen Kreuzungsgleis und ein Ladegleis (165 m) mit einer Seitenrampe gehören zur Ausstattung des Bahnhofs Bodendorf.
Weiter geht es über Emden zum Bahnhof Altenhausen. Als Kreuzungsstation besitzt Altenhausen neben einem 159 m langen Ladegleis mit Rampe auch ein Kreuzungsgleis mit 270 m nutzbarer Länge. Die Wasserstation versorgte früher die Dampfloks mit dem wertvollen Naß.
Im Bahnhof Ivenrode (Kilometer 13,9) hielt die GHWK sogar einen Kran am 135 m langen Ladegleis vor. Hinter der Station geht es parallel zur Weferlinger Landstraße über Bischofswald weiter nach Hörsingen. Bis hierhin hat die Kleinbahn 18,1 km zurückgelegt. Hinter dem kleinen Bahnhof verläuft die Strecke in nördlicher Richtung. Der Haltepunkt Hörsingen-Ziegeleien (Kilometer 20,1) ist längst Geschichte. Rund 1800 m später fährt der Zug in den Bahnhof Behnsdorf ein. In einer sehr großen Rechtskurve, vorbei an der Station Graudi, führt die Trasse hinab zum Bahnhof Hödingen, dem früheren Hödingen-Siestedt.
Hinter Hödingen steigt die Strecke wieder an, gilt es doch den Hagholz-Hügel in einer weiten Linkskurve zu bezwingen. Vom Haltepunkt Walbeck aus ist es bis zum Bahnhof Weferlingen Zuckerfabrik nicht mehr weit. Nach 31,9 km endete die Kleinbahn schließlich im Bahnhof Weferlingen.
Die Stichstrecke nach Dönstedt erreichte nach ständiger Steigung am Kilometer 2,4 den Gütertarifpunkt Forsthaus Eiche, den heutigen Endpunkt der Strecke. Für den Personenverkehr legte man erst nach 1945 einen kleinen Bahnsteig an. Nach den Haltepunkten Kuckucksberg und Bebertal-Dönstedt folgte am Kilometer 6,2 die Endstation Bebertal.
Die Gardelegener Strecke verlief hinter dem Bedarfshaltepunkt Flora-Papenberg in nördlicher Richtung. Nachdem sie die Strecke Haldensleben–Oebisfel-

de gekreuzt hatte, folgte der Bahnhof Bülstringen. Zwischen Bülstringen und Satuelle befanden sich zwei größere Brücken über den Mittellandkanal und die Ohre. Im Bahnhof Uhtmöden (Kilometer 9,9) unterhielt die GHWK eine Wasserstation. Außerdem verfügte der Bahnhof über eine Seitenrampe. Über den Haltepunkt Dorst und den Bahnhof Zobbenitz ging es weiter nach Clüden. Clüden und Zobbenitz besaßen neben dem Ladegleis auch eine Seitenrampe.
Hinter Roxförde (Kilometer 20,4) schwenkte die Strecke nach Osten und verlief über Wannefeld nach Letzlingen (Kilometer 25,1). Ab 1951 endeten in Letzlingen die Züge aus Gardelegen. Für den Güterumschlag existierte hier ein Ladegleis mit Seitenrampe und Kran.
Hinter dem Bahnhof ging es weiter nach Norden. Nach den Stationen Forst, später Letzlingen Forst, und Kloster Neuendorf überquerte die Kleinbahn kurz vor der Endstation Gardelegen die Strecke Stendal–Oebisfelde auf einer Brücke. Den Kleinbahnhof Gardelegen nutzten die GHWK und die AMK gemeinsam. Die AMK war der Betriebsführer auf dem Bahnhof Gardelegen Anschluß, der gegenüber dem Bahnhof der Staatsbahn lag.
Die Höchstgeschwindigkeit auf den Strecken der GHWK betrug 30 km/h, später auf einigen Abschnitten 40 km/h. Der Oberbau bestand bei der Eröffnung aus 10 m langen Schienen mit einem Gewicht von 24,39 kg/m und Kiesbettung. Die Reichsbahn erhöhte die zulässige Achslast später von 12 auf 21 Tonnen. Lediglich der Abschnitt Bodendorf–Weferlingen wurde nur auf 20 Tonnen ausgebaut. Insgesamt 28 Anschlußgleise bediente die Kleinbahn. Da der Streckenverlauf den topographischen Gegebenheiten angepaßt war, konnte man auf größere Brückenbauten, mit Ausnahme der genannten Bauwerke über den Mittellandkanal, die Ohre und im Bahnhof Gardelegen, verzichten. Die größte Steigung betrug 1 : 70 und der kleinste Radius maß 200 m.
Signaltechnisch bot die GHWK keine Besonderheiten. Die Kreuzungsbahnhöfe waren durch Deckungsscheiben, bei der DR dann durch Trapeztafeln gesichert. Die Einfahrt des Bahnhofs Weferlingen sicherte ein Hauptsignal. Die Abzweigstelle Süplingen rüstete man mit Deckungsscheiben aus, die die Reichsbahn erst Ende der fünfziger Jahre durch Hauptsignale ersetzte. Die Stationen waren untereinander mit einer Fernsprechleitung und den dazugehörigen Morseapparaten, später Fernsprechern, ausgerüstet.

Fahrzeuge

Aus Kostengründen stellte die KNW nur eine Bn2- und zwei Cn2-Tenderloks in Dienst. Die beiden Dreikuppler entsprachen der preußischen T 3. Als sich schon wenige Monate später zeigte, daß die Maschinen nicht ausreichten, kaufte die Kleinbahn einen dritte T 3. Da der Zweikuppler für die Weferlinger Kleinbahn zu schwach war, verkaufte man 1912 die Maschine an die Kleinbahn Rennsteig–Frauenwald. Als Ersatz kam eine vierte T 3 nach Haldensleben. Diese vier Loks beförderten bis 1922 alle Züge auf der KNW.
Die KGN kaufte bei Henschel in Kassel 1910 zwei preußische T 3 und zwei Bn2t-Maschinen. Die beiden Zweikuppler waren nach dem 1. Weltkrieg für die Züge zwischen Gardelegen und Haldensleben zu schwach und wurden an das Sachsenwerk Stendal verkauft. Als Ersatz beschaffte die Kleinbahn zwei 1´Cn2-Tenderloks, die weitestgehend der mecklenburgischen T 4 entsprachen.
Ende 1925 setzte die GHWK einen DWK-Triebwagen auf ihren Strecken versuchsweise ein. Das Fahrzeug erfreute sich zwar bei den Reisenden großer Beliebtheit, doch mit seinem rund 100 PS starken Motor war der Triebwagen für die Strecken zu schwach. Im Herbst 1926 war das Gastspiel des Wagens auf der Kleinbahn beendet.
Im Sommer 1933 kaufte die GHWK von BVG insgesamt neun Omnibusse, die man in der eigenen Werkstatt in Schienenfahrzeuge umbaute. Dabei mußten die Räder durch eisenbahntypische ersetzt und die Vorderachse verstärkt werden. Allerdings zog sich die Zulassung der Schienenbusse durch die zuständige Kleinbahn-Aufsicht in Hannover länger hin als erwartet. Am 29. Oktober 1933 erhielt die GHWK die Betriebsgenehmigung für ihren T 2. Die Triebwagen T 3, T 4 und T 5 mit ihrem offenen Oberdeck gingen zwischen Dezember 1933 und Mai 1934 in den Plandienst. Anschließend gingen bis zum Juli 1937 die vier Doppeldecker mit den Betriebsnummern T 6 bis T 9 in Betrieb. Allerdings war den ungewöhnlichen Fahrzeugen kein langer Einsatz beschieden. Bis 1941 stellte die GHWK alle Schienenfahrzeuge ab. Den T 9 verkaufte man 1941 noch an die Kleinbahn Wegenstedt–Calvörde.
Für den Güterzugdienst kaufte die GHWK 1928 von der Vogelsberger Kleinbahn einen Heißdampf-Vierkuppler und eine Dn2-Tenderlok von der KBA. Letztere verkaufte man nach der Indienststellung einer ELNA 6 an die Arado-Werke in Brandenburg.
Als Ersatz für die Schienenbusse kaufte die GHWK 1939 und 1940 von der Waggonfabrik Dessau vier Trieb- und drei Beiwagen. Die dieselmechanischen Fahrzeuge bewährten sich sehr gut. Nach 1950 waren sie auf verschiedenen ehemaligen Kleinbahnen der Altmark im Einsatz. Sie wurden erst Anfang der siebziger Jahre von der Reichsbahn ausgemustert.

Bei der Eröffnung standen der KNW sechs Personen- und zwei Post-Packwagen zur Verfügung. Für den Güterverkehr hatte die Kleinbahn acht G-, 16 O- und vier Langholzwagen beschafft. Die KGN besaß ebenfalls sechs Personen- und zwei Packwagen. Im Geschäftsjahr 1928 besaß die GHWK insgesamt sechs Pack-, zwölf Personen- und 65 Güterwagen.

Triebfahrzeuge der Kleinbahn Gardelegen–Neuhaldensleben–Weferlingen:

Dampflokomotiven

Bahn-Nr.	neue Bahn-Nr. ab 1940	Bauart	Hersteller	Baujahr	Fabrik-Nr.	DR-Nr.	Bemerkungen
1	289	Cn2t	Henschel	1906	7029	89 6209	pr. T 3; geliefert an die KNW; 1942 an die KAP verkauft; am 1. Dezember 1962 als Werklok an die Zuckerfabrik Erdeborn verkauft
2	290	Cn2t	Henschel	1906	7030	89 6210	pr. T 3; geliefert an die KNW; am 18. Juli 1967 im Bw Wriezen ausgemustert und als Heizlok an die LPG »Thomas Münzer« Worin, Kreis Seelow verkauft
3	189	Bn2t	Henschel	1906	7244	98 6208	geliefert an die KNW; am 15. November 1913 an die KRF verkauft; 1963 ausgemustert
4	288	Cn2t	Henschel	1905	7028	89 6015	pr. T 3; geliefert an die KNW; 1925 an die GeK verkauft; 1936 von der GeK gekauft; zwischen 1947 und 1959 leihweise bei der GeK im Einsatz; am 20. Januar 1954 als Werklok an das Raw Jena (805.73) abgegeben
5	285	Cn2t	Henschel	1913	12 387	89 6228	pr. T 3; geliefert an die KNW; am 7. September 1965 ausgemustert
	183	Bn2t	Hohenzollern	1900	1303	98 6301	Lenz-Typ »c«; 1942 von der KAP gekauft; am 1. Februar 1958 als Werklok an den VEB Fahlberg-List Magdeburg verkauft
7	184	Bn2t	Hohenzollern	1901	1493		Lenz-Typ »c«; 1925 von der GeK gekauft; am 30. September 1942 an die Firma Radau, Düsseldorf verkauft
	192	Bn2t	Henschel	1907	7249	98 6210	1946 von der KEZ übernommen; am 1. Oktober 1965 ausgemustert
8		B1n2t	Henschel	1895	4137		pr. T 2; seit 1915 als pr. T 1 bezeichnet; zuletzt als POSEN 6101 im Einsatz; 1928 von der NGE gekauft; bis 1938 im Einsatz
	259	Cn2t	Hohenzollern	1900	1270	89 6109	pr. T 3; von der Kostener Kleinbahn übernommen; am 15. September 1965 ausgemustert
10	295	Cn2t	Henschel	1910	10 038	89 6140	pr. T 3; an die KGN geliefert; ab 1922 als Nr. 3 im Einsatz; 1941 an die KBA verkauft; 1957 ausgemustert
11	296	Cn2t	Henschel	1910	10 039	89 6016	pr. T 3; an die KGN geliefert; ab 1922 als Nr. 6 im Einsatz; 1937 an die KBA verkauft; am 5. März 1965 im Bw Stendal ausgemustert
	298	Cn2t	Hanomag	1910	5832	89 6220	pr. T 3; geliefert an die BLE; ab 1938 als 89 7535 im Einsatz; 1945 von der DRG gekauft; am 17. April 1967 im Bw Haldensleben ausgemustert
10	351	1´Cn2t	Henschel	1919	16 431	91 6401	an die KGN geliefert; am 7. August 1967 im Bw Stendal ausgemustert
11	352	1´Cn2t	Henschel	1919	16 432	91 6402	an die KGN geliefert; am 19. Juli 1967 im Bw Stendal ausgemustert

Bahn-Nr.	neue Bahn-Nr. ab 1940	Bauart	Hersteller	Baujahr	Fabrik-Nr.	DR-Nr.	Bemerkungen
12	599	Dn2t	Hanomag	1918	8463		1933 von der KBA gekauft; 1941 als Werklok an die Arado-Flugzeugwerke Brandenburg verkauft
15		Bn2t	Henschel	1910	10 178		an die KGN geliefert; 1918 an das Sachsenwerk verkauft
16		Bn2t	Henschel	1910	10 179		an die KGN geliefert;1918 an das Sachsenwerk verkauft
	405	1´C1´h2t	Henschel		26 459	75 6686	am 16. Januar 1968 im Bw Halberstadt ausgemustert
15	501	Dh2t	Henschel	1936	23 271	92 6491	ELNA 6; am 14. Juni 1967 im Bw Blankenburg ausgemustert
	502	Dh2t	Henschel	1939	24 753	92 6492	ELNA 6; am 31. Dezember 1964 ausgemustert und am 21. Januar 1965 als Werklok an den VEB Stickstoffwerke Piesteritz, Werk Rübeland verkauft
	541	Dh2t	Henschel	1925	20 589	92 6581	1928 von der Vogelsberger Kleinbahn gekauft; am 15. Oktober 1935 an die GeK verkauft; ab 1947 wieder bei der GHWK im Einsatz; am 18. Januar 1967 im Bw Halberstadt ausgemustert
	581	Dn2t	Hohenzollern	1912	2928	92 6401	pr. T 13; ELBERFELD 7905; ab 1925 als 92 646 im Einsatz; am 16. Januar 1945 von der GeK in Haldensleben schadhaft abgestellt; ab 25. Februar 1948 im Einsatz; am 10. März 1964 im Bw Halberstadt ausgemustert

Doppelstock-Schienenbusse

Bahn-Nr.	Bauart	Hersteller	Baujahr	Fabrik-Nr.	DR-Nr	Bemerkungen
T 1	1-Adm	NAG	1927		VT 133 511	1948 von der KWC übernommen; am 19. Dezember 1957 im Bw Prenzlau, Standort Templin, ausgemustert
T 2	1-Adm	NAG	1926			Omnibus; 1933 von der BVG gekauft; in Haldensleben zum Schienenbus umgebaut; am 29. Oktober 1933 abgenommen; 1941 ausgemustert
T 3	1-Adm	NAG	1926			Omnibus; 1933 von der BVG gekauft; in Haldensleben zum Schienenbus umgebaut; im Dezember 1933 abgenommen, 1941 ausgemustert
T 4	1-Adm	NAG	1926			Omnibus; 1933 von der BVG gekauft; in Haldensleben zum Schienenbus umgebaut; im Januar 1934 abgenommen, 1941 nach Pleszew in Polen verkauft
T 5	1-Adm	NAG	1926			Omnibus; 1933 von der BVG gekauft; in Haldensleben zum Schienenbus umgebaut; im Mai 1934 abgenommen, 1941 ausgemustert
T 6	1-Adm	NAG	1927			Omnibus; 1933 von der BVG gekauft; in Haldensleben zum Schienenbus umgebaut; im Juli 1934 abgenommen, 1938 ausgemustert

Bahn-Nr.		Bauart	Hersteller	Baujahr	Fabrik-Nr.	DR-Nr	Bemerkungen
T 7		1-Adm	NAG	1927			Omnibus; 1933 von der BVG gekauft; in Haldensleben zum Schienenbus umgebaut; im Mai 1935 abgenommen, 1941 ausgemustert
T 8		1-Adm	NAG	1927			Omnibus; 1933 von der BVG gekauft; in Haldensleben zum Schienenbus umgebaut; im Mai 1936 abgenommen, 1941 ausgemustert
T 9		1-Adm	NAG	1927			Omnibus; 1933 von der BVG gekauft; in Haldensleben zum Schienenbus umgebaut; im Februar 1935 abgenommen; am 10. Mai 1941 an die KWC verkauft

Triebwagen

Bahn-Nr.		Bauart	Hersteller	Baujahr	Fabrik-Nr.	DR-Nr.	Bemerkungen
T 1	7	1-Adm	Lindner	1937			1944 von der KWoC übernommen; in Haldensleben abgebrannt; ab 1947 nicht mehr nachgewiesen; vermutlich als Ersatzteilspender im Sachsenwerk Stendal zerlegt
	51	1-Adm	Dessau	1939		VT 135 536	ab 1. Juni 1970 als 186 025 im Einsatz; am 1. September 1970 im Bw Stendal ausgemustert
	52	1-Adm	Dessau	1939		VT 135 537	ab 1. Juni 1970 als 186 026 im Einsatz; 1970 im Bw Jerichow ausgemustert
	53	1-Adm	Dessau	1939		VT 135 538	ab 1. Juni 1970 als 186 027 im Einsatz; 1970 im Bw Jerichow ausgemustert
	61	A-Adm	Dessau	1940		VT 135 539	ab 1. Juni 1970 als 186 028 im Einsatz; am 15. Juli 1976 ausgemustert und im Bw Güsten zum Schulungsraum umgebaut; 1992 verschrottet

Beiwagen

Bahn-Nr.	Hersteller	Baujahr	Fabrik-Nr.	DR-Nr.	Bemerkungen
VB 151	Dessau	1939	3245	VB 140 508	ab 1. Juni 1970 als 190 833 im Einsatz; am 30. November 1984 ausgemustert
VB 152	Dessau	1939	3246	VB 140 509	mit Gepäckabteil; ab 1. Juni 1970 als 190 834 im Einsatz
VB 153	Dessau	1939	3247	VB 140 510	ab 1. Juni 1970 als 190 835 im Einsatz; am 3. August 1981 ausgemustert

Beiwagen für Doppelstock-Schienenbusse

Bahn-Nr.	Hersteller	Baujahr	Fabrik-Nr.	Bemerkungen
A 101	NAG	1926		Omnibus-Anhänger; 1933 von der BVG gekauft; in Haldensleben umgebaut; im Februar 1935 abgenommen;

Die Bahnen des Provinzialverbandes Merseburg

Genthiner Kleinbahn

Vorgeschichte

Der sogenannte Elbe-Havel-Winkel im nordöstlichen Teil Sachsen-Anhalts, an der Grenze zum Land Brandenburg, ist das Einzugsgebiet der ehemaligen Genthiner Kleinbahn. In dieser Region, mit ihren sandigen Böden, den Wiesen und Kiefernwäldern, dominierte über Jahrhunderte die Landwirtschaft. Die am 7. August 1846 von der PME in Betrieb genommene Strecke Potsdam–Magdeburg brachte der Kreisstadt Genthin den Anschluß an die Eisenbahn. Ansonsten durchquerte sie, wie die am 1. Februar 1871 von der MHE eröffnete Strecke Berlin–Stendal, den Elbe-Havel-Winkel nur in Ost-West-Richtung.

Der Eisenbahnanschluß förderte die wirtschaftliche Entwicklung Genthins. In den folgenden Jahren entstanden hier unter anderem eine Schrotgießerei, eine Ölmühle, eine Stärkefabrik, eine Werft und mehrere Ziegeleien. An dieser Entwicklung wollten natürlich auch die anderen Städte und Gemeinden des Kreises Jerichow II, dem späteren Landkreis Genthin, teilhaben. Deshalb forderten sie mit Unterstützung der ansässigen Industrie und Landwirtschaft den Bau ei-

Etwa 1910 entstand das Bild mit der Lok 3^{d} und dem Personal des Bahnhofs Jerichow.
Foto: Sammlung F. Barby

Den Halt eines Personenzuges nutzten die Eisenbahner und Anwohner in Görzke für ein Erinnerungsfoto.
Foto: Sammlung F. Barby

Durch den Wald von Rogäsen mühte sich um 1920 ein PmG.
Foto: Sammlung D. Endisch

ner Nebenbahn von Glöwen im Norden über Havelberg und Genthin nach Zerbst im Süden. Allerdings lehnte die KPEV diese Pläne ab. Von seiten der KPEV glaubte man, daß diese Strecke keinen Gewinn abwerfen würde. Lediglich für eine Stichbahn vom Glöwen der Strecke Berlin–Wittenberge nach Havelberg rechnete man mit einem positiven Betriebsergebnis. Die KPEV eröffnete die 9,24 km lange Nebenbahn schließlich am 15. Februar 1890.

Drei Jahre vergingen, ehe 1893 in Genthin ein Eisenbahnkomitee gegründet wurde, das den Kreistag aufforderte, den Bau einer Kleinbahn im Norden des Elbe-Havel-Winkels zu unterstützen. Der Kreistag bildete im August 1893 einen besonderen Ausschuß, der sich mit dieser Problematik beschäftigte. Der Ausschuß empfahl den Bau einer schmalspurigen Kleinbahn von Genthin über Jerichow nach Schönhausen an der Strecke Berlin–Stendal sowie eine Stichbahn Genthin–Milow. Aus strategischen Gründen entschied man sich dann für die Regelspur.

Obwohl sich der Kreistag noch nicht über einen endgültigen Trassenverlauf geeinigt hatte, beantragte die Kreisverwaltung beim Regierungspräsidium in Magdeburg die Konzession zum Bau und Betrieb der beiden Kleinbahnen. Das gewünschte Dokument wurde am 8. Januar 1898 ausgestellt.

Erst nachdem die Provinz Sachsen und das Ministerium der öffentlichen Arbeiten bereit waren, jeweils 460 000 Mark an den Baukosten zu übernehmen, konstituierte sich am 22. Juli 1898 die »Genthiner Kleinbahn AG« (GeK). Das Stammkapital legte man auf 1,693 Millionen Mark fest. Der Kreis Jerichow II beteiligte sich mit 270 000 Mark an der Gesellschaft. Auch Lenz & Co investierten 150 000 Mark in die GeK. Noch auf der Gründungsversammlung der Kleinbahn AG wurden Lenz & Co mit dem Bau und der Betriebsführung betraut. Nach der endgültigen Prüfung der Bauunterlagen erneuerte der Regierungspräsident am 30. November 1898 die Konzession für 75 Jahre.

Bau und Eröffnung

Noch im Sommer 1898 begannen unter der Aufsicht des Landesbauamtes Stendal die Arbeiten an der GeK. Da auch Eisenbahn-Pioniere im Rahmen ihrer Ausbildung bei den Bauarbeiten eingesetzt wurden, nahm die Kleinbahn nördlich Genthins schnell Gestalt an. Bereits am 25. Oktober 1899 dampfte der erste Zug von Genthin ins 28,7 km entfernte Schönhausen. Nur vier Wochen später, am 27. November 1899, traf der Eröffnungszug in Milow ein.

Am 23. März 1978 wartete die 106 649 mit dem VB 190 839 in Schönhausen auf Fahrgäste.
Foto: Sammlung D. Endisch

Über dem neuen Durchstich in Genthin entstand diese Fachwerk-Brücke.
Foto: Sammlung D. Endisch

In der Kleinstadt Ziesar im südöstlichen Teil des Kreises Jerichow II verfolgte man den Kleinbahnbau mit großem Interesse. Zwar hatte Ziesar mit der KJ I bereits seit 1896 einen Bahnanschluß in Richtung Burg, doch die Wirtschaft war eher in Richtung Brandenburg orientiert. Die Stadt Ziesar beantragte die Konzession für eine Kleinbahn von Groß Wusterwitz an der Strecke Berlin–Magdeburg nach Ziesar. Die gewünschte Urkunde stellte das Regierungspräsidium Magdeburg am 8. Juni 1901 aus. Wenige Tage vorher, am 21. Mai 1901, hatte man mit einem Stammkapital von 852 000 Mark die »Kleinbahn AG Ziesar–Groß Wusterwitz« (KZG) gegründet. Mit jeweils 255 000 Mark waren die Provinz Sachsen und das Königreich Preußen, vertreten durch das Ministerium der öffentlichen Arbeiten, die größten Aktionäre. Mit 128 000 Mark beteiligten sich auch Lenz & Co an der KZG. Wie die GeK beauftragte auch die KZG Lenz & Co mit dem Bau und der Betriebsführung.
Die nur 16,2 km lange Strecke von Ziesar nach Groß Wusterwitz war innerhalb weniger Monate fertig. Bereits am 1. Oktober 1901 nahm die Kleinbahn ihren planmäßigen Personen- und Güterverkehr auf.

Betrieb und Verkehr

Beide Kleinbahnen erfüllten die in sie gesetzten Erwartungen. Bereits im ersten Geschäftsjahr beförderte die KZG über 13 000 Personen und 4700 t Güter. Damit konnte die Kleinbahn innerhalb weniger Monate einen Betriebsüberschuß von rund 5600 Mark erwirtschaften.

Die wesentlich größere GeK erbrachte natürlich viel höhere Transportleistungen. Im Geschäftsjahr 1901/02 rechneten Lenz & Co über 70 000 Fahrgäste und 48 000 t Güter ab. Den Überschuß bezifferte man auf rund 66 000 Mark. Doch die bisherigen Kleinbahnstrecken erfüllten noch nicht alle Wünsche im Landkreis Jerichow II. Besonders der nördliche Teil um Sandau war noch nicht richtig erschlossen. Daher beschloß die Aktionärsversammlung der GeK am 16. September 1907 den Bau der 24,2 km langen Verbindung Schönhausen–Sandau. Um die Arbeiten finanzieren zu können, stockte man das Stammkapital um 1,2 Millionen Mark auf.
Die Verträge über die Betriebsführung zwischen Lenz & Co und den beiden Kleinbahn-Gesellschaften liefen am

Das Stationsgebäude in Milow war ein Ziegelbau.
Foto: Sammlung F. Barby

Bei Hohenseeden errichtete die GeK diese Chausseeüberführung.
Foto: Sammlung D. Endisch

31. März 1908 aus und wurden nicht weiter verlängert. Bei der GeK und KZG übernahm nun die Kleinbahnabteilung der Provinz Sachsen die Betriebsführung. Für beide Unternehmen war der Eisenbahn-Direktor Müller zuständig.
Inzwischen hatte die Merseburger Kleinbahnabteilung die Vorarbeiten für die Strecke Schönhausen–Sandau abgeschlossen und die Bauarbeiten liefen auf vollen Touren. Bereits am 19. September 1908 eröffnete die GeK ihre neue Strecke. Durch den Ausbau des Streckennetzes konnte die GeK bis zum Rechnungsjahr 1911/12 konnte ihr Transportvolumen auf über 126 000 Fahrgäste und knapp 121 000 t Güter steigern. Großen Anteil an dieser Entwicklung hatte die 1902 eröffnete Zuckerfabrik, die zu den größten in Deutschland gehörte.
Aber auch bei der KZG dachte man über eine Erweiterung des Streckennetzes nach. Besonders die südlich von Ziesar liegende Gemeinde Görzke mit ihren keramischen Betrieben sowie der Land- und Forstwirtschaft benötigte einen Bahnanschluß. Außerdem versprachen die hier ansässigen Betriebe eine Belebung des Güterverkehrs bei der KZG. Auf ihrer Versammlung beschlossen die Aktionäre am 27. Juni 1910 die Verlängerung der Kleinbahn nach Görzke, die Erhöhung des Stammkapitals um 619 000 Mark und die Umbenennung der KZG in »Kleinbahn AG Großwusterwitz–Ziesar–Görzke«. Noch bevor der Eröffnungszug am 11. August 1911 die 11,7 km lange Strecke nach Görzke befuhr, sprachen sich die Aktionäre für den Bau der Stichbahn Rogäsen–Karow aus. Für den Bau der knapp sechs Kilometer langen Strecke mußte das Gesellschaftskapital um 210 000 Mark aufgestockt werden. Zwischen Rogäsen und Karow nahm die KZG den Betrieb am 4. Februar 1912 auf.
Doch damit war der Ausbau des Kleinbahnnetzes der KZG noch lange nicht beendet. Inzwischen wünschten sich auch die Einwohner der westlich von Ziesar liegenden Dörfer einen Anschluß an den Schienenweg. Die KZG erkannte das Problem und die Aktionäre beschlossen auf ihrer Sitzung am 21. Februar 1914 den Bau der Verbindung Ziesar–Güsen an der Strecke Berlin–Magdeburg. Weiterhin einigte man sich auf eine Umbenennung der KZG in »Ziesarer Kleinbahn AG«, deren neues Stammkapital auf 3,021 Millionen Mark festgesetzt wurde.

Klein aber fein: Das Stationsgebäude in Hohenseeden.
Foto: Sammlung F. Barby

Doch der 1. Weltkrieg verhinderte die schnelle Umsetzung der Pläne. Fehlendes Baumaterial und Arbeitskräftemangel brachten die Arbeiten zeitweise ganz zum Erliegen. Die 25,6 km lange Strecke nach Güsen konnte deshalb nur in Etappen eröffnet werden. Auf dem Abschnitt Ziesar–Tucheim fuhren am 15. September 1916 die ersten Güterzüge. Für den Personenverkehr gab man diesen Abschnitt am 21. Oktober 1916 frei. Erst am 2. April 1917 nahm die KZG die gesamte Strecke nach Güsen in Betrieb.
Der 1. Weltkrieg behinderte nicht nur die Bauarbeiten. Er unterbrach auch die positive Entwicklung der Kleinbahnen. Nur mit großen Einschränkungen konnte der Betrieb auf beiden Streckennetzen aufrechterhalten werden. Während die KZG im Rechnungsjahr 1915/16 mit etwa 36 000 Fahrgästen und 76 500 t Gütern noch einen Aufwärtstrend verzeichnete, hatte die GeK schon mit einem Verkehrsrückgang zu kämpfen. Obwohl die Zahl der beförderten Personen von 1914/15 zum Geschäftsjahr 1915/16 von gut 110 000 auf 125 000 anstieg, bedeutete der Rückgang des Güterverkehrs von 231 000 t auf 137 000 t einen Einnahmeverlust von über 40 000 Mark.
Nach 1918 spitzte sich die Lage bei der GeK und KZG weiter zu. Das immer wieder diskutierte Projekt einer Strecke Jerichow–Güsen zur Verbindung beider Kleinbahnen zog sich aus finanziellen Gründen erneut in die Länge. Außerdem gab es Stimmen, die eine Linie von Jerichow nach Burg, dem Sitz des Kreises Jerichow I, forderten. Letztlich entschied man sich aber für die Verbindung zwischen den Kleinbahnen. Obwohl die Bauarbeiten noch im Frühjahr 1919 begannen, zogen über fünf Jahre ins Land, ehe der erste Zug die Bahnlinie befuhr.
Anfang der zwanziger Jahre nahmen die Bestrebungen zur Fusion Gestalt an. Auf ihrer gemeinsamen Versammlung am 28. März 1923 stimmten die Aktionäre der GeK und der KZG dem Zusammenschluß zu. Das neue Unternehmen firmierte ab 5. November 1923 als »Kleinbahn AG Genthin–Ziesar« mit Sitz in Genthin.
Die Bauarbeiten an der Querverbindung Jerichow–Genthin wurden nun mit Hochdruck vorangetrieben. Bereits am 25. Oktober 1924 verkehrten hier die ersten Züge. Erst ein halbes Jahr später, am 23. März 1925, waren die Bauarbeiten offiziell zu Ende. Das gesamte Streckennetz der GeK umfaßte nun 154,2 km. Einschließlich aller Neben- und Anschlußgleise gehörten der Kleinbahn rund 200 km. In den folgenden Jahren gab es zwar immer wieder Pläne zum weiteren Ausbau des Genthiner Kleinbahnnetzes, doch sie alle scheiterten am fehlenden Geld. Die Strecken Sandau–Havelberg, Jerichow–Tangermünde und Görzke–Wiesenburg/Belzig blieben unerfüllte Wünsche. Auch die Fusion mit der KJ I und deren Umbau von Schmal- auf Regelspur scheiterte an der ungeklärten Finanzierung.
Nach der Einführung der Reichsmark setzte die GeK ihr Stammkapital mit 5 803 600 Mark neu fest. In der zweiten Hälfte der zwanziger Jahre konnte die Kleinbahn ihren Personen- und Güterverkehr wieder ausbauen. Zu den größten Kunden im Güterverkehr gehörten die 1923 gegründete Waschmittelfabrik Henkel, die das legendäre »Persil« herstellte, und die Zuckerfabrik Genthin. Allein die Zuckerfabrik schlug pro Jahr rund 200 000 t um. Im Geschäftsjahr 1926/27 bilanzierte die Kleinbahn über 335 000 Fahrgäste und den Transport von fast 443 000 t Gütern. Außerdem verstärkte die GeK ihren Oberbau und veränderte in einigen Abschnitten im Zuge des Ausbaues des Elbe-Havel-Kanals ihre Trassenführung.
Doch während der 1929 einsetzenden Weltwirtschaftskrise hatte die Gesellschaft, wie viel andere Bahnen auch, mit dem Rückgang der Beförderungsleistungen zu kämpfen. Der langsam aufkommende Kraftverkehr verschärfte diese Situation zusätzlich. Daher beschloß die GeK, die seit 12. November 1930 als

Der Lokschuppen der ehemaligen Einsatzstelle Ziesar ist schon lange geschlossen.
Foto: F. Haupt

»Kleinbahn AG Genthin« firmierte, den Aufbau eines eigenen Kraftverkehrs. Mit einem gebraucht erworbenen Bus von Ford und einem einachsigen Gepäckanhänger nahm die GeK am 15. Februar 1932 ihre erste Buslinie für den Personen- und Stückgutverkehr auf der Relation Genthin–Sandau auf. Schrittweise baute die Kleinbahn ihren Kraftverkehr aus. Bereits am 5. September 1932 eröffnete man die Verbindung Güsen–Jerichow. Die Busse ersetzten in erster Linie in verkehrsschwachen Zeiten die Personenzüge.
Im Winterfahrplan 1936/37 übernahmen die Busse jede zweite Personenzugleistung auf der Strecke Genthin–Sandau. Zwischen Güsen und Jerichow wickelten zwischen 1935 und 1939 die Busse den gesamten Reiseverkehr ab. Mit der Eröffnung der Linien Jerichow–Tangermünde und Sandau–Havelberg erschloß die GeK neue Fahrgastpotentiale.
Für die Wartung der Busse errichte die GeK auf dem Gelände der Jerichower Hauptwerkstatt eine Garage mit drei Ständen, die 1939 um weitere drei Stände erweitert wurde. Die fünf kleinbahneigenen Busse beförderten rund 200 000 Reisende pro Jahr.
Aber auch die Beförderungsleistungen im Schienenverkehr konnten sich sehen lassen: Rund 817 000 t Güter und über 199 000 Reisende wies die Statistik für 1935/36 aus. Zur Rationalisierung des Personenverkehrs auf der Schiene stellte die GeK zwischen 1935 und 1939 insgesamt drei Triebwagen in Dienst.
Während des 2. Weltkrieges mußte die Kleinbahn im Elbe-Havel-Winkel ungeahnte Leistungen vollbringen. Dabei geriet die GeK aber auch in das Blickfeld der Militärs. Aus strategischen Gründen entstand 1944 zwischen Tangermünde und Fischbeck eine Gleisverbindung, über die im Falle der Zerstörung der Elbebrücke bei Hämerten in der Nähe von Stendal Militärtransporte umgeleitet werden sollten. Zu diesem Zweck wurde auf der 1933 eröffneten kombinierten Eisenbahn-Straßenbrücke über die Elbe in Tangermünde ein Gleis verlegt. Laut Augenzeugenberichten sollen über dieses Gleis nur ein paar Lazarettzüge gefahren sein.
Mit dem Näherrücken der Front im Frühjahr 1945 geriet auch die GeK in das Kampfgebiet. Im April 1945 sprengten Pioniere der deutschen Wehrmacht fast alle großen Eisenbahnbrücken der GeK. Die Elbebrücke bei Tangermünde wurde am 12. April 1945 zerstört. Die heftigen Gefechte zwischen den letzten deutschen Truppen und der Roten Armee zwangen Ende April zur Einstellung des verbliebenen Verkehrs. Durch die Kampfhandlungen brannte am 6. Mai 1945 unter anderem das Verwaltungsgebäude der GeK aus.
Schon wenige Tage nach Kriegsende, am 8. Mai 1945, begannen die Eisenbahner mit der Reparatur der Bahnanlagen. Bereits am 18. Mai 1945 rollten wieder die ersten Züge zwischen Jerichow und Genthin A. Vier Tage später, am 22. Mai 1945, nahm die GeK den Betrieb auf den Abschnitten Güsen–Ziesar, Großwusterwitz–Görzke und Schönhausen–Jerichow auf. Die Strecke Schönhausen–Sandau folgte am 7. Juni 1945. Die Instandsetzung der Brücken auf der Strecke Milow–Genthin A dauerte bis zum 1. Juli 1945, zwischen Genthin A und Genthin bis zum 16. Oktober 1945. Auch die Elbebrücke bei Tangermünde wurde behelfsmäßig instandgesetzt. Lediglich die zerstörte Brücke über den Elbe-Havel-Kanal bei Zerben konnte in absehbarer Zeit nicht repariert werden.
Auf Anordnung des Präsidenten der Provinz Sachsen unterstand die GeK ab 2. März 1946 direkt der Hauptabteilung Wirtschaft der Provinz. Zum 1. Januar 1947 übernahm dann die neugegründete »Sächsische Provinzbahnen G.m.b.H.« die Betriebsführung auf dem Kleinbahnnetz. Der Winterfahrplan 1946/47 sah für alle Strecken werktags insgesamt 38 Personenzüge vor. Dabei verkehrten auf der Strecke Güsen–Jerichow nur Personenzüge auf dem Abschnitt Neuderben–Jerichow. Selbst

Die Anlagen des ehemaligen Lokschuppens in Görzke nutzt heute ein holzverarbeitender Betrieb. Foto: F. Haupt

die ehemalige Militärbahn Jerichow–Fischbeck–Tangermünde stand nun unter der Nummer 207v im Kursbuch. Allerdings verkehrte zwischen Jerichow und dem Haltepunkt Tangermünde auf der östlichen Seite der Elbe nur ein Zugpaar.
Mit der Übernahme des Kleinbahnnetzes durch die Deutsche Reichsbahn am 1. April 1949 waren wesentliche Änderungen verbunden. Die Hauptwerkstatt in Jerichow wandelte die Rbd Magdeburg in ein selbständiges Bw um, dem die Werkstatt der KJ I in Burg als Einsatzstelle zugeteilt wurde.
Zur Gewinnung von Oberbaustoffen legte die Reichsbahn am 3. Oktober 1951 den ohnehin nur schwach frequentierten Abschnitt Rogäsen–Karow still und baute ihn ab. Zeitgleich begann man mit dem Wiederaufbau der zerstörten Brücke bei Zerben, so daß im Sommer 1952 wieder Züge zwischen Jerichow und Güsen verkehren konnten. In den fünfziger und sechziger Jahren konnte man auf die ehemaligen Kleinbahnstrecken im Elbe-Havel-Winkel noch nicht verzichten. Erst Ende der sechziger Jahre, als auch in der DDR immer mehr Busse zum Einsatz kamen und der Individualverkehr zunahm, schlug das letzte Stündlein für einige Abschnitte im Personenverkehr. Die letzten Reisezüge zwischen Genthin und Milow verkehrten am 23. September 1967. Anschließend wurde die Strecke bis zum Kilometer 4,2 zurückgebaut. Mit Wirkung zum 23. Mai 1971 endete der Personenverkehr zwischen Ziesar und Wusterwitz, dem früheren Großwusterwitz. Der Abschnitt Ziesar–Bücknitz wird als Anschlußgleis für das hiesige Quelle-Versandlager noch vorgehalten. Die Gleise zwischen Bücknitz und Warchau dienten von 1972 bis 1990 zum Abstellen defekter Güterwagen.

Auf der Strecke Ziesar–Görzke beendete die Reichsbahn den Personenverkehr am 29. September 1973. Der Güterverkehr war hier über Jahre hinweg stabil. Erst mit der politischen und wirtschaftlichen Wende in der DDR hatte die Strecke ihre Berechtigung verloren. Nach der Einstellung des Güterverkehrs zum 1. Januar 1994 erfolgte am 1. Juni 1996 die Totalstillegung der Kleinbahn.
Auch auf den Strecken Sandau-Schönhausen–Genthin, Jerichow–Güsen und Güsen–Ziesar ging nach 1990 das Verkehrsaufkommen deutlich zurück. Den Betrieb auf dem Abschnitt Schönhausen–Sandau stellte man am 1. August 1993 aus zwei Gründen ein: Zum ersten war der Personenverkehr auf ein Minimum zusammengeschrumpft, zum anderen mußte die Brücke der ehemaligen GeK den Bauarbeiten für die Hochgeschwindigkeitsstrecke Stendal–Berlin weichen. Bis zum 1. Juni 1996 hielt die DB AG den Schienenersatzverkehr aufrecht. Die Gesamtstillegung erfolgte zum 20. Dezember 1997. Die verbliebenen Strecken Schönhausen–Genthin (KBS 264), Jerichow–Güsen (KBS 263) und Güsen–Ziesar (KBS 262) werden heute mit Regionalbahnen im Zwei-Stunden-Takt bedient. Einen planmäßigen Güterverkehr gibt es aber nur noch zwischen Jerichow, Güsen und Ziesar.

Strecke und Anlagen

Die Strecke Genthin–Schönhausen gilt noch heute als die Stammstrecke der GeK. Auf der Nordostseite des Bahnhofs Genthin liegen die Anlagen der Kleinbahn mit dem zweistöckigen Empfangsgebäude. In einem großen Bogen umgeht die Strecke im Osten die Stadt. Unmittelbar hinter der Brücke über den Plauer Kanal zweigte am Kilometer 1,76 die Strecke nach Milow ab. Hinter der Haltestelle Genthin A, früher Genthin-Altenplatow, verläuft die Trasse parallel zur Bundesstraße 107 in leicht nordwestlicher Richtung nach Jerichow. Nach dem Haltestelle Genthin-Wald sowie den Stationen Scharteucke und Redekin erreicht der Zug nach 17,1 km den Bahnhof Jerichow. Als betrieblicher Mittelpunkt der GeK verfügt Jerichow über ein repräsentatives, zweigeschossiges Empfangsgebäude, das 1935/36 entstand. Außerdem befand sich hier die Hauptwerkstatt. Allerdings sind die Anlagen des späteren Bw Jerichow heute verwaist. Nur noch die Triebwagen und einige Dieselloks werden in der Außenstelle des Bh Stendal abgestellt.
Parallel zur Bundesstraße 107 geht es fast schnurgerade über Fischbeck (Elbe) nach Schönhausen (Elbe). Die umfangreichen Gleisanlagen und das zwei-

stöckige Stationsgebäude der Kleinbahn liegen auf der Südseite des Staatsbahnhofes. Die Strecken in Richtung Jerichow und Sandau verlaufen ein Stück parallel, ehe die Sandauer Schiene über eine Rampe und eine Brücke die Hauptbahn Berlin–Stendal überquert. Diese Brücke wurde abgetragen.
Anschließend verlief die Kleinbahn weiter nach Norden – immer parallel zur Bundesstraße 107. Hinter Hohengöhren (Kilometer 4,5) kreuzte die Bahn die Straße. Nach dem Militär-Anschluß Lübars/Elbe und Neuermark-Lübars folgte die Haltestelle Klietz. Östlich der Station liegt ein großer Truppen-Übungsplatz. Der sogenannte »Klietzer Acker« bescherte der Strecke viele Militärtransporte.
Kurz vor Scharlibbe kreuzte die Kleinbahn zum zweiten Mal die B 107. Vorbei an den Haltestellen Schönfeld (Elbe) und Wulkau ging es weiter zum Bahnhof Sandau (Elbe), der nach 24,2 km erreicht war.
Die Strecke in Richtung Milow schwenkte hinter Genthin nach Nordosten ab. Durch die Niederung des Flüßchens Stremme mit seinen Erlenwäldern ging es über Brettin, Annenhof und Zabakuck nach Kleinwusterwitz (Kilometer 9,7). Alle Stationen der Milower Strecke besaßen eingeschossige Wartehallen.
Von Kleinwusterwitz aus dampften die Züge vorbei an Schlagenthin, Kuxwinkel, Neudessau und der Haltestelle Milow (Havel) Süd der Endstation entgegen. In Milow (Havel) fuhren die Züge nach 20,7 km ein. Hier besaß die GeK ein dreigeschossiges Bahnhofssgebäude mit Güterschuppen und einem Lokschuppen mit den notwendigen Behandlungsanlagen.
Auf der Südseite des Bahnhofs Güsen liegen noch heute die Gleisanlagen der Strecken nach Ziesar und Jerichow. Die Personenzüge in beide Richtungen beginnen und enden an getrennten Bahnsteigen. Unmittelbar hinter dem Bahnhof steigt die Strecke in Richtung Jerichow an und überquert im Bogen auf einer Brücke die Hauptbahn Magdeburg–Berlin. In unmittelbarer Nähe der Landstraße Hohenseeden–Jerichow liegt der Haltepunkt Güsen Dorf. Anschließend überquert die Trasse den Elbe-Havel-Kanal und schwenkt nach Norden ab. Der Haltepunkt Zerben liegt weit ab des Dorfes. Hinter der Kreuzung mit der Landstraße verlaufen beide Verkehrswege über Parey und Neuderben nach Derben. Nach dem heutigen Haltepunkt Derben (Kilometer 10,6) trennen sich die Wege von Straße und Schiene.
Die Haltestelle Ferchland liegt in unmittelbarer Nähe der Landstraße Ferchland–Genthin. Bis zum Ort müssen die Reisenden aber noch einige Minuten Fußmarsch zurücklegen. Ab Klietznick verläuft die Bahn wieder parallel zur Straße, ehe der Zug nach 21,4 km den Bahnhof Jerichow erreicht hat.
Die Strecke nach Ziesar verläßt den Bahnhof Güsen in südöstlicher Richtung. Kurz vor dem Haltepunkt Hohenseeden unterquert die Kleinbahn die Bundesstraße 1. Hinter dem Haltepunkt verläuft die Strecke parallel zur Landstraße in östliche Richtung. Über Schattberge und Gladau dampft der Zug nach Dretzel. Hinter diesem Haltepunkt geht es parallel zur Bundesstraße 107 weiter nach Tucheim. Von hier aus sind es bis Ziesar nicht einmal mehr zehn Kilometer. Vorbei an den Haltepunkten Tucheim-Schule, Lüttchen-Tucheim und Paplitz folgt nach insgesamt 25,6 km der Bahnhof Ziesar. Kurz vor Ziesar kreuzte die KJ I die Strecke. Ab 1938 sicherte ein Lichtsignal die Kreuzung zwischen GeK und KJ I, die Deckungsstelle hieß Hellgrund.
Die Stammstrecke der ehemaligen KGZ begann auf der Nordseite des Bahnhof Großwusterwitz. Das zweigeschossige Empfangsgebäude steht noch heute. Kurz hinter dem Bahnhof schwenkte die Trasse nach Süden und verlief über Warchau nach Rogäsen. Dort zweigte in westlicher Richtung die Stichbahn nach Karow ab, die weitestgehend parallel zur Landstraße verlief.
Auch die Ziesarer Strecke verlief hinter Rogäsen immer parallel zur Landstraße, vorbei an der Haltestelle Bücknitz, und erreichte nach 26,2 km in den Bahnhof Ziesar, dem betrieblichen Mittelpunkt der KZG. Einige hundert Meter verliefen die Strecken nach Görzke und Jerichow nebeneinander, ehe die Trasse nach Görzke nach Südosten schwenkte. Bevor die Haltestelle Köpernitz erreicht war, unterquerte die Kleinbahn die heutige Autobahn A 2.
Immer parallel zur B 107 dampften die Züge über die Stationen Buckau, Birkenreismühle und Rottstock-Struvenberg zum Endpunkt Görzke. Dort endete nach 27,9 km die ehemalige KZG. In Görzke gab es neben einem Empfangsgebäude auch einen zweigleisigen Lokschuppen mit den notwendigen Behandlungsanlagen.
Spektakuläre Steigungen gab es im Streckennetz der GeK nicht. Die größte Neigung betrug 1 : 60. Der kleinste Radius lag bei 350 m. In den ersten Jahren bestand der Oberbau der Strecken aus Schienen der preußischen Form V, die später durch Schienen der Bauart VI ersetzt wurden. Die Reichsbahn baute alle Strecken später auf eine Achslast von 20, teilweise sogar 21 Tonnen aus. Lediglich auf dem Abschnitt Wusterwitz–Bücknitz blieb die zulässige Achslast auf 16 Tonnen beschränkt.
Die Höchstgeschwindigkeit auf den Kleinbahnen betrug zur Betriebseröffnung generell 30 km/h. Ab 1912 war die Strecke Genthin–Schönhausen–Sandau für 40 km/h zugelassen. Die zulässige Höchstgeschwindigkeit liegt heute in einigen Abschnitten bei 50 km/h.

Fahrzeuge

Für die Personen- und Güterzugdienst auf den Stammstrecken der GeK kauften Lenz & Co 1899 bei Hohenzollern insgesamt vier Zweikuppler, die dem Lenz-Typ »d« entsprachen. Bei der Inbetriebname der Sandauer Strecke und 1913 stockte man den Fuhrpark um jeweils zwei Bn2-Tenderloks von Henschel auf. Bis in die zwanziger Jahre

genügten diese Maschinen den Anforderungen.
Auch für die benachbarte KZG stellten Lenz & Co erst einmal zwei Zweikuppler in Dienst. Während des 1. Weltkrieges waren die beiden Loks völlig überlastet, so daß die KZG bei Henschel zwei Dreikuppler vom Typ »Bismarck I« kaufte, die fortan den größten Teil des Verkehrs abwickelten.
Für den Einsatz auf der Strecke Jerichow–Güsen stellte die GeK 1919 zwei 1´Cn2-Tenderloks in Dienst, von denen Henschel vier weitere Loks an provinzialsächsische Bahnen lieferte. Die modifizierten mecklenburgischen T 4 schienen sich aber bei der GeK nicht sonderlich bewährt zu haben, den bereits Mitte der zwanziger Jahre verkaufte man die Loks an die AKN.
Während dieser Zeit übernahm die GeK mehrere Dreikuppler. Sie lösten die Zweikuppler ab, die entweder an andere Bahnen verkauft oder verschrottet wurden. Die preußische T 3 und die Loks vom Typ »Bismarck I« bestimmten nun das Bild vor den Personen- und Güterzügen. Zu diesem Zeitpunkt führte die Kleinbahn auch die Druckluftbremse ein.
Zur Rationalisierung ihres Personenverkehrs setzte die Kleinbahn ab 8. März 1935 einen Triebwagen, den T 1, ein. Erst 1971 musterte die Reichsbahn den Wagen aus. Die guten Erfahrungen mit dem T 1 veranlaßten die Bahn 1937, einen zweiten, mit 95 PS aber wesentlich stärkeren Triebwagen zu beschaffen. Für den später als T 2 bezeichneten VT ließ man im Sachsenwerk Stendal einen zweiachsigen Beiwagen bauen. Ab 1937 waren der T 2 und der Beiwagen VB 41 im Einsatz. Den dritten Triebwagen stellte die GeK 1939 in Dienst. Alle drei Triebwagen waren über 30 Jahre im Einsatz.
Heißdampf-Maschinen hielten im Jerichower Lokschuppen sehr spät Einzug. Erst im Februar 1937 setzte die GeK mit der als Nr. 5[II] bezeichneten ELNA 5 ihren ersten Heißdampfer ein. Da sich die Maschine sehr gut bewährte, kaufte die Bahngesellschaft eine zweite ELNA 5.
Zu den modernsten Maschinen im Lokpark der Kleinbahnen um Jerichow gehörten die 1´C1´h2-Tenderloks, von denen Henschel in den vierziger Jahren sechs Maschinen an die provinzialsächsischen Kleinbahnen lieferte. Zwei dieser ELNA-Abkömmlinge übernahm die GeK, die 1941 in den Plandienst gingen. Auch sie gehörten zu den insgesamt 15 Lokomotiven und drei Triebwagen, die 1949 in den Fahrzeugpark der Reichsbahn eingegliedert wurden.
Im Sommer 1904 gehörten zum rollenden Material der GeK sechs Personen-, zwei Pack- und 25 Güterwagen. Der KZG gehörten hingegen nur drei Personen-, ein Pack- und ebenfalls 25 Güterwagen. Bis 1910 wuchs der Fuhrpark der GeK auf zehn Personen- und drei Post-Packwagen an, die man aber 1916 durch drei dreiachsige Post-Packwagen ersetzte.
Nach der Fusion beider Bahnen ergänzte man den Wagenpark nur noch durch gebrauchte Fahrzeuge. Im Sommer 1928 besaß die GeK insgesamt 16 Personen-, sieben Pack- und 72 Güterwagen. Als Ersatz für verschlissene Fahrzeuge kaufte man 1937 sogar zwei vierachsige Reisezugwagen. Während der Kämpfe im Frühjahr 1945 gingen neun Personen- und vier Packwagen verloren, so daß die Deutsche Reichsbahn Ende 1949 nur noch neben 36 gedeckten und 46 offenen Güterwagen 25 Personen- und fünf Packwagen übernehmen konnte. Außerdem besaß die GeK 1949 noch drei Kesselwagen und einen Sprengwagen zur Unkrautbekämpfung.

Triebfahrzeuge der Genthiner Kleinbahn:

Dampflokomotiven

Bahn-Nr.	neue Bahn-Nr. ab 1940	Bauart	Hersteller	Baujahr	Fabrik-Nr.	DR-Nr.	Bemerkungen
1^c	183	Bn2t	Hohenzollern	1900	1303	98 6301	Lenz-Typ »c«; an die KZG geliefert; 1928 an die KAP verkauft; am 1. Februar 1958 als Werklok an den VEB Fahlberg-List Magdeburg verkauft
2^c	184	Bn2t	Hohenzollern	1903	1493		Lenz-Typ »c«; an die KZG geliefert; 1925 an die GHWK verkauft
1^d		Bn2t	Hohenzollern	1898	1103		Lenz-Typ »d«; 1923 verschrottet
2^d		Bn2t	Hohenzollern	1898	1104		Lenz-Typ »d«; ab 1905 leihweise bei der KHM im Einsatz; 1922 an die KHM verkauft; ab 29. September 1933 bei der KAP im Einsatz
3^d		Bn2t	Hohenzollern	1898	1177		Lenz-Typ »d«; 1934 ausgemustert
4^d		Bn2t	Hohenzollern	1898	1184		Lenz-Typ »d«; 1930 ausgemustert
5^d	195	Bn2t	Henschel	1909	9217	98 6214	ab 1925 als Nr. 21 im Einsatz; am 13. Mai 1964 ausgemustert

Bahn-Nr.	neue Bahn-Nr. ab 1940	Bauart	Hersteller	Baujahr	Fabrik-Nr.	DR-Nr.	Bemerkungen
6d		Bn2t	Henschel	1909	9218		ab 1924 als Nr. 22 im Einsatz; 1929 als Werklok an die Zuckerfabrik Osterode/Ostpreußen verkauft
7d		Bn2t	Henschel	1913	12 384		
8d		Bn2t	Henschel	1913	12 385		ab 1924 als Nr. 23 im Einsatz
1a		Cn2t	Henschel	1892	3597		pr. T 3: BRESLAU 6156; am 12. Dezember 1923 von der DRG gekauft; ab 1924 als 1s im Einsatz
2a		Cn2t	Vulcan	1891	1212		pr. T 3: HANNOVER 6152; am 12. Dezember 1923 von der DRG gekauft; ab 1924 als 2s im Einsatz; 1933 ausgemustert
3a		Cn2t		1897			pr. T 3
1III	275	Cn2t	Henschel	1929	21 445	89 6030	Typ »Bismarck I«; am 11. Juli 1927 in Dienst gestellt; am 15. Dezember 1967 im Bw Stendal ausgemustert
2III	276	Cn2t	Henschel	1929	21 446	89 6031	Typ »Bismarck I«; am 11. Juli 1927 in Dienst gestellt; am 13. Juli 1959 als Werklok an den VEB Zuckerfabrik Walschleben verkauft
3II	277	Cn2t	Henschel	1930	21 810	89 6032	Typ »Bismarck I«; im Dezember 1936 für 25 000 Mark an KBA verkauft
4II	288	Cn2t	Henschel	1907	7028	89 6015	pr. T 3; 1925 von der GHWK gekauft; 1936 an die GHWK verkauft; zwischen 1947 und 1949 leihweise bei der GeK im Einsatz; am 20. Januar 1954 als Werklok an das Raw Jena (805.73) abgegeben
10		1′Cn2t	Henschel	1919	16 435		an die AKN als Lok Nr. 10 verkauft
11		1′Cn2t	Henschel	1919	16 436		an die AKN als Lok Nr. 12 verkauft
11II	261	Cn2t	Henschel	1910	10 330		Typ »Bismarck I«; an die GeK als Lok Nr. 3c geliefert; 1945 zerstört
13	271	Cn2t	Henschel	1915	13 027	89 6025	Typ »Bismarck I«; an die KZG als Lok Nr. 4f geliefert; am 23. April 1958 ausgemustert, am 5. September 1958 als Heizlok an den VEB Werkzeugmaschinen-Fabrik Magdeburg verkauft
14	272	Cn2t	Henschel	1915	13 028	89 6026	Typ »Bismarck I«; an die KZG als Lok Nr. 5f geliefert; ab 6. November 1946 bei der SaK im Einsatz; am 14. September 1965 im Bw Stendal ausgemustert
12	273	Cn2t	Henschel	1915	13 029	89 6027	Typ »Bismarck I«; an die KOP geliefert; 1922 von der KZG als Lok Nr. 6f gekauft; an die KWW verkauft; am 12. Dezember 1967 im Bw Oebisfelde ausgemustert
15	274	Cn2t	Henschel	1925	20 504	89 6028	Typ »Bismarck I«; am 22. Juli 1925 in Dienst gestellt; vom 19. Januar 1946 bis 28. März 1946 Leihlok bei der KWW; am 29. 7 1966 im Bw Stralsund ausgemustert
16	278	Cn2t	Henschel	1925	20 505	89 6029	Typ »Bismarck I«; bereits kurze Zeit später an die KHM abgegeben
16II	281	Cn2t	Union	1894	791	89 6004	pr. T 3; BROMBERG 6138; HALLE 6149; 1936 von der KSM gekauft; 1958 als Werklok an den VEB Trafo- und Röntgenwerk Radebeul-Ost verkauft; von hier 1958 als Werklok an den VEB Stahlwerk Gröditz weiterverkauft

Bahn-Nr.	neue Bahn-Nr. ab 1940	Bauart	Hersteller	Baujahr	Fabrik-Nr.	DR-Nr.	Bemerkungen
17	296	Cn2t	Henschel	1910	10 039	89 6016	pr. T 3; am 4. Juni 1939 von der KBA als Lok 6a gekauft; am 5. März 1965 im Bw Stendal ausgemustert
5II	303	1´Ch2t	Henschel	1936	23 241	91 6493	ELNA 5; am 12. Februar 1937 in Dienst gestellt; am 6. November 1968 im Bw Salzwedel ausgemustert
	304	1´Ch2t	Henschel	1939	25 049	91 6495	ELNA 5; am 6. November 1968 im Bw Salzwedel ausgemustert
6II	581	Dn2t	Hohenzollern	1912	2928	92 6401	pr. T 13; ELBERFELD 7905; ab 1925 als 92 646 im Einsatz; 1936 von der DRG für 18 852,50 Mark gekauft; am 16. Januar 1945 in Haldensleben schadhaft abgestellt; ab 25. Februar 1948 bei der GHWK im Einsatz; am 10. März 1964 im Bw Halberstadt ausgemustert
3a	541	Dh2t	Henschel	1925	20 589	92 6581	an die Vogelsberger Südbahn geliefert; am 15. Oktober 1935 von der GHWK gekauft; am 8. Juni 1936 abgenommen; am 18. Januar 1967 im Bw Halberstadt ausgemustert
	401	1´C1´h2t	Henschel	1940	24 751	75 6682	am 19. März 1941 in Dienst gestellt; am 6. November 1968 im Bw Magdeburg-Rothensee ausgemustert
	402	1´C1´h2t	Henschel	1941	25 991	75 6685	am 25. September 1941 in Dienst gestellt; am 17. Juli 1968 im Bw Magdeburg-Rothensee ausgemustert

Triebwagen

Bahn-Nr.	neue Bahn-Nr. ab 1940	Bauart	Hersteller	Baujahr	Fabrik-Nr.	DR-Nr.	Bemerkungen
T 1	31	1-Adm	Dessau	1935		VT 135 524	ab 1. Juni 1970 als 186 018 im Einsatz; 1971 im Bw Salzwedel ausgemustert
	13	1-Adm	Lindner	1939		VT 135 540	ab 1. Juni 1970 als 186 029 im Einsatz
T 2	38	1-Adm	Dessau	1937		VT 135 546	1947 leihweise bei der DeK im Einsatz; ab 1. Juni 1970 als 186 033 im Einsatz; 1970 ausgemustert

Beiwagen

Bahn-Nr.	neue Bahn-Nr. ab 1940	Hersteller	Baujahr	Fabrik-Nr.	DR-Nr.	Bemerkungen
	VB 41	Sachsenwerk	1937	135	VB 140 511	ab 1. Juni 1970 als 190 836 im Einsatz; 1971 im Bw Salzwedel ausgemustert

Leihlokomotiven bei der GeK

Lok	Bauart	Hersteller	Baujahr	Fabrik-Nr.	Bemerkungen
74 151	1´Cn2t	Union	1906	1452	während des 2. Weltkrieges von der DRG angemietet
74 169	1´Cn2t	Union	1907	1563	während des 2. Weltkrieges von der DRG angemietet
74 345	1´Cn2t	Union	1910	1815	während des 2. Weltkrieges von der DRG angemietet

Die Bahnen des Provinzialverbandes Merseburg

Kleinbahn Heudeber–Mattierzoll

Vorgeschichte

Bereits 1843 wurde das nordöstliche Harzvorland durch den Bau der Strecke Magdeburg–Halberstadt eisenbahntechnisch erschlossen. Mit der Aufnahme des durchgehenden Zugverkehrs zwischen Halle und Vienenburg im Jahre 1872 war der Bau der Hauptstrecken im Harzvorland beendet.
Doch der nordwestliche Teil des Landkreises Halberstadt zwischen den Höhenzügen Huy, Großer Fallstein und dem Großen Bruch mit seiner hochentwickelten Landwirtschaft wurde von den Eisenbahnstrecken nur berührt.
Die Gutsbesitzer sowie die ansässigen Zuckerfabriken und Ziegeleien strebten hingegen einen Eisenbahnanschluß an. Die KPEV glaubte aber nicht an ein großes Verkehrsaufkommen und baute deshalb 1890 nur die am 15. August 1890 eröffnete Nebenbahn Nienhagen–Jerxheim. Erst das am 28. Juli 1892 in Preußen beschlossene Kleinbahngesetz brachte dem nordöstlichen Harzvorland die Eisenbahn. Im Auftrag des Landratsamtes Halberstadt erarbeitete die Firma Brandes aus Wolfenbüttel das Projekt einer Kleinbahn von Heudeber-Danstedt über Hessen, Mattierzoll und Schöppenstedt nach Schandelah, das sie am 8. Februar 1894 vorlegte. Allerdings scheiterte das Vorhaben am fehlenden Geld. Lenz & Co griffen das Projekt auf und präsentierten es knapp zwei Jahre später in modifizierter Form als 20,7 km lange Kleinbahn Heudeber–Hessen–Mattierzoll dem Landkreis Halberstadt und den Gemeinden. Das Vorhaben fand die Zustimmung des Landkreises, der Anliegergemeinden und Gutsbesitzer, so daß man am 10. Juni 1896 die »Kleinbahn Aktien-Gesellschaft Heudeber–Mattierzoll« (KHM) gründete. Das Kapital der KHM legten die Aktionäre auf 1,218 Millionen Mark fest, wovon Lenz & Co den größten Teil übernahmen. Der preußische Staat und die Provinz Sachsen beteiligten sich mit jeweils 200 000 Mark an der Finanzierung der Bahngesellschaft.
Da die geplante Kleinbahn auch das zum Herzogtum Braunschweig gehörende Hessen erschließen sollte, schlossen das Königreich Preußen und das Herzogtum am 23. Mai 1897 einen entsprechenden Staatsvertrag ab. Erst dann erteilten der Regierungspräsident von Magdeburg am 2. Juni 1897 und das Großherzogliche Ministerium in Braunschweig am 10. September 1897 der KHM die Betriebsgenehmigung.

Im Januar 1935 wird der erst wenige Monate alte Triebwagen T 1 in Hessen zum Einsatz vorbereitet. Foto: Sammlung D. Endisch

Bau und Eröffnung

Bevor die Bauarbeiten begannen, schlossen die KHM und Lenz & Co einen Bau- und Betriebsvertrag ab. Allerdings lag der Kostenvoranschlag von Lenz & Co mit 1,545 Millionen Mark über dem Stammkapital der Gesellschaft. Bei der Provinz Sachsen nahm die KHM deshalb ein Darlehen auf.
Im Juni 1897 begannen schließlich die Bauarbeiten. Obwohl Lenz & Co bestrebt waren, die Strecke so billig wie möglich zu bauen, mußten die Bauar-

Das Werkstattpersonal der KHM versammelte sich um 1938 zu einem Erinnerungsfoto am Lokschuppen.
Foto: Sammlung D. Endisch

beiter zwischen Zilly und Dardesheim einen langen Damm aufschütten und mehrere Einschnitte anlegen. Zu Beginn des Jahres 1898 lagen bereits die ersten Gleise. Im Sommer 1898 war die Strecke soweit fertiggestellt, daß nach der Abnahme der Kleinbahn am 1. August 1898 der Güterverkehr aufgenommen werden konnte. Nach der Fertigstellung der Bahnhofsgebäude und Bahnübergänge eröffnete die KHM am völlig verregneten 1. September 1898 den Personenverkehr zwischen Heudeber und Mattierzoll.

Betrieb und Verkehr

Auch den Kostenvoranschlag für die KHM konnten Lenz & Co nicht einhalten. Die Kleinbahn kostete rund 1,862 Millionen Mark. Mit einem Schuldenberg von rund 600 000 Mark begann die KHM ihre Geschäfte. Trotzdem entwickelte sich die Bahn sehr gut. Vier Personenzüge mit Güterbeförderung pendelten auf der Strecke. Nur während der Zuckerrüben-Kampagne setzte man reine Güterzüge ein. Bereits im Geschäftsjahr 1900/01 transportierte die Kleinbahn rund 53 800 Personen und 90 400 t Güter. Schon 1901 war die KHM gezwungen, ihre Übergabegleise in Heudeber zu erweitern.
Am 15. Januar 1901 schlossen die KHM, die benachbarte BSE und Lenz & Co einen gemeinsamen Betriebsführungsvertrag ab, der unter anderem einen Betrieb mit durchgehenden Zügen von Heudeber bis Braunschweig und einen einheitlichen Fahrplan vorsah. Das Vorhaben scheiterte an den Einsprüchen der KED und des Regierungspräsidenten aus Magdeburg. Lediglich der Anhebung der Höchstgeschwindigkeit von 30 auf 40 km/h stimmte man zu.
Nachdem die KHM den Vertrag mit der BSE zum 7. Januar 1903 kündigte, gaben auch Lenz & Co ihre Betriebsführung ab. Dabei erwarb die Provinz Sachsen das Aktienpaket von Lenz und war nun mit 745 000 Mark der größte Aktionär der Gesellschaft. Die KHM wickelte ihren Betrieb nun in eigener Regie ab. Mit Ausbruch des 1. Weltkrieges stellte die KHM die begonnenen Arbeiten zur Oberbauverstärkung ein und kürzte das Angebot auf täglich drei Zugpaare.
Nach 1918 setzte die KHM ihre positive Entwicklung weiter fort. Außerdem übernahm ab 1. Januar 1923 das Landeskleinbahnamt in Merseburg die Betriebsführung zwischen Heudeber und Mattierzoll. Im Geschäftsjahr 1922/23, inzwischen setzte man wieder vier Zugpaare ein, beförderte die Kleinbahn 116 912 Personen und 118 620 t Güter. In der Folgezeit gingen die Betriebsergebnisse jedoch zurück. Im Gegensatz zu anderen Kleinbahnen schrieb die KHM aber immer schwarze Zahlen. Um der rückläufigen Entwicklung im Personenverkehr entgegenzuwirken, stellte die KHM 1934 einen Triebwagen in Dienst. Dadurch konnte man den Personen- und Güterverkehr trennen und die Fahrzeiten um rund die Hälfte reduzieren. Der Erfolg ließ nicht lange auf sich warten: Innerhalb eines Jahres stieg die Zahl der Reisenden von rund 52 000 (1934/35) auf knapp 82 000 (1935/36) an.
Während des 2.Weltkrieges erreichte der Verkehr auf der KHM bisher ungeahnte Ausmaße. Dabei pendelten vier Personenzüge zwischen Mattierzoll und Heudeber und neun Zugpaare auf der Relation Hessen–Mattierzoll. Im Rechnungsjahr 1943/44 zählten die Eisenbahner der KHM rund 350 000 Fahrgäste und etwa 118 000 Tonnen Güter.
Von Luftangriffen blieb die Kleinbahn aber nicht verschont. Im Herbst 1944 beschossen Tiefflieger den Triebwagen in Mattierzoll und den Bahnhof Hessen. Wie durch ein Wunder gab es keine Toten. Lediglich eine Lok und der Triebwagen wurden dabei schwer beschädigt.
Noch bevor am 11. April 1945 Truppen der US-Armee den Landkreis Halberstadt besetzten, wurde der Betrieb auf der KHM eingestellt. Mit der Übernahme

Nur mit viel Mühe kämpften sich der T 28 und die Lok 404 im Winter 1944 durch den Schnee.
Foto: Sammlung D. Endisch

der Landkreise Halberstadt und Wernigerode durch die Rote Armee am 1. Juli 1945 wurde die Strecke zwischen Veltheim und Mattierzoll durch die Demarkationslinie zwischen der Sowjetischen und Englischen Besatzungszone unterbrochen. Im Rahmen einer Gebietsreform zwischen Preußen und Braunschweig gehörten Hessen und Veltheim seit dem 1. August 1941 zum Kreis Wernigerode.
Am 1. September 1946 enteignete sich die Provinzialverwaltung von Sachsen-Anhalt selbst, als sie die KHM unter Zwangsverwaltung stellte. Bereits im Sommer 1946 hatten die Sowjets den Abschnitt Heudeber–Mulmke der KHM als Reparationsleistung teilweise demontiert. Sie hatten ihn irrtümlich für das dritte Gleis der Strecke Heudeber-Danstedt – Wasserleben gehalten, da er bis Mulmke parallel zur DR-Strecke verlief. Nur mit Mühe und Not konnte der Streckenabschnitt wieder hergerichtet werden.
Ab Dezember 1946 übernahm die »Sächsische Provinzbahnen G.m.b.H.« die Betriebsführung auf der ehemaligen KHM. Wichtigste Aufgabe war nun die grundlegende Erneuerung des Streckenabschnitts von Zilly nach Heudeber-Danstedt. Aus diesem Grund ersetzte man 1947/48 das 2,1 km lange Gleis zwischen Hessen und Veltheim durch älteres Gleismaterial, um genügend brauchbares Oberbaumaterial zu gewinnen. Zwischen Veltheim und Hessen konnte man ohnehin nur in Schrittgeschwindigkeit fahren, da durch das fehlende Umsetzgleis die Züge von Veltheim nach Hessen geschoben werden mußten.
Ab 18. März 1948 konnten wieder ohne Einschränkungen Züge zwischen Heudeber-Danstedt und Hessen dampfen. Am 1. April 1949 übernahm das Reichsbahnamt Halberstadt die Kleinbahn. Allerdings löste das Amt erst am 1. November 1949 die Betriebsleitung in Hessen auf. Hessen blieb aber Zugleitbahnhof, dem die Bahnhöfe Zilly und Dardesheim unterstellt waren. Den Lokschuppen in Hessen ordnete man dem Bw Halberstadt als Einsatzstelle zu.
Zur Vereinfachung des Betriebes fädelte die Reichsbahn die ehemalige KHM am Posten Mulmke in die Strecke Heudeber- Danstedt–Wasserleben ein. Der neue, mit drei Lichtsignalen gesicherte Posten Mulmke ging am 15. März 1950 in Betrieb. Der Abschnitt Mulmke–Heudeber Ost wurde bis 1952 zurückgebaut.
Der Streckenabschnitt Hessen–Veltheim wurde bis zum Winterfahrplan 1954/55 wieder gründlich instandgesetzt. Dabei verstärkte man auch die Güterwagendrehscheibe in Veltheim, so daß an der Endstation die Lok umgesetzt werden konnte und der schwerfällige Schiebebetrieb in Richtung Hessen entfiel. Der Verkehr auf der Kursbuchstrecke 204k war beachtlich. Im Sommer 1957 verkehrten werktags vier Zugpaare zwischen Heudeber-Danstedt und Veltheim, sechs zwischen Hessen und Heudeber sowie ein weiteres zwischen Veltheim und Hessen.
Erst der Mauerbau im August 1961 hatte unmittelbare Auswirkungen auf den Zugbetrieb. Am 20. November 1961 mußte die DR den Personenverkehr auf dem Abschnitt Hessen–Veltheim einstellen. Die Grenztruppen der DDR nutzten den Abschnitt noch bis zum Sommer 1962 für Materialtransporte, ehe er ganz stillgelegt wurde.
Auf dem verbliebenen Streckenstück Heudeber-Danstedt–Hessen herrschte aber noch sehr reger Betrieb. Im Winterfahrplan 1964/65 befuhren neun Personenzugpaare, zwei GmP-Paare und zwei Güterzugpaare die Kleinbahn. Doch durch die 1966 durchgeführte Wirtschaftlichkeits-Untersuchung war das Ende der Strecke besiegelt. Am 3. Dezember 1969 teilten die Deutsche Reichsbahn und der Rat des Kreises Halberstadt der Bevölkerung mit, daß die ehemalige KHM am 7. Dezember 1969 stillgelegt würde. Doch die KHM beschleunigte ihr eigenes Ende: Wenige Stunden vor dem offiziellen Ende ent-

Mit schwerer Technik wurde im Frühjahr 1977 der Abschnitt Mulmke–Zilly saniert.
Foto: H. Röper

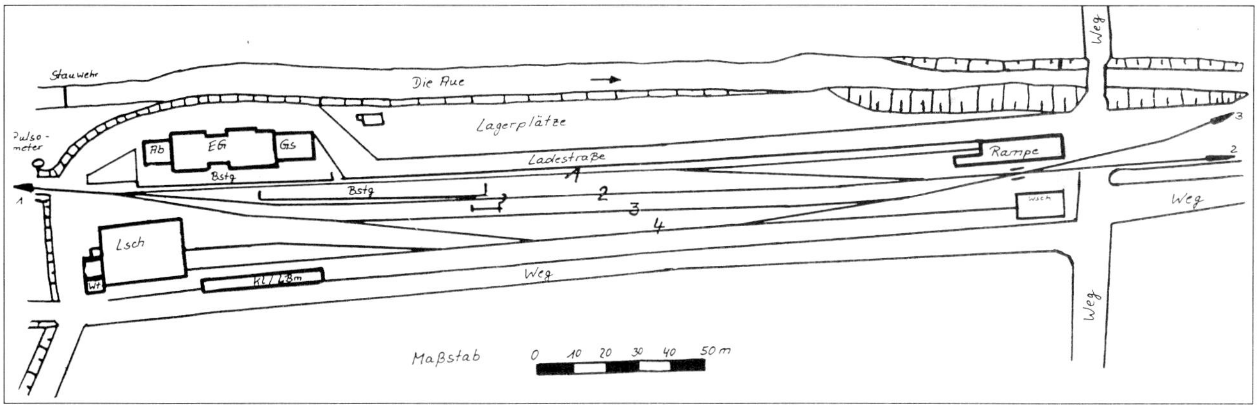

Der Gleisplan des Bahnhofs Hessen im Sommer 1946. In Richtung (1) geht es nach Heudeber-Danstedt, bei (2) nach Veltheim und bei (3) beginnt das Anschlußgleis der Zuckerfabrik.
Skizze: D. Endisch

gleiste die Zuglok des P 2156 in Deersheim und die herbeigerufenen Mitarbeiter des Reichsbahnamtes Aschersleben verhängten die sofortige Stillegung der Strecke .

Auf eine Demontage der Kleinbahn verzichtete die Reichsbahn aber. Im Gegenteil: Im Februar 1977 ließ die DR den Abschnitt Mulmke–Zilly durch den Gleisbaubetrieb Bitterfeld mit Betonschwellen und Schienen der Form S 49 sanieren und auf 20 t Achslast ertüchtigen. Ein Zugbetrieb wurde aber nicht wieder eröffnet. Die Strecke sollte auf Anweisung der Nationalen Volksarmee der DDR als strategische Flügellinie vorgehalten werden. Schwere Waffentechnik sollte hier im sogenannten Verteidigungsfall an die westliche Staatsgrenze gefahren werden.

Erst nach über 25 Jahren Dornröschenschlaf kam das endgültige Aus für die ehemalige KHM. Nach dem die Strecke bereits 1992 in ein Streckenrangiergleis umgewandelt wurde, leitete die Deutschen Reichsbahn erst im Frühjahr 1993 das Stillegungsverfahren ein, das man am 2. September 1993 abschloß. Da die überall noch vorhandenen Brücken und die Anlagen des ehemaligen Lokbahnhofes Hessen völlig verrostet waren, wurden sie im Februar 1996 demontiert und verschrottet. Lediglich einige Gleise erinnern noch an die KHM.

Strecke und Anlagen

Der Bahnhof Heudeber-Ost lag auf der Nordseite des Bahnhofes Heudeber-Danstedt und war mit diesem durch einen Personentunnel verbunden. Ein kleines Stationsgebäude mit Bahnsteig, Haupt- und Umsetzgleis sowie zwei Übergabegleise genügten. Die KHM verlief nach Westen parallel zur Hauptbahn Halberstadt–Vienenburg und erreichte nach 2,3 km den Bahnhof Mulmke.

Seit der Einstellung des Verkehrs auf der KHM im Dezember 1969 hat sich das Empfangsgebäude in Hessen nur wenig verändert.
Foto: D. Endisch

Die Station besaß einen Bahnsteig mit zwei vorgelagerten Ladegleisen sowie eine Ladestraße mit Seitenrampe und Lagerhaus. Nach der Einfädelung der KHM wurde der Abzweig mit einer Schutzweiche und drei Lichtsignalen gesichert. Im Gefälle und durch langgezogene Kurven rollten die Züge nun hinab nach Zilly.
Er war nach Hessen der wichtigste Bahnhof der KHM und besaß recht umfangreiche Anlagen. Außer dem zweigeschossigen Bahnhofsgebäude mit Güterschuppen und Nebengebäuden gab es hier auch einen 50 m langen Zwischenbahnsteig. Die Kopf- (95 m) und Seitenrampe (122 m) dienten meist zum Verladen von Zuckerrüben. Hinter Zilly ging es weiter bergab. Erst ab Kilometer 7,7 ging es bergan nach Norden. Nach rund 1 km war die Steigung zu Ende und die Kleinbahn schlängelte sich in langgezogenen Kurven zum Bahnhof Dardesheim.
Die Station lag in einer langgestreckten Kurve und besaß ein ähnliches Empfangsgebäude mit Güterschuppen wie Zilly. Hinter Dardesheim ging es in leichter Steigung zum nicht weit entfernten Haltepunkt Deersheim. Die Haltestelle lag auf einem Hügel, weitab vom Dorf. Ein kleiner Bahnsteig, ein Wartehäuschen und Ladegleis gehörten zum Haltepunkt. Von Deersheim ging es weiter talwärts nach Hessen, dem Betriebsmittelpunkt.
In dem repräsentativen Bahnhofsgebäude hatte die Betriebsleitung ihren Sitz. Ein Güterschuppen, eine Laderampe und eine Ladestraße vervollständigten die Anlagen. Der zweigleisige Lokschuppen mit Wasserturm diente auch zum Abstellen der Güter- und Personenwagen. Erst 1926 entstand an der Westseite der Station ein hölzerner Wagenschuppen. Der Lokschuppen wurde 1935 durch einen Anbau für den Triebwagen vergrößert. Die Anschlüsse zur Zuckerfabrik, zur Kiesgrube und zur Ziegelei sorgten für einen regen Güterverkehr.
Hinter Hessen verlief die Strecke parallel zur Landstraße nach Wolfenbüttel. Der Haltepunkt Veltheim lag weitab vom Dorf und hieß anfangs »Hessendamm«. Das Ladegleis besaß eine Drehscheibe für Güterwagen, über die eine Kornhandlung bedient wurde. Im Endbahnhof Mattierzoll-Süd gab es nur ein Bahnsteig- und ein Umfahrgleis.
Zwischen beiden Endpunkten überwand die Kleinbahn einen Höhenunterschied von 94,5 Metern. Die größte Steigung betrug dabei 1 : 80.

Fahrzeuge

Lenz & Co kauften 1898 bei Vulcan in Stettin drei zweifach gekuppelte Naßdampftenderloks. Sie entsprachen der sogenannten Lenz-Type »c« und hatten bei einer Achslast von 6 t ein Dienstgewicht von 24 t. Die drei Loks erhielten die Betriebsnummern 1^c bis 3^c. Im 1. Weltkrieg gab die KHM die Lok 2^c an die Heeresfeldbahnverwaltung ab. Erst 1922 konnte man diese Lücke durch den Ankauf einer gebrauchten Bn2-Tenderlok von der GeK schließen.
Zu Beginn der zwanziger Jahre ersetzte die KHM die Bn2t-Loks durch dreifach gekuppelte Tendermaschine. Von der KyK erwarb man 1922 eine T 3, welche die Nr.1^{II} erhielt. Drei Jahre später beschaffte das Kleinbahnamt eine weitere Cn2t-Lok für die KHM eine Lok, die als Nr. 3^{II} bezeichnet wurde. Von der Deutschen Reichsbahn übernahm die KHM 1931 eine weitere T 3, die als Nr. 2^{II} in den Fahrzeugpark eingereiht wurde.
Im Jahre 1934 kaufte die Kleinbahn von der Wumag einen Triebwagen, der ab Sommerfahrplan 1934 als T 1 eingesetzt wurde. Bei der Einführung des einheitlichen Nummernschemas der provinzialsächsischen Kleinbahnen waren bei der KHM die Loks 278 und 284 sowie der T 28 im Einsatz
Im 2. Weltkrieg stellte die KHM den T 28 auf Holzgasbetrieb um. Nachdem der bei einen Luftangriff schwer beschädigte Triebwagen notdürftig repariert war,

brannte er am 28. Dezember 1944 durch falsche Behandlung des Generators im Hessener Triebwagenschuppen ab. Als Ersatz wurde 1946 der T 11, der 1945 stillgelegten KEZ, nach Hessen umgesetzt.
Noch 1941 kaufte die KHM eine ELNA-ähnliche 1´C1´h2-Tenderlok von Henschel, die als Nr.404 zum Einsatz kam. Im April 1949 reihte die DR die Loks 278, 284 und 404 sowie den T 11 in ihren Fahrzeugpark ein.
Auch der Wagenpark der KHM war bescheiden. Von der Waggonfabrik Görlitz kaufte die Kleinbahn 1898 zwei zweiachsige kombinierte Personen-Packwagen mit Abteilen der II. und III. Wagenklasse, drei zweiachsige III. Klasse Personenwagen sowie sechs gedeckte und 14 offene Güterwagen.
Im Sommer 1940 gehörten zwei Personenwagen, ein kombinierter Personen-Packwagen, ein Packwagen, vier gedeckte Güterwagen und elf offene Güterwagen der KHM. Im Binnenverkehr setzte die KHM außerdem je zwei gedeckte und offene Güterwagen ein.

Triebfahrzeuge der Kleinbahn Heudeber–Mattierzoll:

Dampflokomotiven

Bahn-Nr.	neue Bahn-Nr. ab 1940	Bauart	Hersteller	Baujahr	Fabrik-Nr.	DR-Nr.	Bemerkungen
1c		Bn2t	Vulcan	1897	1605		Lenz-Typ »c«, ursprünglich für die Haffuferbahn gebaut, 1898 aber an die KHM geliefert; um 1922 ausgemustert
2c		Bn2t	Vulcan	1897	1606		Lenz-Typ »c«, ursprünglich für die Haffuferbahn gebaut, 1898 aber an die KHM geliefert; im 1. Weltkrieg an die Heeresfeldbahn abgegeben
3c		Bn2t	Vulcan	1897	1607		Lenz-Typ »c«, ursprünglich für die Haffuferbahn gebaut, 1898 aber an die KHM geliefert, um 1925 ausgemustert
2d		Bn2t	Hohenzollern	1898	1104		Lenz-Typ »d«, an die GeK geliefert, ab 1905 leihweise bei der KHM; 1922 von der KHM gekauft; 1931 an das Sachsenwerk Stendal verkauft; ab 29. September 1933 bei der KAP im Einsatz
1II		Cn2t	Hanomag	1892	2390		pr. T 3 BERLIN 1896, ab 1905 POSEN 1849, ab 1906 BERLIN 6120; 1920 an KyK; 1922 von der KHM gekauft, vor 1940 ausgemustert
2II	284	Cn2t	Humboldt	1902	135	89 6009	pr. T 3; BERLIN 1808, ab 1906 BERLIN 6146; DRG 89 7404; 1931 von der KHM gekauft; seit 16. November 1971 betriebsfähige Museumslok des VM Dresden
3II	278	Cn2t	Henschel	1925	20 505	89 6029	Typ »Bismarck I«
	404	1´C1´h2t	Henschel	1940	24752	75 6683	am 16.Januar 1968 im Bw Magdeburg-Rothensee ausgemustert

Triebwagen

Bahn-Nr.	neue Bahn-Nr. ab 1940	Bauart	Hersteller	Baujahr	Fabrik-Nr.	DR-Nr.	Bemerkungen
T 1	28	1-Adm	Wumag	1934			nach Tieffliegerbeschuß im Herbst 1944 abgestellt und dann in der Nacht von 27. zum 28. Dezember 1944 in Hessen verbrannt
	11	1-Adm	Lindner	1937		VT 135 533	an die KEZ geliefert, kam 1946 von der KyK zur KHM; ab 1970 als 186 022 im Einsatz; 1971 im Bw Falkenberg ausgemustert

Die Bahnen des Provinzialverbandes Merseburg

Kleinbahn Könnern–Rothenburg

Vorgeschichte

Die Gemeinde Rothenburg liegt im Tal der Saale, südwestlich von Halle. Hier durchschneidet der Fluß den sogenannten Halle-Hettstedter Gebirgsrücken in einem zwischen 50 und 200 m breiten Tal. Da das Tal durch die im 19. Jahrhundert nicht vorhandene Regulierung der Saale sehr stark hochwassergefährdet war, mied die MHE beim Bau der Strecke Halle/Saale–Aschersleben das Tal und projektierte die zwischen 1871 und 1872 eröffnete Bahnlinie über das höher liegende Könnern.

Bereits 1886 schlugen der Magistrat der ebenfalls im Saaletal gelegenen Stadt Wettin und einige Gewerbetreibende den Bau einer Nebenbahn von Könnern über Rothenburg nach Wettin vor. Allerdings fand diese Idee wenig Zustimmung, da die Trassenführung viel zu teuer war. Jahre vergingen, ehe im Landratsamt des Saalkreises in Halle wieder Gespräche über einen Eisenbahnanschluß für Rothenburg geführt wurden. Besonders das Rothenburger Messingwerk und die Gemeindevertreter Rothenburgs setzten sich für die Eisenbahn ein. Den Landrat konnten die Rothenburger von ihrem Anliegen überzeugen, und er reichte am 8. Januar 1911 beim Minister der öffentlichen Arbeiten in Berlin den Antrag zur Aufnahme der Vorarbeiten für eine Kleinbahn von Könnern nach Rothenburg ein. Schon am 1. April 1911 stimmte das Ministerium dem Anliegen zu. Innerhalb weniger Monate lagen die Bauunterlagen und Wirtschaftlichkeitsberechnungen für die Kleinbahn vor. Bereits ab 18. November 1912 konnten die

Um 1920 entstand diese Postkarte vom Bahnhof Rothenburg. Die abgebildete T 3 war hier nur leihweise im Einsatz.
Foto: Sammlung D. Endisch

Für den Werkverkehr in Rothenburg setzen die Draht- und Seilwerke eine ihrer beiden Rangierloks ein.
Foto: D. Endisch

Einwohner von Rothenburg im Gemeindeamt Einsicht in die Baupläne nehmen. Die Finanzierung der Kleinbahn hingegen war alles andere als einfach. Obwohl die Gemeinden Rothenburg und Könnern das Bauland kostenlos zur Verfügung stellten, konnte bis zum Frühjahr 1913 erst ein Drittel des Kapitals beschafft werden. Die Verhandlungen mit der Provinz Sachsen und dem Königreich Preußen zogen sich immer wieder in die Länge. Als am 1. August 1914 der 1. Weltkrieg ausbrach, schien das Kleinbahnprojekt endgültig gescheitert. Doch das Gegenteil trat ein: Da das Messingwerk Rothenburg nun ein kriegswichtiger Betrieb war, hatte die Kleinbahn absolute Priorität.
Am 12. Juni 1915 wurde schließlich in Könnern mit einem Stammkapital von 490 000 Mark die »Kleinbahn-Aktiengesellschaft Könnern–Rothenburg« (KKR) gegründet. Das Königreich Preußen und die Provinz Sachsen beteiligten sich mit jeweils 163 000 Mark an der Gesellschaft. Die »Mansfeld'sche Kuperschieferbauende Gewerkschaft« als Eigentümer des Messingwerkes übernahm 43 000 Mark des Kapitals. Der Saalkreis (30 000 Mark) und die Gemeinde Rothenburg (38 000 Mark) waren ebenfalls Gesellschafter.

Bau und Eröffnung

Bereits am 25. Oktober 1915 erteilte das Regierungspräsidium in Merseburg der KKR für 100 Jahre die Konzession zum Bau und Betrieb der rund 5,4 Kilometer langen Strecke. Schon Wochen vorher, Anfang September 1915, begannen unter der Leitung der Kleinbahnabteilung der Provinzialverwaltung in Merseburg die Bauarbeiten für die beiden Mühlgraben-Brücken in Rothenburg. Obwohl der Bau der KKR als kriegswichtig galt, gab es Schwierigkeiten bei der Beschaffung von Materialien. Auch Arbeitskräfte fehlten immer wieder. Nach mehreren Arbeitsunterbrechungen konnte die KKR am 28. November 1916 den Güterverkehr aufnehmen. Nach der endgültigen Abnahme der Strecke eröffnete die KKR am 24. Dezember 1916 auch den Personenverkehr zwischen Könnern und Rothenburg.

Betrieb und Verkehr

Zunächst wickelte die KKR ihren Betrieb in eigener Regie ab. Während des Krieges hatte die Kleinbahn einen beachtlichen Verkehr zu bewältigen. Im Geschäftsjahr 1917/18 beförderte die KKR fast 36 000 Fahrgäste und über 58 000 Tonnen Güter. Vom Bau eines Anschlußgleises zur Saale in Georgsburg erhoffte man sich eine weitere Steigerung des Güterverkehrs. Doch mit dem Ende des 1. Weltkrieges und der Einstellung der Rüstungsproduktion im Messingwerk brach der Güterverkehr auf der KKR fast vollständig zusammen. Lediglich das Frachtaufkommen zur alten Zuckerfabrik Könnern blieb konstant. Schon im ersten Nachkriegs-Geschäftsjahr 1919/20 zählte man nur noch 11 053 Reisende und 30 823 Tonnen Güter. Um einen dringend benötigten Personen- und Packwagen beschaffen zu können, mußten die Aktionäre der KKR 1920 noch einmal 210 000 Mark einzahlen. Zur Einsparung von Betriebskosten reduzierte die KKR bereits im Sommerfahrplan 1921 ihr Angebot im Personenverkehr auf zwei Zugpaare. Mit der Einführung der Goldmark 1924 halbierte die KKR ihr Aktienkapital auf 350 000 Mark.
Auch wenn die KKR nach Abschluß des Rechnungsjahres 1924/25 ihren Aktionären eine kleine Dividende in Höhe von 1,5 Prozent auszahlen konnte, mußte die Geschäftsleitung ab 1926 alle Möglichkeiten ausschöpfen, um die Bahn vor dem Konkurs zu bewahren. Mit

Die Brücke über den unteren Mühlengraben bei Rothenburg am Kilometer 4,7 ist 34,4 Meter lang. Foto: D. Endisch

der Schließung der Rothenburger Messinghütte und der alten Zuckerfabrik Könnern schrumpfte der Güterverkehr noch weiter. Transportierte die Kleinbahn 1924/25 noch 43 654 Tonnen Güter, waren es 1926/27 nur noch rund 24 000 Tonnen. Damit die Einnahmen nicht die Ausgaben überstiegen, übergab die KKR am 16. August 1926 die Betriebsführung der benachbarten BAK und führte den Einmannbetrieb ein. Fortan beschäftigte die KKR nur noch einen Lokführer und einen Oberschaffner. Trotz aller Sparmaßnahmen sank das Verkehrsaufkommen weiter ab und erreichte 1933/34 mit 4102 Reisenden und 14 411 Tonnen Gütern den absoluten Tiefpunkt.

Erst Mitte der dreißiger Jahre, als in Rothenburg wieder Rüstungsgüter hergestellt wurden, belebte sich der Verkehr. Er erreichte bis dahin ungeahnte Ausmaße. Bereits 1938/39 benutzten 231 759 Fahrgäste die Kleinbahn und 34 925 Tonnen Güter wurden befördert. Um den Berufsverkehr zum ehemaligen Messingwerk schneller abwickeln zu können, entstand im Werk ein separater Bahnsteig. Den 1935 vorgelegten Plan, die BAK und KKR durch eine Strecke von Georgsburg nach Beesenlaublingen zu verbinden, legte man 1938 endgültig zu den Akten.

Mit Ausbruch des 2. Weltkrieges stieg der Verkehr weiter. Er erreichte 1944/45 seinen Höhepunkt: 570 142 Fahrgäste und 79 725 Tonnen Güter verzeichnete die Statistik der seit 9. Juli 1943 als »Eisenbahn-AG Könnern–Rothenburg« firmierenden Kleinbahn. Den 2. Weltkrieg überstand die KKR ohne Schäden. Zwischen dem 13. April 1945 und dem 7. Juni 1945 ruhte allerdings der Verkehr. Am 15. Dezember 1946 übernahm die »Sächsische Provinzbahnen G.m.b.H.« die Betriebsleitung der KKR, zuvor oblag sie der KWW.

Am 1. April 1949 übernahm schließlich die Deutsche Reichsbahn die Verwaltung und Nutznießung der 5,4 Kilometer langen Strecke. Die Reichsbahn wandelte den Lokschuppen in Rothenburg zu einem Lokbahnhof des Bw Aschersleben um. Mit dem Ausbau der metallverarbeitenden Industrie in Rothenburg nahm der Verkehr auf der ehemaligen Kleinbahn weiter zu. Im Personenverkehr setzte die Reichsbahn auf der Kursbuchstrecke 204h im Winter 1954/55 werktags zehn Triebwagenpaare ein. An Sonn- und Feiertagen waren es noch sieben. Bis zum Sommer 1961 verbesserte man das Angebot bis auf zehn Zugpaare täglich. Doch bereits mit Ende des Winterfahrplanes 1962/63, am 25. Mai 1963, stellte die DR den Reiseverkehr ein und wandelte die ehemalige Kleinbahn in einen Streckenrangierbezirk des Bahnhofs Könnern um.

Für den sehr starken Güterverkehr zu den Draht- und Seilwerken in Rothenburg wurde die Strecke auf eine Achsfahrmasse von 21 Tonnen ausgebaut. Die Rothenburger Bahnhofsanlagen übergab die Reichsbahn den Draht- und Seilwerken zur Nutzung. Im Gegensatz zu anderen Kleinbahnen ist die ehemalige KKR noch heute in Betrieb.

Strecke und Anlagen

Der Bahnsteig und das kleine Dienstgebäude mit Wartehalle und Gepäckraum der KKR befanden sich auf der Nordseite des Staatsbahnhofes in Könnern. Rund 500 m verläuft die Strecke parallel zur Strecke Halle/Saale–Halberstadt, ehe die Kleinbahn die Stadt Könnern im Westen umfährt und nach 1,3 km die ehemaligen Haltestelle Wietschke erreicht. Von hier aus geht es in ständigem Gefälle hinab in das Saaletal. Die stärkste Neigung beträgt dabei 1 : 75. Am Kilometer 2,5 befand sich die Haltestelle Georgsburg, die wie Wietschke nur eine einfache Wellblechbude und ein Lade-

Das ehemalige Empfangsgebäude in Rothenburg ist in die Anlagen der Draht- und Seilwerke integriert
Foto: D. Endisch.

gleis besaß. Hier zweigte bis 1950 das Anschlußgleis zum Saalehafen ab. Der Anschluß zum Betonwerk Könnern hingegen ist noch in Betrieb. Oberhalb der Saale geht es nun über die 34,4 m lange Trapezträgerbrücke, die den unteren Mühlgraben überspannt, weiter nach Rothenburg. Die zweite Mühlgraben-Brücke mit 44,9 m Länge konnte nach dem Verfüllen des Grabens abgerissen werden. Nach 5,4 km erreicht die Kleinbahn ihren Endpunkt. Das massive, zweigeschossige Empfangsgebäude und den zweiständigen Lokschuppen übereignete die Reichsbahn den Draht- und Seilwerken, die sie heute anderweitig nutzen.
Die 12 Weichen und sämtliche 7,5 km Gleise der Kleinbahn waren bei der Betriebseröffnung in Schlacke gebettet. Später schotterte man die Gleise ein.

Fahrzeuge

Bei der Betriebseröffnung konnte die KKR keine neuen Lokomotiven beschaffen und mußte daher mit zwei gebraucht erworbenen Bn2t-Maschinen von der KGK auskommen. Als Mitte der dreißiger Jahre die beiden Naßdampfloks verschlissen waren, kaufte die Kleinbahn wieder zwei gebrauchte Zweikuppler von anderen Kleinbahnen aus der Provinz Sachsen. Beide Loks wurden 1949 von der Deutschen Reichsbahn noch als 98 6101 und 98 6209 übernommen.
Zur Aufnahme des Personenverkehrs mietete die Kleinbahn zwei Personen- und einen Gepäckwagen von der KBG an, die erst 1921 durch je einen gebrauchten Pack- und Personenwagen ersetzt wurden. Erst 1937 stockte die KKR ihren Wagenpark durch zwei Personenwagen auf. Bei der Übernahme durch die Reichsbahn 1949 verfügte die KKR nur noch über je einen Pack- und Personenwagen.

Dampflokomotiven der Kleinbahn Könnern – Rothenburg

Bahn-Nr.	neue Bahn-Nr. ab 1940	Bauart	Hersteller	Baujahr	Fabrik-Nr.	DR-Nr.	Bemerkungen
		Bn2t	Hagans	1903	494		1903 an die KGK geliefert; 1916 von der KKR gekauft; 1936 ausgemustert
		Bn2t	Hagans	1903	495		1903 an die KGK geliefert; 1916 von der KKR gekauft; 1936 an das Sachsenwerk Stendal verkauft
1	190	Bn2t	Henschel	1905	7245	98 6101	1903 an die KBA geliefert; 1936 von der KKR übernommen; am 6. April 1960 ausgemustert
3	191	Bn2t	Henschel	1907	7248	98 6209	1907 an die KSA geliefert; 1936 von der KKR gekauft; 1949 zur GHWK umgesetzt; am 31. Mai 1964 ausgemustert

Die Bahnen des Provinzialverbandes Merseburg

Kleinbahn Osterburg–Pretzier

Vorgeschichte

Nach der Gründung der preußischen Provinz Sachsen wurde die Kleinstadt Osterburg Sitz eines der vier Altmarkkreise. In der Stadt und im Kreis Osterburg bestimmte die Landwirtschaft das Bild. Obwohl Osterburg bereits 1849 mit der Eröffnung der Strecke Magdeburg–Stendal–Wittenberge Eisenbahnanschluß erhielt, war die verkehrstechnische Erschließung des Landkreises sehr gering. Nach dem Bau der ersten Kleinbahnen in anderen Teilen der Altmark forderten die Gemeinde mit Unterstützung der Landwirte im Kreis Osterburg auch eine Kleinbahn. Der Magistrat der Stadt Osterburg setzte sich bei der Provinzialverwaltung in Merseburg für diese Idee ein. Dort stand man diesem Gedanken sehr aufgeschlossen gegenüber.

Geplant war eine Strecke durch den gesamten Landkreis bis nach Salzwedel. Dabei sollte die Kleinbahn über Klein Rossau, Kleinau, Klein Garz nach Krichelsdorf verlaufen. In Krichelsdorf sollte die Bahn an die SaK anschließen. Allerdings verwarf am diesen Plan wieder und entschied sich für eine Bahnlinie von Osterburg über Klein Rossau nach Deutsch Pretzier. Hier bestand Anschluß an die 1870 eröffnete Strecke Stendal–Salzwedel. Die Kleinbahnabteilung veranschlagte 1912 die Kosten für dieses Projekt ohne Grunderwerb auf rund

Der Eröffnungszug machte am 14. Juli 1914 in Dessau, dem späteren Kleinau West, auch Station. Foto: Sammlung W. List

Die Züge auf der Strecke Osterburg–Pretzier mußten in Klein Rossau kopfmachen. Im Frühjahr 1970 setzte 102 122 vor der Weiterfahrt nach Kleinau West in Klein Rossau um.
Foto: W. List

1,92 Millionen Mark. Nachdem die Provinz und das Königreich Preußen ihre finanzielle Beteiligung zugesagt hatten, konstituierte sich am 25. Januar 1913 in Osterburg die »Kleinbahn AG Osterburg–Deutsch Pretzier« (KOP). Die Provinz Sachsen und das Königreich Preußen, vertreten durch das Ministerium der öffentlichen Arbeiten, übernahmen jeweils 632 500 Mark. Die Stadt Osterburg steuerte 213 000 Mark bei, die Anliegergemeinden insgesamt 443 000 Mark.

Bau und Eröffnung

Anschließend beantragte die KOP beim Regierungspräsidenten in Magdeburg den Bau und Betrieb der Strecke Osterburg–Deutsch Pretzier. Die gewünschte Urkunde stellte die Behörde am 5. März 1913 aus. Wenig später begannen die Bauarbeiten. Da die rund 39 km lange Strecke ausschließlich durch flaches Land verlief, rückten die Baukolonnen sehr rasch vor. Verantwortlich für die Bauausführung war die Merseburger Kleinbahnabteilung. Im Auftrag dieser Abteilung leitete Ingenieur Heinrich Adrian die Arbeiten an der KOP. Nur gut ein Jahr verging, bis die gesamte Strecke fertig war. Am 14. Juli 1914 dampfte schließlich der erste Zug von Osterburg über Klein Rossau nach Deutsch Pretzier. In Klein Rossau kreuzte die KOP die Strecke Stendal–Arendsee der StK.

Betrieb und Verkehr

Von Beginn an lag die Betriebsführung auf der KOP in den Händen der Kleinbahnabteilung der Provinz Sachsen. Die ersten Betriebsjahre der KOP standen unter keinem guten Stern. Durch den 1. Weltkrieg entwickelte sich der Verkehr nicht so, wie ursprünglich geplant. Die stark schwankenden Beförderungsleistungen während des Krieges machten der Bahn schwer zu schaffen. Nach 1918 verschärfte sich die Situation weiter. Durch die strikte Kontingentierung des Anbaues von Zuckerrüben nahm der Güterverkehr, das wichtigste Standbein der KOP, weiter ab.
So konnte die KOP ihren Betrieb nur mit größter Sparsamkeit aufrechterhalten. Deshalb verwundert es nicht, daß die KOP als eine der ersten Kleinbahnen in der Provinz Sachsen bereits ab November 1925 einen vierachsigen Triebwagen im Personenverkehr einsetzte.
Die Bedeutung der Kleinbahn lag im wesentlichen in der Abfuhr der in der Region erzeugten landwirtschaftlicher Produkte, meist Kartoffeln und Zuckerrüben, dem Transport von Bau- und Brennstoffen sowie Düngemitteln. Eine nennenswerte Industrie gab es im Einzugsgebiet der KOP nicht.
In der zweiten Hälfte der zwanziger Jahre verbesserte sich die finanzielle Situation der KOP. Bereits im Geschäftsjahr 1926 beförderte die Kleinbahn rund 91 000 Reisende und über 49 000 t Güter. Damit konnte ein bescheidener Gewinn von etwa 35 000 Mark erwirtschaftet werden. Dennoch blieb der geplante Bau der Verbindung von Klein Garz nach Krichelsdorf zur SaK Illusion.
Im Sommer 1927 setzte die KOP auf ihrer Strecke täglich drei Personenzugpaare ein, von denen zwei Triebwagenleistungen waren. Außerdem pendelte der Triebwagen täglich einmal zwischen Osterburg und Klein Rossau. Werktags verkehrte er sogar einmal zwischen Klein Rossau und Arendsee. Durch diese Verbindung konnte die KOP ihren Personenverkehr stabilisieren.
Während der Weltwirtschaftskrise mußte die KOP wieder Einbußen im Personen- und Güterverkehr hinnehmen. Der Verkehrsrückgang war so groß, daß die KOP nun in die Verlustzone abrutschte. Das Geschäftsjahr 1935 schloß die Gesellschaft mit einem Verlust von über 21 000 Mark ab.
Erst in der zweiten Hälfte der dreißiger Jahre verzeichnete die Bahn wieder einen Aufwärtstrend. Aber erst 1938 hatten die Beförderungsleistungen mit über

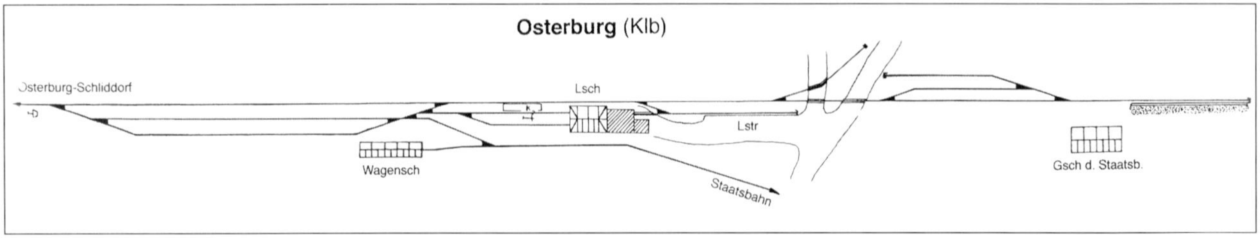

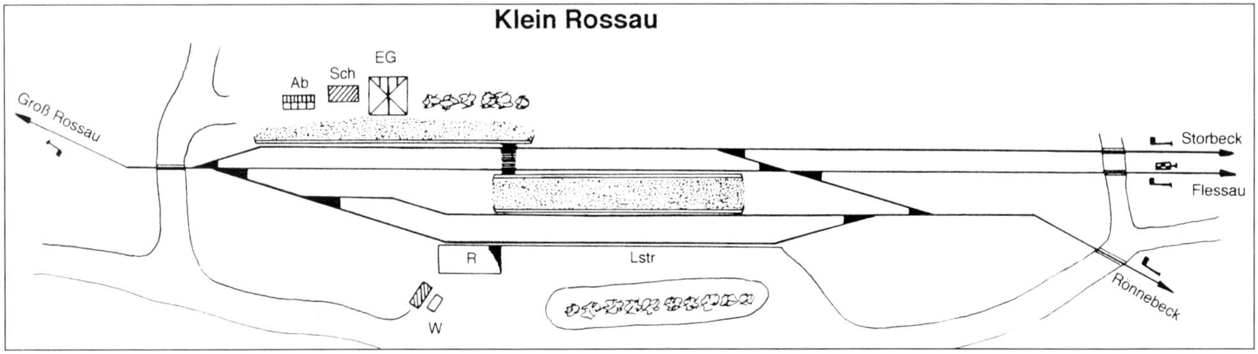

Etwas abseits der Staatsbahn lagen die Gleisanlagen der Kleinbahn in Osterburg.
Skizze: W. List

In Klein Rossau kreuzten sich die Strecken der KOP und der StK.
Skizze: W. List

95 000 Fahrgästen und fast 54 000 t Gütern den Stand der zwanziger Jahre erreicht.
Während des 2. Weltkrieges ereignete sich das schwerste Zugunglück auf der KOP und in der gesamten Altmark. Nachdem die Lok des Personenzuges nach Osterburg am 9. März 1940 auf der Biese-Brücke zwischen Gladigau und Schmersau Wasser genommen und die Brücke verlassen hatte, brach der Mittelpfeiler zusammen. Dadurch wurden auch die Schienen angehoben und die Lok kippte die Böschung herunter. Glücklicherweise kamen bei diesem Unfall keine Menschen zu Schaden. Untersuchungen der Polizei ergaben, daß der Mittelpfeiler der Brücke, an dem das Pulsometer befestigt war, stark unterspült war. Die veränderten Strömungsverhältnisse der Biese durch die Regulierung des Flusses in den dreißiger Jahren erleichterten die Unterspülung. Der so geschwächte Pfeiler war dem starken Eisgang dann nicht mehr gewachsen und brach zusammen.
Den 2. Weltkrieg überstand die KOP ohne Zerstörungen. Im Frühjahr 1946 sequestierte die Provinz Sachsen die gesamte Kleinbahn. Im Dezember 1946 ging die Betriebsführung auf der Strecke Osterburg–Deutsch Pretzier auf die »Sächsische Provinzbahnen G.m.b.H.« über. Am 15. August 1948 wurde die ehemalige KOP in die VVB des Verkehrswesens Sachsen-Anhalt eingegliedert. In die Verwaltung und Nutznießung der Deutschen Reichsbahn ging sie offiziell am 1. April 1949 über. Es dauerte aber noch bis zum 1. Januar 1950, ehe die DR die Regie auf der Kleinbahn übernommen hatte.
Auch in den fünfziger Jahren blieb der Verkehr auf der KOP recht konstant. Täglich vier Personenzugpaare, davon eines mit Güterbeförderung, und ein GmP von Osterburg nach Arendsee genügten den betrieblichen Belangen. Einige Personenzüge verlängerte die DR über Pretzier bis nach Salzwedel. Mit dem Aufbau des VEB Betonwerke Altmark in Kleinau nahm in den fünfziger Jahren der Güterverkehr in Richtung Osterburg spürbar zu.

Nachdem in der zweiten Hälfte der sechziger Jahre die Straßen zwischen Pretzier und Salzwedel erweitert und erneuert waren, zeichnete sich das Ende des Personenverkehrs auf dem westlichen Teil der ehemaligen KOP ab. Obwohl der Sommerfahrplan 1968 bereits das Ende zwischen Kleinau West und Pretzier SEV verkündete, rumpelten auf dem rund 14,2 km langen Teilstück noch Personenzüge. Am 29. August 1968 ging dann der Personenverkehr auf Busse über. Der Güterverkehr endete am 31. Mai 1969. Bis 1970 wurden die Gleisanlagen auf dem ehemaligen Kleinbahnhof Pretzier abgebaut. Das Gelände diente zur Erweiterung eines Schrottsammelplatzes.

Wie in Boock sah es auf vielen Haltestellen in der Altmark aus. Am Ende des Bahnsteiges befand sich ein Tiefbrunnen, aus dem die Loks ihren Wasservorrat ergänzten.
Foto: W. List

Zur gleichen Zeit wurde auch der Kleinbahnhof in Osterburg stillgelegt und die Strecke direkt in den Osterburger Bahnhof eingebunden. Der Personenverkehr ging im Laufe der Jahre auch auf der verbliebenen KBS 755 Osterburg–Klein Rossau–Kleinau West ständig zurück. Im Sommer 1974 verkehrten auf der KBS 755 werktags vier Personenzugpaare, davon zwei GmP. Ergänzt wurde das Angebot durch ein Personenzugpaar Osterburg–Arendsee. Allerdings brauchten die Fahrgäste viel Geduld. Eine Fahrt auf der rund 25 km langen Strecke von Osterburg nach Kleinau West dauerte mindestens 70 Minuten. Wegen erheblicher Oberbauschäden fuhr am 1. Oktober 1974 schließlich der letzte Reisezug auf der ehemaligen KOP. Tags darauf verkehrten Busse. Der SEV dauerte gut ein Jahr. Am 28. September 1975 endete offiziell der Personenverkehr.
Dem bescheidenen Güterverkehr nach Kleinau blieb noch eine Gnadenfrist bis zum Sommer 1976. Am 26. September 1976 verfügte die DR die Gesamtstillegung und den Abbau aller Gleisanlagen. Lediglich 2 km von Osterburg bis Schilddorf blieben als Anschlußgleis für die Molkerei und die Getreidewirtschaft erhalten.

Strecke und Anlagen

Westlich des Staatsbahnhofes lagen in Osterburg die langgestreckten Anlagen der KOP. Die Züge der Kleinbahn begannen und endeten an einem Stumpfgleis mit Bahnsteig, dem die Ladestraße, der zweigleisige Lokschuppen mit Werkstatt, Kohlebansen und Wasserkran, der eingleisige Wagenschuppen sowie die Rangier- und Aufstellgleise vorgelagert waren. Hinter Osterburg schwenkte die Strecke nach Westen. An der Kreuzung mit der heutigen Bundesstraße 189 lag der unbesetzte Haltepunkt Osterburg-Schilddorf. Der dann folgende Bedarfshaltepunkt Osterburg Siedlung bestand nur aus einer Wartehalle und einem kurzen Bahnsteig. Fast schnurgerade verlief die Trasse weiter nach Storbeck.
In den Gemeinschaftsbahnhof mit der StK in Klein Rossau (Kilometer 9,6) fädelte die Osterburger Strecke von Süden her ein. Als Kreuzungsbahnhof war Klein Rossau als einzige Station der KOP mit vier Formsignalen gesichert. Insgesamt vier Gleise, ein Empfangsgebäude mit Abort und Bahnsteig, ein Inselbahnsteig und eine Ladestraße mit Rampe gehörten zur Station. Für die Weiterfahrt nach Rönnebeck mußten die Züge der KOP in Richtung Arendsee vorziehen und dann an den Inselbahnsteig zurückdrücken. Erst dann ging es weiter.
Hinter Klein Rossau schwenkte die Kleinbahn in einer weiten Rechtskurve nach Westen und erreichte Rönnebeck. Vorbei am Haltepunkt Natterheide und Schmersau ging es nach Gladigau. Kurz vor Gladigau überquerte die Kleinbahn die Biese. Auf dieser Brücke ergänzten die Dampfloks ihren Wasservorrat. Zu diesem Zweck war am Mittelpfeiler der Brücke in Pulsometer angebracht.
In Boock gab es ein Stationsgebäude mit Bahnsteig und Wasserkran sowie ein Ladegleis mit Ladestraße und Rampe. Ab Kleinau verlief die KOP parallel zur Landstraße weiter über Kleinau West, dem früheren Dessau, nach Sanne-Kerkuhn. Von dort ging es wieder durch die weite Landschaft der Altmark nach Schernikau. Die Station Vissum lag in unmittelbarer Nähe der Landstraße nach Ritzleben. Über Klein Gartz dampften die Züge der Endstation Pretzier (Kilometer 39,3), dem ehemaligen Deutsch Pretzier, entgegen. Die Gleisanlagen der KOP lagen gegenüber der Staatsbahn. Ein Stationsgebäude mit Bahnsteig, drei Gleise, eine Ladestraße, ein eingleisiger Lokschuppen mit Wasserkran und Kohlebansen sowie zwei Übergabgleise zur

Staatsbahn genügten den betrieblichen Belangen.
Der Oberbau der Strecke bestand aus Schienen der preußischen Form VI. Die Reichsbahn baute den Abschnitt Osterburg–Klein Rossau später auf eine Achslast von 16 t aus.

Fahrzeuge

Zur Betriebseröffnung kaufte die KOP bei Henschel in Kassel insgesamt drei Naßdampfloks vom Typ »Bismarck I«. Die als Nr. 20 bis 22 bezeichneten Dreikuppler wickelten in den ersten Jahren den gesamten Personen- und Güterverkehr ab. Zur Verstärkung des Lokparks erwarb die KOP 1915 eine vierte Maschine dieses Typs, die allerdings schon 1922 an die KZG verkauft wurde. Die Nr. 20 ging 1928 an die KyK.
Im Herbst 1924 beschloß die Gesellschaft die Beschaffung eines vierachsigen DWK-Triebwagens, der ab November 1925 zum Einsatz kam. Der 47 000 Mark teure T 39 wickelte fortan fast den gesamten Personenverkehr auf der KOP ab. Allerdings sorgte der eingebaute Mercedes-Vergasermotor bei den Eisenbahnern für viel Arbeit. Die Aufhängung im Triebwagen war ungünstig. Durch die Schwingungen des Motors traten an dem Fahrzeug zahlreiche Schäden auf, so daß der Triebwagen häufiger ausfiel. Als Ersatz für den schadanfälligen T 39 kaufte die Gesellschaft 1937 bei Lindner in Ammendorf einen zweiachsigen Triebwagen, den T 2. Beide Triebwagen und die zwei Dampfloks reihte die Reichsbahn 1950 in ihren Fahrzeugpark ein.
Der T 39 wurde aber kurze Zeit später zu einem Beiwagen umgebaut. Während die beiden Dampfloks schon 1958 und 1964 aus dem Bestand der DR ausschieden, standen der ehemalige T 39 und T 2 noch bis Anfang der siebziger Jahre im Einsatz.
Auch der Wagenpark der KOP war sehr bescheiden. Im Geschäftsjahr 1926 gehörten der KOP lediglich vier Personen- und 21 Güterwagen. 1938 waren es nur noch drei Personen- und 19 Güterwagen.

Triebfahrzeuge der Kleinbahn Osterburg–Pretzier:

Dampflokomotiven

Bahn-Nr.	neue Bahn-Nr. ab 1940	Bauart	Hersteller	Baujahr	Fabrik-Nr.	DR-Nr.	Bemerkungen
20	265	Cn2t	Henschel	1913	12 209	89 6160	Typ »Bismarck I«; 1928 an KyK verkauft; 1964 als Werklok an den VEB »Glück auf« Sollstedt verkauft
21	266	Cn2t	Henschel	1913	12 210	89 6021	Typ »Bismarck I«; am 22. September 1958 ausgemustert und als Werklok an den VEB Zuckerfabrik Genthin verkauft
22	267	Cn2t	Henschel	1913	12 211	89 6022	Typ »Bismarck I«; am 22. Februar 1966 im Bw Wittenberge ausgemustert
23	273	Cn2t	Henschel	1915	13 029	89 6027	Typ »Bismarck I«; 1922 an die KZG verkauft; am 12. Dezember 1967 im Bw Oebisfelde ausgemustert

Triebwagen

Bahn-Nr.	neue Bahn-Nr. ab 1940	Bauart	Hersteller	Baujahr	Fabrik-Nr.	DR-Nr.	Bemerkungen
T 2	4	1-Adm	Lindner	1937		VT 135 544	ab 1. Juni 1970 als 186 032 im Einsatz; 1971 im Bw Stendal ausgemustert
T 39	96	(1-A)'(A-1)'dm	DWK	1924	39	VT 137 517	DWK-Typ IV; Umbau zum VB 147 083, ab 1. Juni 1970 als VB 197 823 im Einsatz

Die Bahnen des Provinzialverbandes Merseburg

Prettin–Annaburger Kleinbahn

Vorgeschichte

Nördlich von Torgau, im Urstromtal der Elbe, liegt Prettin. Bereits im 11. Jahrhundert existierte hier eine Burg, in deren Nähe ein Dorf entstand. Im 13. Jahrhundert war Prettin bereits eine Stadt, die sich weitab der Handelswege nur langsam entwickelte. Mit Landwirtschaft und Flachshandel verdienten sich die Menschen ihren Lebensunterhalt. Im Herbst 1874 eröffnete die BAE die Strecke Falkenberg–Wittenberg, die der Nachbarstadt Annaburg einen wirtschaftlichen Aufschwung brachte. Unter den Prettinern wurde nun der Ruf nach einem Eisenbahnanschluß laut. Doch erst das Kleinbahngesetz brachte nach 1892 Bewegung in die Angelegenheit. Prettins Stadtväter verhandelten mit der Berliner Firma Paul Löser & Co über den Bau einer Kleinbahn von Prettin nach Annaburg. Im Jahr 1900 legten Löser & Co die Unterlagen und den Kostenvoranschlag über 1,12 Millionen Mark vor.
Ein gutes Jahr später gründete man in Berlin mit einem Stammkapital von 620 000 Mark die »Prettin–Annaburger Kleinbahn AG« (KAP). Löser & Co übernahmen 480 000 Mark und die Stadt Prettin 140 000 Mark.

Bau und Eröffnung

Noch 1900 hatte die KAP beim Regierungspräsidium in Merseburg die Bauunterlagen zur Genehmigung eingereicht. Am 13. April 1901 erhielt die KAP die Genehmigung zum Bau und Betrieb ihrer Kleinbahn. Im Sommer 1901 begannen Löser & Co mit den Bauarbeiten. Da die rund 12,5 km lange Strecke fast ausschließlich durch ebenes Gelände führte, ging der Bahnbau zügig voran.
Dennoch verzögerte sich die Fertigstellung der KAP. Der Kleinbahn fehlte Geld. Da sich keine weiteren Aktionäre an der Gesellschaft beteiligten, mußte die KAP das fehlende Kapital über Kredite decken. Erst am 15. Juni 1902[1] konnte man den Güterverkehr zwischen Annaburg und Prettin eröffnen. Die ersten Personenzüge verkehrten erst am 17. April 1903.

Betrieb und Verkehr

Bei der Betriebseröffnung der Kleinbahn war die Gesellschaft mit enormen Schulden belastet. Die Baukosten von rund 1,157 Millionen Mark konnten nur knapp zur Hälfte über das Aktienkapital gedeckt werden. Zur Finanzierung der Deckungslücke mußte die KAP sogenannte Bahnpfandschulden über 590 000 Mark aufnehmen. Diese sollten die Kleinbahn über Jahre hinweg belasten.
Die Entwicklung des Personen- und Güterverkehrs verlief nicht nach den Erwartungen der Gesellschafter. In eigener Betriebsführung transportierte die KAP 1911 rund 26 000 t Güter und knapp 39 000 Reisende. Die Bahn erzielte dabei einen Gewinn von etwa 17 000 Mark, der zum Ausgleich der Schulden verwendet wurde. Mit äußerster Sparsamkeit wurde die KAP betrieben.
Der 1. Weltkrieg bedeutete für die KAP eine Zäsur. Zwar stiegen die Beförderungsleistungen, nicht zuletzt durch das 1917 eröffnete Stanz- und Emaillierwerk, doch die gestiegenen Betriebskosten und der Personalmangel fraßen die Einnahmen immer mehr auf. Die finanziellen Schwierigkeiten von Löser & Co gegen Ende des Krieges verschärften die Situation weiter. Um den drohenden Konkurs und die Einstellung der KAP abzuwenden, stieg die Provinz Sachsen schließlich 1920 in die Gesellschaft ein. Nach einer kurzen Betriebsunterbrechung zur Instandsetzung der völlig abgefahrenen Gleisanlagen eröffnete die Kleinbahnanteilung der Provinz als neuer Betriebsführer am 12. Juli 1920 zum zweiten Mal den Betrieb auf der KAP.
Nach der Inflation legte die KAP ihr Aktienkapital neu auf 305 000 Mark fest, von dem 291 000 Mark bei der Provinz Sachsen lagen. Mitte der zwanziger Jahre besserte sich die Lage bei der Kleinbahn wieder. Im Geschäftsjahr 1927 transportierte sie fast 40 000 Fahrgäste und über 37 000 t Güter. Doch die Weltwirtschaftskrise und der aufkommende Kraftverkehr beendeten diesen Aufwärtstrend. Bis zum Rechnungsjahr 1935 schrumpften die Leistungen auf etwa 17 000 Fahrgäste und knapp 31 000 t Güter.
Mit dem Einsatz eines zweiachsigen Triebwagens ab Sommer 1937 nahm die Zahl der verkauften Fahrkarten erneut zu. Ende der dreißiger Jahre und im 2. Weltkrieg stiegen die Beförderungsleistungen wieder an.
Nach einer kurzen Betriebsunterbrechung verkehrten auf der KAP ab Mai 1945 wieder planmäßig Züge. Auch die KAP wurde im Frühjahr 1946 beschlagnahmt und dem Präsidenten der Provinz unterstellt.
Wie bei anderen Kleinbahnen auch übernahm im Dezember 1946 die »Sächsische Provinzbahnen G.m.b.H.« die Betriebsführung auf der KAP. Zur VVB des Verkehrswesens Sachsen-Anhalt kam

Zum 25. Jubiläum der KAP versammelten sich am 15. Juni 1927 Eisenbahner und deren Angehörige in Prettin zu einem Erinnerungsfoto.
Foto: Sammlung H. Galistel

die KAP am 16. August 1948. Nach der Übernahme durch die Reichsbahn am 1. April 1949 unterstand die Strecke dem Rba Wittenberg.
Der Personenverkehr auf der Strecke Annaburg–Prettin endete im Sommer 1961. Der Güterverkehr hingegen lief bis in die neunziger Jahre. Erst im Zuge der Wiedervereinigung brach der Güterverkehr zusammen. Nach der Schließung des Tarifpunktes Prettin am 28. Mai 1995 leitete die DB AG die Stillegung der ehemaligen KAP ein, die am 1. Juni 1996 abgeschlossen wurde.

Strecke und Anlagen

Im Gegensatz zu anderen Strecken begann die Kilometrierung der KAP nicht im Anschlußbahnhof, sondern im Endbahnhof. Als betrieblicher Mittelpunkt besaß Prettin eine großes Empfangsgebäude, im dem die Betriebsleitung saß. Ein zweigleisiger Lokschuppen mit Werkstatt, der 1937 durch einen Anbau für den Triebwagen erweitert wurde, ein Güterschuppen, eine Ladestraße, eine kombinierte Kopf-Seitenrampe und eine Gleiswaage gehörten ebenfalls zum Bahnhof Prettin.
Die Kleinbahn schlängelte sich von Prettin nach Hohndorf. Hier schwenkte die Trasse nach Osten und verlief über Plossig nach Naundorf. Parallel zur Landstraße ging es vorbei am Haltepunkt Eichenwalde nach Annaburg West (Kilo-

◊ Entfernung Bf Annaburg—Bf Annaburg West 600 m

177s Annaburg West – Prettin Alle Züge 2. Klasse

	1602	1604	8772	✝ 1606	1608		1610	⚒ 8776	1614	km	Zug Nr Rbd Halle Zug Nr	1601	⚒ 1603	8771		1605	✝ 8775	⚒ 1609	⚒ 8775	1613		...
...	4.45	⚒7.12	8.00	✝12.32	■13.20	Sa13.43	16.35	⚒17.20	b20.28	0,0	ab **Annaburg** ◊ West 177 r. an	4.32	⚒6.12	7.04	...	11.51	✝15.35	⚒15.31	⚒16.30	b19.32	...	...
...	4.52	7.18	8.07	12.39	13.27	13.50	16.42	17.27	20.35	2,5	Eichenhalde	4.26	6.06	6.58	...	11.45	15.29	15.25	16.24	19.26	...	...
...	5.01	7.26	8.17	12.48	13.36	13.59	16.51	17.37	20.44	4,6	Naundorf (b Prettin)	4.17	5.57	6.51	...	11.36	15.22	15.16	16.17	19.17	...	...
...	5.07	7.32	8.33	12.54	13.42	14.05	16.57	17.53	20.50	6,9	Plossig	4.10	5.49	6.36	...	11.29	15.07	15.09	16.02	19.10		
...	5.15	7.40	8.48	13.02	13.52	14.15	17.06	18.08	20.58	9,7	Hohndorf	4.02	5.41	6.23	...	11.21	14.57	15.01	15.52	19.02	b ✝, Fr u Sa	
...	5.23	⚒7.47	8.56	✝13.10	■14.00	Sa14.23	17.14	⚒18.16	b21.06	12,5	an **Prettin** ab	3.53	⚒5.32	6.08	...	11.12	✝14.41	⚒14.52	⚒15.36	b18.53		

An Werktagen verkehrten auf der ehemaligen KAP im Sommerfahrplan 1957 (gültig vom 2. Juni bis zum 28. September 1957) vier GmP (8771, 8772, 8775, 8776).
Abbildung: Sammlung D. Endisch

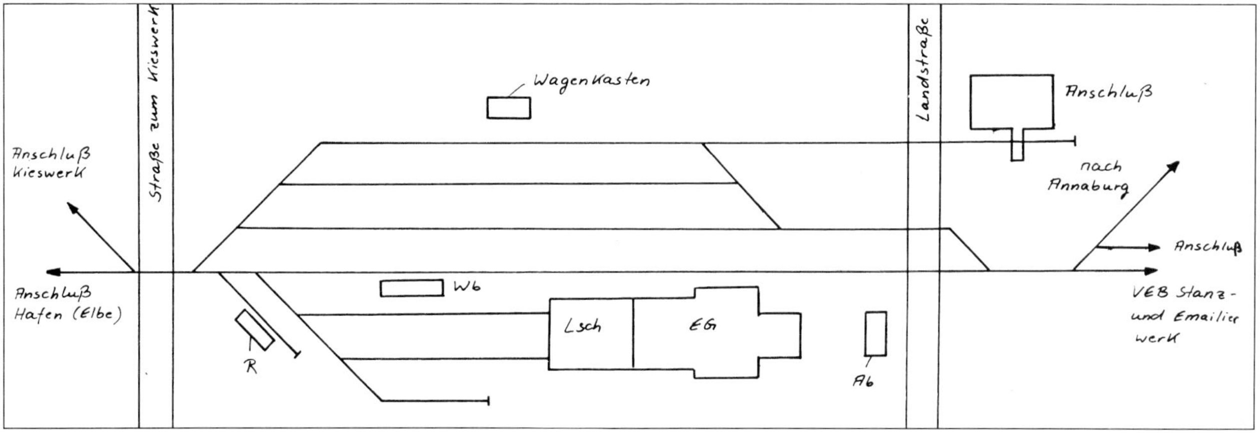

Spurplan des Bahnhofs Prettin 1977.
Skizze: D. Endisch

meter 12,5), der Endstation der KAP. Sie lag mit ihrem Stationsgebäude, dem Bahnsteig sowie den Übergabe- und Umsetzgleisen rund 600 m vom Bahnhof der Staatsbahn entfernt.
Der Oberbau bestand zuerst aus 9 m langen Schienen der preußischen Form V, die auf 12 Holzschwellen genagelt waren. Die Höchstgeschwindigkeit betrug 30 km/h und die Züge durften nicht länger als 80 Wagenachsen sein. Die größte Steigung lag bei 1 : 277, und der kleinste Halbmesser betrug 200 m.

Fahrzeuge

Die KAP stellte 1902 zwei Bn2-Tenderloks, zwei G-, zehn O-, drei zweiachsige Personen- und einen Post-Packwagen

Die Lok 1 der KAP (Hohenzollern 1902/1478) verkaufte man an das Walzwerk Finnentrop, wo die Lok erst am 19. April 1960 ausgemustert wurde.
Foto: Sammlung H. Galistel

in Dienst. Bis 1921 schrumpfte lediglich die Zahl der Güterwagen auf insgesamt acht.
Anfang der zwanziger Jahre kamen als Ersatz für die inzwischen verschlissenen Zweikuppler zwei T 3 zur KAP. Erst 1926 erhielten die Personenwagen und Loks der Kleinbahn elektrische Beleuchtung. Neun Jahre später gehörten der KAP drei Loks, drei Personen-, ein Pack- und neun Güterwagen. Einen zweiachsigen Triebwagen von Lindner stellte die Bahn 1937 in Dienst.

Triebfahrzeuge der Prettin–Annaburger Kleinbahn:

Dampflokomotiven

Bahn-Nr.	neue Bahn-Nr. ab 1940	Bauart	Hersteller	Baujahr	Fabrik-Nr.	DR-Nr.	Bemerkungen
1		Bn2t	Hohenzollern	1902	1478		Lenz-Typ »c«
2		Bn2t	Hohenzollern	1902	1479		Lenz-Typ »c«
3	183	Bn2t	Hohenzollern	1900	1303	98 6301	Lenz-Typ »c«; 1928 von der GeK gekauft; 1942 an die GHWK verkauft; am 1. Februar 1958 als Werklok an den VEB Fahlberg-List Magdeburg verkauft
1 II	180	Bn2t	Henschel	1914		98 5901	Typ »Bonifacius«; 1939 von der Zuckerfabrik Guhrau/Schlesien übernommen, 1956 ausgemustert
2 II		Bn2t	Hohenzollern	1898	1104		Lenz-Typ »d«; 1933 vom Sachsenwerk gekauft; ab 29. September 1933 im Einsatz
	258	Cn2t	LHB	1923	718	89 6235	pr. T 3 mit Heusinger-Steuerung; am 21. März 1963 ausgemustert
	259	Cn2t	Hohenzollern	1900	1270	89 6109	pr. T 3; ursprünglich an die Kostener Kleinbahn geliefert; 1945 bei der GHWK; dann zur KAP umgesetzt; am 1. Dezember 1962 ausgemustert
	289	Cn2t	Henschel	1905	7029	89 6209	pr. T 3; 1942 von der GHWK gekauft; am 1. Dezember 1962 als Werklok an die Zuckerfabrik Erdeborn verkauft

Triebwagen

Bahn-Nr.	neue Bahn-Nr. ab 1940	Bauart	Hersteller	Baujahr	Fabrik-Nr.	DR-Nr.	Bemerkungen
T 1	5	1-Adm	Lindner	1937		VT 135 534	ab 1. Juni 1970 als 186 023 im Einsatz; am 25. Oktober 1976 im Bw Salzwedel ausgemustert

1 In den Geschäftsberichten der Provinzialverwaltung wird aber im Gegensatz zu anderen amtlichen Quellen immer der 12. Juli 1902 als Datum der Betriebseröffnung genannt.

Die Bahnen des Provinzialverbandes Merseburg

Salzwedeler Kleinbahn

Vorgeschichte

Wie überall in der Altmark prägte die Landwirtschaft auch das Bild im Landkreis und der Stadt Salzwedel. Mit der Eröffnung der Strecke Stendal–Salzwedel durch die MHE am 15. März 1870 erhielt die Kreisstadt Anschluß an das Eisenbahnnetz. Mit der Verlängerung der Strecke nach Uelzen hatte Salzwedel ab 1873 auch Anschluß an die Häfen in Norddeutschland. Davon profitierte zwar die Stadt, doch die Bauern mußten ihre Erzeugnisse weiterhin mit dem Fuhrwerk transportieren. Auch die von der KPEV am 1. November 1889 in Betrieb genommene Nebenbahn Oebisfelde–Salzwedel änderte wenig an dieser Situation. Im Gegenteil: Das Transportaufkommen an Zuckerrüben, Kartoffeln, Getreide und Vieh nahm ständig zu. Mit dem Bau der Zuckerfabrik in Salzwedel im Jahr 1892 wurde das Problem noch größer. Auf Initiative der Eigentümer der Zuckerfabrik sowie einiger Bauern und Gutsbesitzer entstand der Gedanke, den westlichen Teil des Kreises durch eine Kleinbahn zu erschließen. Sie gründeten am 29. Mai 1899 mit einer Stammeinlage von zunächst 365 000 Mark die »Salzwedeler Kleinbahn G.m.b.H.« (SaK). Die Konzession zum Bau und Betrieb einer Kleinbahn mit 1000 mm Spurweite von Salzwedel über Dülseberg nach Diesdorf mit einem Anschlußgleis zur Zuckerfabrik erhielt die SaK bereits am 25. September 1899.

Bau und Eröffnung

Doch der Beginn der Bauarbeiten verzögerte sich noch, da schon die ersten Schätzungen zeigten, daß das Kapital der SaK nicht reichen würde. So stockte man die Stammeinlage schon wenige Monate später auf 426 000 Mark auf. Den exakten Kostenvoranschlag lieferte dann die Firma Knoch & Kallmeyer. Der Ingenieur Heinrich Adrian hatte die geplante Strecke vermessen und alle Bauunterlagen erstellt. Sein Ergebnis ernüchterte die Gesellschafter der SaK: Rund 779 000 Mark sollte die Kleinbahn kosten. Damit lag Adrian noch unter den Schätzungen des Regierungspräsidiums. Hier rechnete man mit 816 000 Mark ohne Kosten für den Grunderwerb. Erst als der Landkreis den Bau der Kleinbahn mit einem Zuschuß von 94 000 Mark unterstützte und das immer noch fehlende Kapital über Anleihen beschafft werden konnte, begannen die Arbeiten an der Strecke. Da die Kleinbahn fast ausschließlich im Flachland verlief, gingen die Arbeiten zügig voran. Bereits am 24. Oktober 1900 konnte die SaK auf dem 9,7 km langen Teilstück Salzwedel Neustadt–Wallstawe den Betrieb eröffnen. Etappenweise ging es weiter in Richtung Diesdorf. Am 3. Dezember 1900 dampften die ersten Züge zwischen Wallstawe und Dülseberg. Bis zur Kreuzung mit der Chaussee Diesdorf–Wittingen fuhr die Kleinbahn am 11. Oktober 1901. Die insgesamt 30,2 km lange Schmalspurbahn wurde dann am 15. Oktober 1901 eröffnet. Doch die Freude an der neuen Kleinbahn war nicht ungetrübt. Die Baukosten lagen weit über allen Voranschlägen: 951 700 Mark mußte die SaK berappen. Die Höchstgeschwindigkeit betrug

Der Eröffnungszug wartete im Bahnhof Salzwedel-Altpervertor auf die Abfahrt.
Foto: Sammlung W. List

Die Rollbockgrube in Salzwedel-Neustadt: Sogar vierachsige Güterwagen wurden in der Altmark auf Rollböcken befördert.
Foto: Sammlung W. List

Am 12. April 1970 legte VT 2.09. 005 auf seiner Fahrt nach Kalbe/Milde in Badel einen kurzen Zwischenstopp ein.
Foto: W. List

30 km/h. Dabei durften die Züge maximal 60 Achsen lang sein. Diese Zuglast bedeutete für die Loks in der größten Steigung von 1 : 60 Schwerstarbeit. Der kleinste Radius betrug 100 m. Der Oberbau bestand aus Schienen mit 16 kg/m, die auf Holzschwellen genagelt waren.

Als die Bauarbeiten bei der SaK noch auf vollen Touren liefen, hatten die Bestrebungen, auch den östlichen Teil des Kreises durch eine Schmalspurbahn zu erschließen, schon sehr konkrete Formen angenommen. Nach dem Vorbild der SaK gründeten private Interessenten am 29. Mai 1901 die »Salzwedeler Kleinbahngesellschaft Südost G.m.b.H.« (SaS). Das Stammkapital legte man auf 216 000 Mark fest. Noch bevor der endgültige Gesellschafter-Vertrag am 5. Dezember 1901 unterschrieben wurde, konzessionierte der Magdeburger Regierungspräsident den Bau und Betrieb einer Kleinbahn mit 1000 mm Spurweite von Salzwedel über Mahlsdorf und Jeggeleben nach Winterfeld.

Wie die SaK beauftragte die SaS Knoch & Kallmeyer mit dem Bau der Kleinbahn. Die Firma übertrug die Projektierung und Bauleitung wieder Heinrich Adrian. Auch die SaS verschätzte sich bei den Kosten. Mit 450 000 Mark lag der Kostenvoranschlag weit über dem Stammkapital.

Die Bauarbeiten hingegen hatten schon im Spätsommer 1901 begonnen, zu einem Zeitpunkt, wo weder die Konzession vorlag noch die Finanzierung geklärt war. Noch während der Zuckerrübenkampagne nahm die SaS am 5. Dezember 1901 das Teilstück Salzwedel-Neustadt–Mahlsdorf in Betrieb. Am 24. Dezember 1901 eröffnete man den Abschnitt Mahlsdorf–Büssen. Mit der Freigabe der Strecke Büssen–Winterfeld am 1. September 1901 war die gesamte SaS fertig. In Winterfeld hatte die Schmalspurbahn Anschluß an die Strecke Kalbe/Milde–Beetzendorf der KBG.

Die zulässige Höchstgeschwindigkeit auf der Strecke Salzwedel-Neustadt–Winterfeld betrug 20 km/h. Einen Zug mit maximal 60 beladenen Achsen durften die Maschinen schleppen. Die stärkste Steigung gab die SaS mit 1 : 70 an. Der kleinste Radius maß 60 m. Der Ober-

Noch 1993 waren die Gleisanlagen im Salzwedeler Kleinbahnhof in Sand gebettet.
Foto: D. Endisch

bau der SaS war stärker als der der SaK. Er bestand aus Schienen mit einem Gewicht von 17,4 kg/m.

Betrieb und Verkehr

Obwohl beide Bahnen wesentlich teurer waren als geplant, erwiesen sie sich beide als gewinnbringende Unternehmen. Die SaK beförderte 1903 fast 89 000 Fahrgäste und rund 49 000 t Güter. Nachdem die SaK in Diesdorf ab 1903 auch Anschluß an die Strecke Beetzendorf–Diesdorf der KBG hatte, belebte sich der Personenverkehr. Bis 1910 konnte die Bahn ihre Beförderungsleistung auf über 105 000 Reisende und knapp 40 000 t Güter ausbauen. Damit erwirtschaftete die die Bahn einen Gewinn von fast 60 000 Mark .

Auch die SaS entwickelte sich zur vollsten Zufriedenheit ihrer Teilhaber. Im Geschäftsjahr 1910 bilanzierte man die Beförderung von fast 47 000 Reisenden und über 53 000 t Gütern. Den Gewinn gab man mit fast 28 000 Mark an. Die SaS mußte allerdings an die SaK für die Mitbenutzung des 1,54 km langen Abschnittes Salzwedel-Neustadt–Salzwedel-Altpervertor pro Jahr 2000 Mark überweisen. Zur Einsparung von Kosten beschäftigten beide Bahnen einen gemeinsamen Betriebsleiter, wickelten den Betrieb aber in eigener Regie ab.

Allerdings hatte der Schmalspur-Betrieb auch Nachteile. Das größte Handicap beider Bahnen war das notwendige Umladen der Güter in Winterfeld, Diesdorf und Salzwedel. Das Umladen war zu teuer, kostete Zeit und führte nicht selten zur Wertminderung der umgeschlagenen Waren. Obwohl die SaS als einzige Schmalspurbahn in der Altmark auf dem rund 3 km langen Abschnitt von Salzwedel zu den Anschlüssen der Chemischen Fabrik Neukranz & Co und den Hartsteinwerken Fuchsberg Rollböcke einsetzte, waren auch bei ihr die Kosten im Güterverkehr zu hoch.

Der 1. Weltkrieg unterbrach die positive Entwicklung beider Bahnen. Der Güterverkehr sank rapide ab. Auch im Personenverkehr mußte man Verluste hinnehmen. Mit dem Rückgang der Einnahmen reduzierten beide Bahnen auch die Unterhaltung ihrer Gleisanlagen und Fahrzeuge auf ein Mindestmaß.

Längere Fahrzeiten waren die Folge. Im Sommer 1921 setzte die SaK täglich drei Personenzugpaare ein. Der schnellste Zug legte die rund 30 km lange Strecke in 107 Minuten zurück. Nicht viel anders sah es bei der SaS aus. Hier pendelten täglich zwei Zugpaare, von denen der schnellste 75 Minuten benötigte.

Zur Einsparung von Kosten und zur Rationalisierung des Betriebes beschlossen beide Gesellschaften die Fusion zu einem Unternehmen. Am 24. November 1921 fusionierten beide Bahnen zur »Salzwedeler Kleinbahnen GmbH« (SaK). Wenig später nahm die SaK mit der Provinzialverwaltung Verhandlungen zur Übernahme der Betriebsführung durch das Kleinbahnamt Merseburg auf.

Ab 1923 war die Provinz Sachsen, vertreten durch ihr Kleinbahnamt neuer Betriebsführer auf der SaK. Landesbaurat Sell erkannte sehr schnell die Probleme beider Strecken und unterbreitete den Vorschlag, sie auf Regelspur umzubauen. Dabei sollte der Abschnitt Jeggeleben–Winterfeld stillgelegt und durch die neue Strecke Jeggeleben–Badel ersetzt werden. Bereits Ende 1923 lagen die Baupläne dem Regierungspräsidenten in Magdeburg vor, der die neue Konzessionsurkunde am 30. Januar 1924 ausstellte. Nachdem auch die Provinz Sachsen ihre finanzielle Unterstützung durch Übernahme von Anteilen zu gesichert hatte, begannen 1925 die Arbeiten. Das Stammkapital betrug nun 3,0683 Millionen Mark.

Zuerst verlegte man zwischen Salzwedel und dem Anschluß zur Chemischen Fabrik ein Dreischienengleis. Damit konnte der Rollbockbetrieb eingestellt werden. Im Sommer 1926 liefen die Arbeiten zwischen Salzwedel und Badel auf vollen Touren. In Badel entstand nun der neue Gemeinschaftsbahnhof zwischen der SaK und der KBGW. Am 2. Oktober 1926 ging die Strecke Salzwedel–Badel schließlich in Betrieb.

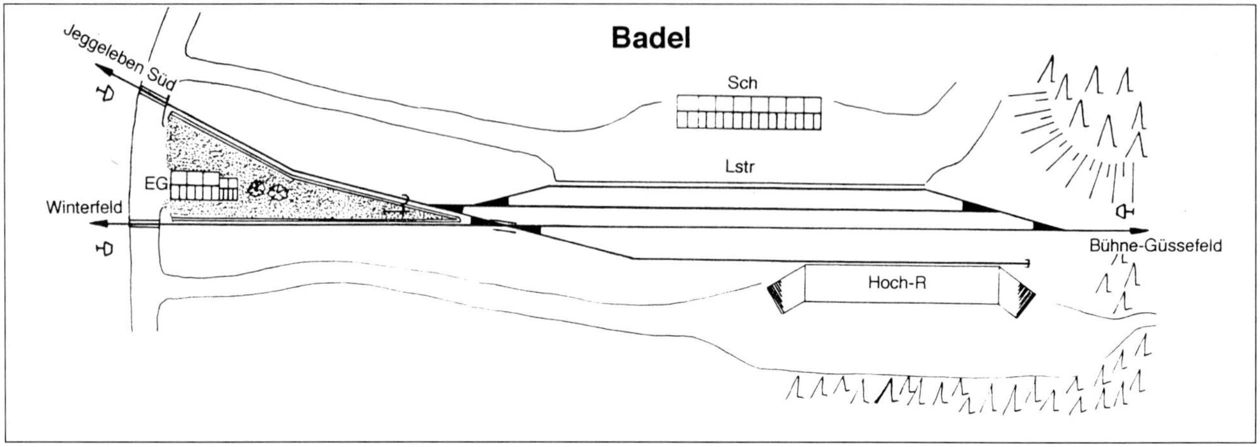

Im Keilbahnhof Badel hatte die SaK an die AMK Anschluß.
Skizze: W. List

Das Geschäftsjahr 1926/27 war für die Kleinbahn sehr gut. Sie transportierte fast 179 000 Fahrgäste und über 208 000 t Güter.
Im Sommer 1927 rückten die Kolonnen zum Umbau der Strecke Salzwedel–Diesdorf an. Da die Arbeiten nur in den verkehrsschwachen Sommermonaten möglich waren, dauerte die Umspurung bis 1928. Das Teilstück Salzwedel–Dähre ging am 4. Oktober 1927 in Betrieb. Der Abschnitt Dähre–Diesdorf wurde dann im Sommer 1928 verlegt. Der letzte Schmalspurzug war am 1. Juli 1928 im Einsatz. Die Strecke von Dähre über Bonese nach Diesdorf wurde am 3. Oktober 1928 eröffnet.
Mit dem Umbau der Strecken hielten auch Triebwagen bei der SaK Einzug. Die beiden DWK-Fahrzeuge übernahmen den größten Teil des Personenverkehrs. Im Sommer 1927 pendelten sie dreimal täglich zwischen Salzwedel und Badel, wobei die Triebwagen bis Kalbe durchliefen. Auch auf der Diesdorfer Strecke war ein Triebwagen im Einsatz, der teilweise bis Wittingen verkehrte.
Im Sommer 1928 beschäftigte die Kleinbahn 34 Beamte, 14 Arbeiter, sieben Handwerker, drei Lehrlinge, fünf Werkstattarbeiter und 27 Streckenarbeiter. Die Weltwirtschaftskrise meisterte die SaK ohne größere Schwierigkeiten. Um 1930 entstand der Plan, die SaK durch eine Strecke von Kricheldorf nach Klein Gartz mit der KOP zu verbinden. Allerdings fehlte das Geld für dieses Projekt. Nach 1935 nahmen die Beförderungsleistungen auf der SaK wieder zu. Im Geschäftsjahr 1938 transportierte die Bahn über 209 000 Reisende und 280 000 t Güter. Im 2. Weltkrieg nahm das Transportvolumen weiter zu. Allerdings konnte der Verkehr nur mit großer Mühe aufrechterhalten werden. Den Krieg überstand die Bahn ohne größere Zerstörungen. Nach dem Einmarsch der Amerikaner ruhte im Frühjahr 1945 für einige Tage der Verkehr auf der SaK.
Im Frühjahr 1946 beschlagnahmte die Provinz Sachsen das Eigentum der Kleinbahn und stellte sie unter Zwangsverwaltung (Sequester). Ende 1946 übernahm die »Sächsische Provinzbahnen G.m.b.H.« die Betriebsführung. Mit der Übernahme der Bahn durch die VVB des Verkehrswesens Sachsen-Anhalt im Sommer 1948 verlor die Kleinbahn endgültig die Selbständigkeit. Am 1. April 1949 gingen die Verwaltung und Nutznießung auf die Reichsbahn über.
Bis weit in die siebziger Jahre konnte die Reichsbahn auf die beiden Strecken nicht verzichten. Wegen schwerer Oberbauschäden bediente man die Strecke Salzwedel–Dähre ab 27. Mai 1979 nur noch mit Bussen im Personenverkehr. Der Güterverkehr endete in Dähre. Ein gutes Jahr später endete auch der Personenverkehr auf der Schiene zwischen Salzwedel und Badel. Am 27. September 1980 fuhr der letzte Triebwagen. Anschließend übernahm auch hier der Bus die Arbeit. Im Güterverkehr wurde nur noch das Reststück Abzweig Jeetze–Krinau Fuchsberger Straße bedient.
Doch dann geschah das Unglaubliche: Die Strecke Salzwedel–Diesdorf wurde 1981/82 gründlich instandgesetzt und am 31. Mai 1982 rollte wieder ein Triebwagen nach Diesdorf. Die geplante Sanierung der Strecke Salzwedel–Badel allerdings verwarf man, und am 29. September 1985 wurde die Strecke endgültig von Badel bis Krinau stillgelegt.[1] Der Güterverkehr auf dem Reststück Abzweig Jeetze–Krinau Fuchsberger Straße endete am 31. Dezember 1994. Die Gesamtstillegung verfügte die DB AG am 1. April 1997.
Nach den tiefgreifenden wirtschaftlichen Folgen der deutschen Einheit brach

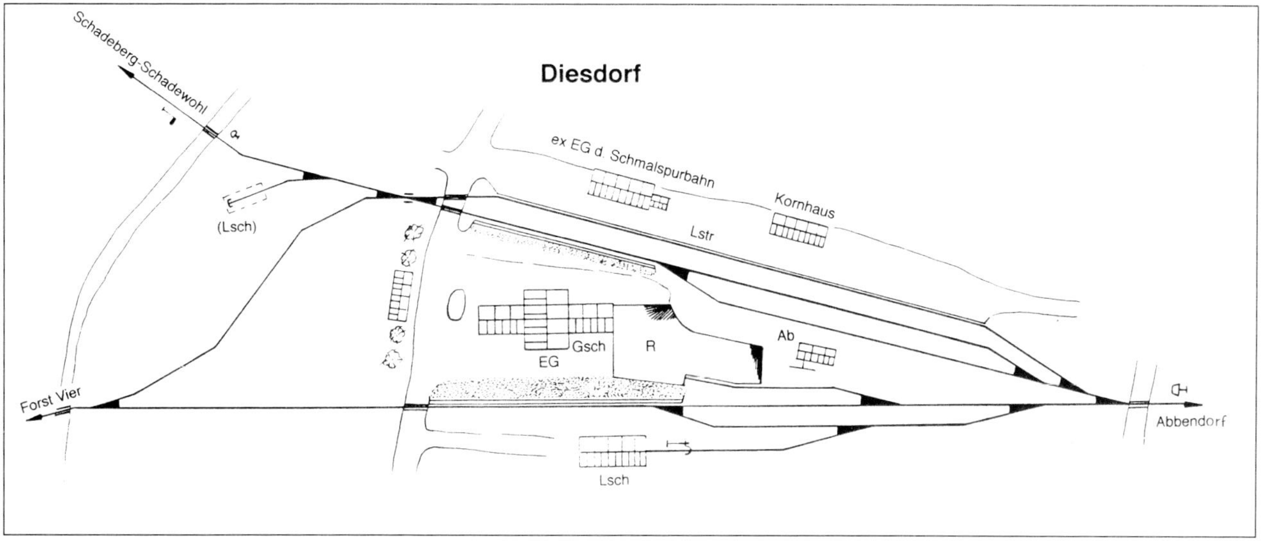

Auch in Diesdorf trafen sich die SaK und die AMK. Skizze: W. List

auch der Verkehr zwischen Salzwedel und Diesdorf zusammen. Wie überall in der DDR waren auch zwischen Salzwedel und Diesdorf bei der Instandsetzung Betonschwellen verwendet worden. Diese erwiesen sich als wenig standhaft. Der alkaligeschädigte Beton »zerbröselte« förmlich unter den rollenden Rädern. Als Folge wurde die Fahrgeschwindigkeit notgedrungen immer weiter herabgesetzt, entsprechend verlängerte sich die Fahrzeit. So schrumpfte der Personenverkehr schnell auf ein Minimum. Im Abschnitt Dähre–Diesdorf, hier lagen besonders viele Alkali-Schwellen, war der Zustand des Oberbaues so desolat, daß ab 23. Mai 1995 ein Bus-Ersatzverkehr eingerichte werden mußte. Aber auch dem Zugverkehr auf dem Reststück Salzwedel–Dähre war kein langes Leben mehr beschieden. Nach der Einstellung des Güterverkehrs am 31.Dezember 1994 auf den Strecke Salzwedel–Diesdorf bestellte das Land Sachsen-Anhalt 1995 auch den Personenverkehr ab. Am 31. Dezember 1995 verkehrte letztmalig ein Triebwagen zwischen Salzwedel und Dähre. Den Schlußpunkt unter die Geschichte der SaK setzte die DB AG mit der Gesamtstillegung zum 1. April 1997.

[1] Die Angaben über den Personenverkehr zwischen 1980 und 1985 auf der Strecke Salzwedel–Badel–Kalbe (KBS 759) differieren erheblich. Mit Beginn des Sommerfahrplanes 1980 wurde der Personenverkehr auf der Strecke, laut DR-Kursbuch, im SEV abgewickelt. Obwohl die Einstellung des SEV schon zum Jahresfahrplan 1985/86 (2. Juni 1985) verfügt wurde, taucht die KBS 759 im Kursbuch wieder auf. Erst das »1. Berichtigungsblatt zum Kursbuch«, gültig ab 29. September 1985, verkündet: »Reiseverkehr eingestellt, Beförderung im Linienverkehr des VEB Kraftverkehr«.

Strecke und Anlagen

Die Gleisanlagen der SaK lagen gegenüber dem Empfangsgebäude der Staatsbahn in Salzwedel. Hier begannen und endeten die Züge nach Badel und Diesdorf. Neben dem Stationsgebäude besaß die Kleinbahn hier die notwendigen Lokbehandlungsanlagen, die aber nach 1950 überflüssig waren, da die Loks im Bw Salzwedel betreut wurden. Den ehemaligen Bahnhof Salzwedel-Neustadt verließ die Kleinbahn in einer weiten Rechtskurve. Dabei führte die Trasse durch den Ostteil der Stadt und erreichte nach 1,6 km den Bahnhof Salzwedel-Altpervertor. Hier verzweigten sich die Strecken nach Badel und Diesdorf. Die Diesdorfer Schiene schwenkte in einer weiten Rechtskurve nach Westen, überbrückte die Strecke Salzwedel–Oebisfelde und kreuzte die Landstraße Salzwedel–Diesdorf. Über Steinitz Ost (früher Ziethnitz), Steinitz (früher Kemnitz), Wieblitz-Eversdorf und Tylsen rumpelten die Triebwagen bis 1995 nach Wallstawe. Der Bahnhof (Kilometer 13,9) lag direkt neben der Landstraße. In einer weiten Linkskurve umfuhr der Zug den Ort, überquerte das Flüßchen Beeke und erreichte anschließend Ellenberg.
Fast schnurgerade ging es weiter nach Wiershorst, dem früheren Deutschhorst. Parallel zur Landstraße verlief die Trasse nun nach Dähre (Kilometer 22,3). Dähre war die wichtigste Zwischenstation der Strecke. Hier gab es drei Gleise mit

Am 14. Juni 1987 setzte eine Ferkeltaxe im Bahnhof Diesdorf um.
Foto: J. List

Bahnsteig, Stationsgebäude, Ladestraße, Lagerschuppen und Wasserkran. Ein Anschlußgleis mit Lagerhalle sowie zwei Trapeztafeln, welche die Einfahrt sicherten, ergänzten den Bahnhof. Nach der Kreuzung mit der Landstraße schwenkte die Kleinbahn nach Norden in Richtung Dähre West (früher Winkelstedt-Kleistau). Ab hier ging es parallel zur Landstraße weiter nach Bonese Ost (früher Winkelstedt Dorf) und Bonese. Hinter dieser Station schwenkte die Strecke nach Süden ab und verlief über Bonese Süd (früher Rustenbeck) nach Schadeberg-Dülseberg, dem ehemaligen Bahnhof Dülseberg, der direkt an der Landstraße nach Dähre lag.
Kurz vor Schadeberg, dem früheren Höddelsen-Reddigau, kreuzte die SaK wieder die Landstraße und parallel zu ihr rollten die Züge über Schadeberg-Schadewohl nach Diesdorf am Kilometer 36,2. Im gemeinsamen Bahnhof Diesdorf führte die AMK den Betrieb. Auf der Salzwedeler Seite lagen drei Gleise, eine Ladestraße, ein Lokschuppen und ein Bahnsteig. Die beiden Seiten des Keilbahnhofs waren durch ein Gleis miteinander verbunden.
Erst in den fünfziger Jahren benutzten die Züge nach Badel die Strecke Salzwedel–Oebisfelde bis zum Abzweig Jeetze. Hier begann die neue Kilometrierung der Strecke. Nachdem die Jeetze überquert war, folgten die Stationen Krinau und Krinau Fuchsberger Straße (Kilometer 3,2). Parallel zur heutigen Bundesstraße 71 verlief die Trasse in südlicher Richtung. Der Haltepunkt Stappenbeck Nord (früher Buchwitz) war unbesetzt. Von Stappenbeck bis zur nächsten Station Mahlsdorf waren es nur knapp 1,7 km. Hinter Mahlsdorf schwenkte die Kleinbahn nach Osten ab und passierte Benkendorf. Nach der Kreuzung mit der Landstraße ging es weiter nach Süden. Der unbesetzte Haltepunkt Benkendorf Süd hieß bei seiner Eröffnung Büssen. Über Jeggeleben und Jeggeleben Süd (früher Mösenthin-Zierau) ging es weiter nach Badel. Wie in Diesdorf wickelte auch auf diesem Keilbahnhof die AMK den Betriebsdienst ab. Typisch für Badel war das Bahnsteigdreieck mit dem darin liegenden Stationsgebäude. Den Bahnsteigen vorgelagert waren die Ladestraße und die Hochrampe. Die Einfahrt von Badel war, wie bei allen anderen Kreuzungsbahnhöfen der SaK auch, nur mit Trapeztafeln gesichert.
Die Höchstgeschwindigkeit auf den in Kies gebetteten Gleisen betrug 40 km/h.

Fahrzeuge

Zur Eröffnung beschaffte jede Schmalspurbahn eine Bn2- und eine Cn2-Tenderlok, welche die Hanomag gebaut hatte. Die Zugkraft der Dreikuppler wurde mit 2992 kg angegeben, die der Zweikuppler mit 1820 kg. Die SaK stellte 1903 einen weiteren Dreikuppler in Dienst, der mit einer Zugkraft von 3300 kg die stärkste Lok war. Nach der Umspurung der Kleinbahn verkaufte man die Lok an die FKB. Erst Ende 1969 musterte die Reichsbahn die Lok als 99 5611 aus. Nach einer Instandsetzung im Bw Wernigerode-Westerntor ging die Lok 1973 an die französische Museumsbahn Dunières–St. Agrève.
Für die umgebauten Strecken kamen zwei Dreikuppler nach Salzwedel. Die SaK setzte sie meist im Güterzugdienst ein. Einer der Dreikuppler war sogar eine Zweizylinder-Verbundmaschine. Für den Personenverkehr kaufte die Kleinbahn 1925 und 1926 zwei vierachsige Triebwagen der DWK, die sich bestens bewährten. Die Benzolmotoren wurden in den dreißiger Jahren durch Dieselmaschinen ersetzt.
Als eine der wenigen provinzialsächsischen Kleinbahnen beschaffte die SaK auch ELNA-Maschinen. Die erste Lok kam 1927 in die westliche Altmark. Die zweite, ebenfalls eine ELNA 5, lieferte Henschel 1929. Beide übernahmen nun den größten Teil des Güterverkehrs. Die beiden Dreikuppler fungierten nur noch als Reserve-Loks.
Für den nach 1935 gestiegenen Personenverkehr erwarb die SaK von der Wumag 1937 einen zweiachsigen Triebwagen. Da er aber zu klein war, gab man ihn im Tausch gegen einen weiteren DWK-Vierachser an die DeK ab. Letzter Neuzugang war 1941 ein ELNA-Ableger. Weitere Maschinen dieser Baureihe lieferte Henschel auch an andere Kleinbahnen in der Provinz Sachsen.
Den größten Teil des Wagenparks bildeten bei beiden Schmalspurbahnen Güterwagen. 1910 besaßen SaK und SaS jeweils drei vierachsige Personenwagen mit 150 Sitzplätzen. Die SaK setzte weiterhin einen vierachsigen Post-Packwagen sowie sechs zweiachsige und 25 vierachsige Güterwagen ein. Der SaS gehörten ein zweiachsiger Post-Packwagen, ein vierachsiger und zehn zweiachsige gedeckte Wagen, zwölf zweiachsige und 14 vierachsige offene Wagen sowie 26 Rollböcke.
Nach der Umspurung des Streckennetzes verfügte die SaK über vier Personen-, fünf Pack- und vier Güterwagen für den Binnenverkehr.

Triebfahrzeuge der Salzwedeler Kleinbahn:

Schmalspur-Dampflokomotiven (1000 mm)

Bahn-Nr.	Bauart	Hersteller	Baujahr	Fabrik-Nr.	DR-Nr.	Bemerkungen
1	Cn2t	Hanomag	1900	3432		an die SaK geliefert
2	Bn2t	Hanomag	1900	3433		an die SaK geliefert
3	Bn2t	Hanomag	1901	3766		an die SaS geliefert
4	Cn2t	Hanomag	1901	3767		an die SaS geliefert
5	Cn2t	Henschel	1903	6526	99 5611	an die SaK geliefert; im Juli 1928 an die FKB verkauft; am 18. Dezember 1969 im Bw Barth ausgemustert

Regelspur-Dampflokomotiven

Bahn-Nr.	neue Bahn-Nr. ab 1940	Bauart	Hersteller	Baujahr	Fabrik-Nr.	DR-Nr.	Bemerkungen
8	252	Cn2t	LHB	1924	2937	89 6406	1958 mit einem Tender 3 T 10 ausgerüstet; ab 1960 Tender 3 T 12; am 16. September 1966 im Bw Wriezen ausgemustert
	299	Cn2vt	Hanomag	1908	5205	89 6403	von der KSD gekauft; am 14. Juli 1958 ausgemustert
9	301	1´Ch2t	Henschel	1927	20 973	91 6483	ELNA 5; am 13. Mai 1971 im Bw Salzwedel ausgemustert
10	302	1´Ch2t	Henschel	1929	21 450	91 6486	ELNA 5; am 23. März 1972 im Bw Salzwedel ausgemustert
	403	1´C1´h2t	Henschel	1941	25 928	75 6684	am 16. Januar 1968 im Bw Ketzin ausgemustert

Triebwagen

Bahn-Nr.	neue Bahn-Nr. ab 1940	Bauart	Hersteller	Baujahr	Fabrik-Nr.	DR-Nr.	Bemerkungen
T 1	39	1-Adm	Wumag	1937		VT 135 531	am 12. Mai 1939 an die DeK verkauft; ab 1. Juni 1970 als 186 021 im Einsatz; am 5. Oktober 1970 im Bw Leipzig-Wahren ausgemustert
T 40	91	(1-A)´(A-1)´dm	DWK	1924	40	VT 137 514	DWK-Typ IV; am 11. Mai 1939 von der DeK gekauft; am 4. März 1961 ausgemustert
T 71	92	(1-A)´(A-1)´dm	DWK	1925	71	VT 137 518	DWK-Typ IV; am 19. Mai 1965 ausgemustert
T 74	93	(1-A)´(A-1)´dm	DWK	1926	74	VT 137 519	DWK-Typ IV; am 22. Mai 1968 im Bw Salzwedel ausgemustert

Beiwagen

Bahn-Nr.	neue Bahn-Nr. ab 1940	Hersteller	Baujahr	Fabrik-Nr.	DR-Nr.	Bemerkungen
VB 1	177	Sachsenwerk	1938		VB 140 507	am 12. Mai 1939 an die DeK verkauft; ab 1. Juni 1970 als 190 849 im Einsatz

Die Bahnen des Provinzialverbandes Merseburg

Kleinbahn Schildau–Mockrehna

Vorgeschichte

Die Streiche der Schildbürger kennt jeder, und mit ihnen ging die Kleinstadt Schildau im ehemaligen Landkreis Torgau in die Literatur-Geschichte ein. Das Straßendorf Schildau wurde erstmals 1184 urkundlich erwähnt. Das Leinenweber- und Töpferhandwerk bestimmten im 17. und 18. Jahrhundert das wirtschaftliche Leben im sächsischen Ackerbürgerstädtchen, in dem 1760 der preußische General und Militärreformer Neidhardt von Gneisenau geboren wurde. Im Jahr 1815 wurde der Kreis Torgau, und damit auch Schildau, dem Königreich Preußen zugeschlagen.
Mit der Eröffnung der Strecke Eilenburg–Falkenberg durch die HSGE am 1. Mai 1872 begann die eisenbahntechnische Erschließung des Kreises Torgau. Zwar forderten Schildaus Stadtväter mit Unterstützung der Steinbruchbesitzer bei Wildschütz immer wieder einen Eisenbahnanschluß, aber die KPEV lehnte das Ansinnen unter Hinweis auf die fehlende Rentabilität ab. Der Steinbruch legte daraufhin eine eigene 5 km lange Feldbahn zum Bahnhof Mockrehna an. Erst nach Inkrafttreten des Kleinbahngesetzes keimten wieder neue Hoffnungen auf. Die Idee einer stadteigenen Kleinbahn mußte man mit Rücksicht auf die doch enormen Kosten verwerfen. Zur Jahrhundertwende nahmen der Magistrat und das Eisenbahnkomitee Gespräche mit dem Landeshauptmann der Provinz Sachsen über den Bau einer Kleinbahn auf.
Seitens der Provinz stand man dem Anliegen sehr aufgeschlossen gegenüber. Der Landeshauptmann sicherte seine Unterstützung zu, sofern die Stadt Schildau und die Anliegergemeinden ein Drittel der veranschlagten Kosten übernehmen würden. Allerdings verzögerte der 1. Weltkrieg die weiteren Verhandlungen und die Erstellung des Kostenvoranschlages. Ende 1916 lagen die ersten Baupläne vor. Aber erst im Sommer 1919 waren alle Unterlagen einschließlich des Kostenvoranschlages über 1,29 Millionen Mark fertig. Daraufhin konstituierte sich am 15. September 1919 in Schildau die »Kleinbahn-AG Schildau–Mockrehna« (KSM).

Bau und Eröffnung

Obwohl das Regierungspräsidium Merseburg bereits am 24. September 1919 der KSM die Konzession zum Bau und Betrieb der Kleinbahn erteilte, konnten die Arbeiten wegen der politischen Wirren erst im Februar 1920 beginnen. Die einsetzende Inflation und die wirtschaftlichen Umstände behinderten den Fortgang der Bauarbeiten. Die KSM mußte, um die Kosten decken zu können, ihr Stammkapital um 5,465 Millionen Mark auf insgesamt 6,755 Millionen Mark aufstocken. Die ersten Güterzüge verkehrten schließlich am 1. Juni 1921 auf der KSM. Gut ein Jahr später, am 27. August 1922, nahm die Kleinbahn auch den Personenverkehr auf.

Betrieb und Verkehr

Trotz der schlechten Ausgangssituation entwickelte sich die KSM zufriedenstellend. Nach der Währungsreform 1924 setzte die KSM ihr Stammkapital neu auf 337 500 Mark fest. Bereits im Geschäftsjahr 1926/27 beförderte die KSM auf ihrer 10,5 km langen Strecke fast 42 000 Fahrgäste und über 207 000 t Güter. Ein Jahr später waren es rund 50 000 Reisende und 200 000 t Güter. Damit nahm die Kleinbahn gut 186 000 Mark ein.

Im Sommerfahrplan 1957 (gültig vom 2. Juni bis zum 28. September 1957) war zwischen Schildau und Mockrehna täglich ein GmP-Paar (8713/8714) unterwegs.
Abbildung: Sammlung D. Endisch

178d Mockrehna–Gneisenaust Schildau — Alle Züge 2. Klasse

[illegible].27	⚒6.48	⚒ 5.57	5.48	10.20	13.28	13.28	16.35	18.16	20.58	...		ab Torgau 178	an	...	6.43	8.55	8.55	11.53	15.13	16.33	19.02	20.25	...
3.31	5.57	5.57	8.08	11.07	11.07	15.52	15.52	18.06	19.40	...		ab Eilenburg 178	an	5.08	⚒6.47	a 7.42	11.04	11.04	14.11	17.19	19.00	21.43	...
1618	1622	✝ 8712	⚒1624	8714	⚒1628	1630	⚒ 1636	1632	1634		km	Zug Nr Rbd Halle Zug Nr		1617	1619	⚒1621	⚒1623	8713	1627	⚒ 1629	1631	1633	
nS 4.50	⚒7.12	✝7.16	⚒8.40	11.38	⚒13.57	16.22	⚒17.01	18.40	21.25	...	0,0	ab Mockrehna 178	an	nS 4.40	6.12	⚒6.45	⚒8.24	10.22	13.39	⚒16.08	18.24	20.01	...
} 4.56	} 7.19	} 7.25	} 8.47	11.47	} 14.04	16.29	} 17.08	18.47	21.32	...	1,9	Audenhain		} 4.33	6.05	} 6.38	} 8.17	10.13	13.32	} 16.01	18.19	19.54	...
} 5.02	} 7.25	} 7.39	} 8.53	11.59	} 14.10	16.35	} 17.14	18.53	21.38	...	4,8	Wildschütz		} 4.26	5.58	} 6.31	} 8.10	9.52	13.2[illegible]	} 15.54	18.12	19.47	...
} 5.08	} 7.32	} 7.47	} 9.00	12.07	} 14.17	16.42	} 17.21	19.00	21.45	...	7,9	Probsthain (Kr Torgau)		} 4.20	5.52	} 6.25	} 8.04	9.44	13.19	} 15.48	18.06	19.41	...
nS 5.13	⚒7.37	✝7.53	⚒9.05	12.13	⚒14.22	16.47	⚒17.26	19.05	20.50	...	10,5	an Gneisenaust Schildau	ab	nS 4.14	5.46	⚒6.19	⚒7.58	9.35	13.13	⚒15.42	18.00	19.35	...

8714 kann bis 10 Minuten wegen Rangierarbeiten auf Unterwegsbahnhöfen vor Plan ankommen

a Mo an 7.54

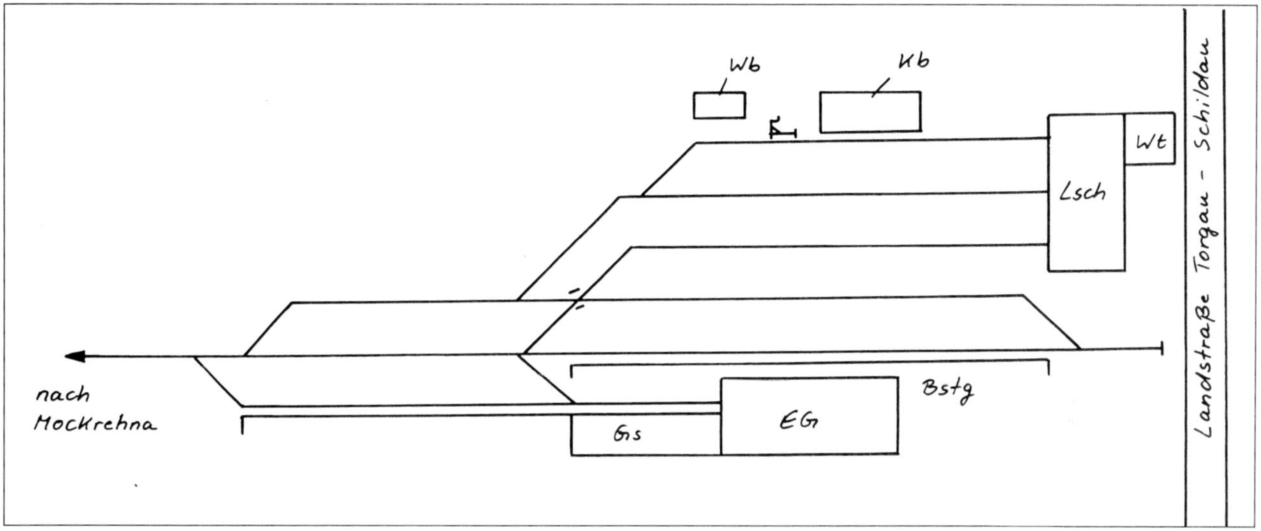

Spurplan des Bahnhofs »Gneisenaustadt Schildau« 1966.
Skizze: D. Endisch

Größter Kunde der KSM waren die Steinbrüche der Firma Kirchhoff & Wolf in Wildschütz. Sie bescherten der Bahn etwa 85 Prozent des Güterverkehrs. Ansonsten transportierte die KSM landwirtschaftliche Produkte und Kohle.
Mit der Weltwirtschaftskrise mußte auch die KSM einen deutlichen Rückgang der Transportleistungen hinnehmen, der durch den aufkommenden Busverkehr noch verschärft wurde. Nur mit äußerster Sparsamkeit konnte der Betrieb aufrechterhalten werden. Mit Erfolg, denn größere Verluste blieben der KSM erspart. So konnte die Gesellschaft in den Rechnungsjahren 1934 und 1935 jeweils drei Prozent Dividende ausschütten.
In der zweiten Hälfte der 30er Jahre nahmen die Transportleistungen wieder zu. Im Sommerfahrplan 1936 setzte die KSM täglich drei Personenzugpaare ein. Mit dem Einsatz eines Triebwagens ab 1938 nahm der Reiseverkehr weiter zu.
Den 2. Weltkrieg überstand die Kleinbahn ohne nennenswerte Schäden. Wie die anderen Kleinbahnen wurde auch die KSM von der Provinzialverwaltung beschlagnahmt. Zum 1. Januar 1947 übernahm die »Sächsische Provinzbahnen G.m.b.H.« die Regie auf der ehemaligen KSM. Am 1. April 1949 ging sie schließlich in die Verwaltung und Nutznießung der DR über.
In den 50er und 60er Jahren gab es für die ehemalige Kleinbahn keinen adäquaten Ersatz auf der Straße. Noch im Sommerfahrplan 1969 pendelte der Triebwagen achtmal hin und her. Drei Jahre später war dann Schluß: Am 22. Mai 1971 verkehrten die letzten Züge zwischen Schildau und Mockrehna.

Strecke und Anlagen

Die Anlagen der Kleinbahn lagen in Mockrehna südlich des Bahnhofes der Staatsbahn. Die KSM verließ den Bahnhof in östliche Richtung und schwenkte dann nach Süden ab. Fast parallel zur Landstraße rumpelten die Züge nach Audenhain, dem früheren Oberaudenhain. Durch Wiesen und Felder ging es weiter nach Wildschütz (Kilometer 4,8). Der Bahnhof lag abseits des Ortes in unmittelbarer Nähe der Straße nach Kobershain.
Auch vom Bahnhof Probsthain am Kilometer 7,9 mußten die Reisenden bis in den Ort noch einen ordentlichen Fußmarsch zurücklegen. Hinter Probsthain verlief die Trasse nach Osten, vorbei am Nordhang des Schildauer Berges. Kurz hinter der Kreuzung mit der Landstraße Schildau–Klitzschen hatte die Kleinbahn nach 10,5 km den Bahnhof der Gneisenaustadt Schildau erreicht. Im repräsentativen Empfangsgebäude hatte die Betriebsleitung ihren Sitz.

Fahrzeuge

Während der Bauarbeiten zwischen Schildau und Mockrehna setzte die Merseburger Kleinbahnabteilung eine Bn2-Tenderlok und eine geliehene T 3 ein. Der Zweikuppler verblieb in Schildau, die T 3 hingegen wurde wieder umgesetzt, nachdem 1923 eine von der Reichsbahn gebraucht erworbene T 3 bei der KSM eintraf. Als im Frühjahr 1924 eine zweite T 3 gekauft wurde, gab die KSM ihren Zweikuppler als Bauzuglok an die KEN ab.

Ungewöhnlich für eine Kleinbahn war der dreigleisige Lokschuppen in Schildau. Im Jahr 1973 war er noch ohne Gleise vorhanden.
Foto: H. Galistel

Die beiden T 3 mit den Nr. 1 und 2 bestritten nun über Jahre hinweg den Verkehr auf der Kleinbahn. Erst 1931 kaufte die KSM bei Henschel eine fabrikneue Maschine vom Typ »Bismarck II«. Fünf Jahre später verkaufte man die Lok Nr. 2 und ersetzte sie durch eine T 3, die wesentlich jünger war.
Der 1938 von Lindner gekaufte Triebwagen übernahm ab 1938 den kompletten Personenverkehr zwischen Schildau und Mockrehna. Im Güterverkehr war dann nur noch eine der zwei Dampfloks im Einsatz. Beide Maschinen und der Triebwagen kamen 1949 noch zur Reichsbahn.
Der Wagenpark der KSM war äußerst bescheiden. Zur Betriebseröffnung besaß die Kleinbahn lediglich zwei Personen-, einen Pack und zwei Güterwagen.

Triebfahrzeuge der Kleinbahn Schildau–Mockrehna:

Dampflokomotiven

Bahn-Nr.	neue Bahn-Nr. ab 1940	Bauart	Hersteller	Baujahr	Fabrik-Nr.	DR-Nr.	Bemerkungen
1		Cn2t					pr. T 3; 1923 von der DRG gekauft
2	281	Cn2t	Union	1894	791	89 6004	pr. T 3; BROMBERG 6138; HALLE 6149; am 8. März 1924 von der DRG gekauft; 1936 an die GeK verkauft; 1958 als Werklok an den VEB Trafo- und Röntgenwerk Radebeul-Ost verkauft; von hier 1958 als Werklok an den VEB Stahlwerk Gröditz weiterverkauft
3		Bn2t	Hanomag	1914	6657		ab 25. Juli 1925 als Bauzuglok bei der KEN im Einsatz
1^{II}	253	Henschel	1931	21 846	89 6310		Typ »Bismarck II«; am 11. Juli 1961 als Werklok an den VEB Kaliwerk »Werra« Merkers verkauft
2^{II}	287	Henschel	1902	6279	89 6116		pr. T 3; 1936 von der KWW gekauft; am 25. August 1965 ausgemustert

Triebwagen

Bahn-Nr.	neue Bahn-Nr. ab 1940	Bauart	Hersteller	Baujahr	Fabrik-Nr.	DR-Nr.	Bemerkungen
T 1	8	1-Adm	Lindner	1938		VT 135 535	ab 1. Juni 1970 als 186 024 im Einsatz: am 7. November 1972 im Bw Falkenberg ausgemustert

Die Bahnen des Provinzialverbandes Merseburg

Stendaler Kleinbahn

Vorgeschichte

Nordöstlich von Stendal an der Elbe liegt die Kleinstadt Arneburg. Bereits im 10. Jahrhundert entstand an einem Elb-Übergang eine Grenzburg, um die sich später die Stadt entwickelte. Der Haupterwerb der Einwohner lag jahrhundertelang in der Landwirtschaft, der Fischerei und einer Brauerei. Nach einem Großbrand wurde die Stadt 1767 völlig neu aufgebaut. Mit der Kreisstadt Stendal war Arneburg nur über eine Landstraße verbunden, die in der zweiten Hälfte des 19. Jahrhunderts völlig überlastet war. Besonders an Markttagen kamen die schwerfälligen Fuhrwerke nicht mehr weiter.
Auf Initiative des Arneburger Magistrats wurde schließlich ein Eisenbahn-Komitee gegründet, das sich für den Bau einer Kleinbahn von Stendal nach Arneburg einsetzte. Mit dieser Idee stieß das Komitee bei der Stadt- und Kreisverwaltung Stendal auf offene Ohren. Sie unterstützten das Vorhaben. Nach zahlreichen Gesprächen einigte man sich auf den Bau einer meterspurigen Kleinbahn von Stendal über Hassel nach Arneburg. Am 17. März 1898 konstituierte sich schließlich mit einem Stammkapital von 430 000 Mark in Arneburg die »Kleinbahn AG Stendal–Arneburg« (KSAb). An dieser Gesellschaft beteiligten sich neben der Provinz Sachsen und dem preußischen Ministerium der öffentlichen Arbeiten mit jeweils 105 000 Mark, der Landkreis Stendal mit 60 000 Mark, die Stadt Arneburg mit 50 000 Mark und die Stadt Stendal mit 44 000 Mark. Anschließend beantragte die KSAb die Bau- und Betriebsgenehmigung beim Regierungspräsidium Magdeburg.

Bau und Eröffnung

Nach der Prüfung aller Unterlagen erteilte der Regierungspräsident der Gesellschaft am 4. Juni 1898 die gewünschte Konzession. Noch im Sommer 1898 begannen die ersten Bauarbeiten für die Schmalspurbahn, mit denen die Firma Knoch & Kallmeyer beauftragt war. Der Stendaler Bahnhof entstand dabei auf dem Gelände der späteren Gaststätte »Kyffhäuser«, rund 300 m westlich des späteren Bahnhofes Stendal Ost. Der Bahnhof Arneburg lag rund einen Kilometer westlich des Stadtrandes in Richtung Bürs. Die Arbeiten schritten zügig voran. Nach nicht einmal einem Jahr Bauzeit ging die 12,7 km lange Strecke von Stendal nach Arneburg am 8. August 1899 in Betrieb.
Die Schmalspurbahn verlief von Stendal über Heinrichslust, Chausseehaus Hassel, Hassel, Sanne und Bürs nach Arneburg. Die größte Steigung betrug 1 : 28. Der kleinste Radius maß nur 50 m. Der Oberbau bestand aus Schienen mit einem Gewicht von 15,9 kg/m und ließ 20 km/h Höchstgeschwindigkeit zu.
Die neue Schmalspurbahn weckte auch in den westlichen Teilen des Landkreises Stendal Hoffnungen auf einen Kleinbahnanschluß, denn die Staatsbahnstrecke Stendal–Salzwedel erschloß die Altmark nur ungenügend. Schon nach der Jahrhundertwende wurden die Forderungen immer lauter. Besonders die Kleinstadt Arendsee pochte auf einen Bahnanschluß, damit sich die hier ansässige Wirtschaft weiterentwickeln konnte. Die Verhandlungen über die Trassenführung zwischen Landkreis, Gemeinden und der Provinz Sachsen dauerten ihre Zeit. Erst 1906 einigte man sich auf den Bau einer regelspurigen Kleinbahn von Stendal über Klein Rossau nach Arendsee. Die »Kleinbahn AG

Ein Schmalspurzug der KSAb erreichte um 1899 die Endstation Arneburg.
Foto: Sammlung: W. List

In Klein Rossau kreuzten sich die StK und die KOP. Der Triebwagen aus Stendal wartete am 3. Juli 1970 auf die Weiterfahrt nach Arendsee. Foto: W. List

Die Jugendlok des Bw Stendal, 110 855, wartete 1978 im Bahnhof Stendal Ost auf die Weiterfahrt. Foto: W. List

Stendal–Arendsee« (KSA) gründete man mit einem Stammkapital von 2,011 Millionen Mark am 22. März 1906 in Stendal. Die Provinz Sachsen und das Königreich Preußen zeichneten Aktien im Wert von jeweils 470 000 Mark. Das übrige Kapital brachten die Anliegergemeinden auf. Dabei übernahm die Stadt Stendal 400 000 Mark. Der Kreis Stendal und die Stadt Arendsee steuerten jeweils 40 000 Mark bei.

Bis der erste Zug von Stendal nach Arendsee dampfte, vergingen aber noch über zwei Jahre. Am 25. November 1908 eröffnete die KSA den planmäßigen Güterverkehr zwischen Stendal und Lückstedt-Dewitz. Die feierliche Einweihung der gesamten rund 48 km langen Strecke Stendal–Arendsee erfolgte am 8. Dezember 1908.

Betrieb und Verkehr

Beide Kleinbahnen verzeichneten einen sehr regen Personen- und Güterverkehr. Bereits 1902/03 beförderte die KSAb rund 12 400 t Güter und über 65 800 Fahrgäste. Auch bei der regelspurigen KSA konnte man nicht klagen. Im Geschäftsjahr 1909/10 bilanzierte die Gesellschaft rund 150 000 Fahrgäste und über 81 000 t Güter. Innerhalb von nur zwei Jahren stiegen die Beförderungsleistungen auf über 165 000 Reisende und rund 102 000 t Güter an. Damit erwirtschaftete die KSA einen Betriebsüberschuß von über 126 000 Mark. Sie beschäftigte zu diesem Zeitpunkt 25 Beamte und 44 Arbeiter.

Die kleinere KSAb erbrachte zwar 1911/12 nicht solche spektakulären Leistungen, aber mit über 69 000 Reisenden hatte die Schmalspurbahn ihre Leistungsgrenze erreicht. Kein Wunder also, daß es bereits 1910 die ersten Ideen zum Umbau der Kleinbahn auf Regelspur gab. Die Kleinbahnabteilung der Provinz erarbeitete die entsprechenden Pläne und legte sie den Gesellschaftern der KSAb zur Prüfung vor. Im Frühjahr 1913 einigten sich die Aktionäre der KSAb über die Aufteilung der Kosten. Man beschloß die Erhöhung des Stammkapitals auf 802 000 Mark.

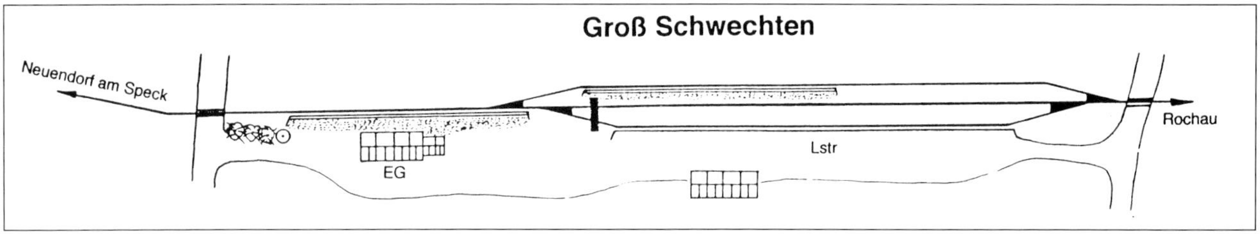

Ein typischer Bahnhof für die Kleinbahnen der Altmark war Groß Schwechten.
Foto: W. List

In Flessau kreuzten am 3. Juli 1970 eine Ferkeltaxe und der VT 186 019.
Foto: W. List

Von den auf 465 000 Mark veranschlagten Kosten für den Umbau übernahmen unter anderem die Provinz Sachsen und das Königreich Preußen je 124 000 Mark sowie Stadt und Landkreis Stendal je 30 000 Mark. Rund 65 000 Mark sollte der Verkauf der Gleisanlagen und schmalspurigen Fahrzeuge bringen.
Ende 1913 begann der Umbau der Schmalspurbahn. Im Zuge der Bauarbeiten entstand in Stendal Ost, nun Gemeinschaftsbahnhof der KSA und KSAb, ein neuer Bahnsteig mit Umfahrgleis. Der Endbahnhof in Arneburg rückte näher zur Stadt. Am 2. Mai 1914 nahm die KSAb dann auf ihrer neuen Regelspurstrecke den Betrieb auf.
Zur selben Zeit gingen auch die Umbauten im Bahnhof Klein Rossau der KSA zu Ende. Mit der Kreuzung der KOP wurde Klein Rossau zu einem wichtigen Kreuzungsbahnhof in der Altmark. Zu dieser Zeit plante die KSA noch weitere Ergänzungen und Neubauten, die aber nach dem Ausbruch des 1. Weltkrieges nicht mehr umgesetzt werden konnten. Lediglich mit den Bauarbeiten für die Strecke Peulingen–Bismark Anschlußbahnhof als Querverbindung zur KBGW konnte noch begonnen werden. Im Frühjahr 1915 änderte die KSA ihren Namen. Wieso es dazu kam, ist bis heute ungeklärt. Am 22. März 1915 beschlossen die Aktionäre auf ihrer Hauptversammlung die Umbennung in »Stendaler Kleinbahn AG« (StK).
Um Kosten zu sparen und den Betrieb auf beiden Kleinbahnen zu rationalisieren, hatte die Provinz Sachsen bereits 1914 eine Fusion der StK und KSAb angeregt. Ende 1915 beschlossen die Gesellschafter beider Unternehmen schließlich die Verschmelzung der Kleinbahnen zur StK.
Nur mit großer Mühe gingen die Bauarbeiten an der Verbindungsstrecke zur KBGW voran. Am 23. Oktober 1916 ging der rund 6 km lange Abschnitt Peulingen–Darnewitz in Betrieb. Aus Material- und Arbeitskräftemangel mußte die StK Ende 1916 die Arbeiten schließlich einstellen.
Während des 1. Weltkrieges hatte die Kleinbahn mit einem spürbaren Rückgang im Personen- und Güterverkehr zu kämpfen. Nur mit großer Mühe konnte der Betrieb aufrechterhalten werden. Nach 1918 besserte sich die Lage nur langsam. Immerhin standen nun wieder genügend Arbeitskräfte zur Verfügung, damit die Bauarbeiten zwischen Darnewitz und Bismark Anschlußbahnhof wieder aufgenommen werden konnten.
Im Sommer 1921 setzte die StK auf den Strecke Stendal Ost–Arneburg und Stendal Ost–Arendsee täglich jeweils drei Reisezugpaare ein. Um vom Bahnhof Stendal Ost in die Stadt oder zum Hauptbahnhof zu gelangen, mußten die Fahrgäste die Straßenbahn benutzen. Auch die Bauarbeiten auf dem Abschnitt

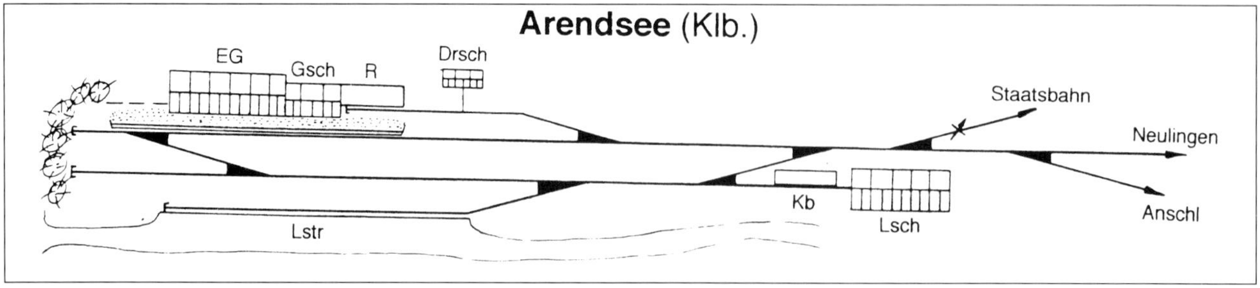

Ein eingleisiger Lokschuppen mit Kohlebansen gehörte zum Bahnhof Arendsee.
Skizze: W. List

Darnewitz–Bismark Anschlußbahnhof gingen im Sommer 1921 ihrem Ende entgegen. Ohne große Feierlichkeiten weihte die StK am 18. Oktober 1921 die rund 16 km lange Teilstrecke ein.

Der neue Streckenast diente aber in erster Linie zum Austausch von Fahrzeugen und dem Güterverkehr. Der Personenverkehr war eher bescheiden. Im Sommer 1926 genügten werktags zwei Personenzugpaare. An Sonn- und Feiertagen ruhte der Personenverkehr auf der Strecke Peulingen–Bismark. Auf der Relation Stendal–Arneburg hingegen setzte die StK täglich vier Reisezüge ein. In der Gegenrichtung waren es drei. Zwischen Stendal und Arendsee waren täglich drei Zugpaare im Einsatz. Zwei davon wurden mit einem Triebwagen gefahren, der seit dem 16. März 1925 bei der StK im Einsatz war. Die KOP setzte zwischen Klein Rossau und Arendsee werktags ein weiteres Zugpaar ein.

Arendsee war seit 1922 kein Endbahnhof mehr. Mit der Aufnahme des durchgehenden Verkehrs zwischen Salzwedel und Geestgottberg am 15. Dezember 1922 hatte die StK in Arendsee Anschluß an die Reichsbahn.

In der zweiten Hälfte der zwanziger Jahre nahmen die Beförderungsleistungen wieder zu. Im Rechnungsjahr 1927/28 beförderte die StK über 269 000 Fahrgäste und fast 216 000 t Güter. Dabei verbuchte die Gesellschaft über 620 000 Mark an Einnahmen. Den außergewöhnlich umfangreichen Personenverkehr verdankte die Kleinbahn der Stadt Arendsee. Der Luftkurort mit seinem gleichnamigen See entwickelte sich mehr und mehr zu einem beliebten Ausflugsziel.

Mit der Weltwirtschaftskrise Ende der zwanziger Jahre und dem aufkommenden Kraftverkehr mußte die Kleinbahn empfindliche Verluste im Personen- und Güterverkehr hinnehmen. Die Einnahmen schrumpften auf ein Minimum zusammen. Das Geschäftsjahr 1935/36 schloß die Kleinbahn mit einem Verlust von über 16 000 Mark ab. Erst in der zweiten Hälfte der dreißiger Jahre stiegen die Beförderungsleistungen wieder an. In dieser Zeit entstand auch das Anschlußgleis zum Militärflugplatz in Borstel. Für die dort stationierten Soldaten legte die StK einen speziellen Pendelverkehr mit Triebwagen ein. Im Geschäftsjahr 1938 beförderte die Kleinbahn wieder über 308 000 Fahrgäste und 218 000 t Güter.

Während des 2. Weltkrieges kam es bei der StK zu keinen Zerstörungen. Die Verwaltung der Provinz Sachsen beschlagnahmte im Frühjahr 1946 alle Anlagen und Fahrzeuge der Kleinbahn. Mit der Betriebsführung auf dem rund 83 km langen Streckennetz der StK beauftragte die Provinz Ende 1946 die »Sächsische Provinzbahnen G.m.b.H.«. Wie alle anderen Kleinbahnen der Altmark ging die ehemalige StK am 15. August 1948 in der VVB des Verkehrswesens Sachsen-Anhalt auf. Die Deutschen Reichsbahn übernahm die Kleinbahn in ihre Verwaltung und Nutznießung am 1. April 1949. Aber erst zum 1. Januar 1950 wurde die Betriebsleitung in Stendal aufgelöst.

Noch im Frühjahr 1950 legte die Reichsbahn die ohnehin schwach frequentierte Strecke Peulingen–Bismark Anschlußbahnhof still und demontierte sie zur Gewinnung von Oberbaustoffen. Auf den anderen Strecken herrschte nach wie vor reger Betrieb. Im Sommer 1957 pendelte ein Triebwagen zwischen Stendal Hbf und Stendal Ost täglich sechsmal. Auf der Strecke nach Arneburg verkehrten werktags sechs Zugpaare. Auf der Strecke Stendal–Arendsee waren werktags vier durchgehende Zugpaare und ein Zugpaar Stendal–Klein Rossau im Einsatz. Auf der Relation Klein–Rossau–Arendsee verkehrten weitere zwei Zugpaare, die aber in Osterburg begannen und endeten.

Beide Strecken erhielten mit Beginn des Sommerfahrplanes 1968 noch neue Streckennummern. Auf der KBS 751 Stendal–Arneburg waren werktags noch sieben Zugpaare im Einsatz. Doch die Reisenden mußten schon Zeit mitbringen. Fast 40 Minuten dauerte die Bahnfahrt. Das Ende war abzusehen. Am 1. Oktober 1972 rumpelte der letzte Zug nach Arneburg. Anschließend wurde die gesamte Strecke abgebaut. Zwischen 1975 und 1976 entstand für das im Bau

Bahnhof Arendsee am 13. Juni 1970. Rechts liegt der Bahnhof der Staatsbahn.
Foto: W. List

befindliche Kernkraftwerk Niedergörne eine völlig neue Schnellbahn, die zwischen Hassel und Sanne die alte Kleinbahntrasse mitbenutzte. Am 3. Januar 1977 verkehrten auf der 22 km langen und für 100 km/h ausgebauten Strecke Stendal–Niedergörne, der sogenannten Atom-Bahn, die ersten Reisezüge.
Zu diesem Zeitpunkt war der Abschnitt Klein Rossau–Arendsee schon längst Geschichte. Am 31. Mai 1970 endete der planmäßige Güterverkehr auf diesem Abschnitt der KBS 754 Stendal–Arendsee. Bis zum 27. September 1970 wurde der Abschnitt noch bei Bedarf bedient. Im Winterfahrplan 1977/78 verkehrten dann letztmalig Personenzüge auf der Stammstrecke der ehemaligen StK. Der Oberbau war teilweise so heruntergewirtschaftet, daß die Fahrzeit über 2 Stunden betrug. Die Stillegung des Abschnittes Klein Rossau–Arendsee verfügte die Reichsbahn zum 28. Mai 1978. Auf dem Reststück Stendal–Klein Rossau hielt man den Reiseverkehr bis zum 26. Mai 1979 aufrecht. Tags darauf verkehrten anstelle der Triebwagen Busse im SEV. Erst am 29. September 1985 gingen diese Leistungen auf den Kraftverkehr über. Die Stillegung für den Abschnitt Stendal Ost–Klein Rossau war bereits am 2. Juni 1985 erfolgt.
Zu diesem Zeitpunkt war die »Atom-Bahn« und die Verbindung Stendal–Stendal Ost noch voll im Einsatz. Doch mit der Wende in der DDR und dem Ende der Bauarbeiten am Kraftwerk bei Niedergörne schrumpfte der Verkehr auf ein Minimum zusammen. Im Zuge der Bauarbeiten für die Schnellfahrstrecke Hannover–Berlin wurde die Brücke der ehemaligen Kleinbahn abgerissen und das Streckenfragment Stendal–Stendal Ost stillgelegt. Zwei Jahre später zeichnete sich auch das Ende für die Bahnlinie nach Niedergörne ab. Am 29. Dezember 1995 fuhr der letzte Reisezug auf der Atombahn. Heute wird die Strecke nur noch bei Bedarf von einem Güterzug bedient.

Strecke und Anlagen

Zwischen Stendal und Stendal Vorbahnhof benutzten die StK und die STEG gemeinsam dieselben Bahnanlagen. In Stendal Vorbahnhof (Kilometer 1,2) gab es insgesamt zwölf Gleise, ein Empfangsgebäude mit Inselbahnsteig, einen Güterschuppen und eine Ladestraße. Weiterhin begannen dort die Anschlußgleise für die Zuckerfabrik Stendal. Die Züge der StK verließen den Bahnhof in einer weiten Kurve. Dabei umfuhren sie das ehemalige Raw Stendal im Osten. Hinter den Anschlußgleisen zum Raw und zum Gaswerk überquerte die Kleinbahn die Hauptbahn Hannover–Berlin, bevor der Bahnhof Stendal Ost erreicht war. Stendal Ost war der betriebliche Mittelpunkt der StK. Hier gab es 15 Gleise, ein Empfangsgebäude mit Güterschuppen, drei Bahnsteige, eine Ladestraße mit Rampe, eine Viehrampe und einen viergleisigen Lokschuppen. Der Bahnübergang in Stendal Ost war durch Schranken gesichert. Die Anschlüsse zum Sachsenwerk, dem späteren Werkteil Ost des Raw Stendal, der Konservenfabrik und zum Kohlehandel ergänzten die umfangreichen Anlagen.
Anschließend dampfte die Kleinbahn auf einer Brücke über die Strecke Stendal–Wittenberge, bevor Borstel erreicht war. Der Anschluß zum Flughafen sorgte in den dreißiger Jahren für einen sehr regen Güterverkehr. Hinter Borstel kreuzte die Trasse die heutige Bundesstraße 189 und durch Wiesen und Felder ging es nach Peulingen. Hier am Kilometer 12,3 zweigte die Strecke nach Bismark ab. Vor den beiden spitzwinklig angeordneten Bahnsteigen mit dem dazwischen liegenden Empfangsgebäude lagen vier weitere Gleise. Ein Ladegleis im Richtung Arendsee ergänzte den Bahnhof. Trapeztafeln sicherten die Einfahrten in Peulingen.
In nördliche Richtung verlief die StK über Neuendorf am Speck nach Groß Schwechten. Hier schwenkte die Trasse nach Nordwesten und vorbei an Rochau und Schartau (früher Rochau Nord) nach Ballerstedt.

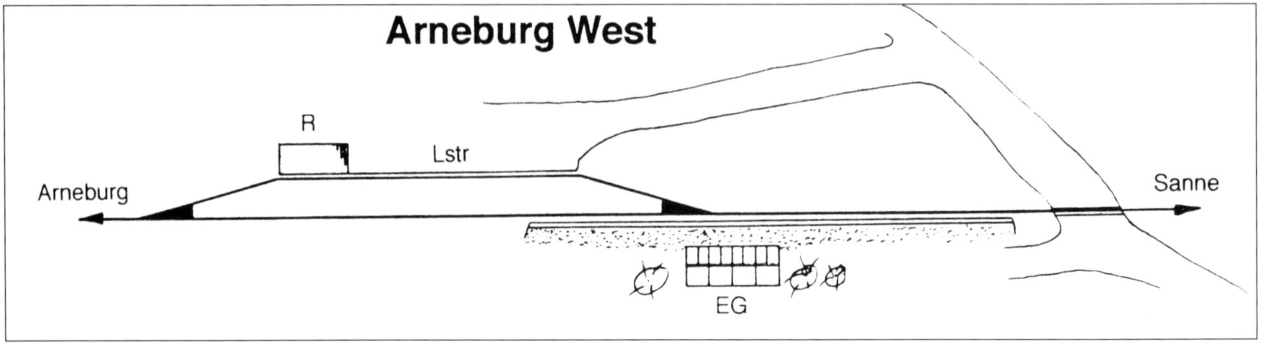

Die Anlagen des Bahnhofs Arneburg West waren bescheiden.
Skizze: W. List

In Flessau (Kilometer 29,0) gab es ein Stationsgebäude mit Güterschuppen, Bahnsteig und Wasserkran. Dahinter lagen drei weitere Gleise. Eines diente als Ladegleis, das zweite für Zugkreuzungen. Daher besaß Flessau auch Trapeztafeln. Den Ort umging die StK in einer weiten Rechtskurve. Wenig später folgte Klein Rossau. Hier kreuzte die StK die KOP.

Zwischen Klein Rossau und Groß Rossau überquerte die Strecke die Biese. Hinter der Kreuzung mit der Landstraße lag der Bahnhof Stapel mit seinen beiden Gleisen, der Ladestraße mit Rampe und dem kleinen Stationsgebäude. Über Wohlenberg, Lückstedt-Dewitz, Gagel und Neulingen ging es in Richtung Arendsee. Nach 49,4 km war die Endstation erreicht. Gegenüber dem heutigen Bahnhof lagen die Anlagen der Kleinbahn. Sie bestanden aus insgesamt vier Gleisen, einem Empfangsgebäude mit Güterschuppen und Rampe, einem Draisinenschuppen, einer Ladestraße und einem eingleisigen Lokschuppen mit Kohlebansen. Ein Verbindungsgleis zur Staatsbahn und ein Anschlußgleis ergänzten den Bahnhof.

Die Züge in Richtung Arneburg begannen und endeten in Stendal Ost an einem separaten Bahnsteig, der direkt an der Straße lag. Parallel zur Landstraße fuhren die Züge nach Jarchau. Hinter diesem Haltepunkt ging es durch die Altmark weiter nach Hassel und Sanne. Von hier ab verlief die Strecke wieder parallel zur Landstraße nach Arneburg (Elbe) West. Der Bahnhof bestand aus zwei Gleisen, einem Stationsgebäude und einer Ladestraße mit Rampe.

Nach 12,6 km war schließlich die Endstation Arneburg (Elbe) erreicht. Hier hatte die StK fünf Gleise, ein Empfangsgebäude mit Güterschuppen, eine Ladestraße, eine kombinierte Kopf-Seitenrampe, einen Draisinenschuppen und einen eingleisigen Lokschuppen gebaut. Ein Anschlußgleis zur Konservenfabrik und ein Düngerschuppen gehörten ebenfalls zum Bahnhof.

Die Strecke nach Bismark zweigte in Peulingen ab. In nordwestlicher Richtung verlief die Trasse über Belkau, Schinne, Darnewitz und Grassau nach Schorstedt. Von dort ging es nach Westen zum Bahnhof Dobberkau. Hinter Dobberkau schwenkte die Kleinbahn in südlicher Richtung ab und überquerte rund 500 m westlich von Hohenwulsch auf einer Brücke die Strecke Stendal–Salzwedel. Die Endstation hatten die Züge nach 21,9 km im Bahnhof Bismark Anschluß erreicht. Die Züge der StK begannen und endeten an einem eigenen Bahnsteig, der neben dem der AMK in Richtung Kalbe lag.

Der Oberbau der StK bestand zur Betriebseröffnung aus Schienen der preußischen Form V, die in den zwanziger Jahren durch Schienen der Form VI ersetzt wurden. Später verstärkte man den Oberbau auf eine zulässige Achslast von 15 t. Die Reichsbahn baute später den Abschnitt Stendal Ost–Borstel auf 20 t Achslast aus.

Die Höchstgeschwindigkeit auf den Strecken der StK lag bei 40 km/h. Da die Kleinbahn meist durch flaches Land führte, betrugen die größte Steigung 1 : 100 und der kleinste Radius 300 m.

Fahrzeuge

Für den Verkehr auf der Schmalspurbahn nach Arneburg stellte die KSAb 1899 eine zweiachsige und eine dreiachsige Naßdampflok, zwei vierachsige Personenwagen und 18 zweiachsige Güterwagen in Dienst. Bis 1906 stockte die Bahn ihren Wagenpark auf drei vierachsige Personenwagen und 20 zweiachsige Güterwagen auf. Für die Bahnmeisterei standen zwei Materialwagen zur Verfügung. Bis zur Umspurung 1914 gab es keine weiteren Neuanschaffungen.

Die KSA beschaffte für ihre Strecke nach Arendsee insgesamt zwei Bn2t-Loks, die Henschel lieferte. Für den Güterzugdienst stellte die KSA 1908 einen Dreikuppler vom Typ »Bismarck I« in Dienst. Eine bauartgleiche Maschine folgte 1911. Bereits 1909 kam die erste preußische T 3 nach Stendal.

Nach der Fusion beider Kleinbahnen stieg der Lokbedarf sprunghaft an. Deshalb kaufte die StK 1916 von der KPEV zwei gebrauchte T 3. Anfang 1920 übernahm die StK schließlich zwei 1'Cn2-Tenderloks, die Henschel auf der Grundlage der mecklenburgischen T 4 entwickelt hatte. Die beiden als Nr. 10 und 11 bezeichneten Naßdampfer waren auch die letzten Neuerwerbungen der StK. Die Maschinen bewährten sich hervorragend und wurden erst 1967 von der Reichsbahn ausgemustert.

Zur Rationalisierung des Personenverkehrs kaufte die Kleinbahn schon 1925 einen vierachsigen DWK-Triebwagen, der erstmals am 16. März 1925 zum Einsatz kam. Rund 80 000 km legte das Fahrzeug pro Jahr zurück. Für den als T 43 bezeichneten Triebwagen ließ die StK im Sachsenwerk 1932 einen Bei- und einen Steuerwagen bauen. Der Beiwagen besaß ein Gepäckabteil. Für den Pendelverkehr zwischen Stendal und dem Flugplatz Borstel beschaffte die Kleinbahn 1935 von der Waggonfabrik Dessau einen zweiachsigen Triebwagen.

Vom VW-Werk in Wolfenbüttel übernahm die StK um 1945 eine dreiachsige Werklok vom Typ »Hannibal«. Die von Krupp gebaute Lok war ebenfalls ein Naßdampfer.

Die DR reihte neben den beiden Triebwagen samt Bei- und Steuerwagen noch neun Loks in ihren Fahrzeugpark ein.

Der Wagenpark der StK war bescheiden. Im Sommer 1923 zählte die Bahn insgesamt zwölf Personen-, drei Pack- und 21 Güterwagen. Bis 1938 wuchs der Bestand auf 15 Personen- und 28 Güterwagen an. Dazu kamen noch drei Packwagen.

Während zwischen Stendal und Arendsee nur Triebwagen im Einsatz waren, verkehrten auf der Arneburger Strecke im Winterfahrplan 1956/57 (gültig vom 30 September 1956 bis zum 1. Juni 1957) lokbespannte Züge. Abbildung: Sammlung D. Endisch

210a Stendal Ost–Arendsee (Altmark) Alle Züge 2. Klasse

b T3623	δ 9011	✕T3615	T 3617	T 3619	1197	T 3621	c T3623	a T3623	km	Zug Nr Rbd Magdeburg Zug Nr	T3614	T3616	1196	T3618	T3620		T3622	♁ 9018
	· ·	· ·	7.36	13.05	· ·	17.32	21.20	· ·		ab Stendal 210b an	5.33	7.01	· ·	12.36	17.59		· ·	· ·
b0.01	· ·	✕ 4.25	8.23	13.31	· ·	17.40	c 21.41	a 23.28	0,0	ab Stendal Ost 210b an	5.19	✕ 6.48	· ·	12.18	17.27	· ·	22.18	· ·
0.10	· ·	x4.33	8.32	13.40	· ·	17.50	21.50	23.37	4,1	Borstel (Kr Stendal)	5.11	6.40	· ·	12.12	17.16	· ·	22.10	·
0.20	· ·	4.41	8.38	13.48	· ·	17.59	22.01	23.47	7,1	Peulingen	5.04	6.33	· ·	12.07	17.10	· ·	22.03	· ·
0.25	· ·	x4.44	8.46	13.52	· ·	18.04	22.06	23.52	8,8	Neuendorf am Speck	4.59	6.28	· ·	11.59	17.04	· ·	21.55	
0.37	· ·	4.51	8.51	13.58	· ·	18.10	22.12	23.58	11,1	Groß Schwechten	4.53	6.22	· ·	11.53	16.58	· ·	21.49	· ·
0.51	· ·	x5.04	9.04	14.11	· ·	18.24	22.26	0.12	15,5	Rochau (Kr Stendal)	4.37	6.09	· ·	11.39	16.45	· ·	21.35	· ·
x0.54	· ·	x5.07	9.08	x14.14	· ·	x18.27	x22.29	x0.15	16,8	Schartau (Altm)	x4.33	6.05	· ·	x11.35	x16.41	· ·	x21.31	· ·
1.02	❶	5.14	9.16	14.22	· ·	18.35	22.37	0.23	20,0	Ballerstedt (Altm)	4.26	5.58	· ·	11.28	16.36	· ·	21.24	
1.11		5.24	9.25	14.31	· ·	18.45	22.47	0.32	24,0	Flessau	4.17	5.48	· ·	11.18	16.26	· ·	21.14	❶
1.18	4.00	✕ 5.31	9.32	14.38	17.56	18.52	22.54	0.39	27,0	an Klein Rossau 210d ab	4.09	✕ 5.41	· ·	11.10	16.19	· ·	21.06	21.48
1.19	4.13	· ·	9.33	14.44	17.58	18.53	22.56	0.42		ab Klein Rossau 210d an	4.08	· ·	6.50	11.09	16.18	· ·	21.05	21.46
1.23	4.19	· ·	9.37	14.47	18.03	18.57	23.00	0.44	28,7	Groß Rossau	4.05	· ·	6.46	11.06	16.15	· ·	21.02	21.41
1.28	4.27	· ·	9.42	14.52	18.09	19.02	23.05	0.49	30,2	Stapel (Kr Osterburg)	3.59	· ·	6.40	11.00	16.09	· ·	20.56	21.33
1.34	4.36	· ·	9.48	14.57	18.16	19.08	23.11	0.55	32,7	Wohlenberg (Altm)	3.54	· ·	6.33	10.54	16.03	· ·	20.50	21.23
1.39	4.48	· ·	9.53	15.02	18.21	19.14	23.16	1.00	34,0	Lückstedt-Dewitz	3.49	· ·	6.29	10.49	15.58	· ·	20.45	21.16
1.45	4.57	· ·	9.59	15.08	18.28	19.18	23.22	1.06	36,3	Gagel	3.45	· ·	6.22	10.43	15.52	· ·	20.39	21.04
1.51	5.05	· ·	10.04	15.14	18.34	19.24	23.28	1.12	38,4	Neulingen	3.40	· ·	6.16	10.38	15.47	· ·	20.34	20.56
b2.03	5.18	· ·	10.16	15.26	18.47	19.35	c 23.40	a 1.24	44,3	an Arendsee (Altm) 209g ab	3.28	· ·	6.03	10.25	15.34	·	20.21	20.40

δ kann ab Klein Rossau bis zu 5 Min früher verkehren ♁ kann bis zu 5 Min früher verkehren a verk vS/S u S/nS u ab 16./17.1.57 b verk vS/S u S/nS bis 15./16.1.57 ❶ von und nach Osterburg c außer vS/S

210b Stendal–Arneburg (Elbe) Alle Züge 2. Klasse

	T3613	T3625	T3627		T3635	T3791	c T3623	a T3623	b T3623	km	Zug Nr Rbd Magdeburg Zug Nr	T3614	⊙T3624	T3616		T3626	T3628	T3630	T 3792		
· ·	6.09	7.36	13.15	· ·	17.22	18.17	c 21.20	a23.10	b23.43	0,0	ab Stendal 208, 209, 209b siehe auch 210c an	5.33	6.50	7.02	· ·	12.42	17.08	17.57	19.39	· ·	· ·
· ·	6.13	7.41	13.19	· ·	17.26	18.21	21.24	23.14	23.47	1,0	Stendal Vorbahnhof	5.30	6.47	6.59	· ·	12.39	17.05	17.54	19.36	· ·	· ·
· ·	6.23	7.51	13.29	· ·	17.36	18.31	c 21.34	a23.24	b23.57	5,0	an Stendal Ost 210a ab	5.21	6.38	6.50	· ·	12.30	16.55	17.45	19.27	· ·	· ·
✕1147		1149	1155	1183	1185			1187			Zug Nr Zug Nr		✕1146		1148		1152	1184	1186		1188
✕ 5.00	· ·	7.55	13.34	15.40	17.45	· ·	21.41	21.42	· ·	5,0	ab Stendal Ost 210a an	5.19	✕ 6.33	✕ 6.46	9.48	· ·	15.16	17.16	19.24	· ·	23.35
5.10	· ·	8.06	13.45	15.51	17.56	· ·	❶	21.53	· ·	8,3	Jarchau (Altm)	❶	6.24	❷	9.39	· ·	15.07	17.07	19.15	· ·	23.26
5.17	· ·	8.14	13.53	15.59	18.04	· ·	· ·	22.01	· ·	10,6	Hassel (Kr Stendal)	· ·	6.17	· ·	9.32	· ·	15.00	17.00	19.08	· ·	23.19
5.23	· ·	8.21	14.00	16.06	18.11	· ·	· ·	22.08	·	12,6	Sanne (Kr Stendal)	· ·	6.10	· ·	9.25	· ·	14.53	16.53	19.01	· ·	23.12
5.31	· ·	8.30	14.09	16.15	18.20	· ·	· ·	22.17	· ·	15,3	Arneburg (Elbe) West	· ·	6.02	· ·	9.17	· ·	14.45	16.45	18.53	· ·	23.04
✕ 5.37	· ·	8.36	14.15	16.21	18.26	· ·	· ·	22.23	· ·	17,7	an Arneburg (Elbe) ab	· ·	✕ 5.55	· ·	9.10	·	14.38	16.38	18.46	· ·	22.57

a vS/S u S/nS verkehrt ab 16.1.57 b vS/S u S/nS verkehrt bis 15.1.57 c außer vS/S ⊙ Zug führt 1. u 2. Klasse ❶ nach und von Arendsee (Altm) ❷ ✕ von Klein Rossau

Triebfahrzeuge der Stendaler Kleinbahn:

Schmalspur-Dampflokomotiven (1000 mm)

Name	Bahn-Nr.	Bauart	Hersteller	Baujahr	Fabrik-Nr.	DR-Nr.	Bemerkungen
WOLF	1	Bn2t	Hanomag	1899	3215		an die KSAb geliefert
	2	Cn2t	Hanomag	1899	3214		an die KSAb geliefert

Regelspur-Dampflokomotiven

Bahn-Nr.	neue Bahn-Nr. ab 1940	Bauart	Hersteller	Baujahr	Fabrik-Nr.	DR-Nr.	Bemerkungen
1		Bn2t	Henschel	1907	7247		an die KSA geliefert
2	191	Bn2t	Henschel	1907	7248	98 6209	an die KSA geliefert; 1936 an die KKR verkauft; am 31. Mai 1964 ausgemustert

Bahn-Nr.	neue Bahn-Nr. ab 1940	Bauart	Hersteller	Baujahr	Fabrik-Nr.	DR-Nr.	Bemerkungen
	193	Bn2t	Henschel	1907	7250	98 6211	1947 von der KEZ übernommen; am 18. März 1964 ausgemustert
	199	Bn2t	Henschel	1913	12 386	98 6218	an die KSA geliefert; 1913 an die KWoC verkauft; 1914 von der KSAb; ab 1944 an die KWoC vermietet; am 10. Mai 1950 als Werklok verkauft
	254	Cn2t	Krupp	1941	2436	89 6601	Typ »Hannibal«; vom VW-Werk Wolfenbüttel übernommen; am 8. Februar 1967 im Bw Köthen ausgemustert
3	291	Cn2t	Henschel	1908	8587	89 6133	Typ »Bismarck I«; an die KSA geliefert; am 17. April 1967 im Bw Stendal ausgemustert
4	292	Cn2t	Henschel	1909	9246	89 6137	pr. T 3; an die KSA geliefert; am 10. Februar 1965 ausgemustert
5	262	Cn2t	Henschel	1911	10 678	89 6017	Typ »Bismarck I«; an die KSA geliefert; am 18. März 1964 ausgemustert
6		Cn2t	Schichau	1893	666		pr. T 3; BERLIN 6124; 1916 von der KPEV gekauft
7		Cn2t	Schichau	1893	668		pr. T 3; BERLIN 6125; 1916 von der KPEV gekauft
10	353	1´Cn2t	Henschel	1919	16 433	91 6403	am 4. April 1967 im Bw Salzwedel ausgemustert
11	354	1´Cn2t	Henschel	1920	16 434	91 6404	am 4. April 1967 im Bw Stendal ausgemustert

Triebwagen

Bahn-Nr.	neue Bahn-Nr. ab 1940	Bauart	Hersteller	Baujahr	Fabrik-Nr.	DR-Nr.	Bemerkungen
T 2	34	1-Adm	Dessau	1935		VT 135 523	ab 1. Juni 1970 als 186 017 im Ein satz; 1971 im Bw Stendal ausgemustert
T 43	94	(1-A)´(A-1)`dm	DWK	1925	43	VT 137 520	DWK-Typ IV; am 16. März 1925 abgenommen; am 7. Februar 1937 an die KEN vermietet; am 30. Juli 1965 ausgemustert
T 73	97	(1-A)´(A-1)`dm	DWK	1926	73	VT 137 515	DWK-Typ IV; ab 1938 von der KEN angemietet; am 30. November 1957 zum VB 147 082 umgebaut; am 18. März 1964 ausgemustert

Steuerwagen

Bahn-Nr.	Hersteller	Baujahr	Fabrik-Nr.	DR-Nr.	Bemerkungen
4	Sachsenwerk	1932		VS 144 500	1963 zum VB 140 527 umgebaut; 1964 ausgemustert

Beiwagen

Bahn-Nr.	Hersteller	Baujahr	Fabrik-Nr.	DR-Nr.	Bemerkungen
5	Sachsenwerk	1932		VB 140 522	ab 1. Juni 1970 als 190 843 im Einsatz;

Die Bahnen des Provinzialverbandes Merseburg

Kleinbahn Wallwitz–Wettin

Vorgeschichte

Die über 1000 Jahre alte Kleinstadt Wettin mit ihrer großen Burg ist durch das Fürstengeschlecht der Wettiner, die jahrhundertelang Sachsen regierten, bekannt geworden. Nördlich von Halle, am rechten Ufer der Saale gelegen, lebten die Einwohner von der Fischerei, der Schiffahrt und der Korbflechterei. Obwohl seit 1699 in Wettin Steinkohle gefördert wurde und 1714 hier ein Bergamt entstand, blieb der große wirtschaftliche Aufschwung für die Kleinstadt aus. Die Stadtväter hofften, daß die Eisenbahn den Aufschwung bringen würde und verhandelten deshalb ab 1865 mit der MHE, die an einem Projekt für die Strecke Halle–Aschersleben arbeitete. Da Wettin aber an einem hohen Porphyrfelsen liegt, umging die am 1. Oktober 1872 eröffnete Strecke Halle–Könnern die Kleinstadt.

Einige Jahre vergingen, ehe 1886 im Saaletal über das Projekt einer Nebenbahn von Könnern über Rothenburg nach Wettin diskutiert wurde. Da das wirtschaftliche und gesellschaftliche Leben in Wettin auf Halle ausgerichtet war, hatte die angedachte Nebenbahn wenig Chancen, denn sie war ein Umweg in Richtung Halle. Erst elf Jahre später präsentierte die Vereinigte Eisenbahn-Bau- und Betriebsgesellschaft Berlin dem Wettiner Magistrat das Projekt für eine Kleinbahn von Wallwitz nach Wettin. Doch die Stadtväter lehnten den Plan ab, da sie auf einen Staatsbahnanschluß hofften.

Im Landratsamt des Saalkreises in Halle diskutierte man inzwischen über ein ähnliches Kleinbahn-Projekt, das Becker & Co vorlegten. Nachdem die zuständige KED Magdeburg keine Einwände gegen eine Kleinbahn von Wallwitz nach Wettin erhob und das Landratsamt in Halle am 26. November 1899 Beckers Vorschlägen endgültig zustimmte, nahm die Firma in Zusammenarbeit mit Lenz & Co am 7. Dezember 1899 die Vermessungsarbeiten auf. Einige Monate später, im Mai 1900, legten sie die fertigen Bauunterlagen dem Regierungspräsidium in Halle und dem Oberpräsidenten der Provinz Sachsen in Magdeburg vor. Der Oberpräsident stimmte zwar dem Vorhaben zu, hielt aber den Kostenvoranschlag für völlig überzogen. Erst als der Kostenvoranschlag auf 1,191 Millionen Mark reduziert wurde, konstituierte sich am 10. August 1901 die »Kleinbahn-AG Wallwitz–Wettin« (KWW) mit einem Stammkapital von einer Million Mark. Das Königreich Preußen und die Provinz Sachsen übernahmen jeweils 345 000 Mark. Der Saalkreis beteiligte sich mit 159 000 Mark an der KWW.

Bau und Eröffnung

Am 18. Januar 1902 erteilte der Merseburger Regierungspräsident der KWW die notwendige Bau- und Betriebsgenehmigung für 90 Jahre. Allerdings vergingen einige Monate, bevor die Provinz Sachsen die eingereichten Bauunterlagen am 19. Dezember 1901 genehmigt hatte. Nachdem alle notwendigen Baumaterialien beschafft waren, begannen die Arbeiten an der rund 10 Kilometer

Am 19. September 1938 stieß der T 2 mit einem Bus bei Beidersee zusammen und kam erst auf der Straße zum Stehen.
Foto: Sammlung G. Zieglgänsberger

204g
Wallwitz (Saalkr)– **Wettin** (Saale) und zurück

Alle Züge 2. Klasse

km	Rbd Halle	Zug Nr		1934	1936	■ 1938		Sa 1940	e 1942	1942	■ 1944		1946	b 1950	1952	
0,0	**Wallwitz** (Saalkreis) 204	ab	· ·	· ·	· ·	· ·	· ·	· ·	† 13.55	· ·	■ 17.10	· ·	· ·	· ·	· ·	· ·
1,5	Wallwitz (Saalkr) West	↓	· ·	6.30	8.36	■ 11.40	· ·	Sa 13.56	⟨ 14.14	⚒ 14.19	⟩ × 17.17	· ·	18.40	b 23.05	a 0.00	· ·
3,6	Morl	↓	· ·	6.37	8.43	⟩ 11.47	· ·	⟩ 14.03	⟨ 14.21	⟩ 14.26	⟩ 17.24	· ·	18.47	⟩ 23.12	⟩ 0.07	· ·
5,9	Gimritz	↓	· ·	6.43	8.49	⟩ 11.53	· ·	⟩ 14.09	⟨ 14.27	⟩ 14.32	⟩ 17.30	· ·	18.53	⟩ 23.18	⟩ 0.13	· ·
10,6	**Wettin** (Saale)	an	· ·	6.53	8.59	■ 12.03	· ·	Sa 14.19	† 14.37	⚒ 14.42	■ 17.40	· ·	19.03	b 23.28	a 0.23	· ·

km	Rbd Halle	Zug Nr		⚒ 1931	f 1933	1935	⚒ 1937	f 1941	d 1939	⚒ 1943	1945		1949
0,0	**Wettin** (Saale)	ab	· ·	⚒ 4.31	5.32	7.55	⚒ 10.57	■ 12.29	† 12.29	⚒ 13.14	16.20	a †, nS	19.45
4,7	Gimritz	↓	· ·	⟩ 4.44	5.45	8.08	⟩ 11.10	⟩ 12.41	⟩ 12.41	⟩ 13.27	16.33	b ⚒ außer v S	20.00
7,0	Morl	↓	· ·	⟩ 4.50	5.51	8.14	⟩ 11.16	⟩ 12.46	⟩ 12.46	⟩ 13.33	16.39	d bis Halle-Trotha	20.06
9,1	Wallwitz (Saalkr) West	↓	·	⚒ 4.54	5.56	8.18	⚒ 11.20	⟩ 12.51	⟩ 12.51	⚒ 13.37	16.43	e ab Halle-Trotha	20.10
10,6	**Wallwitz** (Saalkreis) 204	an	·	an	⚒ 6.12	an	an	■ 13.06	† 13.06	an	an	f ⚒ nach Halle Hbf	an

Reger Verkehr herrschte im Winterfahrplan 1956/57 (gültig vom 30. September 1956 bis zum 1. Juni 1957) auf der ehemaligen KWW. Abbildung: Sammlung D. Endisch

langen Strecke im Juni 1902. Vertreter der Provinz überwachten dabei, ob sich Becker & Co an die strengen Vereinfachungen des Projektes hielten. Trotz aller Sparsamkeit mußten rund 40 000 Mark mehr ausgegeben werden, als über das Stammkapital gedeckt waren. Bei der landespolizeilichen Abnahme am 26. Juni 1903 kritisierten die Kontrolleure die zu geringe Gleisbettung, die fehlenden Weichenlaternen und die nicht der Vorschrift entsprechenden Neigungsanzeiger. Nachdem diese Mängel beseitigt waren, eröffnete die KWW am 5. Juli 1903 ihren Personen- und Güterverkehr.

Betrieb und Verkehr

Schon im ersten Betriebsjahr bilanzierte die KWW einen kaum erwarteten Verkehr. Mit vier Personenzugpaaren werktags und fünf Zugpaaren sonntags beförderte die Kleinbahn rund 50 000 Fahrgäste pro Jahr. Auch der Güterverkehr wuchs ungewöhnlich schnell. Bereits 1904 mußte man die Nebengleise im Bahnhof Beidersee erweitern. Mit den ebenfalls 1904 eröffneten Anschlußgleisen zum Saalehafen, zwei Sandgruben und einem Porphyrsteinbruch belebte sich der Güterverkehr weiter.
In dieser Euphorie legten Becker & Co der KWW ein Projekt zur Verlängerung der Kleinbahn nach Stumsdorf an der Strecke Halle–Köthen vor. Doch dieser Plan verschwand sehr schnell wieder in der Schublade.
Nach nur vier Betriebsjahren hatte sich das Güteraufkommen auf der Kleinbahn fast verdoppelt und die eingesetzten Dreikuppler waren hoffnungslos überfordert. Nur durch den Ankauf zusätzlicher Maschinen konnte der Verkehr weiter aufrecht erhalten werden.
Im 1. Weltkrieg mußte die KWW ihren Personenverkehr mangels Personal auf zwei Zugpaare pro Tag reduzieren. Allerdings blieben die Beförderungsleistungen nahezu konstant. Erst nach 1920 ging der Personenverkehr spürbar zurück. Auch im Sommer 1921 setzte man nur zwei Zugpaare ein, welche die laut Kursbuch 9,1 km lange Strecke in 22 bis 28 Minuten zurücklegten. Der sich in Richtung Halle entwickelnde Kraftverkehr raubte der Bahn durch seine deutlich kürzeren Fahrzeiten weitere Fahrgäste. Um diesem Trend entgegenzuwirken, setzte die Kleinbahnabteilung der Provinz Sachsen ab 9. September 1925 probeweise einen Triebwagen der DWK ein.
Allerdings vergingen noch neun Jahre, bevor die KWW ab 1935 ihren Personenverkehr mit Triebwagen abwickelte. Inzwischen nahm der Reiseverkehr, nachdem er 1933 mit rund 14 000 Fahrgästen den Tiefpunkt erreicht hatte, wieder zu. Mit der Einstellung des Busverkehrs während des 2. Weltkrieges mußte die KWW, die sich ab 28. Januar 1943 »Eisenbahn-AG Wallwitz–Wettin« nannte, werktags neun Zugpaare einsetzen.
Mit dem Näherrücken der Front stellte die Bahn am 13. April 1945 ihren Verkehr ein. Erst am 17. Mai 1945 konnte der Betrieb zwischen Wallwitz und Beidersee wieder aufgenommen werden. Nach der Enteignung der KWW führte ab 15. Dezember 1946 die »Sächsische Provinzbahnen G.m.b.H.« den Betrieb auf der Strecke.
Nach der Übernahme durch die Deutsche Reichsbahn wurden die Personenzüge über Wallwitz hinaus bis Halle-Trotha gefahren. Im Winterfahrplan 1954/55 verkehrten auf der Kursbuchstrecke 204g zwischen Wettin und Wallwitz werktags sieben Zugpaare. Da sich der Oberbau aber schon in einem sehr schlechten Zustand befand, benötigten die Züge rund 37 Minuten. Wegen der schlechten Gleislage stellte die DR bereits mit Beginn des Sommerfahrplanes 1963 am 26. Mai den Personenverkehr ein. Den Güterverkehr hielt man bis 1965 weiter aufrecht. Im Sommer 1965 endeten sämtliche Übergaben aber bereits in Morl. Sechs Jahre vergingen, bis die Deutsche Reichsbahn am 1. Oktober 1971 die Gesamtstillegung der ehemaligen KWW verfügte und die Anlagen demontieren ließ.

Strecke und Anlagen

Westlich des Staatsbahnhofes in Wallwitz lag der Bahnhof Wallwitz-West der KWW. Die Kleinbahn verfügte hier über ein Haupt- und Umfahrgleis sowie ein Ausziehgleis. In einer großen Kurve ging es in fast konstanter 1:50-Steigung nach Beidersee.

Im Sommer 1961 gab es im Bahnhof Wettin noch Kleinbahn-Idylle pur.
Foto: G. Filz

Ab 1950 hieß der Bahnhof, der in unmittelbarer Nähe der heutigen Bundesstraße 6 lag, Morl. Hier gab es neben dem durchgehenden Hauptgleis ein Umfahrgleis mit einer Gleiswaage. Ein massives Empfangsgebäude und ein Abort ergänzten die Station. In Richtung Westen verlief die Trasse nach Raunitz-Gimritz.
Bevor der Zug in den Bahnhof Raunitz-Gimritz einfuhr, überwand er den höchsten Punkt der Strecke. Der später nur Gimritz genannte Bahnhof bestand aus einem Umfahrgleis und einem massiven Stationsgebäude mit Güterschuppen.

Hinter Gimritz führte die Kleinbahn durch die typische Porphyrlandschaft hinab nach Wettin.
Mit einer maximalen Neigung bis zu 1 : 40 ging es nun hinunter in das Saaletal. Im Wettiner Ortsteil Mücheln überquerte der Zug auf einer Brücke die Landstraße Mücheln–Lettewitz, bevor er in der Endstation eintraf. Neben dem zweigeschossigen Empfangsgebäude und dem zweiständigen Lokschuppen gehörte eine Gleiswaage zum Bahnhof Wettin. Ein Triebwagenschuppen ergänzte ab 1925 die Bahnhofsanlagen.
Insgesamt hatten die Gleisanlagen der KWW eine Länge von 12,1 km. Erst in den zwanziger Jahren verstärkte die Kleinbahn ihre Anlagen mit Gleisen der preußischen Form 6. Neben zwölf einfachen Weichen besaß die Kleinbahn nur eine Doppelkreuzungsweiche.

Fahrzeuge

In den Berechnungen von Becker & Co waren für die KWW vierachsige Loks vorgesehen, die jedoch aus Kostengründen nicht beschafft wurden. Die dafür gekauften zwei preußischen T 3 erwiesen sich schon wenige Jahre später als völlig überfordert. Zur Verstärkung kaufte die Kleinbahn eine gebrauchte T 2, die man allerdings 1911 im Tausch für eine weitere T 3 an die KBA abgab.
Im Sommer 1924 erprobte die Kleinbahnabteilung der Provinz Sachsen auf der steigungsreichen Strecke einen Triebwagen der DWK, der ab 21. Januar 1925 auf der benachbarten BAK zum Einsatz kam. Da sich das Fahrzeug bei den Reisenden großer Beliebtheit er-

Das Empfangsgebäude von Morl ist bis heute erhalten geblieben.
Foto: D. Endisch

Die KWW besaß auch diesen Behälterwagen, der noch im März 1987 vorhanden war.
Foto: G. Zieglgänsberger

freute, mietete die KWW ein bauartgleiches Fahrzeug ab 3. September 1925 von der KEN an. Die thüringische Kleinbahn konnte den Triebwagen vermieten, da ihre Strecke noch nicht fertig war. Erst nach über einem Jahr wurde der DWK-Triebwagen nach Erfurt umgesetzt.

Zehn Jahre vergingen dann, ehe ab 1935 die KWW ihren Personenverkehr wieder mit einem Triebwagen abwickelte. Außerdem besaß die KWW 1935 noch drei Dampfloks. Ab 1939 verfügte die Kleinbahn über einen weiteren, diesmal von Linder in Ammendorf gelieferten Triebwagen.

Die Deutsche Reichsbahn übernahm 1949 von der Kleinbahn insgesamt drei Triebwagen und drei Cn2-Tenderloks.

Zur Betriebseröffnung kaufte die Kleinbahn insgesamt drei Personen- und einen Packwagen. Für den Güterverkehr standen insgesamt zwei gedeckte und 15 offene Güterwagen zur Verfügung. Durch einen Kesselwagen erweiterte die KWW 1924 ihren Fahrzeugpark. Zur DR kamen davon noch zwei G- und elf O-Wagen, der Kesselwagen, der 1903 gebaute Packwagen, vier Personenwagen und ein Behälterwagen zur Unkrautbekämpfung.

Triebfahrzeuge der Kleinbahn Kleinbahn Wallwitz–Wettin:

Dampflokomotiven

Bahn-Nr.	neue Bahn-Nr. ab 1940	Bauart	Hersteller	Baujahr	Fabrik-Nr.	DR-Nr.	Bemerkungen
1	286	Cn2t	Henschel	1902	6268	89 6011	pr. T 3; 1959 ausgemustert und als Werklok an die Hafenbahn Magdeburg verkauft
2	287	Cn2t	Henschel	1902	6279	89 6116	pr. T 3; 1936 an die KSM verkauft; am 25. August 1965 ausgemustert
3^{I}		Bn2t	Henschel				pr. T 2; 1911 an die KBA im Tausch gegen die Lok 3^{II} abgegeben
3^{II}	294	Cn2t	Henschel	1909	9249	6139	pr. T 3; wurde 1911 von der KBA gekauft; am 15. April 1967 im Bw Oebisfelde ausgemustert
4	257	Cn2t	Hohenzollern	1900	1295	89 6110	pr. T 3; ursprünglich an die Kostener Kreisbahn als Nr. 4 geliefert, am 14. Januar 1946 vom Sachsenwerk Stendal als Reservelok für KWW, KBA und KKR in Wettin stationiert; am 11. Sept. 1965 ausgemustert
10	203	Ch2t	Henschel	1925	20 572	89 6279	war von der AMK leihweise bei der KWW im Einsatz; am 15. April 1967 im Bw Salzwedel ausgemustert
14	273	Cn2t	Henschel	1915	13 029	89 6027	Typ »Bismarck I«; von der GeK gekauft; am 12. Dezember 1967 im Bw Oebisfelde ausgemustert

Triebwagen

Bahn-Nr.	neue Bahn-Nr. ab 1940	Bauart	Hersteller	Baujahr	Fabrik-Nr.	DR-Nr.	Bemerkungen
T 40	91	(1-A)´(A-1)`dm	DWK	1924	40	VT 137 514	DWK-Typ IV; Probeeinsätze 1924; ab 21. Januar 1925 auf der KBA im Einsatz; am 4.3.1961 ausgemustert
T 73	97	(1-A)´(A-1)`dm	DWK	1926	73	VT 137 515	DWK-Typ IV; angemietet von der KEN; ab 3. September 1926 im Einsatz ; ab 5. November 1926 bei der KEN im Einsatz; am 30. November 1957 Umbau zum VB 147 082; am 18. März 1964 ausgemustert
T 1	1	1-Adm	Wumag	1935		VT 135 525	ab 1. Juni 1970 als 186 019 im Einsatz; 1971 im Bw Stendal ausgemustert
	3	1-Adm	Wumag	1935	10234	VT 135 547	ursprünglich für die OeK geliefert; 1947 nach Bruch der Kurbelwelle von der HHE übernommen; war bei der KWW als Personen- und Beiwagen im Einsatz; ab 1. Juni 1970 als 186 034 im Einsatz; 1972 im Bw Altenburg ausgemustert
T 2	14	1-Adm	Lindner	1939		VT 135 541	ab 1. Juni 1970 als 186 030 im Einsatz; 1975 im Bw Salzwedel ausgemustert

Die Bahnen des Provinzialverbandes Merseburg

Kleinbahn Wolmirstedt–Colbitz

Vorgeschichte

Nördlich der Landeshauptstadt Magdeburg liegt die Colbitz-Letzlinger Heide. Das große Waldgebiet wird im Norden durch die Strecke Stendal–Gardelegen–Oebisfelde und im Süden durch die Strecke Magdeburg–Oebisfelde tangiert. Im Osten streift die Strecke Magdeburg–Stendal das Gebiet. 1892 ließ der Minister der öffentlichen Arbeiten des Königreiches Preußen eine Studie über die wirtschaftlichen und verkehrstechnischen Verhältnisse in der Colbitz-Letzlinger Heide erstellen, da die KED Magdeburg das Gebiet durch eine Nebenbahn von Wolmirstedt über Letzlingen und Gardelegen nach Salzwedel erschließen wollte. Am 14. Juni 1892 informierte der Landrat von Wolmirstedt die betroffenen Gemeinden und bat um eine Stellungnahme. Alle Gemeinden reagierten sehr positiv auf die geplante Nebenbahn, da damit die in der Heide erzeugten Produkte, in erster Linie Holz und landwirtschaftliche Erzeugnisse, billiger transportiert werden konnten.

Allerdings scheiterte der Plan der KED Magdeburg, da die angedachte Nebenbahn nicht wirtschaftlich gewesen wäre.

Daraufhin legte die Kleinbahnabteilung des Bochumer Vereins für Bergbau- und Gußstahlfabrikation am 3. Oktober 1893 dem Landratsamt Wolmirstedt die Denkschrift für eine Kleinbahn in der Heide vor. Aber auch dieses Projekt verlief im Sande.

Erst als zur Jahrhundertwende große

Vor dem geschmückten Bahnhofsgebäude und dem Eröffnungszug versammelten sich die Honoratioren für ein Erinnerungsfoto.
Foto: Sammlung H. Röper

In Colbitz-Forst endete die Beckersche Holzbahn.
Foto: Sammlung Dill

Teile der Kieferbestände in der Heide wegen Raupenfraß abgeholzt werden mußten, erinnerte man sich wieder der Eisenbahn. Da die großen Holzmassen nur auf der Schiene schnell und billig abtransportiert werden konnten, schlug im August 1902 die Firma Glaser & Pflaum aus Berlin den Bau einer Pferdebahn von Wolmirstedt nach Spitzberge vor. Doch die Gemeinden und der preußische Forstfiskus bestanden auf einer Kleinbahn mit Dampfbetrieb. Schon im September 1902 begann nun die Firma Becker & Co mit den ersten Bauarbeiten für ein Anschlußgleis von Wolmirstedt nach Colbitz.

Bau und Eröffnung

Am 8. Oktober 1902 erteilte der Magdeburger Regierungspräsident der Firma Becker & Co die Bau- und Betriebskonzession für eine Kleinbahn mit Güterverkehr von Wolmirstedt nach Colbitz. Innerhalb weniger Wochen entstand nun die rund 11 km lange Strecke für den Holztransport. Bereits am 20. Dezember 1902 setzten Becker & Co die ersten lokbespannten Arbeitszüge ein. Das Regierungspräsidium Magdeburg nannte dann den 3. Februar 1903 als Termin für die landespolizeiliche Abnahme. Da die Prüfer allerdings einige Mängel bei der Bauausführung beanstandeten, wurde die Strecke am 10. März 1903 noch einmal von den Abnahmeinspektoren befahren. Einen Tag später, am 11. März 1903, gestattete man Becker & Co den Betrieb auf der Kleinbahn. Rund 525 000 Mark hatte der Bau gekostet.

Betrieb und Verkehr

Wann allerdings tatsächlich die ersten Züge zwischen Wolmirstedt und Colbitz verkehrten, ist bis heute nicht geklärt. Spätestens ab April 1903 rollten die Güterzüge auf der Beckerschen Waldanschlußbahn durch die Heide. Personenverkehr war auf der Strecke nur mit einer Sondergenehmigung des Regierungspräsidenten erlaubt. Da die Kleinbahn keine eigenen Personenwagen besaß, mußte man bei der KED Magdeburg einen Wagen anmieten. Nach nicht einmal vier Jahren hatte die Kleinbahn ihre Schuldigkeit getan: Da sich bereits zum Jahresende 1906 das Ende der Holztransporte abzeichnete, beantragten Becker & Co im Februar 1907 den Abbruch der Waldbahn, sofern die Bahn nicht als öffentliche Kleinbahn weiter betrieben werden sollte.
Die Verhandlungen zur Übernahme der Kleinbahn zwischen Becker & Co und der Kleinbahnabteilung der Provinz Sachsen begannen aber erst im November 1907. Daraufhin erklärten sich Becker & Co bereit, den Betrieb bis zum 1. April 1908 weiterzuführen. Da die Verhandlungen aber nicht weiter gingen, begann man im Juni 1908, die Gleise zwischen Colbitz und Spitzberge abzubrechen. Am 1. Juli 1908 endete der Verkehr auf der Waldbahn endgültig.
Die Verhandlungen zum Aufkauf der Kleinbahn kamen nur schleppend voran, da die Forderungen in den Augen des Landkreises und der Anliegergemeinden völlig überzogen waren. Da sich die Bahn bereits in einem sehr desolaten Zustand befand, wollte man nur 460 000 Mark bezahlen. Ein weiteres Problem war die Rentabilität der Strecke, denn von seiten der Kleinbahnabteilung rechnete man mit einem jährlichen Defizit von 8000 Mark. Trotz dieser Bedenken konstituierte sich mit einem Stammkapital von 485 000 Mark am 23. November 1909 die »Kleinbahn-AG Wolmirstedt–Colbitz« (KWoC), die dann die Waldanschlußbahn von Becker & Co kaufte.
Am 19. Januar 1910 erhielt die KWoC die Konzession für die Kleinbahn. Im Frühjahr 1910, am 18. April, begannen dann die notwendigen Aus- und Umbauten an der ehemaligen Waldbahn. Da keine größeren Bauarbeiten mehr notwendig waren, lud der Regierungspräsident bereits am 8. September 1910 zur Streckenabnahme ein. Nachdem es keine größeren Beanstandungen gab, konnte die KWoC bereits einen Tag später ihren Personen- und Güterverkehr eröffnen.

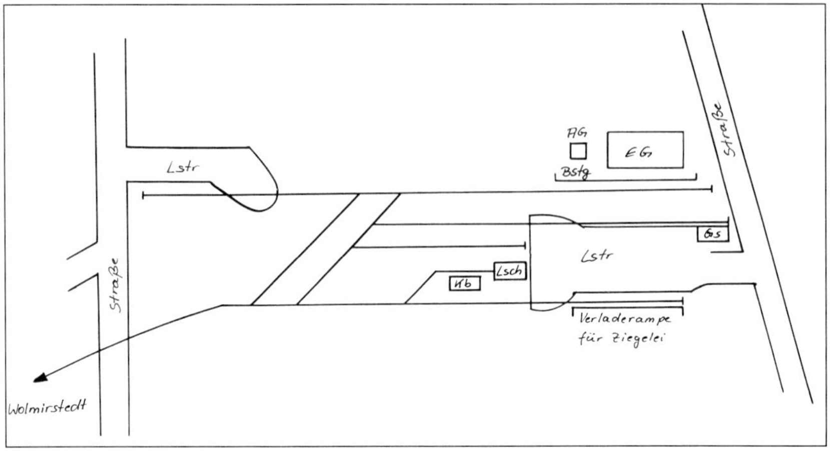

Der Spurplan des Endbahnhofs Colbitz um 1920.
Skizze: D. Endisch

Bereits im ersten Geschäftsjahr beförderte die Kleinbahn rund 10 000 Tonnen Güter und 15 471 Personen. Damit konnte man einen kleinen Gewinn von 10 592,58 Mark erwirtschaften. Da die Bahn an Wochenenden sehr gern für Ausflüge in die Heide genutzt wurde, pendelte sich der Personenverkehr bei etwa 50 000 Fahrgästen ein. Der Güterverkehr hingegen blieb mit rund 20 000 t pro Jahr eher bescheiden. Die meisten Frachten beförderte die KWoC in den Monaten Oktober und November, wenn die Wolmirstedter Zuckerfabrik mit Rüben versorgt werden mußte.
Bereits 1914 war die Kleinbahn gezwungen, ihren Betrieb drastisch zu reduzieren. Schon ein Jahr vorher hatte man mit einer Sondergenehmigung der KED Magdeburg den Einmannbetrieb auf den Dampfloks eingeführt. Durch den 1. Weltkrieg geriet die Kleinbahn in ernste wirtschaftliche Schwierigkeiten. Nur durch den Verkauf eines Güterwagens und verschiedener Oberbaumaterialien konnte ein Konkurs vermieden werden.
Auch nach 1918 entspannte sich die Lage kaum, obwohl die KWoC im Rechnungsjahr 1921 mit täglich vier Zugpaaren über 20 000 Fahrgäste und 75 590 t Güter beförderte.
Während der Weltwirtschaftskrise sanken die Beförderungsleistungen weiter. Durch den Kraftverkehr wanderten weitere Fahrgäste ab. Erst Mitte der dreißiger Jahre stiegen die Einnahmen wieder an. Im Geschäftsjahr 1935 bilanzierte die Geschäftsführung 17 858 Reisende und 34 296 t Güter. Mit dem Einsatz eines Triebwagens ab 1937 versuchte die KWoC, ihren Reiseverkehr zu modernisieren.
Durch die kriegsbedingte Einstellung des Kraftverkehrs mußte die Kleinbahn ab 1940 mehr Züge fahren. Im Sommer 1941 verkehrten zwischen Wolmirstedt und Colbitz werktags sieben Zugpaare - soviel wie nie zuvor.
Den 2. Weltkrieg überstand die KWoC ohne Zerstörungen. Auch sie wurde am 1. April 1949 an die Deutsche Reichsbahn übergeben. Die Reichsbahn nahm an der Strecke nur die notwendigsten Unterhaltungsarbeiten vor und setzte hier werktags vier Zugpaare ein. Im Winterfahrplan 1954/55 verkehrten zwischen Wolmirstedt und Colbitz werktags vier und sonntags zwei Zugpaare. Die Züge legten die 8,5 km lange Strecke, die man im Kursbuch unter der Nummer 209n fand, in 27 Minuten zurück. Am 31. Dezember 1965 pendelten dann die letzten Züge auf der KWoC. Nach der Streckenstillegung am 1. Januar 1966 wurde die Strecke wenig später abgebaut.

Strecke und Anlagen

Nordwestlich des DR-Bahnhofs Wolmirstedt lag die Station der KWoC. Lediglich ein Haupt- und Umfahrgleis sowie ein massives Stationsgebäude waren hier vorhanden. Etwa 120 Meter vom Kleinbahnhof entfernt begannen die Anschlußgleise zur Zuckerfabrik. Parallel zur Hauptbahn Magdeburg–Stendal verließ die Kleinbahn Wolmirstedt. Nach rund 1,5 km schwenkte die Trasse nach Norden und erreichte nach ständiger Steigung am Kilometer 3,3 Mose-Farsleben. Durch die Kiefernwälder der Colbitz-Letzlinger Heide ging es weiter nach Lindhorst. Wie in Mose-Farsleben gab es in Lindhorst ein Haupt- und ein 80 m langes Umfahrgleis sowie ein massives Empfangsgebäude. Zusätzlich verfügte Lindhorst über ein Ladegleis zum Holzumschlag. Gut 2 km war die Station vom Ortskern Lindhorst entfernt.
Nach 8,5 km erreichte die Kleinbahn ihre Endstation Colbitz. Hier besaß die KWoC ein zweigeschossiges Bahnhofsgebäude, in dem auch die Betriebsleitung ihren Sitz hatte. Im zweiständigen Lokschuppen mit Werkstatt und Wasserturm wurden die Fahrzeuge der Kleinbahn unterhalten. Laderampe, Gleiswaage und Kran komplettierten den Bahnhof in Colbitz.
Die größte Steigung auf der KWoC betrug 1 : 70. Der Oberbau bestand aus 7,5 und 12 m langen Schienen die auf Kiefernschwellen genagelt waren.

Fahrzeuge

Die KWoC beschaffte 1910 für ihre Strecke zwei von Henschel gebaute Bn2-Tenderloks, die man als Nr. 1 und Nr. 2 bezeichnete. Bereits 1913 rüstete man beide Maschinen mit Übergangsblechen für den von der KED Magde-

Die Zweikuppler genügten über Jahre hinweg den betrieblichen Belangen auf der KWoC.
Foto: Sammlung H. Röper

burg genehmigten Einmannbetrieb aus. Die im selben Jahr gekaufte Lok Nr. 3 von Henschel veräußerte man nach nur wenigen Monaten an die KSAb. Da 1917 beide Loks längere Zeit schadhaft waren, mietete die KWoC von der AMK die Lok Nr. 7 an. Sie und die verkaufte Lok Nr. 3 waren häufig bei Lokmangel in Colbitz stationiert.
Mit dem Einsatz des Lindner-Triebwagens ab 1937 war eine der beiden Loks überflüssig. Bereits am 14. November 1936 verkaufte man die Nr. 2 nach einer Hauptuntersuchung im Sachsenwerk Stendal am die KRF.
Der 65 PS starke Triebwagen wurde während des 2. Weltkrieges mit einem Holzgasgenerator ausgerüstet. Ab 1944 war er auch leihweise bei der GHWK im Einsatz. Nach einem Brand mußte das Fahrzeug abgestellt werden. Ab 1947 verliert sich endgültig seine Spur. Die Deutsche Reichsbahn konnte an »richtigen« KWoC-Loks nur noch die Lok Nr. 1 übernehmen.
Zur Betriebseröffnung besaß die Kleinbahn nur zwei Personen- und einen Packwagen. Bis 1921 beschaffte die KWoC noch zwei weitere Personen- und zehn Güterwagen.

Triebfahrzeuge der Kleinbahn Wolmirstedt - Colbitz:

Dampflokomotiven

Bahn-Nr.	neue Bahn-Nr. ab 1940	Bauart	Hersteller	Baujahr	Fabrik-Nr.	DR-Nr.	Bemerkungen
1	197	Bn2t	Henschel	1910	10 018	98 6215	am 31. Mai 1964 im Bw Dessau ausgemustert
2	198	Bn2t	Henschel	1910	10 019	98 6216	am 14. November 1936 an die KRF; am 16. April 1960 im Bw Arnstadt ausgemustert
3	199	Bn2t	Henschel	1913	12 386	98 6218	1913 an die KSAb; ab 1944 wieder bei der KWoC im Einsatz; am 10. Mai 1950 als Werklok verkauft
7	194	Bn2t	Henschel	1910	10 329	98 6217	von der AMK angemietet; als Werklok am 1.Januar 1957 an den VEB Magnesitwerk Aken/Elbe verkauft

Triebwagen

Bahn-Nr.	neue Bahn-Nr. ab 1940	Bauart	Hersteller	Baujahr	Fabrik-Nr.	DR-Nr.	Bemerkungen
T 1	7	1-Adm	Lindner	1937			ab 1944 bei der GHWK im Einsatz; hier abgebrannt; ab 1947 nicht mehr nachgewiesen; vermutlich als Ersatzteilspender im Sachsenwerk Stendal zerlegt

Die Bahnen von Lenz & Co

Betriebsabteilung Halle von Lenz & Co

Zu den wohl bekanntesten Unternehmen, die Kleinbahnen bauten und betrieben, gehörte Lenz & Co. Mit einer Stammeinlage von vier Millionen Mark gründeten der Bauunternehmer Friedrich Lenz (1846–1930), die Berliner Handels-Gesellschaft, die Firma Krupp und weitere kleinere Anleger am 30. Juli 1892, nur zwei Tage nach Inkrafttreten des preußischen Kleinbahn-Gesetzes, die Eisenbahnbau- und Betriebsgesellschaft Lenz & Co GmbH. Alleiniger Geschäftsführer wurde Friedrich Lenz. Geschäftszweck dieser Gesellschaft war der Bau und Betrieb von Kleinbahnen.
Friedrich Lenz besaß auf diesem Gebiet schon reichlich Erfahrung. Bereits mit seinem 1875 gegründeten Tiefbauunternehmen hatte er verschiedene Strecken in der preußischen Provinz Pommern und in Mecklenburg zur vollsten Zufriedenheit seiner Kunden errichtet. Diese Referenzen halfen ihm auch bei seinen späteren Geschäften in Pommern. Hier lag auch der Schwerpunkt seiner Aktivitäten. Bis 1901 entstanden unter der Regie von Lenz & Co pro Jahr rund 300 km neue Schienenwege. Aber auch in der preußischen Provinz Sachsen waren Lenz & Co aktiv. Zu den wichtigsten Bahnen im gesamten Kleinbahn-Imperium entwickelte sich die 1896 eröffnete Halle–Hettstedter Eisenbahn. Zur besseren Koordinierung und Verwaltung seiner über das ganze Deutsche Reich verteilten Kleinbahnen richteten Lenz & Co verschiedene Niederlassungen ein. Die Betriebsabteilung Halle/Saale wurde 1897 für die HHE gegründet.
Daneben war die Niederlassung unter anderem auch für den Bau der KHM, der OSE und der Braunschweig–Schöninger Eisenbahn verantwortlich, deren Betriebsführung auch kurzzeitig bei Lenz & Co lag. Im Sommer 1900 betreuten Lenz & Co neben der HHE von der Saalestadt aus die Mühlhausen–Ebelebener Eisenbahn (MEE) und die Kleinbahn Goldbeck–Werben. Die MEE fiel später in den Verantwortungsbereich der Berliner Verwaltung. Zum Jahresende 1927 lief der Vertrag über die Betriebsführung der KGW aus. Dafür gelang es der Hallenser Niederlassung, ab 1. Januar 1928 die Geschäfte auf der NGE und der Kleinbahn Horka–Rothenburg–Priebus zu übernehmen. Mit der Auflösung der Betriebsabteilung Halle im Sommer 1943 wurden diese Bahnen und die HHE direkt von der Berliner Zentrale aus betreut.

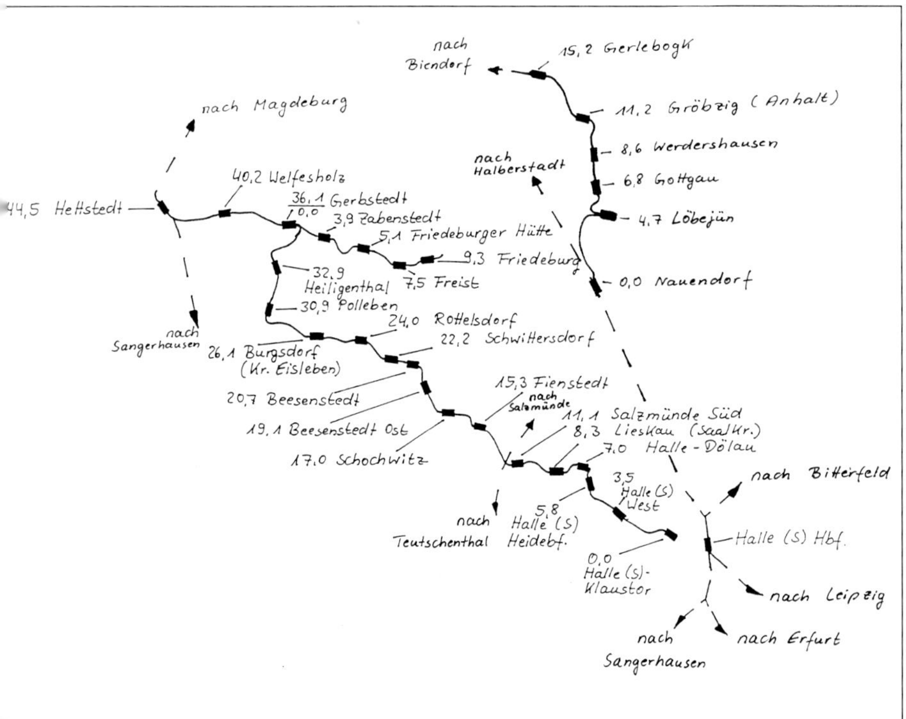

Im Raum Halle/Saale führten Lenz & Co die Geschäfte auf der HHE und der NGE.
Skizze: D. Endisch

Halle–Hettstedter Eisenbahn

Vorgeschichte

In der zweiten Hälfte des 19. Jahrhunderts entwickelte sich Halle/Saale zu einer der wichtigsten Industriestädte im mitteldeutschen Raum. Maßgeblichen Anteil hatte die sehr gute eisenbahntechnische Erschließung der Stadt. Nach der Eröffnung der Strecke Köthen–Halle am 23. Juni 1840 wuchs der Bahnhof schnell zu einem wichtigen Eisenbahnknoten. Nach der Inbetriebnahme des Abschnittes Halle–Könnern der Strecke Halle–Halberstadt am 1. Oktober 1872 trafen sich in der Saalestadt sieben Hauptbahnen. Lediglich das landwirtschaftlich intensiv genutzte Mansfelder Land zwischen Halle und den östlichen Ausläufern des Harzes und der Hallenser Sophienhafen blieben ohne Bahnanschluß.

Über den 1857 eröffneten Sophienhafen konnten Güter per Schiff bis nach Hamburg und Süddeutschland transportiert werden. Da jedoch sämtliche Güter mit Fuhrwerken vom Hafen zum Bahnhof gebracht werden mußten, geriet die Saale-Schiffahrt im Vergleich zur Eisenbahn und zu benachbarten Häfen immer mehr ins Hintertreffen. Auch die zahlreichen Fabriken in Südteil der Stadt benötigten dringend einen Bahnanschluß. Obwohl bereits am 22. September 1884 einige Bürger den Magistrat der Stadt Halle aufforderten, eine sinnvolle Verkehrsanbindung des Sophienhafens zu erarbeiten, vergingen noch Jahre bis zum Bau einer Hafenbahn. Erst im Frühjahr 1888 lagen die Bauunterlagen für eine Güterbahn vom Sophienhafen zum Thüringer Bahnhof vor. Da die KPEV aber gerade mit dem Umbau ihrer Bahnanlagen in Halle begann, verzögerte sich die Abnahme der Unterlagen. Erst am 17. August 1888 wurde der Abschnitt vom Hafen zur Turmstraße genehmigt. Die Bauerlaubnis für das zweite Streckenstück erteilte der Magistrat am 7. September 1891. Erst jetzt konnte eine Gesellschaft für die Hafenbahn gegründet werden. Am 27. April 1892 konstituierte sich die »Hallesche Hafenbahn AG«.

Nachdem am 2. Juni 1893 der Bauvertrag mit Knoch & Kallmeyer unterschrieben worden war, begannen wenig später die Bauarbeiten. Zahlreiche Fabriken baten, besonders im Verlauf der Turmstraße, um einen Gleisanschluß. Da aber ein Normalspurgleis aus technischen Gründen ausschied, beschloß man, die Anschlußbahn als Meterspur-Strecke zu bauen. Der Merseburger Regierungspräsident hatte dagegen keine Einwände, so daß die Bauarbeiten weitergehen konnten. Die Hafenbahn beauftragte am 2. Januar 1895 Lenz & Co mit der Betriebsführung auf der Güterbahn. Sieben Tage später wurde dann die 7,1 km lange Hafenbahn eröffnet. Die Baukosten lagen mit 1,03 Millionen Mark etwas über dem Kostenvoranschlag.

Zu diesem Zeitpunkt hatte auch die Kleinbahn von Halle nach Hettstedt konkrete Formen angenommen. Das Mansfelder Land war eisenbahntechnisch nur sehr schwach erschlossen. Lediglich die Saline in Halle und die »Mansfeld'sche Kupferschieferbauende Gewerkschaft« betrieben eigene Werkbahnen. Die Landwirtschaft und besonders die Zuckerfabrik in Schwittersdorf litten unter dem fehlenden Bahnanschluß. Der großen und modernen Zuckerfabrik drohte sogar der Konkurs, da die Transportkosten immer größer wurden. Die

Eine Reise auf der HHE begann in Halle im Bahnhof Klaustor. Erst 1969 fiel der Bahnhof der Abrißbirne zum Opfer.
Foto: Sammlung D. Endisch

Zum 50. Jubiläum der HHE hatten die Eisenbahner eine ELNA-Lok geschmückt.
Foto: Sammlung Dr. W. Dietrich

Zuckerfabrik und die Saline beantragten am 30. September 1880 den Bau und Betrieb einer 900-mm-Werksbahn von Schwittersdorf zum Thüringer Bahnhof in Halle. Doch nach einem Einspruch des Hallenser Magistrats lehnte das Merseburger Regierungspräsidium den Antrag ab.
Auch die KPEV lehnte den Bau einer Nebenbahn durch das Gebiet ab. Lediglich die 8,57 km lange Nebenbahn von Teutschental nach Salzmünde eröffnete die Staatsbahn am 22. Oktober 1888.
Erst während des Baues der Hafenbahn kam wieder Bewegung in die Angelegenheit, denn plötzlich zeigte der Magistrat der Stadt Halle Interesse an einer Eisenbahn nach Schwittersdorf. Mehr noch, man plädierte jetzt sogar für eine Verlängerung der Strecke bis an die Bahnlinie Sandersleben–Blankenheim. Auf einer Versammlung in Schwittersdorf sagten die Landräte der Kreise Eisleben und Mansfeld eine finanzielle Beteiligung zu, forderten aber Klostermansfeld als Endbahnhof. Erst nachdem sich auch der Hettstedter Magistrat in die Gespräche einklinkte und auf die seinerzeit geplante Harzgürtelbahn hinwies, wurde Hettstedt Endstation der angedachten Kleinbahn.
Allerdings genehmigte die KED Halle nicht alle Wünsche: Sie bestand auf den Bau der Strecke von Halle Klaustor über Gerbstedt nach Hettstedt. Auch die geplante Stichstrecke Schwittersdorf–Sandersleben wurde nicht gestattet.
Unter dem Vorsitz des Oberbürgermeisters von Halle konstituierte sich mit einem Stammkapital von 4,1 Millionen Mark am 28. März 1895 die »Halle–Hettstedter Eisenbahn-Gesellschaft« (HHE). Am 24. Juni 1895 wurde die Gesellschaft in das Handelsregister eingetragen. Lenz & Co beteiligten sich mit 2,6 Millionen Mark an der HHE. Gleichzeitig sicherten sich Lenz & Co die Betriebsführung an der HHE. Dafür erhielten Lenz & Co außer den Betriebskosten noch 10 Prozent des Reingewinns. Die Stadt Halle übernahm für 500 000 Mark HHE-Aktien.

Bau und Eröffnung

Bereits am 14. Juni 1895 genehmigte die KED Halle die Bauunterlagen. Wenig später begann die Firma Knoch & Kallmeyer im Auftrag der HHE mit den ersten Bauarbeiten. Zu dieser Zeit versuchte die HHE ihren Status als Kleinbahn in den einer Nebenbahn umzuwandeln. Das Regierungspräsidium allerdings lehnte diesen Wunsch mit Hinweis auf den Gesellschafter-Vertrag ab. Die Bauarbeiten an der 44,6 km langen Kleinbahn schritten zügig voran. Ende 1895 waren das Planum sowie alle Bahnübergänge, Brücken und Durchlässe fertig. Bereits am 20. Mai 1896 fuhr der erste Personenzug in den festlich geschmückten Bahnhof Gerbstedt ein. Die offizielle Eröffnungsfeier veranstaltete die HHE schließlich am 30. Mai 1896.
Zu diesem Zeitpunkt ruhte der Güterverkehr auf der HHE noch. Erst am 1. August 1896, pünktlich zur Zuckerrüben-Kampagne, trafen die ersten Güterwagen in der Zuckerfabrik Schwittersdorf ein. Am 30. Dezember 1896 erteilte schließlich der Merseburger Regierungspräsident die Betriebserlaubnis für die gesamte HHE.
Schon wenige Monate später gab es Überlegungen, die HHE durch den Bau einer Stichbahn von Gerbstedt nach Friedeburg an der Saale zu erweitern. Im Sommer 1899 wurden die Unterlagen für die Strecke ausgearbeitet und den Behörden in Halle und Merseburg zur Prüfung vorgelegt. Mit der Bau- und Betriebsgenehmigung erhielt die HHE am 31. März 1899 auch das Recht zur Enteignung von Grund und Boden. Die Bauarbeiten an der nur 9,3 km langen Zweigstrecke gingen rasch voran. Bereits am 2. Oktober 1899 traf der erste planmäßige Personenzug im Bahnhof Friedeburger Hütte ein. Das Reststück nach Friedeburg nahm die HHE am 1. September 1900 in Betrieb.

Auszug aus dem Buchfahrplan-Heft 29 der Rbd Halle für die Strecken der ehemaligen HHE: Im Winterfahrplan 1953/54 (gültig ab 4. Oktober 1953) betrug die Höchstgeschwindigkeit auf der Friedeburger Strecke 30 km/h.
Abbildung: Sammlung D. Endisch

14

1	2	3	4	5	6	7	8	9	10	11	12	13
		Höchstgeschwindigkeit 30 km/h Heiligenthal—Gerbstedt 40 km/h		**P 1768** (30,1) **W** Heiligenthal Friedeburg			**Gmp 9882 W** 300 t (72,1) Heiligenthal—Gerbstedt					
		Heiligenthal		—	**2300**		—	**1450**				
3,2	48	Gerbstedt	5,2	**2307**	13		**1458**	—				
4,0	33	Zabenstedt Hst	9,0	22_5	23_5		—	—				
1,2	33	Friedeburg Hütte Hs	2,7	26_5	27_5		—	—				
2,3	33	Zabitz	4,9	32_5	33_5		—	—				
1,9	33	Friedeburg (S) Ag	4,1	**2338**	—		—	—				
12,6												
		Höchstgeschwindigkeit 30 km/h Heiligenthal—Gerbstedt 40 km/h		**P 1760** (30,1) **W** Gerbstedt—Friedeburg			**Gmp 9892 W** (72,1) 300 t Heiligenthal—Gerbstedt					
		Heiligenthal		—	—		—	**612**				
3,2	33	Gerbstedt	5,2	—	**330**		**621**	—				
4,0	33	Zabenstedt Hst	9,0	339_5	40_5		—	—				
1,2	33	Friedeburger Hütte Hs	2,7	43_5	44_5		—	—				
2,3	33	Zabitz Hst	4,9	50	51		—	—				
1,9	33	Friedeburg (S) Ag	4,1	**356**	—		—	—				
12,6												
		Höchstgeschwindigkeit 40 km/h		**Gmp 9870** 300 t (72,1) Gerbst—Hettstedt			**Gmp 9872** 300 t (72,1) Gerbst—Hettstedt					
	48	Gerbstedt		—	**439**		—	**641**				
4,1	48	Welfesholz Ag	6,5	**448**	49		**650**	51				
3,4	48	Bezgr km 43,6	—	—	56		—	58				
1,0	48	Hettstedt	8,2	**458**	—		**700**	—				
8,5												
		Höchtsgeschwindigkeit 40 km/h		**Gmp 9876** 300 t (72,1) Gerbst—Hettstedt			**Gmp 9878** (72,1) Gerbst—Hettstedt			**Gmp 9880** (72,1) Gerbst—Hettstedt		
	48	Gerbstedt		—	**1258**		—	**1715**		—	**2052**	
4,1	48	Welfesholz Ag	6,5	**1307**	**1308**		**1724**	25		**2101**	**2102**	
3.4	48	Bezgr km 43,6	—	—	15		—	32		—	09	
4,4	48	Hettstedt	8,2	**1317**	—		**1734**	—		**2111**	—	
8,5												

Betrieb und Verkehr

Die HHE und die Hafenbahn erfüllten die in sie gesetzten Erwartungen. Die HHE avancierte, dank ihres sehr großen Personen- und Güterverkehrs, im Kleinbahnimperium von Lenz & Co zur finanzstärksten Gesellschaft. Diese Entwicklung beobachtete die KPEV und später die DRG sehr genau. Die Verbindungsfunktion der Hafenbahn zwischen der HHE und der Staatsbahn sorgte immer wieder für Ärger mit der KPEV. Diese sah in den Überführungen von Güterwagen der HHE über die Hafenbahn zum Güterbahnhof der Staatsbahn einen Durchgangsverkehr, den die Hafenbahn aber laut ihrer Konzession als Kleinbahn nicht abwickeln durfte. Um diesen Schwierigkeiten aus dem Wege zu gehen, begannen bereits im März 1896 erste Gespräche über eine Fusion der HHE und der Hafenbahn. Beide Seiten erhofften sich davon auch eine Rationalisierung des Betriebes. Die Aktionäre der HHE stimmten der Fusion beider Bahnen am 26. Juni 1896 zu. Auch der Magistrat der Stadt Halle hatte keine Einwände, so daß am 17. März 1897 beide Gesellschaften verschmolzen.

Die HHE erhöhte daraufhin ihr Stammkapital auf 5,25 Millionen Mark. Das Regierungspräsidium Merseburg erneuerte die Konzession der HHE am 7. April 1897 auf 75 Jahre. Zu diesem Zeitpunkt zählte die Bahn insgesamt 95 Beschäftigte. Schon im Rechnungsjahr 1898/99 erwirtschaftete die HHE einen Gewinn von über 258 000 Mark.

Der Güterverkehr bestimmte das Geschehen auf den Strecken der HHE. Bereits 1905/06 beförderte die Kleinbahn rund 607 000 t Güter und über 1,36 Millionen Fahrgäste. Aber auch der Personenverkehr war sehr stark. Dabei existierte auf der Kleinbahn neben dem Berufsverkehr nach Halle und Hettstedt auch ein Ausflugsverkehr in die Dölauer Heide bei Halle. Über Jahre hinweg setzte die HHE werktags fünf Zugpaare zwischen Halle und Hettstedt ein. Auch der Vorortverkehr zwischen Halle Klaustor

Auf den völlig zugewachsenen Schienen in Friedeburg wartet Ende der 50er Jahre eine 86 mit ihrem Zug auf die Rückfahrt nach Gerbstedt.
Foto: G. Filz

Am 3. April 1976 reparierten Schlosser der Einsatzstelle Gerbstedt an der 86 1573 einen kleinen Schaden.
Foto: P. Gericke, Sammlung D. Endisch

und Dölau mit bis zu 36 Zügen an Sonn- und Feiertagen war nicht unerheblich, obwohl zwischen der HHE und der Staatsbahn kein direkter Übergang bestand. Die rund 2,5 km zwischen dem Hauptbahnhof und dem Bahnhof am Klaustor mußte man entweder mit der Straßenbahn oder zu Fuß zurücklegen.
Bis 1910 hatten sich die Beförderungsleistungen fast verdoppelt. Im Geschäftsjahr 1912/13 konnte die HHE stolze 866 000 t Güter und 1,2 Millionen Fahrgäste bilanzieren. Durch die am 1. Mai 1913 eingeführte 1. Wagenklasse konnten Lenz & Co noch mehr Fahrgäste auf die Bahn locken. Während des 1. Weltkrieges ging der Personenverkehr leicht zurück, während der Güterverkehr 1916/17 mit knapp 950 000 t einen absoluten Rekord erreichte. Nach dem Krieg mußte die HHE mit einem Rückgang des Verkehrs leben. Anfang der zwanziger Jahre hatte der Personenverkehr seinen ersten Tiefpunkt erreicht. Im Frühjahr 1924 verschärfte sich die Situation derart, daß die HHE die Einstellung des Personenverkehrs zwischen Gerbstedt und Friedeburg erwog. Die Verlängerung der Hallenser Straßenbahn in die Dölauer Heide 1927 zog weitere Fahrgäste von der Kleinbahn ab. Dennoch benutzten 1927/28 über 1,7 Millionen Fahrgäste die Kleinbahn zwischen Halle und Hettstedt. Wie viele andere Bahngesellschaften versuchte auch die HHE, mit eigenen Buslinien ihr Streckennetz sinnvoll zu ergänzen und die Konkurrenz anderer Fuhrunternehmen gering zu halten. Am 3. Oktober 1929 eröffnete die HHE ihre erste Buslinie von Halle über Schwittersdorf nach Mansfeld. Allerdings spielte der Busbetrieb bei der Kleinbahn keine große Rolle. Erst Mitte der dreißiger Jahre belebte sich der Personenverkehr auf der Schiene wieder. Besonders der Berufsverkehr nahm zu.
Auch im Güterverkehr setzte nach 1920 ein Abwärtstrend ein. Die Strecke nach Friedeburg war auch hier das Sorgenkind der HHE. Zwischen 1914 und 1918 wurde nicht ein einziger Wagen be- oder entladen. Obwohl man nach 1918 in Friedeburg ab und an landwirtschaftliche Güter verlud, erreichte der kleine Saalehafen nie die erhoffte Bedeutung. Die Landwirtschaft im Einzugsgebiet der HHE sorgte für ein recht konstantes Frachtaufkommen. Das konnte aber nicht darüber hinweg täuschen, daß der Sophienhafen für die HHE immer mehr an Bedeutung verloren hatte. Entfielen 1912 noch rund ein Viertel aller beförderten Güter auf den Hafen, waren es 1928 nicht einmal mehr 15 Prozent. Die-

Seit dem 24. Mai 1998 enden die Regionalbahnen aus Hettstedt am Schwellenkreuz in Gerbstedt. Foto: D. Endisch

In Halle/Saale Industriebahnhof genügte dieses kleine Stationsgebäude. Foto: Sammlung Dr. W. Dietrich

se Entwicklung hatte mehrere Ursachen. Zum einen zogen die benachbarten Häfen in Trotha, Dessau und Riesa immer mehr Frachten an sich, zum anderen verlor auch die Stadt Halle Schritt für Schritt das Interesse an ihrem Hafen. Während der Weltwirtschaftskrise schrumpfte der Warenumschlag im Sophienhafen auf ein Minimum. Damit gingen auch der HHE Einnahmen verloren. Im Sommer 1926 beantragte die HHE noch einmal die Umkonzessionierung in eine private Nebenbahn. Begründet wurde dies unter anderem mit dem sehr starken Güterverkehr. Von den 1925/26 beförderten rund 646 000 t waren lediglich 152 000 t für den Binnenverkehr auf der Kleinbahn bestimmt. Allerdings lehnte das RVM den Antrag der HHE ab. Begründet wurde das mit den baulichen Anlagen der Strecke. Die zahlreichen Steigungen stünden einem Durchgangsverkehr im Wege.

In Halle-Nietleben eröffneten Lenz & Co 1922 eine neue Hauptwerkstatt. Das Ausbesserungswerk verfügte über einen fünfständigen Lokschuppen. In der Werkstatt wurden nicht nur die Loks und Wagen der HHE hauptuntersucht, sondern auch die Fahrzeuge der NGE oder der KGW. Auch Werkloks verschiedener Anschließer besserten die Eisenbahner hier aus.

Die Hafenbahn entpuppte sich Ende der zwanziger Jahre zu einem heftigen Streitobjekt in Halle, da sie durch die zahlreichen Bahnübergänge sowie den Übergabeverkehr zwischen dem Güterbahnhof und Halle-Klaustor immer wieder zu Behinderungen des Straßenverkehrs führte.

In der zweiten Hälfte der dreißiger Jahre nahm der Personen- und Güterverkehr auf der HHE wieder zu. Einen wesentlichen Anteil hatten dabei die Anschlüsse für Rüstungsproduzenten und das Militär. Im Sommer 1939 verkehrten werktags auf der Kleinbahn insgesamt fünf durchgehende Zugpaare sowie fünf Zugpaare auf der Relation Halle–Klaustor–Cöllme. Zwischen Klaustor und Dölauer Heide bot die HHE an Sonntagen insgesamt 26 Pendelfahrten mit Bussen und Zügen an. Nach Friedeburg hingegen dampfte nur ein Zugpaar. Der »schnellste« Zug legte die rund 45 km zwischen Halle und Hettstedt in 99 Minuten zurück.

Während des 2. Weltkrieges wurde die Kleinbahn schließlich als kriegswichtiges Unternehmen eingestuft. Der Verkehr war so angewachsen, daß die HHE für den Berufsverkehr zwischen Hettstedt und Friedeburg von der Mansfeld AG sogar eine Tenderlok samt Heizer übernehmen mußte.

Im Sommer 1942 mußte die HHE auf Anweisung der Kleinbahn-Aufsicht eine

Vor dem Lokschuppen in Halle Klaustor wartete 86 438 auf neue Aufgaben.
Foto: G. Filz

Im Heidebahnhof stand Ende der 50er Jahre 86 330 mit einem Personenzug nach Hettstedt.
Foto: G. Filz

Dienstvorschrift für den sicheren Betrieb in Halle ohne Verwendung der Läutewerke der Loks ausarbeiten. Diese Vorschrift wurde dann ab 1944 bei der Bespannung von Umleiterzügen über die Kleinbahn benutzt.
Erst in den letzten Kriegswochen wurde auch die HHE in Mitleidenschaft gezogen. Die Bombenangriffe auf Halle beschädigten Anlagen in den Bahnhöfen Dölauer Heide, Halle Klaustor, die Hafenbrücke sowie die Hafenbahn. Mehrere Tiefflieger griffen auch einige Züge auf freier Strecke an. Dabei kamen am 16. Februar 1945 bei Burgsdorf 16 Reisende ums Leben. Am Nachmittag des 12. April 1945 stellte die Kleinbahn ihren Betrieb ein, nachdem Einheiten der US-Armee bei Beesenstedt einen Zug gestoppt hatten.
Erst am 7. Mai verkehrten wieder einige Güterzüge in Halle. Mit Erlaubnis der Besatzungsmacht richtete die HHE ab 4. Juni 1945 einen provisorischen Zugbetrieb zwischen Halle und Lieskau ein. Acht Tage später durfte wieder die ganze Strecke bis Hettstedt und Friedeburg befahren werden.
Obwohl die HHE am 1. März 1946 von der Provinzialverwaltung unter Zwangsverwaltung gestellt wurde, konnte die Kleinbahn ihre Selbständigkeit bis zum Mai 1948 bewahren. Daran änderte auch die Übernahme der Betriebsführung durch die »Sächsische Provinzbahnen G.m.b.H.« am 15. Dezember 1946 nicht viel.
Erst mit der Umwandlung der »Sächsischen Provinzbahnen G.m.b.H.« in die VVB des Verkehrswesens Sachsen-Anhalt 1948 war es mit der Entscheidungsfreiheit vorbei. Nicht einmal ein Jahr später, am 1. April 1949, wurde die ehemalige HHE in die Verwaltung und Nutznießung der Deutschen Reichsbahn übergeben. Ab 16. August 1949 bestimmte die DR den Betriebsablauf auf der Kleinbahn. Bis zum 1. Januar 1950 hatte die Reichsbahn ihre Strukturen bei der ehemaligen HHE eingeführt. Dabei wurde unter anderem der Lokbahnhof in Halle Klaustor in ein selbständiges Bw umgewandelt, dem der Lokbahnhof Gerbstedt als Außenstelle unterstand. Die Hauptwerkstatt in Halle-Nietleben wurde als Außenstelle dem Raw Halle zugeschlagen.
In den fünfziger und sechziger Jahren erreichte der Personen- und Güterverkehr auf der Strecke Halle Klaustor–Hettstedt ungeahnte Ausmaße. Durch den nun möglichen Durchgangsverkehr vom östlichen Harzrand direkt nach Halle stiegen besonders im Gütertransport die Leistungen an. Aber auch der Personenverkehr war ansehnlich. Im Winterfahrplan 1957/58 setzte die DR auf der Stammstrecke der ehemaligen HHE insgesamt vier Zugpaare zwischen Halle und Hettstedt ein, zwei zwischen Halle und Gerbstedt sowie fünf auf der Relation Gerbstedt–Hettstedt. Auf der Stichstrecke nach Friedeburg pendelten nur zwei Zugpaare. Doch nach der Einstellung der Personenverkehrs auf der Friedeburger Schiene am 29. September 1962 zeichnete sich das allmähliche Ende der HHE ab. Allerdings blieb die

Kurz vor der Schließung der Einsatzstelle Gerbstedt baute man noch neue Rolltore ein. Die Gleise und der Kanal vor dem Lokschuppen wachsen langsam zu.
Foto: D. Endisch

Strecke nach Friedeburg vorerst von der Demontage verschont, da sie im sogenannten Verteidigungsfall als militärische Umgehungsbahn genutzt werden sollte. Die Militärs planten in Friedeburg den Bau einer Pontonbrücke über die Saale und eine Gleisverbindung zur Strecke Könnern–Rothenburg auf dem anderen Ufer. Doch Anfang der siebziger Jahre war der Oberbau zwischen Gerbstedt und Friedeburg derart verrottet, daß diese Pläne nur noch Makulatur waren. Erst 1973 stimmten die Militärs der Gesamtstillegung der Strecke zum 31. Dezember 1973 und ihrer Demontage zu. Im Mai 1974 demontierte man dann die Gleise.

Zwischen Halle Klaustor und Heiligenthal dampfte der letzte Personenzug am 11. März 1968. Bis zum 25. Mai 1968 hielt die DR einen Schienenersatzverkehr mit Bussen aufrecht. Der Güterverkehr zwischen Klaustor und Nietleben endete am 28. September 1968. Die Bahnanlagen zwischen Halle Klaustor und Nietleben fielen dann der Abrißbirne zum Opfer - sie mußten dem Aufbau der Trabantenstadt Halle-Neustadt weichen. Mit dem Abbruch des Stationsgebäudes in Klaustor wurde am 25. März 1969 gegonnen. Dabei riß man auch die Verbindungsgleise vom Bahnhof Klaustor zum Sophienhafen und zum Bahnhof Halle-Pulverweiden ab. Die Strecke Pulverweiden–Sophienhafen verschwand ebenfalls. Hinter Nietleben erweckte die Reichsbahn die ehemalige HHE aber für die am 23. Mai 1971 eröffnete S-Bahn Halle Hbf–Halle Dölau zu neuem Leben.

Der Güterverkehr zwischen Heiligenthal und Schochwitz wurde erst am 27. September 1970 eingestellt. Fortan endeten die Übergaben aus Richtung Halle in Schochwitz. Erst am 1. Juni 1991 legte die Reichsbahn die Schochwitzer Güterbahn still. Das gleiche Schicksal ereilte auch die Hafenbahn in Halle. Schon im Sommer 1990 hatte die Bahn durch den Niedergang der Industrie in Halle fast alle ihre Anschließer verloren. Lediglich die Maschinenfabrik Halle GmbH versandte noch Güter über die Schiene. Als die Reichsbahn zum 1. Juli 1991 die Tarife erhöhen wollte, verzichtete die Maschinenfabrik auf ihren Bahnanschluß. Obwohl der letzte Betriebstag für den 28. Juni 1991 festgelegt war, rumpelte erst am 8. Juli 1991 der letzte Zug über die Schmalspurgleise.

Auf dem Reststück Hettstedt–Heiligenthal herrschte bis 1990 ein reger Personen- und Güterverkehr. Besonders die Zuckerfabrik Helmstedt in der Nähe des Bahnhofes Heiligenthal bescherte den Eisenbahnern in den Herbstmonaten viel Arbeit. Mit der Wende brach aber auch hier das Verkehrsaufkommen völlig zusammen. Der Personenverkehr schrumpfte auf ein Minimum und die jahrelange Vernachlässigung des Oberbaues und der Brücken zwang am 23. Mai 1998 zur Einstellung des Verkehrs zwischen Gerbstedt und Heiligenthal. Auf der Strecke Hettstedt–Gerbstedt will das Land Sachsen-Anhalt aber langfristig den Personenverkehr erhalten.

Strecke und Anlagen

Die Hafenbahn in Halle verließ den ehemaligen Thüringer Güterbahnhof in westliche Richtung und kreuzte nach einigen hundert Metern die Merseburger Straße. Durch enge Häuserschluchten rumpelten die Güterzüge zum Bahnhof Turmstraße - dem betrieblichen Mittelpunkt. Die später als Halle/Saale Industriebahnhof Süd bezeichnete Station besaß einen drei-, später viergleisigen Lokschuppen mit Werkstatt, ein kleines Dienstgebäude und zwei Rollbockgruben für die Schmalspurbahn. Die Hafenbahn verlief weiter nach Westen. Leicht bergab, vorbei an zahlreichen Industriebauten, ging es hinunter zur Saale. Erst hinter den ausgedehnten Fabrikanlagen schwenkte die Bahn nach Norden. Anschließend überquerte sie auf einer

Blick auf die Rückseite des Lokschuppens Gerbstedt mit dem angebauten Wasserturm. Den ehemaligen Kohlebansen erobert die Natur langsam zurück. Rechts ist noch der Sockel für den Kohlekran zu erkennen.
Foto: D. Endisch

72 m langen Fischbauchträger-Brücke die Saale und der Bahnhof Halle Pulverweiden war erreicht. Von hier führte das Gleis in nordwestlicher Richtung zum Bahnhof Klaustor der HHE und nach Norden ging es weiter zum Sophienhafen. Auf den vier Gleisen des Bahnhofs Pulverweiden wurden die Wagen für den Hafen vorsortiert.

Die nur 1,21 km lange Schmalspurbahn begann im Bahnhof Turmstraße. Außer den beiden Gleisen für die Rollbockgrube, einem Lokschuppengleis sowie einem Umsetz- und einem Aufstellgleis gab es keine weiteren 1000-mm-Anlagen. Die Rollbockgruben wurden 1985 durch Rollwagengruben ersetzt, da die Rollböcke völlig verschlissen waren. Die Strecke schwenkte nach Nordosten ab und die Züge rollten durch die Turmstraße und über den Lutherplatz. Zahlreiche Anschlüsse zweigten hier links und rechts der Bahn ab. Um zur Endstation in der Pfännerhöhe, nicht weit vom Hauptbahnhof entfernt, zu gelangen, mußten die Züge eine Spitzkehre im vorletzten Anschluß befahren.

Die vielen Bahnübergänge der Hafenbahn waren sämtlich unbeschrankt. Die Weichen wurden handbedient. Signale gab es auf der Hafenbahn bis etwa 1950 nicht. Erst die Reichsbahn stellte Pfeif- und Rangiertafeln auf.

Der Bahnhof Klaustor lag in unmittelbarer Nähe der Saale. Er war nicht nur der Ausgangspunkt der HHE sondern auch der betriebliche Mittelpunkt. Auf der rechten Seite der Saale lagen das Empfangsgebäude mit den zwei Bahnsteigen, die Rampe, die Ladestraße, einige Anschlußgleise und die Gleisverbindung zur Hafenbahn. Der Platz war so knapp, daß einige Weichen und ein Teil der Bahnsteige schon auf der Saalebrücke lagen. Das Bw Klaustor samt Werkstatt, Kohlebansen, Wasserkran und Ausschlackstelle lagen auf der anderen Seite der Saale. Insgesamt zwei Brücken mußte die HHE in Klaustor anlegen. Hinter dem Bahnhof schwenkte die Kleinbahn nach Nordwesten. Auf einem Damm ging es immer leicht bergauf. Parallel zur 900-mm-Werkbahn der Pfännerschaft verlief die HHE in Richtung Gerbstedt. Nach rund 1,5 km passierten die Züge der HHE den Anschlußbahnhof der Pfännerschaft. Am Kilometer 3,5 lag schließlich der Bahnhof Nietleben, ab 1950 Halle West. Neben einem Dienstgebäude, einer Ladestraße, einem Bahnsteig sowie drei Anschlußgleisen befand sich in Nietleben auch die Hauptwerkstatt der HHE. Insgesamt besaß der Bahnhof nach seinem letzten Umbau 1938 acht durchgehende Gleise. Ab 1934 gab es hier Einfahrsignale.

Hinter Nietleben verlief die Kleinbahn durch die Dölauer Heide. Rund 400 m nach dem Bahnhof kreuzte eine schmalspurige Kohlebahn die HHE. Die Kreuzung war mit Deckungsscheiben gesichert. Genau 1,2 km nach der Station Halle Heidebahnhof (Kilometer 5,8) folgte die heutige Endstation der Hallenser S-Bahn Halle-Dölau. Bis hierhin mußten die Züge schon einige Steigungen bezwingen. Der alte Dölauer Bahnhof lag in einer langgestreckten Linkskurve. Ab 1902 besaß der Bahnhof drei Gleise. Das heutige Empfangsgebäude entstand erst 1929. In einer kleinen Steigung ging es weiter nach Lieskau. Für den Umschlag landwirtschaftlicher Güter besaß die Station zwei Ladestraßen. Zum 2,9 km entfernten Bahnhof Cöllme, dem späteren Salzmünde Süd, rollten die Kleinbahnzüge wieder bergab. In Cöllme legte die HHE drei Gleise an, davon ein Ladegleis. Bis 1912 gab es hier nur eine kleine Wartehalle, die dann durch ein Dienstgebäude ersetzt wurde.

Nachdem die HHE die Salza und die Staatsbahnstrecke Teutschental–Salzmünde auf einer 30 m langen und 8 m breiten Brücke überquert hatte, begann mit 70 Promille auch das steilste Streckenstück der Kleinbahn. Erst kurz vor dem Bahnhof Fienstedt (Kilometer

Für den Einsatz auf der Industriebahn beschaffte man zwei dieser Schmalspurloks, die erst in den 60er Jahren abgestellt wurden.
Foto: Sammlung Dr. W. Dietrich

15,3) endete die Steigung. Fienstedt unterschied sich vom Bahnhof Cöllme nur durch seine zusätzliche Laderampe und das zweistöckige Bahnhofsgebäude. Hinter Fienstedt dampften die Züge durch das leicht wellige Mansfelder Land über Schochwitz (früher Gorsleben), Beesenstedt Ost (früher Naundorf) nach Beesenstedt (Kilometer 20,7). Alle drei Stationen glichen dem Bahnhof Cöllme.
Nach einem kleinen Gefälle hinter Beesenstedt folgte nach 1,6 km der Bahnhof Schwittersdorf. Im Gegensatz zu Cöllme verfügte er über zwei Bahnsteige und ein Anschlußgleis zur benachbarten Zuckerfabrik. Zum Wagenaustausch legte die Fabrik einen dreigleisigen Übergabebahnhof an. Ohne große Neigungswechsel bahnte sich die HHE, vorbei an den Haltepunkten Rottelsdorf und Burgsdorf, ihren Weg nach Polleben. Vor dem Bahnhof Polleben (Kilometer 30,9) lag aber ein größeres Gefälle. Die Station mit ihren zwei durchgehenden Gleisen lag in einer weiten Linkskurve. Ein zweigeschossiges Stationsgebäude und ein Ladegleis mit Seitenrampe und Kran vervollständigten die Anlage. Die Kleinbahn folgte nun der Schlenze. Nach gut 2 km wechselte die HHE auf zwei Brücken mit 8 m und 18,4 m Länge das Ufer. Anschließend ging es wieder bergauf, wobei die HHE die Landstraße kreuzte. Dieser Bahnübergang war durch eine vom Bahnhof Heiligenthal bediente Schranke gesichert. Der Bahnhof Heiligenthal (Kilometer 32,9) hieß bei der Eröffnung der HHE Helmsdorf. Die hiesige Zuckerfabrik und das Rittergut sorgten für einen umfangreichen Güterverkehr. Der dreigleisige Bahnhof mußte deshalb später erweitert werden.
In einer langgestreckten S-Kurve über eine Kastenbrücke und im ständigen Gefälle ging es hinab nach Gerbstedt. Wenige Meter hinter dem Einfahrsignal aus Richtung Halle fädelte von rechts die Strecke aus Friedeburg ein. Nach zwei Erweiterungen, 1907 und 1923, hatte der Bahnhof seine heutige Größe erreicht. Das große Empfangsgebäude, der zweigleisige Lokschuppen mit Wasserturm und Werkstatt, die Rampe, die Ladestraße und der Güterschuppen künden noch heute von der einstigen Bedeutung des Bahnhofes. Einfahrsignale und ein beschrankter Bahnübergang ergänzten die Ausstattung.
Hinter Gerbstedt verläuft die Trasse nach Westen. Fast schnurgerade folgt nach 4,2 km der Bahnhof Welfesholz. Seine zwei Ladegleise dienten zum Umschlag landwirtschaftlicher Erzeugnisse und von Kupfererz. Im Gefälle geht es nun der Endstation entgegen. Nach einer Rechtskurve hatte die HHE nach 44,5 km Hettstedt erreicht. Hier benutzte die HHE die Anlagen der Staatsbahn.
Die Stichbahn nach Friedeburg verließ Gerbstedt in Richtung Osten. Im leichten Gefälle ging es im Tal der Schlenze über Zabenstedt (Kilometer 3,9), Friedeburger Hütte und Freist (früher Zabitz) zum 9,3 km entfernten Bahnhof Friedeburg/Saale. Hier gab es neben dem Empfangsgebäude ein Bahnsteiggleis, eine Ladestraße mit Rampe, einige Abstellgleise und das Anschlußgleis zum Hafen. Die Unterwegsstationen besaßen nur ein Haupt- und Nebengleis.
Die Höchstgeschwindigkeit auf der HHE betrug 40 km/h, auf einigen Abschnitten nur 30 km/h. Die Achslast wurde nach dem 1. Weltkrieg von 12 auf 15 t erhöht. Die Gleise bettete man dabei in Kupferschlacke.

Fahrzeuge

Für ihren Schmalspurbetrieb kaufte die Hafenbahn 1894 bei der Erfurter Lokfabrik Hagans zwei Bn2-Tenderloks. Die robusten Naßdampfer wickelten über Jahrzehnte den Rollbockbetrieb in der Hallenser Turmstraße ab. Die Reichsbahn übernahm beide Maschinen und musterte sie erst in der zweiten Hälfte der sechziger Jahre aus. Für den Über-

gabeverkehr zur HHE und zum Hafen kaufte die HB zwei Dreikuppler des Lenz-Typs »b«. Diese T 3-Ableger waren nach der Fusion beider Bahnen auch auf der HHE im Einsatz.
Zur Betriebseröffnung auf der Strecke Halle Klaustor–Hettstedt stellten Lenz & Co insgesamt fünf Maschinen des bereits erwähnten Typs »b« und vier Bn2-Tenderloks in Dienst. Allerdings erwiesen sich diese Maschinen schon kurze Zeit später als zu schwach für die geforderten Aufgaben.
Für den schweren Güterzugdienst auf der Hafenbahn, immerhin mußten auf zwei Kilometer Strecke 33 m Höhenunterschied überwunden werden, kaufte die HHE 1902 bei der Vulcan eine B´Cn2-Tenderlok mit Hagans-Triebwerk. Im Gegensatz zur preußischen T 15 waren bei dieser Maschine die drei hinteren Achsen fest im Rahmen gelagert. Die beiden vorderen Gelenk-Achsen wurden über Schwinghebel angetrieben. Diese Lok besaß einen wesentlich besseren Lauf als ihr preußisches Vorbild, da der Kolbendruck näher am Schwerpunkt der Lok lag. Ein bauartgleiche Lok kauften Lenz & Co für die BSE, die später auch zur HHE kam. Obwohl die Loks im Unterhalt nicht billig waren, bewährten sie sich im schweren Güterzugdienst im Hallenser Stadtgebiet sehr gut. Gelegentlich waren sie als Schiebeloks zwischen Cöllme und Fienstedt im Einsatz. Erst Ende der zwanziger Jahre musterte man beide Loks aus.
Für den Personen- und Güterzugdienst auf der Stammstrecke übernahm die HHE 1903 und 1906 je zwei B´Bn4v-Loks. Die Mallet-Maschinen lösten in erster Linie die Dreikuppler im schweren Streckendienst ab. Diese wiederum verdrängten die Zweikuppler aus den untergeordneten Aufgabenbereichen. Trotzdem erwarben Lenz & Co noch 1910 von der KPEV zwei gebrauchte T 2 aus den Baujahren 1887 und 1888.
Bis zum Ende des 1. Weltkrieges bestimmten die vier Mallets, die Hagans-Lok und die zahlreichen T 3-Ableger das Geschehen auf der HHE. Anfang der zwanziger Jahre war der Lokpark der Kleinbahn völlig heruntergewirtschaftet. Zur Aufrechterhaltung des Betriebes übernahm man von der FKE 1922 eine C1-Tenderlok. Allerdings war sie mit ihren recht großen Kuppelrädern nicht sonderlich für den Einsatz auf der Kleinbahn geeignet, da sie sehr leicht zum Schleudern neigte.
Noch im gleichen Jahr kamen bei der HHE die ersten vier Dh2-Tenderloks aus dem ELNA-Programm zum Einsatz. Als Lenz & Co zwei Jahre später vier 1`Ch2-ELNA in Dienst stellten, konnten die bisher eingesetzten Loks zum größten Teil an andere Bahnen abgegeben oder verschrottet werden. Nach der Abnahme der letzten drei, von Hohenzollern 1927 gelieferten Dh2-Tenderloks bestimmten die ELNA-Maschinen das Bild vor den Personen- und Güterzügen auf der Kleinbahn.
Während des 2. Weltkrieges kamen drei weitere ELNA-Loks von anderen Lenz-Bahnen nach Halle. Sie alle wurden 1950 von der Deutschen Reichsbahn übernommen. Erst Ende 1970 schied die letzte ELNA aus dem aktiven Plandienst aus.
Der Wagenpark der HHE setzte sich zu einem großen Teil aus Güterwagen zusammen. Im Frühjahr 1897 verfügte die Kleinbahn über 53 gedeckte und 75 offene Güterwagen. Davon waren 34 G- und 15 O-Wagen aber nur angemietet. Im Geschäftsjahr 1912/13 gehörten der HHE insgesamt 263 zweiachsige Güterwagen und 21 Spezialwagen. Dazu kamen noch 30 Personen-, drei Pack- und zwei Postwagen sowie eine Motordasine für den Bahnmeister. Bis 1928 stieg der Fahrzeugpark auf 44 Personen-, 291 Güter- und sechs Packwagen an.

Triebfahrzeuge der Halle - Hettstedter Eisenbahn:

Schmalspur-Dampflokomotiven (1000 mm)

Bahn-Nr.	Bauart	Hersteller	Baujahr	Fabrik-Nr.	DR-Nr.	Bemerkungen
3	Bn2t	Hagans	1894	302	99 5801	an die HB geliefert; am 2. Mai 1967 im Bw Halle P ausgemustert
4	Bn2t	Hagans	1894	303	99 5802	an die HB geliefert; am 3. August 1966 im Bw Halle P ausgemustert

Regelspur-Dampflokomotiven

Name	Bahn-Nr.	Bauart	Hersteller	Baujahr	Fabrik-Nr.	DR-Nr.	Bemerkungen
	1^{II}	C1´n2t	Borsig	1903	5157		1922 von der FKE gekauft; am 7. April 1936 an BKK Bitterfeld verkauft
STAUDE	1^{b}	Cn2t	Vulcan	1894	1404		Lenz-Typ »b«; an die HB geliefert; 1908 an die KSH verkauft
ERNST	2^{b}	Cn2t	Vulcan	1894	1405		Lenz-Typ »b«; an die HB geliefert; 1927 ausgemustert

Name	Bahn-Nr.	Bauart	Hersteller	Baujahr	Fabrik-Nr.	DR-Nr.	Bemerkungen
	4^{b}	Cn2t	Vulcan	1896	1509		Lenz-Typ »b«; später in Nr. 5^{b} umgezeichnet; 1926 verkauft
	5^{b}	Cn2t	Vulcan	1896	1506		Lenz-Typ »b«; am 26. Juli 1896 an MEE verkauft
	6^{b}	Cn2t	Vulcan	1896	1510		Lenz-Typ »b«; im März 1927 verkauft
	7^{b}	Cn2t	Vulcan	1896	1597		Lenz-Typ »b«; 1898 von der LRE gekauft
	8^{b}	Cn2t	Vulcan	1896	1598		Lenz-Typ »b«; 1898 von der LRE gekauft
	9^{b}	Cn2t	Hanomag	1897	3347		Lenz-Typ »b«;
	11^{b}	Bn2t	Henschel	1887	2395		pr. T 2; MAGDEBURG 1524, ab 1906 HALLE 6063; 1910 von der KPEV gekauft; 1930 verkauft
	12^{b}	Bn2t	Henschel	1888	2533		pr. T 2; MAGDEBURG 1534, ab 1906 HALLE 6073; 1910 von der KPEV gekauft; 1935 als Schrott verkauft
	5^{hg}	B´Cn2t	Vulcan	1901	1886		Lenz-Typ »hg«;von 1925 bis 1928 von der BSE angemietet; 1928 ausgemustert
	10^{hg}	B´Cn2t	Vulcan	1902	1887		Lenz-Typ »hg«
	1^{c}	Bn2t	Vulcan	1895	1499		Lenz-Typ »c«
	2^{c}	Bn2t	Vulcan	1895	1501		Lenz-Typ »c«
	3^{c}	Bn2t	Karlsruhe	1895	1414		Lenz-Typ »c«
	4^{c}	Bn2t	Karlsruhe	1895	1416		Lenz-Typ »c«
	21^{cc}	B´Bn4vt	Vulcan	1903	2046		Lenz-Typ »cc«; im Mai 1924 an die IGE verkauft
	22^{cc}	B´Bn4vt	Vulcan	1903	2047		Lenz-Typ »cc«
	23^{cc}	B´Bn4vt	Vulcan	1906	2242		Lenz-Typ »cc«; im November 1924 an die IGE verkauft
	24^{cc}	B´Bn4vt	Vulcan	1906	2243		Lenz-Typ »cc«; im Februar 1926 an die IGE verkauft
	101	Dh2t	Krauss	1922	8058	92 6476	ELNA 6; später umgezeichnet in Nr. 181; am 1. März 1970 im Bw Falkenberg ausgemustert
	102	Dh2t	Krauss	1922	8059	92 6477	ELNA 6; später umgezeichnet in Nr. 182; am 1. Juni 1970 ausgemustert
	103	Dh2t	Krauss	1922	8060	92 6478	ELNA 6; später umgezeichnet in Nr. 183; am 12. Mai 1967 im Bw Halle P ausgemustert
	104	Dh2t	Krauss	1922	8061	92 6479	ELNA 6; später umgezeichnet in Nr. 184; am 18. Januar 1965 ausgemustert
	142	1´Ch2t	Schwartzkopff	1929	9557		ELNA 2; zwischen 1937 und 1942 von der KSH angemietet
	144	1´Ch2t	Vulcan	1925	3856	91 6480	ELNA 2; 1945 von der LRE gekommen und angemietet; am 17. Dezember 1970 im Bw Stralsund ausgemustert
	151	1´Ch2t	Krauss	1924	8317	91 6476	ELNA 5; am 17. Dezember 1970 im Bw Stralsund ausgemustert
	152	1´Ch2t	Krauss	1924	8318	91 6477	ELNA 5; am 22. November 1970 im Bw Leipzig-Wahren ausgemustert
	153	1´Ch2t	Krauss	1924	8319	91 6478	ELNA 5; am 14. Juni 1967 im Bw Falkenberg ausgemustert
	154	1´Ch2t	Krauss	1924	8320	91 6479	ELNA 5; am 17. August 1967 im Bw Eilenburg ausgemustert
	182^{II}	Dh2t	Krauss	1930	8490	92 6488	ELNA 6; 1945 von der LRE übernommen; am 18. Januar 1965 ausgemustert
	185	Dh2t	Hohenzollern	1927	4611	92 6483	ELNA 6; am 5. Dezember 1968 im Bw Falkenberg ausgemustert
	186	Dh2t	Hohenzollern	1927	4610	92 6482	ELNA 6; am 1. März 1970 im Bw Falkenberg ausgemustert
	187	Dh2t	Hohenzollern	1927	4609	92 6481	ELNA 6; am 7. August 1967 im Bw Leipzig Süd ausgemustert

Die Bahnen von Lenz & Co

Nauendorf–Gerlebogker Eisenbahn

Vorgeschichte

Nördlich von Halle verlief bis 1945 die Grenze zwischen der ehemaligen preußischen Provinz Sachsen und dem Herzogtum Anhalt. Das kleine Flüßchen Fuhne markierte dabei die Ländergrenze. Das fast waldlose Tal der Fuhne ist gekennzeichnet durch seine sehr fruchtbaren Böden. Bis weit in das 19. Jahrhundert hinein prägte die Landwirtschaft diese Region. In den bereits Mitte des 18. Jahrhunderts abgeteuften Braun- und Steinkohlebergwerken bei Löbejün und Gröbzig fanden nur wenige Menschen Arbeit, da die Kohle noch nicht so dringend benötigt wurde. Erst mit dem Anfang des 19. Jahrhunderts beginnenden Zuckerrübenanbau stieg der Kohlebedarf sprunghaft an, da zur Verarbeitung der Rüben in den 1850 im preußischen Löbejün und 1851 im anhaltischen Gröbzig eröffneten Zuckerfabriken viel Energie benötigt wurde. Mit der Entdeckung ergiebiger Braunkohlenlagerstätten im nur wenige Kilometer entfernten Gerlebogk im Herzogtum Anhalt und deren großindustrieller Ausbeutung entstand eine völlig neue Industrie. Um die hier geförderte Kohle schnell und billig transportieren zu können, ließ das Herzogtum von der AKBE eine Eisenbahnlinie von Biendorf über Preußlitz nach Gerlebogk bauen. Auf der am 2. April 1857 eröffneten Strecke verkehrten ausschließlich Güterzüge[1]. Im Volksmund hieß die nur 7,11 km lange Bahnlinie nur die »Preußlitzer Kohlenbahn«. Ab 1. Januar 1879 verwaltete die KPEV diese Strecke.

Als die MHE ihre Strecke Halle/Saale–Aschersleben projektierte, machte man sich in Löbejün Hoffnungen, einen Eisenbahnanschluß zu erhalten. Die MHE wählte für ihren am 1. Oktober 1872 eröffneten Abschnitt Halle–Könnern allerdings den kürzesten Weg und damit mußte Löbejün vorerst auf einen Bahnhof verzichten.

Da die KPEV keine Ambitionen zeigte, die Region zwischen den beiden Hauptstrecken Halle–Könnern–Aschersleben und Halle–Köthen durch eine Nebenbahn zu erschließen, legte 1898 die Eisenbahnbau-Gesellschaft R. Burchard & Co aus Berlin das Projekt für eine Nebenbahn von Köthen nach Nauendorf vor. Die Strecke sollte insgesamt 17 Orte sowie mehrere Kohlegruben und Zuckerfabriken erschließen. Allerdings scheiterte das Vorhaben am Desinteresse des Hallenser Saalkreises.

Nur ein Jahr später schlug die Vereinigte Eisenbahn-Bau- und Betriebsgesellschaft Berlin dem Regierungspräsidium Merseburg den Bau einer Nebenbahn von Nauendorf über Löbejün und Gröbzig nach Gerlebogk vor und bat, die dafür notwendigen Vorarbeiten aufnehmen zu dürfen. Auch diesem Projekt

Nauendorf–Gerlebogker Eisenbahn.

Für die Strecke Nauendorf-Gröbzig gültig vom 1. Oktober 1900.

Für die Strecke Gröbzig-Gerlebogk gültig vom Tage der Betriebseröffnung ab.

	7^{55}	11^{32}	3^{42}	6^{18}	ab	Halle	an	10^{10}	12^{11}	4^{57}	9^{08}	
	– 8^{39}	10^{52}	– 3^{23}		„	Aschersleben	„		1^{03}	5^{22}	8^{03}	
	8^{55}	11^{19}	– 3^{39}		„	Sandersleben	„		12^{47}	4^{59}	7^{38}	
	8^{29} 9^{37}	12^{06} $12^{0?}$	4^{16} 4^{25}	6^{53}	an	Nauendorf	ab	9^{38}	12^{07} 12^{07}	4^{36} 4^{17}	8^{38} 6^{54}	
2	**4**	**6**	**8**	**10**		2. und 3. Wagen-Klasse.		**3**	**5**	**7**	**9**	**11**
	9^{50}	12^{18}	4^{37}	7^{05}	ab	Nauendorf	an	9^{18}	11^{55}	4^{02}	6^{45}	
	10^{05}	12^{34}	4^{53}	7^{21}	an	Loebejün	ab	9^{02}	11^{40}	3^{46}	6^{30}	
7^{25}	10^{14}		5^{03}	7^{31}	ab	„	an	8^{52}	11^{30}		6^{20}	8^{25}
7^{33}	10^{22}		5^{12}	7^{40}	„	Gottgau	„	8^{44}	11^{22}		6^{12}	8^{17}
×7^{40}	×10^{29}		5^{19}	×7^{47}	„	Werdershausen	„	×8^{37}	×11^{15}		6^{05}	×8^{10}
7^{49}	10^{37}		5^{28}	7^{55}	„	Gröbzig	„	8^{28}	11^{06}		5^{56}	8^{03}
7^{59}	10^{47}		5^{38}		an	Gerlebogk	ab	8^{17}	10^{55}		5^{45}	

Die Nachtzeit (6^{00} Abends bis 5^{59} Morgens) ist durch Unterstreichen der Minutenzahlen bezeichnet.

× bei den Zeitangaben bedeutet: der Zug hält nur nach Bedarf.

Berlin, im September 1900.

Die Direction.

Der erste Fahrplan der NGE.
Abbildung: Sammlung G. Zieglgänsberger

[1] In »Die deutschen Eisenbahnen in ihrer Entwicklung 1835 - 1935«, hrsg. von der DR, Berlin 1935, wird der 23. Dezember 1846 als Eröffnungstermin genannt.

Um 1905 versammelten sich die Angestellten des Bahnhofs Gröbzig zum Gruppenbild.
Foto: Sammlung G. Zieglgänsberger

Ein Personenzug machte um 1905 in Gröbzig Station.
Foto: Sammlung G. Zieglgänsberger

stand der Saalkreis reserviert gegenüber. Erst als die Stadt Löbejün im August 1897 sich massiv für das Vorhaben einsetzte, stimmte der Saalkreis zu. Kurze Zeit später schlossen das Königreich Preußen und das Herzogtum Anhalt am 23. April 1898 einen entsprechenden Staatsvertrag für die Strecke Nauendorf–Gerlebogk ab.

Bau und Eröffnung

Nach weiteren vier Monaten erteilte der Merseburger Regierungspräsident der »Nauendorf–Gerlebogker Eisenbahn AG« (NGE) schließlich am 6. August 1898 die Konzession zum Bau und Betrieb der geplanten Nebenbahn. Bereits zwei Tage vorher, am 4. August 1898, hatte das Herzogtum Anhalt die Konzessionsurkunde für die NGE ausgestellt. Allerdings behielt sich das Herzogtum vor, die Bahn nach 30 Jahren aufzukaufen, sofern auch Preußen sich für die Bahn interessieren sollte.
Kurze Zeit später begannen unter Leitung der Vereinigten Eisenbahn-Bau- und Betriebsgesellschaft Berlin die Bauarbeiten an der NGE. Nach über einem Jahr Bauzeit wurde am 18. Juli 1900 um genau 6 Uhr der Personenverkehr auf dem Abschnitt Gröbzig–Nauendorf eröffnet. Den durchgehenden Personen- und Güterverkehr auf der 15,15 km langen Strecke Nauendorf–Gerlebogk nahm man am 5. Oktober 1900 auf.
Die Baukosten betrugen 1 668 981 Millionen Mark und lagen damit über dem auf 1,6 Millionen Mark festgelegten Stammkapital der NGE. Die Finanzlücke wurde durch schwebende Schulden geschlossen.

Betrieb und Verkehr

Kurze Zeit nach der Betriebseröffnung schlossen die KPEV und die NGE einen Vertrag über die Betriebsführung auf der Preußlitzer Kohlebahn ab. Die NGE wickelte nun im Auftrag der KPEV zwischen Gerlebogk und Biendorf den Personen- und Güterverkehr ab. Allerdings spielte der Personenverkehr bei der NGE von Beginn an eine untergeordnete Rolle. Bereits im ersten Monat nahm die NGE im Güterverkehr 13 668 Mark ein, während an Fahrgeld nur 1475 Mark eingenommen wurden.

Im Sommer 1902 untersuchte die KED Magdeburg, ob sich der Bau einer Nebenbahn von Stumsdorf nach Könnern lohnen könnte. Das Vorhaben scheiterte aber an den enormen Baukosten. Dennoch griff die Firma Becker & Co die Idee 1908 wieder auf. Auch die Stadt Löbejün zeigte jetzt Interesse an der als Kleinbahn projektierten Strecke und sie stellte sogar einen Zuschuß über 15 000 Mark in Aussicht. Doch die ablehnende Haltung des Saalkreises und das fehlende Geld beendeten den Kleinbahn-Gedanken.
Unabhängig davon erfüllte die NGE die in sie gesetzten Erwartungen. Lediglich der Personenverkehr nahm nicht den er-

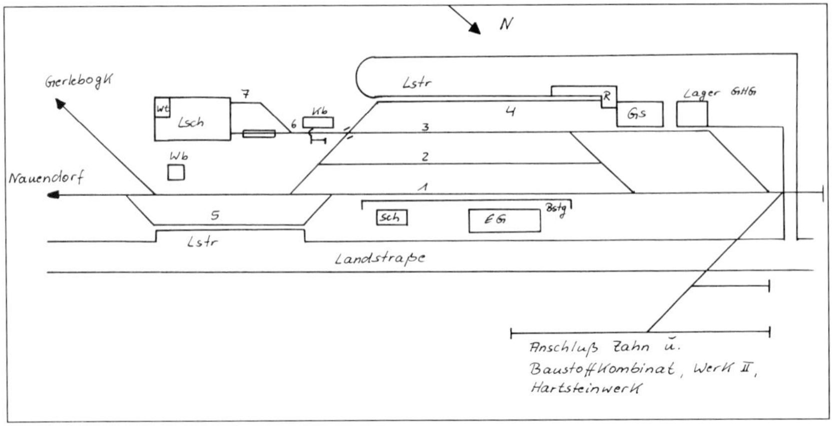

Der Spurplan des Bahnhofs Löbejün im Sommer 1965. Die Gleise besaßen unterschiedliche nutzbare Längen: Gleis 1: 250 Meter , Gleis 2: 170 Meter, Gleis 3: 300 Meter, Gleis 4: 185 Meter und Gleis 5: 170 Meter.
Skizze: D. Endisch

hofften Aufschwung. So reisten im Geschäftsjahr 1912 nur 2212 Menschen mit dem Zug zwischen Nauendorf und Gerlebogk. Auch während des 1. Weltkrieges änderte sich daran nichts. Hingegen erreichte der Güterverkehr mit rund 150 000 t pro Jahr seine erste Rekordmarke.

Mit dem Bau des 2,9 km langen Anschlußgleises von Gottgau zur Steinkohlenzeche Plötz 1921 baute die NGE ihren Güterverkehr weiter aus. Rund 200 t wurden hier pro Tag verladen. Allerdings sackte zu Beginn der zwanziger Jahre der Personenverkehr auf der Strecke Nauendorf–Biendorf weiter ab. Im Sommer 1921 setzte die NGE werktags zwei Zugpaare Nauendorf–Gerlebogk, ein Zugpaar Löbejün–Biendorf und ein Zugpaar Nauendorf–Löbejün ein. An Sonn- und Feiertagen verkehrten nur zwei durchgehende Zugpaare. Mit dem in den zwanziger Jahren aufkommenden Kraftverkehr verschärfte sich die Situation weiter. Obwohl im Sommer 1927 täglich drei Zugpaare zwischen Biendorf und Nauendorf und zwei Zugpaare Nauendorf–Löbejün im Einsatz waren, schrieb dieser Geschäftsteil rote Zahlen.

Seit 1. Januar 1928 führte die Betriebsabteilung Halle der Firma Lenz & Co den Betrieb auf der NGE. Um die Wirtschaftlichkeit der NGE zu verbessern, übergaben Lenz & Co am 15. Mai 1929 der Deutschen Reichspost die Post- und Personenbeförderung der NGE. Fortan setzte man auf der Strecke Nauendorf–Biendorf nur noch ein »Alibi-Zugpaar« ein. Mit vier Busverbindungen von Köthen über Gerlebogk und Nauendorf nach Halle deckte die Reichspost das Verkehrsaufkommen ab. Lenz & Co reduzierten damit die Ausgaben im Personenverkehr auf ein Minimum. Im Geschäftsjahr 1935 verzeichnete die Bilanz ganze 783 Reisende.

Zwei Jahre später waren es immerhin schon 3005 Fahrgäste, die 447 Mark in die Kasse der NGE brachten. Ganz anders der Güterverkehr: Die drei Loks schleppten 1938 insgesamt 228 056 t Güter über die Strecke. Hauptkunden waren neben der Zeche in Plötz die Zuckerfabrik Lobejün, die Gruben in Gerlebogk sowie die Porphyrsteinbrüche in Löbejün und am Kautzenstein. Die Gesamteinnahmen summierten sich auf 356 418 Mark, von denen nach Abzug aller Kosten ein Reingewinn von 158 754 Mark als Dividende ausgeschüttet werden konnte. Die NGE rechnete sich also.

Während des 2. Weltkrieges baute die NGE ihren Personenverkehr weiter aus, da zum 1. Januar 1942 die Reichspost ihren Busverkehr einstellen mußte. Der Krieg ging an der NGE spurlos vorüber.

Wie die anderen Privatbahnen sequestierte die Provinzialverwaltung am 1. März 1946 die NGE und unterstellte sie ab Dezember 1946 der »Sächsischen Provinzbahnen G.m.b.H.«. Erst zum 1. Januar 1947 wurde die NGE enteignet. Zwischen Biendorf und Gerlebogk rollten bis 1948 nun fast rund um die Uhr Güterzüge mit Schutt. Ein großer Teil der in Magdeburg beseitigten Trümmer wurde über extra angelegte Anschlußgleise in ausgekohlte Gruben bei Gerlebogk verkippt. Im Gegensatz zur benachbarten DR-Strecke Gerlebogk–Biendorf blieb der ehemaligen NGE 1948 der Abbau zur Gewinnung von Oberbaumaterialien erspart.

Nach der vollständigen Übernahme der Strecke Nauendorf–Gerlebogk durch die Deutsche Reichsbahn am 1. Januar 1950 verkehrte nun ein Triebwagen auf der NGE. Im Winterfahrplan 1956/57 verzeichnete das Kursbuch unter der Nummer 204b insgesamt acht Zugpaare auf der Relation Nauendorf–Löbejün und zwei Zugpaare zwischen Nauendorf und Gerlebogk. Daran hatte sich bis zum Sommer 1961 nichts geändert. Allerdings schrumpfte der Personen- und Güterverkehr zwischen Löbejün und Gerlebogk immer weiter. Zum Ende des Sommerfahrplanes 1963, am 28. September 1963, verkehrten die letzten Personenzüge auf der Kursbuchstrecke 204b.

Mit Wirkung vom 15. Januar 1964 wurde die Strecke in ein Reichsbahn-Stammgleis umgewandelt. Die letzte Lok der Einsatzstelle Löbejün bespannte nun nur noch Güterzüge nach Gerlebogk. Gut zehn Jahre blieb die gesamte NGE noch für den Güterverkehr in Betrieb, bevor zum 1. Januar 1974 der Abschnitt Gottgau–Gerlebogk stillgelegt

Der Lokschuppen des ehemaligen Lokbahnhofs Löbejün blieb bis heute erhalten. Rechts neben dem Lokschuppen lag der Abzweig nach Nauendorf und Gerlebogk.
Foto: F. Haupt

und demontiert wurde. Erst nach der Wende 1990 wurde der Güterverkehr zwischen Nauendorf und Gottgau bedeutungslos. Nach der Schließung des Gütertarifpunktes Gottgau am 22. Mai 1993 wurden die Gleise zwischen Löbejün und Gottgau demontiert. Löbejün blieb als Gütertarifpunkt allerdings bis heute erhalten und wird bei Bedarf bedient.

Strecke und Anlagen

Auf der Nordseite des Bahnhofes Nauendorf der Staatsbahn lag das kleine Empfangsgebäude der NGE, das ab 1943 Nauendorf-Nord hieß. Unmittelbar hinter der Station schwenkte die Trasse nach Norden ab und erreichte nach ständiger Steigung beim Kilometer 2,3 km die Ladestelle Domnitz-Kautzenberg. Hier lag auch das Anschlußgleis des benachbarten Porphyrsteinbruches. Den hier ursprünglich geplanten Haltepunkt Domnitz hat man zugunsten des Haltepunktes Domnitz an der Strecke Halle–Könnern aufgegeben. Hinter der Ladestelle schließt sich ein Gefälle an, das erst in Löbejün endet.
Der Bahnhof Löbejün wurde als Spitzkehre angelegt und war der Betriebsmittelpunkt der NGE. Im großen zweigeschossigen Bahnhofsgebäude hatte die Bahnverwaltung ihren Sitz. Ein Güterschuppen, eine 30-Tonnen-Gleiswaage, ein Lademaß und eine kombinierte Kopf-/Seitenrampe gehörten zur Ausstattung des Bahnhofes. Der zweigleisige Lokschuppen mit Wasserkran und Kohlebansen war ab 1950 Einsatzstelle des Bw Halle G.
Hinter Löbejün ging es weiter bergab in das Tal der Fuhne. Nach 6,8 km erreichte der Zug den Bahnhof Gottgau mit seinem 60 m langen Bahnsteig. Hier begann das Anschlußgleis der Zeche Plötz. In dem kleinen Bahnhof schlugen ebenfalls die Zuckerfabrik Löbejün, das Betonwerk Teutschenthal, die BHG Löbejün und die LPG Gottgau ihre Güter um. Im weiten Tal der Fuhne verlief die Strecke in nordwestlicher Richtung nach Werdershausen. Der Haltepunkt besaß nur ein kleines eingeschossiges Stationsgebäude und einen Bahnsteig. Erst der Bahnhof Gröbzig am Kilometer 11,2 verfügte wieder über mehrere Gleise und ein zweigeschossiges Empfangsgebäude. Für den Güterverkehr entstanden außerdem ein Güterschuppen und eine Kopf-Seitenrampe.
In einem großen Bogen umging die NGE hinter dem Bahnhof die Stadt Gröbzig und verlief nun parallel zur Landstraße in Richtung Gerlebogk. Nach 15, 2 km hatte der Zug den Endbahnhof der NGE erreicht. Wie in Nauendorf besaß die Bahngesellschaft auch hier nur ein eingeschossiges Empfangsgebäude, das im wesentlichen den Bauten in Werdeshausen und Gottgau glich.
Im Geschäftsjahr 1937 hatte die NGE eine Gesamtgleislänge von 20 km. Sie verfügte über sechs Empfangsgebäude, drei Güterschuppen und drei Eisenbahnbrücken. Die stärkste Neigung mit 1 : 40 lag zwischen Löbejün und Nauendorf. Der Oberbau bestand aus 9 m langen Schienen mit einem Gewicht von 23,8 kg/m, die auf 12 Schwellen verlegt waren.

Fahrzeuge

Als die NGE 1900 ihr erstes Streckenstück eröffnete, standen ihr zwei Cn2t-Loks der Lokomotivfabrik Hohenzollern zur Verfügung. Nach der Übernahme des Betriebes auf der Strecke Gerlebogk–Biendorf beschaffte man eine dritte, baugleiche Maschine, die wie ihre beiden Schwestern eine preußische T 3 war. Die mangelnde Wartung der Loks während des 1. Weltkrieges führte im Sommer 1919 zum Ausfall zweier T 3, so daß man von der KPEV als Ersatz zwei Loks anmieten mußte.
Zur Verstärkung des Lokparks kaufte man außerdem von der KPEV eine preußische T 9^2. Eine zweite T 9^2 kam 1921 von der MFFE nach Löbejün. Nach dem Kauf der B1n2-Tenderlok von der KMB besaß die NGE insgesamt sechs Lokomotiven.
Nach der Übernahme der Betriebsführung durch Lenz & Co verdrängten moderne ELNA-Loks die älteren Maschinen. Als 1936 die dritte ELNA vom

Die von Hohenzollern gelieferte Lok »LÖBEJÜN« um 1927.
Foto: Sammlung G. Zieglgänsberger

Typ 6 gekauft wurde, stand von den Länderbahnloks nur noch die 1919 gekaufte T 9^2 unter Dampf. Als man sie 1939 schließlich an die MEE verkaufte, waren nur noch die Dh2-Tenderloks zwischen Nauendorf und Gerlebogk im Einsatz.
Für den Personenverkehr beschaffte die NGE 1941 von Henschel noch eine 1´Ch2-ELNA, die aber unmittelbar nach ihrer Ablieferung 1941 an die Kleinbahn Jauer–Maltsch weitergeleitet wurde.
Die von der Deutschen Reichsbahn 1949 übernommenen Loks mit den Betriebs-Nr. 181, 182 und 191 schieden erst 1967 aus dem Betriebsdienst aus.

Dampflokomotiven der Nauendorf - Gerlebogker Eisenbahn

Bahn-Nr.	Lenz-Nr.	Bauart	Hersteller	Baujahr	Fabrik-Nr.	DR-Nr.	Bemerkungen
LÖBEJÜN		Cn2t	Hohenzollern	1899	1164		pr. T 3; bis 1930 ausgemustert
GRÖBZIG		Cn2t	Hohenzollern	1900	1267		pr. T 3; bis 1930 ausgemustert
HOHENZOLLERN		Cn2t	Hohenzollern	1901	1462		pr. T 3; bis 1930 ausgemustert
8		B1n2t	Henschel	1895	4137		pr. T 2, seit 1915 als pr. T 1 bezeichnet; zuletzt als POSEN 6101 im Einsatz; 1925 von der KMB gekauft; 1928 an die GHWK verkauft
		Cn2t	Grafenstaden	1891	4187		pr.T 3, MAGDEBURG 6148; 1919 von der KPEV angemietet
		Cn2t	Freudenstein	1904	224		pr.T 3, HALLE 6206, ab 1925 DRG 89 7479; 1919 von der KPEV angemietet
		Cn2t	O & K	1924	10 389	89 6238	ASN 32, von Februar bis August 1938 von der ASN angemietet
1	51	1´Cn2t	Union	1898	929		pr.T 9.2, HALLE 7251; 1919 gekauft; 1939 an die MEE verkauft
2		1´Cn2t	Union	1893	734		pr.T 9.2; bei der KPEV als ESSEN 7205 im Einsatz; 1917 an MFFE verkauft, hier als Lok Nr. 774 im Einsatz; 1921 von der MFFE gekauft
101	181	Dh2t	Krauss	1930	8491	92 6587	ELNA 6; am 20. Dezember 1967 im Bw Salzwedel ausgemustert
102	182	Dh2t	Henschel	1936	22 991	92 6490	ELNA 6; am 20. Dezember 1967 im Bw Görlitz ausgemustert
	191	Dh2t	Henschel	1929	21 274	92 6676	ELNA 6; an die RGB geliefert; leihweise bei der NGE im Einsatz; 1934 gekauft; am 4. April 1967 ausgemustert
	149	1´Ch2t	Henschel	1941	24 932		ELNA 2; 1941 an die JM abgegeben, hier als Nr. 142 bezeichnet

Die Bahnen der ADEG

Die Allgemeine Deutsche Eisenbahn-Betriebsgesellschaft (ADEG)

Zu den zahlreichen Tochtergesellschaften der Aktiengesellschaft Verkehr (AGV) gehörte auch die in Berlin ansässige Allgemeine Deutsche Eisenbahn-Betriebsgesellschaft (ADEG), die in der ehemaligen Provinz Sachsen und dem Freistaat Anhalt 1945 drei Bahnen betreute. Ihren Ursprung hatte die ADEG in der 1893 von Berliner Banken gegründeten Allgemeinen Deutschen Kleinbahn-Gesellschaft (ADKG). Ziel der ADKG war der Bau und Betrieb von Kleinbahnen. Ihre ersten Kleinbahnen errichtete die ADKG in der Nähe von Danzig. Außerdem war die Gesellschaft in den preußischen Provinzen Posen und Schlesien und im Berliner Umland aktiv. Bereits 1898 gehörten acht Eisenbahn-Gesellschaften mit einer Streckenlänge von rund 340 km zur ADKG.
Allerdings geriet die ADKG nur wenige Jahre später in ernste wirtschaftliche Schwierigkeiten. Durch Mißmanagement stand die Firma 1902 kurz vor der Liquidation. Nur durch einen rigorosen Sparkurs und Neubesetzungen in der Geschäftsleitung konnte die ADKG gerettet werden. Mit der Übernahme der Betriebsführung auf weiteren Bahnen verbesserte die ADKG ihre Einnahmen.
Zur effektiveren Geschäftsabwicklung gründete die ADKG am 1. Oktober 1915 die Allgemeine Deutsche Eisenbahn-Betriebsgesellschaft mbH (ADEG), der man nun die Betriebsführung auf den Bahnen übertrug, während sich die ADKG nur noch um Beteiligungen an Eisenbahnen kümmerte. Ab 1. Januar 1923 firmierte die ADKG als Allgemeine Deutsche Eisenbahn AG (ADEA). Im Sommer 1923 leitete die ADEG die Geschicke von insgesamt 20 Bahnen.

Nach der Fusion der ADEA mit der AGV 1927 blieb die ADEG als Betriebgesellschaft erhalten. Allerdings reduzierte sich die Zahl der verwalteten Regel- und Schmalpurbahnen bis zum Sommer 1928 auf 17. Sie hatten eine Streckenlänge von rund 940 km. Im mitteldeutschen Raum betreute die ADEG zu diesem Zeitpunkt nur die DRKB und die ASN. Die OSE und die benachbarte Braunschweig–Schöninger Eisenbahn kamen erst 1932 zur ADEG.

Nach dem Zweiten Weltkrieg hatte die ADEG einen erheblichen Teil ihrer Bahnen in der sowjetischen Besatzungszone und in Polen verloren. Die ADEG war damit allein nicht überlebensfähig und ging in der Deutschen Eisenbahn-Betriebsgesellschaft (DEG) mit Sitz in Frankfurt am Main auf.

Die regelspurige Lok Nr. 23 der DRKB in Köthen.
Foto: Sammlung G. Zieglgänsberger

Aschersleben–Schneidlingen–Nienhagener Kleinbahn

Vorgeschichte

Über Jahrhunderte hinweg bestimmte die Landwirtschaft auf den sehr fruchtbaren Böden der Magdeburger Börde das Wirtschaftsleben. Erst mit den Zuckerfabriken, der Braunkohlenförderung und dem Abbau von Kalisalzen setzte in der ersten Hälfte des 19. Jahrhunderts das Industriezeitalter im nördlichen Harzvorland ein. Hier im südlichen Teil der Magdeburger Börde, zwischen der Kreisstadt Aschersleben und dem Hakel, einem bewaldeten Höhenzug, entdeckte man um 1828 eine sehr ergiebige Braunkohlenlagerstätte. Bereits 1835 erwarb die Familie Douglas aus Aschersleben in der Nähe von Königsaue die erste Grube und baute sie zielstrebig aus. In den folgenden Jahren erwarb die 1888 in den Grafenstand erhobene Familie für große Teile der 14 km langen und rund 6 km breiten Lagerstätten die Schürfrechte und eröffnete bis 1854 die Gruben Georg bei Aschersleben und Jakob bei Königsaue. Die Zeche in Königsaue förderte pro Jahr rund 50 000 Tonnen Kohle, die zu einem großen Teil im Douglas´schen Paraffinwerk in Aschersleben verarbeitet wurden. Nach der Schließung des Werkes 1873 wurde die Braunkohle ausschließlich zu Briketts verarbeitet.

Da die Gruben der Gewerkschaft Douglas von der am 12. April 1866 eröffneten Bahnlinie Halberstadt–Aschersleben–Bernburg recht weit entfernt waren, forderten Douglas und andere Grubenbetreiber die Erschließung des Südteils der Börde durch eine Nebenbahn. Doch weder das 1878 vorgelegte Projekt einer Bahnstrecke von Gröningen über Egeln nach Halberstadt noch die 1884 diskutierte Nebenbahn Nienhagen–Gröningen–Egeln–Staßfurt wurden realisiert. Außerdem hätte man dabei nur das nördlich des Hakels liegende Gebiet um Gröningen, Schneidlingen und Kroppenstedt mit seinen Zuckerfabriken und Braunkohlegruben erschlossen. Mit der etappenweise Eröffnung der Nebenbahn Staßfurt–Schneidlingen–Blumenberg zwischen 1879 und 1881 schwand die Hoffnung der kleinen Städte und Gemeinden um den Hakel auf einen Bahnanschluß.

Die Gewerkschaft Graf Douglas griff nun zur Selbsthilfe und beantragte 1891 beim preußischen Ministerium der öf-

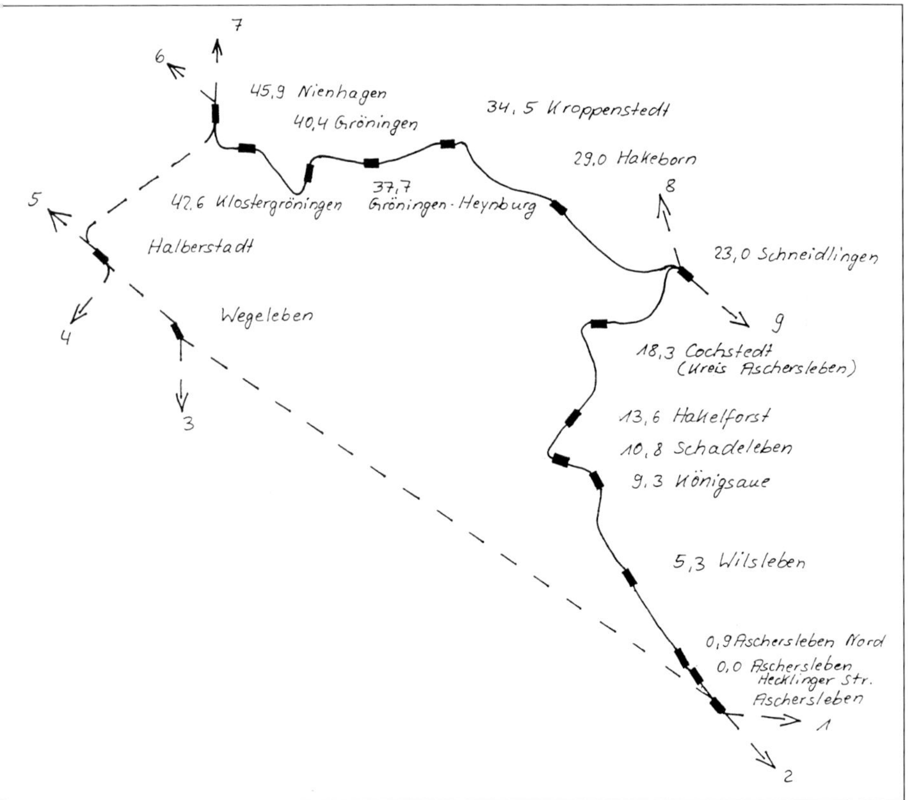

Das Streckennetz der ASN. In Aschersleben, Schneidlingen und Nienhagen bestand Anschluß zur Staatsbahn. Die Strecken führten nach Güsten (1), Halle/Saale (2), Quedlinburg (3), Wernigerode (5), Jerxheim (6), Magdeburg (7), Blumenberg (8) und Staßfurt (9).
Skizze: D. Endisch

Ein ungewöhnliches Foto für das Familienalbum entstand 1915 im Bahnhof Königsaue.
Foto: Sammlung G. Zieglänsberger

In Aschersleben nahmen Lok- und Werkstattpersonal vor der Lok Nr. 35 für ein Erinnerungsbild Aufstellung.
Foto: Sammlung G. Zieglänsberger

fentlichen Arbeiten den Bau und Betrieb einer Zechenbahn von den Gruben in Königsaue nach Aschersleben. Diese 9,9 km lange Werkbahn nahm am 20. September 1892 ihren Betrieb auf.
Eine ähnliche Entwicklung hatte es bereits einige Jahre zuvor nördlich des Hakels gegeben. Die Zuckerfabrik Wiersdorf, Hecker & Co in Gröningen legte nach dem Scheitern der genannten Nebenbahn-Projekte eine eigene Anschlußbahn an. Das 4 km lange Anschlußgleis zum Bahnhof Nienhagen an der am 15. Juli 1843 eröffneten Strecke Magdeburg–Halberstadt ging 1879 in Betrieb.
Doch trotz der Eröffnung der Zechenbahn wurde der Ruf nach einer Eisenbahn zwischen Aschersleben, Schneidlingen und Gröningen immer lauter. Der in der Lokalpresse am 23. März 1893 veröffentlichte Aufruf der Bürgermeister von Cochstedt, Kroppenstedt und Gröningen zur Gründung eines Eisenbahnkomitees fand breite Unterstützung. Unter Federführung der Gewerkschaft Graf Douglas beantragte das Komitee wenig später beim preußischen Ministerium der öffentlichen Arbeiten die Aufnahme der Vorarbeiten, die am 21. November 1893 gestattet wurden. Fast zwei Jahre vergingen, ehe sich alle Interessenten über den Verlauf der geplanten Kleinbahn von Aschersleben über Schneidlingen und Gröningen nach Nienhagen einig waren. Nach der Prüfung sämtlicher Unterlagen erhielt das Eisenbahnkomitee am 11. September 1895 die Bau- und Betriebsgenehmigung. Anschließend gründeten die ADKG, die Hildesheimer Bank, die Gewerkschaft Graf Douglas, die Grube Archibald Schneidlingen sowie die Städte Gröningen, Kroppenstedt und Cochstedt mit einem Stammkapital von 1,5 Millionen Mark die »Aschersleben–Schneidlingen–Nienhagener Kleinbahn« (ASN). Am 21. September 1895 wurde die Gesellschaft in das Ascherslebener Handelsregister eingetragen.

Bau und Eröffnung

Nur eine Woche später begannen die Bauarbeiten an der rund 46 km langen Strecke. Die Zechenbahn der Gewerkschaft Graf Douglas ging für 350 000 Mark an die ASN. Außerdem kaufte die Bahn das rund 600 m lange Anschlußgleis der Grube Archibald vom Bergwerk zum Bahnhof Schneidlingen für rund 100 000 Mark. Das Anschlußgleis zwischen Nienhagen und der Zuckerfabrik Gröningen konnte die ASN nicht erwerben. Sie pachtete es daher.
Die Bauarbeiten gingen nicht ganz so schnell voran, wie gedacht, da im Bereich des Hakels Einschnitte und Dämme angelegt werden mußten. Die landespolizeiliche Abnahme der Kleinbahn

205k Aschersleben Hecklinger Str–Schneidlingen

Alle Züge 2. Klasse

	T 3700	1818	T3702	1820	⚒3704	1822	1824	T3706	1826	km	Zug Nr *Rbd Magdeburg* Zug Nr	1817	T3701	1819	T3703		1821	⚒T3705	1823	T3707	1825
. .	5.18	6.30	. .	9.51	⚒13.12	15.05	17.47	19.14	22.55	0.0	ab **Aschersleben** Heckl Str an	6.12	. .	7.45	9.12	. .	14.09	⚒16.02	18.49	21.47	22.42
. .	5.23	6.35	. .	9.56	13.17	15.10	17.52	19.19	23.00	0.9	Aschersleben Nord	6.08	. .	7.41	9.08	. .	14.05	15.58	18.45	21.43	22.38
. .	5.34	6.46	. .	10.08	13.28	15.22	18.04	19.30	23.11	4.5	Wilsleben	5.57	an	7.30	8.57	. .	13.53	15.47	18.32	21.32	22.25
. .	5.48	6.55	7.06	10.20	13.38	15.34	18.15	19.44	23.22	8.4	Königsaue	5.47	7.01	7.20	8.48	. .	13.42	15.37	18.21	21.22	22.14
. .	5.57	an	7.13	10.35	13.48	15.46	18.31	19.51	23.32	10.0	Schadeleben	5.39	6.55	. .	8.37	. .	13.33	15.19	18.13	21.11	22.06
. .	6.05	. .	7.20	10.47	13.56	15.58	18.47	19.59	23.43	12.8	Hakelforst	5.29	6.49	. .	8 30	. .	13.26	15.13	18.06	21.05	21.59
. .	6.17	. .	7.33	11.11	14.10	16.18	19.10	20.13	23.58	17.5	Cochstedt (Kr Aschersleben)	5.08	6.35	. .	8.15	. .	12.59	14.56	17.44	20.48	21.37
. .	an	. .	7.49	11.28	⚒14.27	16.35	19.27	20.30	0.14	22.5	an **Schneidlingen** 205 h, m ab	4.51	. .	. .	8.00	. .	12.42	⚒14.41	17.09	20.33	21.16

205m Schneidlingen–Nienhagen b Halberstadt–Oschersleben (Bode)

Alle Züge 2. Klasse

	⚒1802	†1804	1806		1810	†1812		⚒1814		km	Zug Nr *Rbd Magdeburg* Zug Nr	⚒9401		†1803		1805		1809		1811	
. .	. .	.	10.25	. .	. .	. .	.	⚒ 19.34	. .	0.0	ab **Schneidlingen** 205 h, k an	. .	. .	. .	. .	9.59	. .	. .	. .	⚒19.14	. .
. .	. .	. .	10.49	. .	. .	. .	. .	19.59	. .	6.0	Hakeborn	an	. .	an	. .	9.36	. .	an	. .	18.51	. .
. .	⚒5.35	†6.45	11.11	. .	14.44	†18.35	. .	20.22	. .	11.5	Kroppenstedt	⚒5.23	. .	†6.30	. .	9.20	. .	14.34	. .	⚒18.29	. .
. .	5.45	6.55	11.22	. .	14.53	18.45	. .	20.32	. .	14.7	Gröningen-Heynburg	5.14	. .	6.21	. .	9.11	. .	14.26	. .	18.14	. .
. .	5.58	7.07	11.38	. .	15.08	19.01	. .	20.48	. .	17.4	Gröningen	4.56	. .	6.07	. .	9.01	. .	14.15	. .	18.02	. .
. .	6.15	7.23	12.05	. .	15.35	19.28	. .	21.15	. .	19.6	Kloster Gröningen	x 3.58	. .	x 5.11	. .	8.45	. .	13.57	. .	17.42	. .
. .	6.25	†7.33	12.15	. .	15.45	19.38	. .	21.25	. .	22.9	an **Nienhagen** ab	3.48	. .	5.01	. .	8.36	. .	13.48	. .	17.31	. .
. .	6.41	. .	12.25	. .	15.48	19.51	. .	a 21.50	. .		ab bei Halberstadt 205 d (Gesamtverk 205) an	3.06	. .	4.40	. .	⚒8.34	. .	13.25	. .	17.22	. .
. .	6.48	. .	12.31	. .	15.54	19.57	. .	21.56	. .	25.7	Krottorf		. .	4.35	. .		. .	13.19	. .	17.17	. .
. .	6.55	. .	12.37	. .	16.00	20.03	. .	22.02	. .	28.6	Hordorf		. .	4.24	. .		. .	13.13	. .	17.10	. .
. .	⚒7.03	. .	12.44	. .	16.07	†20.10	. .	⚒ 22.09	. .	33.2	an **Oschersleb** (B) 205 n, o ab	⚒2.51	. .	†4.16	. .	⚒8.17	. .	13.05	. .	17.02	. .

a verkehrt vom 7. I. bis 6. IV. 57 nicht zwischen Nienhagen und Oschersleben

Die Reichsbahn unterteilte die ehemalige ASN in zwei Kursbuchstrecken. Im Winterfahrplan 1956/57 (gültig vom 30. September 1956 bis zum 1. Juni 1957) gab es nur noch zwei Zugpaare aus Nienhagen, die nach Schneidlingen fuhren. Abbildung: Sammlung D. Endisch

am 29. und 31. März 1897 verlief ohne Schwierigkeiten, so daß am 1. April 1897 die offizielle Eröffnungsfahrt der ASN stattfinden konnte. Dazu setzte man einen Sonderzug aus zwei Personen- und einem Packwagen ein.

Betrieb und Verkehr

Obwohl das Verkehrsaufkommen zwischen Nienhagen und Aschersleben keine Wünsche offen lies, schloß die ASN ihr erstes Geschäftsjahr mit einem Verlust von über 21 000 Mark ab. Das wirtschaftliche Debakel verschärfte sich bis zum Frühjahr 1901 durch das Mißmanagement der Geschäftsleitung noch weiter. Aus übertriebener Sparsamkeit und durch eine völlige Fehleinschätzung des Verkehrsaufkommens hatte man für die Kleinbahn nur vier gebrauchte Loks beschafft. Die Maschinen waren völlig überlastet. Als sich dann auch noch durch das sehr harte Kesselspeisewasser die Ausfälle bei den Maschinen häuften, drohte der Verkehr völlig zusammenzubrechen. Nachdem die Schulden der Bahn im Geschäftsjahr 1900/01 auf über 646 000 Mark angewachsen waren, drohte der ASN der Konkurs. Nur durch ein Darlehen der Preußischen Pfandbriefbank konnte die Pleite abgewendet werden.

Die 1893 in Berlin gegründete ADKG ergriff als Hauptaktionär der Gesellschaft nun die Initiative. In ihrem Auftrag inspizierte der technische Direktor der Niederlausitzer Eisenbahn im Sommer 1901 die ASN. In seinem Abschlußbericht erklärte er die Strecke der ASN für betriebssicher und bescheinigte der Bahn ein enormes Verkehrspotential. Immerhin beförderte die Kleinbahn 1901/02 über 183 000 Reisende und rund 308 000 t Güter. Nach dem Rücktritt des ASN-Geschäftsführers am 30. September 1903 übernahm zum 21. Oktober 1903 die ADKG die Betriebsführung.

Mit einer straffen Geschäftsführung gelang es der ADKG, die ASN aus den roten Zahlen herauszuführen. Die Bilanz für das Rechnungsjahr 1904/05 sah schon sehr gut aus: Mit 136 589 Fahrgästen und 442 929 t Gütern konnte die ASN über 230 000 Mark einnehmen, von denen über 90 000 Mark als Gewinn verbucht werden konnten. Ein Jahr später beantragte die ASN die Aufnahme des Personenverkehrs auf der Anschlußbahn der Grube Archibald von Hakeborn nach Egeln. Obwohl das preußische Ministerium der öffentlichen Arbeiten dem Vorhaben zustimmte, wurde es nicht umgesetzt.

Auch wenn sich der Personenverkehr auf der Kleinbahn sehr gut entwickelt hatte, befürchtete die Geschäftsleitung wegen der ungünstigen Lage des ASN-Bahnhofs zum Bahnhof der Staatsbahn in Aschersleben einen Rückgang der Fahrgastzahlen. Rund einen Kilometer Fußweg mußten die Reisenden zwischen beiden Stationen zurücklegen. Im Herbst 1910 beantragte die ASN deshalb die Verlängerung ihrer Strecke bis zur Hecklinger Straße in Aschersleben. Mit der Eröffnung des 800 m langen Streckenstücks von Aschersleben West nach Aschersleben Hecklinger Straße am 1. Oktober 1911 wurde auch der Schlachthof an die ASN angeschlossen. Im letzten Rechnungsjahr vor dem 1. Weltkrieg erreichte die Kleinbahn mit 393 268 Mark einen neuen Einnahme-Rekord, kein Wunder bei über 163 000 Reisenden und rund 643 000 t Gütern. Während des Krieges gingen die Beförderungszahlen etwas zurück. Auch ein neuer Betriebsführer übernahm jetzt die Geschäfte. Am 1. Oktober 1915 gründete die ADKG als eigene Betriebsgesellschaft die ADEG, die nun für die ASN zuständig war. Obwohl im Dezember 1917

Das Empfangsgebäude und der Güterschuppen in Gröningen.
Foto: Sammlung G. Zieglänsberger

Die Brücke über die Bode bei Gröningen wird heute noch von Fußgängern genutzt.
Foto: D. Endisch

der Betrieb auf der Kleinbahn wegen Kohlemangel ruhte, stiegen im Geschäftsjahr 1917/18 die Einnahmen auf über 608 000 Mark.
Nach dem 1. Weltkrieg ging der Güterverkehr zwar spürbar zurück, aber der gestiegene Personenverkehr kompensierte den Frachtrückgang. Da die ASN zur Streckeneröffnung gebrauchte Fahrzeuge erworben hatte, mußte man zu Beginn der zwanziger Jahre dringend neue Lokomotiven und Wagen beschaffen. Wegen Fahrzeugmangels wurde der Personenverkehr auf der Kleinbahn auf ein Minimum beschränkt. Im Sommer 1921 verkehrten werktags lediglich zwei Zugpaare zwischen Nienhagen und Aschersleben, wobei ein Umlauf in Kroppenstedt begann und endete. An Sonn- und Feiertagen ruhte der Verkehr. Im Frühjahr 1923 mußte die ASN ihren gesamten Betrieb einstellen, da durch den Streik der Bergarbeiter gegen die Besetzung des Ruhrgebietes keine Steinkohle für die Loks vorhanden war. Auch im Sommer 1924 ruhte an einigen Tagen der Verkehr. Erst am 2. Januar 1924 gab die Bahnverwaltung bekannt, daß der Betrieb wieder in vollem Umfang abgewickelt werden könne.
Während des Sommerfahrplanes 1927 setzte die ASN täglich zwei Zugpaare Aschersleben–Nienhagen, ein Zugpaar Aschersleben–Königsaue und ein Zugpaar Kroppenstedt–Nienhagen ein. Allerdings gingen die Fahrgastzahlen zu diesem Zeitpunkt schon zurück. Die Buslinien der Reichspost zogen immer mehr Reisende von der Bahn ab.
Die 1929 beginnende Weltwirtschaftskrise verschärfte die Situation noch. Mit der Schließung einiger Gruben und der Reduzierung des Zuckerrübenanbaus in der Magdeburger Börde schrumpfte nicht nur der Personenverkehr. Durch den Rückgang des sonst regen Berufsverkehrs halbierten sich die Fahrgastzahlen innerhalb weniger Jahre. Im Geschäftsjahr 1934 hatte die ASN die wirtschaftliche Talsohle erreicht: Nur noch 75 543 Reisende und 207 656 t Güter konnte der Betriebsleiter an die ADEG in Berlin melden.
Erst in der zweiten Hälfte des Jahres 1935 nahm der Güterverkehr wieder spürbar zu. Bereits 1936 schleppten die Loks rund 310 000 t über die Kleinbahn. Ein Jahr später waren es sogar 630 000 t. Nur der Personenverkehr

Auf der zweiten Bodebrücke bei Gröningen liegen noch heute Gleise, obwohl das Anschlußgleis zur ehemaligen Getreidewirtschaft schon lange stillgelegt ist.
Foto: D. Endisch

blieb weiterhin das Sorgenkind. Die Züge waren einfach zu langsam, um den Bussen der Reichspost ernsthaft Konkurrenz zu machen. Rund 103 000 Fahrgäste wurden 1937 auf der ASN gezählt. Im Geschäftsjahr 1938 konnte die Kleinbahn ein neues Rekordergebnis im Güterverkehr melden: über 700 000 t. Neben den traditionellen Frachten, wie Zuckerrüben, Kohl, Kartoffeln, Dünger, Kohle und Baustoffe transportierte die Kleinbahn nun auch Rüstungsgüter, die in den Geschäftsberichten als »Ausrüstungsgegenstände« bezeichnet wurden.

Mit Beginn des 2. Weltkrieges und der Einstellung des Busverkehrs im Einzugsgebiet der Kleinbahn stieg der Verkehr sprunghaft an. Bereits 1940 beförderte die ASN über 931 000 Reisende und rund 952 000 t Güter. Die ASN war damit an den Grenzen ihrer Leistungsfähigkeit angelangt. Die Fahrzeuge und Gleisanlagen wurden nur noch auf Verschleiß gefahren. Der Jahresfahrplan 1943 war mit 22 Personenzügen an Werktagen auf verschiedenen Abschnitten einer der dichtesten in der Geschichte der ASN.

Den 2. Weltkrieg überstand die ASN ohne größere Zerstörungen. Mit dem Vormarsch der US-Armee in den Landkreisen Oschersleben und Aschersleben stellte die Kleinbahn am 11. April 1945 ihren Betrieb ein. Wann der Verkehr wieder aufgenommen wurde, läßt sich heute nicht mehr exakt feststellen. Ab 1. Juli 1945 gab es wieder einen halbwegs geregelten Betrieb auf der Kleinbahn.

Wenige Wochen später, am 15. August 1945, stellte die Provinzialverwaltung des Landes Sachsen-Anhalt die ASN unter Zwangsverwaltung. Mit der Übernahme der Betriebsführung durch die landeseigene Provinzbahn am 15. Dezember 1946 verlor die Kleinbahn ihre Selbständigkeit. Der Verkehr zwischen Aschersleben und Nienhagen war bescheiden. Lediglich drei Personenzugpaare konnte man einsetzen, wobei die Fahrgäste in Schneidlingen umsteigen mußten.

Die Deutsche Reichsbahn übernahm die ehemalige ASN schließlich zum 1. Januar 1950. Kurze Zeit teilte die Reichsbahn die Kleinbahn in zwei separate Kursbuchstrecken auf. Der Abschnitt Aschersleben–Schneidlingen hieß fortan 205k. Die Züge auf der Strecke Schneidlingen–Nienhagen verlängerte die Reichsbahn bis Oschersleben und druckte sie unter der Nummer 205m im Kursbuch ab.

Auf beiden Strecken dominierte nach wie vor der Güterverkehr. Um auf der ehemaligen Kleinbahn auch größere Loks einsetzen zu können, verstärkte die Reichsbahn in der ersten Hälfte der fünfziger Jahre den Oberbau. Im Winter 1956/57 pendelten werktags zwischen Aschersleben und Schneidlingen sieben Personenzugpaare. Das Angebot verdichtete man noch durch einen Zugpaar Aschersleben–Cochstedt.

Wesentlich geringer war das Angebot auf der Strecke 205m. Hier verkehrten werktags je zwei Zugpaare Schneidlingen–Nienhagen und Kroppenstedt–Nienhagen. Bereits Ende der fünfziger Jahre zeichnete sich das Aus der ehemaligen Kleinbahn ab. Während auf dem Nordteil der Strecke die Züge immer weniger Fahrgäste beförderten, näherte sich der Braunkohlen-Tagebau bei Königsaue immer mehr der Strecke. Sie war den Baggern im Weg.

Obwohl im Sommer 1961 an Arbeitstagen immer noch acht Zugpaare auf der 205k pendelten, war die Einstellung des Zugverkehrs schon beschlossene Sache. Auch das veränderte Angebot auf dem nördlichen Streckenteil mit werktags drei Zugpaaren Nienhagen–Kroppenstedt und einem zwischen Schneidlingen und Nienhagen ließ die baldige Stillegung der Strecke erahnen.

Am 3. November 1963 war es dann soweit: Die Strecke Aschersleben–Schneidlingen wurde stillgelegt und auf dem Streckenstück zwischen Aschersleben Nord und Hakelforst demontiert. Auf den beiden Streckenresten setzte die Reichsbahn weiterhin Güterzüge ein. Während in Aschersleben noch der

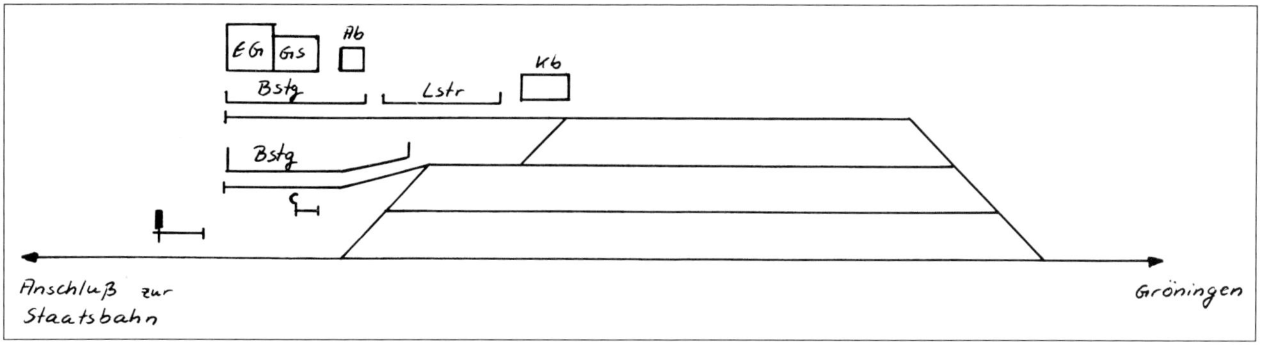

Der Spurplan des Bahnhofs Nienhagen 1920.
Skizze: D. Endisch

Schlachthof bedient wurde, transportierte man zum Anschluß Hakelforst in erster Linie Treibstoff für den Fliegerhorst der sowjetischen Streitkräfte.
Eine Woche vor Ablauf des Winterfahrplanes 1964/65 stellte man den Verkehr zwischen Schneidlingen und Kroppenstedt ein. Nur ein Jahr länger währte die Galgenfrist für das Streckenstück Kroppenstedt–Schneidlingen. Am 21. Mai 1966 dampfte der letzte Zug von Kroppenstedt nach Nienhagen. Anschließend wurde die Strecke bis zur Zuckerfabrik Gröningen zurückgebaut.
Die Anschlußgleise Hakelforst und Zuckerfabrik Gröningen wurden erst am 10. Januar 1994 stillgelegt. Seit 1995 diente das letzte Reststück der ASN zwischen Nienhagen und Kloster Gröningen einer Kiesgrube als Anschlußgleis.

Strecke und Anlagen

Der Ausgangspunkt der ASN, die Station Aschersleben Hecklinger Straße, lag rechts der Strecke Aschersleben–Halberstadt. Hier gab es nur eine kleine Wartehalle mit Fahrkartenausgabe. Hinter der Hecklinger Straße verlief die Strecke parallel zur Weststraße und erreichte nach 900 m den Bahnhof Aschersleben West, den die Reichsbahn später in Aschersleben Nord umbenannte. In dem großen zweigeschossigen Empfangsgebäude hatte die Bahnverwaltung ihren Sitz. Auch ein Güterschuppen, die Hauptwerkstatt der ASN mit Malerei und Tischlerei sowie der Lokschuppen mit Wasserstation und Bekohlung befanden sich hier.
Hinter Aschersleben hatten die Kleinbahnzüge keine größeren Steigungen zu überwinden. Vorbei an zahlreichen Gräben ging es nach Wilsleben. Auch der Bahnhof Königsaue, der Endpunkt der ehemaligen Zechenbahn, am Kilometer 9,3 lag weit ab der Ortschaft. Der Bahnhof besaß ein zweistöckiges Stationsgebäude und eine Ladestraße. In Königsaue begannen die umfangreichen Anschlußgleise der ehemaligen Gruben Jacob und Georg.
Hinter dem Bahnhof mußte die Kleinbahn in ständiger Steigung die ersten Ausläufer des Hakels überwinden, ehe Schadeleben folgte. Parallel zur Straße nach Cochstedt erklommen die Züge nun die größte Steigung der Kleinbahn mit 1 : 40. Erst kurz hinter dem Haltepunkt Hakelforst am Kilometer 13,6 hatte die ASN ihren höchsten Punkt erreicht. Den Haltepunkt nutzten sehr viele Reisende für Ausflüge in das Waldgebiet. Das hier vorhandene Ladegleis diente nicht nur zum Holzumschlag. Waren die Güterzüge zu schwer, teilte man in Schadeleben die Züge und brachte sie in zwei Teilen zum Hakelforst. Auf dem Ladegleis wurden die beiden Hälften dann wieder zusammengekuppelt.
Nun rollten die Züge hinunter nach Cochstedt (Kilometer 18,3 km). Das Bahnhofsgebäude ähnelte dem von Königsaue. Im großen Bogen umging die Kleinbahn die Stadt und ab dem Kilometer 21,7 verliefen die beiden Streckenteile von Aschersleben und Nienhagen parallel zum Kopfbahnhof Schneidlingen (Kilometer 23,0). In Schneidlingen hatte die Kleinbahn Anschluß an die Staatsbahn. Die ASN besaß hier zwar umfangreiche Gleisanlagen von rund 1,5 km Länge, aber kein Stationsgebäude. Lediglich einen Güterschuppen mit Fahrkartenausgabe gab es hier. 1910 wurde noch ein Lokschuppen gebaut.
Die Strecke nach Nienhagen verließ Schneidlingen nach Westen auf dem ehemaligen Anschlußgleis der Grube Archibald und erreichte am Kilometer 29,0 Hakeborn. Hier begann die Industriebahn zur Grube Archibald und den Alkaliwerken in Westeregeln.
Zwischen Hakeborn und Kroppenstedt lag eine Steigung von 1 : 52. Auf der Nordseite der Stadt lag der Bahnhof Kroppenstedt mit seinem zweigeschossigen Empfangsgebäude und dem Lokschuppen. Zwischen Kroppenstedt und Gröningen verlief die Kleinbahn parallel zur heutigen Bundesstraße 81, ehe sie den Haltepunkt Heynburg erreichte. Wenige hundert Meter hinter dem Haltepunkt begann eine weite Kurve, bevor

Das ehemalige Stationsgebäude von Nienhagen. Der linke Teil diente der ASN als Güterschuppen.
Foto: D. Endisch

ELNA-Maschinen kamen erst spät zur ASN. Mit einem Güterzug präsentierte sich die Nr. 181 dem Fotografen.
Foto: Sammlung G. Zieglänsberger

die Züge in den Bahnhof Gröningen (Kilometer 40,4) einfuhren. Das Gröninger Stationsgebäude entsprach dem in Kroppenstedt. Auch hier errichtete die ASN einen Lokschuppen.

Nachdem die Trasse auf der 28, 6 Meter langen Brücke die Bode überquert hatte, fädelte sie in das von der Zuckerfabrik Gröningen gepachtete Anschlußgleis ein. Durch Weiden und Felder ging es nun weiter zum Haltepunkt Kloster Gröningen.

Nach einer großen Linkskurve endete die ASN am Kilometer 45,9 im Bahnhof Nienhagen Süd, der unmittelbar neben der Strecke Magdeburg–Halberstadt lag. Die Gleisanlagen in Nienhagen waren bescheiden. Neben einem Haupt- und Umfahrgleis gab es in Nienhagen nur einen Güterschuppen mit einem Anbau als Fahrkartenausgabe und Dienstzimmer. Später entstand in unmittelbarer Nähe des Dienstgebäudes noch ein Eisenbahner-Wohnhaus.

Die 62 Weichen und die insgesamt 59,2 km langen Gleisanlagen der ASN wurden entweder in Kies oder in Schotter verlegt. Die zu Anfang eingebauten Schienen der Form V mit einem Gewicht von 36 kg/m wurden ab 1922 durch stärkere Schienen der Form VI ersetzt. Schrankenanlagen errichtete die ASN in Aschersleben und Kroppenstedt. In den dreißiger Jahren entstand in Kloster Gröningen außerdem eine Warnblinkanlage.

Fahrzeuge

Zur Eröffnung der ASN glaubte die Geschäftsleitung, mit vier Lokomotiven auszukommen. Neben zwei fabrikneuen Cn2t-Loks von Jung übernahm man zwei Bn2-Tenderloks von der Gewerkschaft Graf Douglas. Schon nach wenigen Monaten mußte man sich nach einer fünften Lok umsehen und kaufte deshalb von der Gröninger Zuckerfabrik für 20 400 Mark einen weiteren Dreikuppler. Im Herbst 1897 spitzte sich die Situation bei den Loks dramatisch zu, da durch das sehr harte Kesselspeisewasser die Loks oft ausfielen. Kurzfristig konnte man nur einen Zweikuppler anmieten, der aber mit seinem Dienstgewicht von 12 Tonnen für den Einsatz im Rübenverkehr viel zu schwach war. Erst mit der 1898 von der KPEV gekauften T 1 entspannte sich die Situation ein wenig.

Nach der Übernahme der Betriebsführung durch die ADKG wurde der Lokpark durch neue Drei- und Vierkuppler verstärkt. Die 1906 in Dienst gestellte Dn2-Maschine von Borsig wurde meist im Güterverkehr eingesetzt. Bis 1913 kamen weitere drei neue Dampfloks zur ASN. Die kleinen Zweikuppler gingen 1907 und 1909 alle an die DRKB. Ab 1920 bestimmten die Cn2t-Loks auf der ASN das Bild. Insgesamt 13 dieser Maschinen gehörten zum Bestand der Kleinbahn. Mit dem Verkehrsrückgang auf der Kleinbahn Ende der zwanziger Jahre schrumpfte auch der Bedarf an Loks, so daß 1927/28 drei Maschinen ausgemustert oder verkauft wurden.

Die Lücken schloß man durch einen Vierkuppler und eine T 3 von der NhE. Erst 1940 setzte die ASN mit der Lok 181, einer ELNA 6, ihre erste Heißdampf-Maschine ein. Die Deutsche Reichsbahn reihte 1949 insgesamt zwölf Maschinen in ihren Fahrzeugpark ein.

Für Inspektionsfahrten baute die ASN 1930 einen Chevrolet um, den die ADEG als Triebwagen SK 1 in den Fahrzeugpark einreihte.

Zur Betriebseröffnung besaß die ASN insgesamt sechs Personen- und vier Packwagen. Bis 1901 kaufte man noch einmal zwei Personenwagen. Bis 1921 stieg die Zahl der ASN-Personenwagen auf zehn Stück an. Bei der Übernahme der Kleinbahn durch die Reichsbahn waren zwischen Aschersleben und Nienhagen 11 Reisezug- und drei Packwagen im Einsatz.

Im Geschäftsjahr 1933 besaß die Kleinbahn neben 14 gedeckten und 83 offenen Güterwagen noch einen Kesselwagen und drei Bahnmeister-Wagen.

Triebfahrzeuge der Aschersleben–Schneidlingen–Nienhagener Kleinbahn:

Dampflokomotiven

Bahn-Nr.	neue Bahn-Nr. ab 1933	Bauart	Hersteller	Baujahr	Fabrik-Nr.	DR-Nr.	Bemerkungen
SCHNEIDLINGEN		Cn2t	Jung	1896	237		pr. T 3; 1928 ausgemustert
CROPPENSTEDT		Cn2t	Jung	1896	238		pr. T 3; am 1. Juni 1927 als Werklok verkauft
GRÖNINGEN		Cn2t	Hagans	1898	386		von der Zuckerfabrik Gröningen gekauft; am 2. Mai 1927 ausgemustert
COCHSTEDT		Bn2t	Hohenzollern	1881	159		pr. T 1 der Bauart Lentz; ab 1883 BROMBERG 1402, ab 1895 KÖNIGSBERG 1402, ab 1897 ERFURT 1402; 1899 von der KPEV gekauft; 1907 an die DRKB verkauft
GEORG		Bn2t	Märkische Lokfabrik	1893	79		der Gewerkschaft Douglas übernommen; 1909 an die DRKB verkauft
JAKOB		Bn2t	Henschel	1893	3889		von der Gewerkschaft Douglas übernommen; 1909 an die DRKB verkauft
ASN 1	ASN 33	Cn2t	Jung	1913	2025	89 6227	Typ »Pudel«; am 8. Februar 1965 ausgemustert
ASN 2	ASN 21	Cn2t	Borsig	1909	7082	89 6136	pr. T 3; am 17. April 1967 im Bw Magdeburg-Rothensee ausgemustert
ASN 3	ASN 22	Cn2t	Jung	1913	1965	89 6161	pr. T 3; am 15. September 1965 im Bw Magdeburg-Rothensee ausgemustert
ASN 4^{I}		Dn2t	Borsig	1906	6149		1920 an die RGB verkauft
ASN 4^{II}	ASN 23	Cn2t	Henschel	1920	17 870	89 6163	pr. T 3; am 8. November 1950 an den VEB Maxhütte Unterwellenborn als Werklok Nr. 17 verkauft; ab 9. November 1955 Werklok im Walzwerk Hennigsdorf

Bahn-Nr.	neue Bahn-Nr. ab 1933	Bauart	Hersteller	Baujahr	Fabrik-Nr.	DR-Nr.	Bemerkungen
ASN 5	ASN 24	Cn2t	Henschel	1920	17 871	89 6164	pr. T 3; vom 1. März 1943 bis zum 10. September 1943 an die LRE vermietet; am 3. März 1957 an den Thomas-Müntzer-Schacht Sangerhausen als Werklok Nr. 2 verkauft; 1960 verschrottet
ASN 6	ASN 34	Cn2t	Henschel	1922	19 224	89 6234	Typ »Bismarck I«; am 31. Mai 1965 im Bw Bitterfeld ausgemustert
ASN 7	ASN 35	Cn2t	O & K	1920	10 236	89 6309	1957 ausgemustert
ASN 8		Cn2t	Henschel	1887	2368		pr. T 3; 1928 von der NhE gekauft; am 14. Juli 1931 an die DRKB verkauft;
ASN 9	ADEG 72	Dn2t	Borsig	1912	8261		am 11. Mai 1926 von der RGB gekauft; am 7. Mai 1930 an die TE verkauft; 1938 wieder zurück; am 13. Mai 1939 an die KNHS verkauft
ADEG 21	ADEG 31	Cn2t	O & K	1923	10 239	89 6236	am 11. März 1957 als Werklok Nr. 9 an den VEB Wallwitz-Hafen Halle/Saale verkauft
ADEG 22	ADEG 32	Cn2t	O & K	1924	10 389	89 6238	am 4. Juni 1930 von der TE übernommen; 1938 an die NGE vermietet;
ADEG 73		Dn2t	Henschel	1921	17 872	92 6105	am 4. Oktober 1937 von der KN gekauft; ab 1. Januar 1961 Werklok im Raw Halle/Saale; am 31. Mai 1964 ausgemustert
ASN 181		Dh2t	Henschel	1940	24 936	92 6493	ELNA 6; am 27. Mai 1967 im Bw Halberstadt aus-gemustert;
ASN 183		Dh2t	Krauss	1930	8492	92 6489	als Rückführlok von der LRE seit 1944 bei der ASN; am 20. Dezember 1967 im Bw Aschersleben ausge-mustert
		Cn2t	Henschel	1913	12526		von der Firma Hostmann aus Hannover vom 1. April 1943 bis zum 15. Dezember 1943 angemietet

Triebwagen

Bahn-Nr.	ADEG-Nr.	Bauart	Hersteller	Baujahr	Fabrik-Nr.	DR-Nr.	Bemerkungen
SK 1		1-Abm	Chevrolet	1930			zu einem Schienenauto umgebautes Kraftfahrzeug

Dessau–Radegast–Köthener Bahn

Vorgeschichte

Im 19. Jahrhundert entstanden in der Region zwischen Köthen, Dessau und Bitterfeld zahlreiche Braunkohlentagebaue und Brikettfabriken. Dank der fruchtbaren Böden gab es außerdem eine sehr ertragreiche Landwirtschaft. Zur Verarbeitung der hier vorrangig angebauten Zuckerrüben entstanden mehrere Zuckerfabriken. Obwohl Köthen, Dessau und Bitterfeld zwischen 1840 und 1857 Eisenbahnanschluß erhielten, ließ der Bau von Nebenbahnen in den anhaltischen Landkreisen Köthen und Dessau noch lange auf sich warten. Die KPEV eröffnete in dieser Region lediglich zwei Nebenbahnen: am 1. Mai 1890 die Strecke Köthen–Aken/Elbe und am 1. Oktober 1897 die Bahnlinie Bitterfeld–Zörbig–Stumsdorf.
Während die Bauarbeiten zwischen Köthen und Aken/Elbe noch in vollem Gange waren, gab es Überlegungen, vom Bahnhof Trebbichau aus eine Schmalspurbahn über Köthen und Radegast nach Zörbig zu bauen. Diese Überlegungen verfolgte die KPEV sehr genau, denn sie wollte ihre Strecke Bitterfeld–Stumsdorf durch eine Zweigbahn von Zörbig nach Köthen ergänzen. Nach einer gründlichen Prüfung des Verkehrspotentials und des Trassenverlaufes zeigte sich, daß nur eine Schmalspurbahn wirtschaftlich zu betreiben sei. Als die KPEV endgültig auf den Bau einer Nebenbahn zwischen Zörbig und Köthen verzichtete, ergriff der »Gemeinnützige Verein« von Köthen unter der Leitung des Oberbürgermeisters Ferdinand Schulz die Initiative.
Der Verein beauftragte 1893 die Eisenbahnbau-Gesellschaft Burchard & Co aus Berlin mit der Projektierung einer Eisenbahn im Südwesten des Kreises Köthen. Burchard & Co legten im September 1894 das Projekt einer Schmalspurbahn mit 750 mm Spurweite von Köthen über Radegast nach Zörbig vor. Da Köthen zu dieser Zeit mehrere Bahnhöfe besaß, entstand der Endpunkt der Bahn am Stadtrand. Von hier aus bauten Burchard & Co ein Stichgleis zum Gasthaus »Ostercöthen«, das recht nah am KPEV-Bahnhof lag.

Bau und Eröffnung

Obwohl das Interesse am Bau der Schmalspurbahn im Kreis Köthen sehr groß war, fanden sich nicht genug Interessenten für die Gründung einer Bahngesellschaft. Auch wenn Burchard & Co keine Konzession für die Schmalspurbahn besaßen, begannen im Frühjahr 1896 die Bauarbeiten für die Strecke Köthen–Radegast. Erst am 28. Juli 1896 übernahm der Landkreis Köthen eine Zinsgarantie. Da keine größeren Erdarbeiten nötig waren, ging der Bau der Schmalspurbahn Köthen–Radegast zügig voran. Wenige Tage vor der Fertigstellung der Schmalspurbahn erhielten Burchard & Co vom Herzogtum Anhalt am 12. Oktober 1897 für ihre Cöthener Kleinbahn die erforderliche Bau- und Betriebsgenehmigung. Nach der landespolizeilichen Abnahme am 27. Oktober 1896 setzte sich drei Tage später, am 30. Oktober 1896, in Köthen der Eröffnungszug in Bewegung.

Im Haltepunkt Osterköthen wartete in den 30er Jahren die Lok 3 mit einem Personenzug auf die Abfahrt.
Foto: Sammlung G. Zieglgänsberger

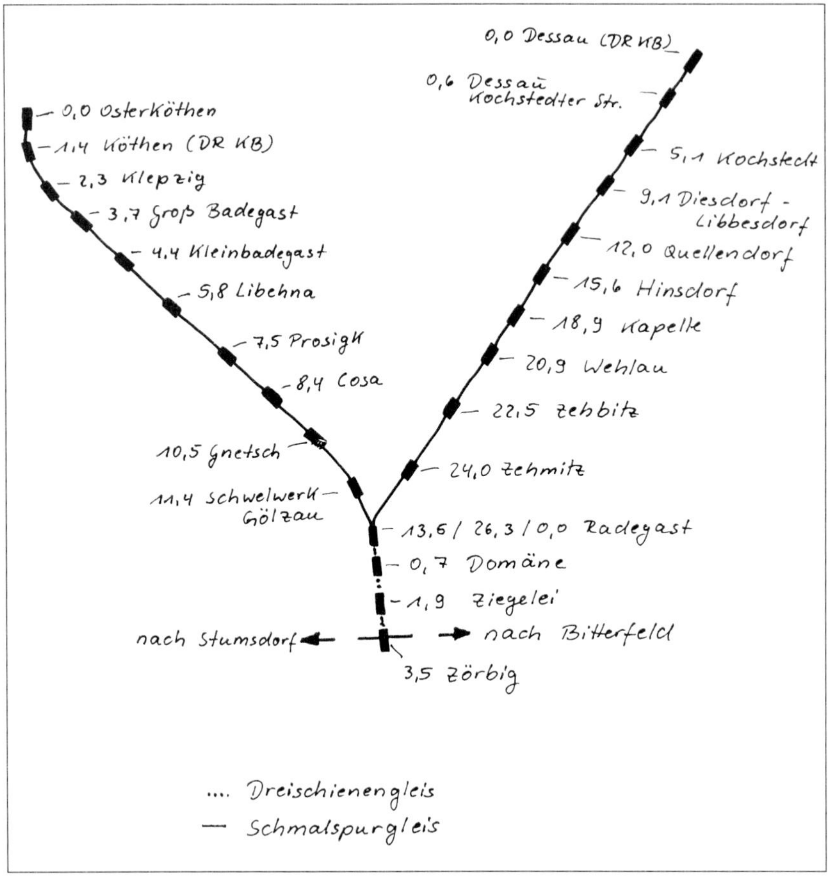

Das Streckennetz der DRKB. Skizze: D. Endisch

Das Stichgleis zwischen dem Endbahnhof Köthen und der Station am Gasthof »Ostercöthen« ging erst am 15. April 1897 in Betrieb, da es Probleme bei den Gleisbauarbeiten in der Stadt gab.

Die Bauarbeiten zwischen Radegast und Zörbig (Preußen) verzögerten sich ebenfalls. Da die KPEV ihren Bahnhof in Stumsdorf erst 1897 eröffnete, konnten die Arbeiten an dem rund 3,5 km langen Streckenstück erst jetzt beginnen. Die Abnahmefahrten fanden am 1. und 2. August 1898 statt. Weil die preußischen Abnahmeinspektoren einige Mängel feststellten, konnte der Abschnitt Radegast–Zörbig erst am 9. August 1898 eröffnet werden.

Auch im nordöstlichen Teil des Kreises Köthen wurden die Forderungen nach einem Eisenbahnanschluß immer lauter. Besonders die Landwirte zwischen Dessau und Radegast benötigten zum Transport ihrer Produkte eine Bahn. In Dessau konstituierte sich 1895 die »Dessauer Kleinbahn-Gesellschaft«, die das Projekt für eine Schmalspurbahn von Dessau nach Radegast vorlegte. Da das Herzogtum Anhalt am 15. März 1897 eine Beteiligung an der Gesellschaft ablehnte, mußte man sich nach neuen Partnern umsehen. Die Allgemeine Deutsche Kleinbahn-Gesellschaft AG (ADKG) zeigte Interesse an dem Vorhaben und stieg in die Gesellschaft mit ein.

Anschließend firmierte das Unternehmen als »Dessau–Radegaster Bahn«. Nachdem das Herzogtum am 2. April 1897 die Bau- und Betriebsgenehmigung erteilte, begannen Vering & Wächter im Auftrag der ADKG mit den Bauarbeiten. Da die Strecke durch eine fast hügellose Landschaft führte und nur mit den wichtigsten baulichen Anlagen ausgerüstet wurde, gingen die Arbeiten schnell voran. Bereits am 8. Dezember 1897 konnte die Bahnlinie abgenommen werden. Am nächsten Tag wurde der Verkehr auf der Dessau–Radegaster Bahn aufgenommen.

Betrieb und Verkehr

Die ADKG übertrug der Cöthener Kleinbahn die Betriebsführung auf der Strecke Dessau–Radegast. Schon wenige Monate nach der Eröffnung bekundete die ADKG gegenüber Burchard & Co Interesse, die Cöthener Kleinbahn zu kaufen. Bereits im Frühjahr einigten sich beide Gesellschaften und Burchard & Co verkauften ihre Kleinbahn. Die ADKG vereinigte beide Bahnen und nannte die neue Gesellschaft ab 1. September 1899 »Dessau–Radegast–Köthener Bahn« (DRKB).

In den folgenden Jahren entwarf die DRKB noch verschiedene Pläne zum Ausbau ihres Streckennetzes. Doch weder die Strecke Zörbig–Niemberg noch die Verbindung Köthen–Nienburg/Saale konnte man umsetzen.

Der Personenverkehr auf der DRKB nahm nicht die erhofften Ausmaße an. Auch wenn im Sommer 1901 an Werktagen auf der Strecke Köthen–Radegast vier Zugpaare, zwischen Dessau und Radegast drei Zugpaare sowie auf der Relation Radegast–Zörbig fünf Zugpaare verkehrten, und dabei rund 180 000 Reisende befördert wurden, machten die Fahrgeldeinnahmen nur einen gerin-

152p Köthen-Radegast (Allg. Deutsche Eis. Betr. Ges., Berlin)

Alle Züge 2.3. Kl.

										km		Station											
:7.20	19.49	8.55	11.12	14.01	13.40	...	w17.29	18.32	...		ab	Halle (S) 157	an	7.42	:7.25	9.33	...	15.20	...	15.20	...	18.13	21.39
7.12		9.21	13.07		13.58	...	16.51	19.54	...		ab	Bernburg 152	an	w7.48	...	8.18	...	14.15	...	16.59	...	16.59	20.48
:6.24		8.40	:12.27		13.30	...	16.21	...	...		ab	Magdeburg 157	an	8.54	:8.27	8.54	...	15.05	15.33	15.43	15.05	17.41	21.42
7.14		9.65	12.54		13.40	...	w17.26	19.48	...		ab	Dessau 152	an	7.32		8.18	...	13.55		15.05		17.01	20.30
S8.10		w10.32	w14.08		S14.50	...	w18.20	S20.47	...		ab	Osterköthen	an	w6.40		S7.30	...	w13.10		S14.15		w16.10	S19.50
8.15		10.37	14.13		14.55	...	18.25	20.52	...	1,3		Köthen Klbf 152. 156 b. 157		6.36		7.26	...	13.06		14.11		16.06	19.46
8.21	...	10.43	14.19	...	15.02	...	18.31	20.59	...	3,7		Grossbadegast		6.30	...	7.20	...	13.00	...	14.05	...	16.00	19.40
8.26	...	10.48	14.24	...	15.09	...	18.36	21.03	...	5,8		Libehna		6.25	...	7.15	...	12.55	...	14.00	...	15.55	19.35
8.31	...	10.53	14.29	...	15.15	...	18.41	21.09	...	7,5		Prosigk		6.20	...	7.10	...	12.50	...	13.55	...	15.50	19.30
8.39	...	11.01	14.37	...	15.24	...	18.49	21.17	...	10,5		Gnetsch		6.11	...	7.01	...	12.41	...	13.46	...	15.41	19.21
8.45	...	11.07	14.43	...	15.30	...	18.55	21.23	...	12,4		Gölzau		6.05	...	6.55	...	12.35	...	13.40	...	15.35	19.15
S8.50	...	w11.12	w14.48	...	S15.35	...	w19.00	S21.27	...	13,7	an	Radegast 15 q. r	ab	w6.00	...	S6.50	...	w12.30	...	S13.35	...	w15.30	S19.10

f vom 28. VI. bis 31. VIII.

152q Radegast-Dessau (Allg. Deutsche Eis. Betr. Ges., Berlin)

Alle Züge 2. 3. Kl.

	21		S23/W25	S27		km		Station			S22	W24	S24	W26	S28
...	5.25	...	12.50	18.00	...	0,0	ab	Radegast 152p. 152r	an	...	8.53	10.51	15.38	b19.46	20.58
...	5.31	...	12.56	18.06	...	2,3		Zehmitz		...	8.47	10.45	15.32	19.40	20.52
...	5.38	...	13.03	18.13	...	3,9		Zehbitz		...	8.40	10.38	15.25	19.33	20.45
...	5.44	...	13.09	18.19	...	6,0		Wehlau		...	8.33	10.31	15.18	19.26	20.38
...	5.49	...	13.14	18.24	...	7,4		Capelle		...	8.28	10.26	15.13	19.21	20.33
...	5.58	...	13.23	18.33	...	10,7		Hinsdorf		...	8.19	10.17	15.04	19.12	20.24
...	6.12	...	13.37	18.47	...	14.4		Quellendorf		...	8.10	10.08	14.55	19.03	20.15
...	6.19	...	13.44	18.54	...	17,2		Diesdorf-Libbesdorf		...	8.01	9.56	14.46	18.51	20.06
...	6.29	...	13.54	19.04	...	20,7		Kochstedt (Kr. Dessau)		...	7.51	9.46	14.36	18.41	19.56
...	6.43	...	14.08	19.18	...	26,3	an	Dessau D.R.K. 152.156.156c.d.	ab	...	7.35	9.30	14.20	b18.25	19.40
...	8.19	...	17.59	21.04	...		an	Wiesenburg 158	ab	...	w5.27	8.24	12.01	16.05	16.05
...	9.06	...	16.17	20.42	...		an	Wittenberg 152	ab	...	6.04	8.51	11.51	16.28	17.46
...	w7.43	...	14.58	20.26	...		an	Bitterfeld 156	ab	...	6.20	8.58	12.11	17.22	17.22

b W, an Abonnements-Theatertagen ab Dessau 1 Std. nach Theaterschluß

152r Radegast-Zörbig (Allg. Deutsche Eis.Betr.Ges., Berlin)

33	W37	S39	km		Station		W34	S34	W38	S40
11.30	19.02	21.28	0,0	ab	Radegast 152 p. q	an	12.15	12.45	19.27	22.05
11.40	19.12	21.38	3.5	an	Zörbig D. R. K. 156 e	ab	12.05	12.35	19.17	21.55
12.52	22.14	22.14		an	Bitterfeld 156 e	ab	11.31	11.31	w17.12	20.36

Im Sommer 1935 verkehrten noch auf allen Strecken der DRKB Personenzüge. Abbildung: Sammlung G. Zieglgänsberger

gen Teil des Umsatzes aus. Ganz anders sah es hingegen beim Güterverkehr aus. Rund 70 Prozent der Einnahmen stammten aus dem Gütertransport. Besonders in den Monaten der Zuckerrübenkampagne herrschte auf der Schmalspurbahn Hochbetrieb. Die Loks und Wagen waren dann meist rund um die Uhr im Einsatz. Bis 1905 stiegen die Leistungen im Güterverkehr auf über 106 000 t an. Während der Güterverkehr in den folgenden Jahren stärkeren Schwankungen unterlag, pendelte sich der Personenverkehr bei etwa 150 000 Fahrgästen pro Jahr ein. Trotz sparsamster Betriebsführung warf die DRKB keine großen Gewinne ab.

Auch die Landkreise und die Anliegergemeinden waren mit der Bahn, besonders mit der Strecke Dessau–Radegast nicht sehr glücklich, mußten sie doch 1897 der Bahngesellschaft eine Einnahmegarantie ausstellen. Als diese am 8. Dezember 1907 erlosch, verschärfte sich die finanzielle Lage der DRKB.

Zur Rationalisierung ihres Güterverkehrs beantragte die DRKB 1907 beim Merseburger Regierungspräsidium den dreischienigen Ausbau zwischen Zörbig und Radegast. Damit konnte man das zeit- und kostenintensive Umladen in Zörbig einsparen und die Zuckerfabrik direkt mit Regelspurgüterwagen bedienen. Das Dreischienengleis ging am 7. September 1910 in Betrieb. Zu diesem Zeitpunkt hatte die Betriebsleitung der DRKB bereits ihren Sitz von Köthen nach Radegast verlegt.

Da man auf dem Abschnitt Dessau–Radegast nur die notwendigsten Unterhaltungsarbeiten durchgeführte, verschlechterte sich die Gleislage immer mehr. Die Beschwerden der Bevölkerung über den Zustand der Gleise und Fahrzeuge häuften sich. Während des 1. Weltkrieges verschärfte sich die Lage, da die Bahn ihr Angebot im Personenverkehr und die Unterhaltungsarbeiten auf ein Minimum reduzieren mußte. Lediglich zwischen Köthen und Radegast verkehrten noch drei Personenzüge täglich, auf den beiden anderen Streckenteilen waren es nur noch zwei. An Sonntagen ruhte der Verkehr ganz. Am 1. Oktober 1915 übernahm schließlich die Allgemeine Deutsche Eisenbahn-Betriebsgesellschaft (ADEG) die Regie auf der DRKB. Doch das änderte nichts an der wirtschaftlichen Lage der Bahn.

Nach dem 1. Weltkrieg hielt die DRKB an den Verkehrsbeschränkungen weiter fest. Das Angebot des Freistaates Anhalt, der am 22. September 1920 gegründeten Anhaltischen Landes-Eisenbahngemeinschaft (ALE) beizutreten, lehnte die DRKB ab. Nach 1923 lagen die Einnahmen zwar über den Ausgaben, doch der Betriebsüberschuß reichte nicht mehr aus, um notwendige Rücklagen zu bilden. Personenzüge verkehrten nur noch mittwochs und freitags. Erst in der zweiten Hälfte der zwanziger Jahre stiegen die Beförderungszahlen wieder an, doch der zunehmende Kraftverkehr entzog der Bahn immer mehr Reisende.

Die ADKG nannte sich 1923 in Allgemeine Deutsche Eisenbahn AG um und verkaufte nur vier Jahre später ihre DRKB-Anteile an die Vereinigte Kleinbahnen AG (VKA). Die ADEG blieb aber weiterhin Betriebsführer auf der Kleinbahn. Obwohl die DRKB im Geschäftsjahr 1928 insgesamt 118 262 Fahrgäste und 165 155 t Güter beförderte, konnte die

Dieses Bild wurde im 2. Weltkrieg auf einem Feldpostbrief aufgedruckt.
Foto: Sammlung G. Zieglgänsberger

Das Empfangsgebäude des Bahnhofs Dessau der DRKB.
Foto: Sammlung G. Zieglgänsberger

Bahn ihre Fahrzeuge und Anlagen nicht gründlich modernisieren. Die ein Jahr später einsetzende Weltwirtschaftskrise brachte die Bahn an den Rand des Ruins. Bis 1935 sackten die Beförderungsleistungen auf rund 60 000 Reisende und 57 000 t Güter ab.

Die Forderungen von seiten der Kreise, Anliegergemeinden und Anwohner nach einer umfassenden Modernisierung der Kleinbahn wurden ab 1934/35 immer lauter. Der Personenverkehr war mit werktags drei Zugpaaren zwischen Radegast und Köthen sowie je zwei Zugpaaren auf den anderen beiden Streckenästen ein Verlustgeschäft. Der Güterverkehr hingegen rechnete sich noch. Anfang 1938 beantragte die DRKB die Einstellung des gesamten Personenverkehrs und den Abbruch des Streckenabschnitts Dessau–Quellendorf. Dem Antrag zum Abbau der Gleise zwischen Dessau und Quellendorf wurde am 18. Februar 1938 stattgegeben. Allerdings mußte sich die DRKB verpflichten, keine Personenwagen zu verkaufen. Am 15. September 1938 endete der Personenverkehr auf dem Abschnitt Dessau–Quellendorf. Auf den anderen Strecken der DRKB verkehrten am 19. Februar 1939 die letzten Personenzüge.

Zu diesem Zeitpunkt waren die Abbauarbeiten zwischen Dessau und Quellendorf schon im Gange. Am 31. August 1940 verschwand hier die letzte Schiene. Doch der Mangel an Bussen und Treibstoff während des 2. Weltkrieges bescherte der DRKB eine unverhoffte Renaissance. Mit Beginn des Winterfahrplanes 1943/44 am 27. September 1943 setzte man auf den verbliebenen Strecken der DRKB wieder Reisezüge ein. Wegen der zahlreichen Luftangriffe auf Köthen und Umgebung verkehrten ab Mitte 1944 die Reisezüge nur noch in den Nachtstunden.

Mit dem Einmarsch der US-Armee in den Landkreis Köthen am 14. und 15. April 1945 stellte die DRKB vorerst ihren Betrieb ein. Bereits am 28. Juni 1945 eröffnete die Bahn wieder einen planmäßigen Personen- und Güterver-

kehr. Dabei verkehrten je zwei GmP-Paare von Radegast aus nach Köthen und Quellendorf. Auf dem Abschnitt Radegast–Zörbig fuhren erst am 20. Juli 1945 wieder Züge.
Mit der Übernahme des Kreises Köthen durch die Rote Armee am 5. Juli 1945 wendete sich das Blatt jäh. Zum Jahresende 1945 wurden ADEG und DRKB von der bevorstehenden Enteignung unterrichtet. Am 1. Januar 1946 vollzog der Oberbürgermeister der Stadt Dessau die Enteignung, gegen die die ADEG bereits am 4. Januar 1946 Einspruch erhob. Nur wenige Tage später fiel die DRKB unter die von der Sowjetischen Besatzungszone zu erbringenden Reparationsleistungen.
Am 21. März 1946 verkehrte der letzte Zug auf der DRKB. Innerhalb weniger Wochen waren alle Gleise und Fahrzeuge abgebaut und gen Osten abgefahren. Lediglich das regelspurige 1,5 km lange Anschlußgleis in Köthen blieb erhalten. Auf diesem »Stummel« wickelte die DRKB mit zwei Eisenbahnern und einer von der Reichsbahn gemieteten Lok den Betrieb ab. Insgesamt 6137 t Güter wurden hier noch 1947 befördert.
Die Ideen der ADEG zum Wiederaufbau des Streckenstücks Zörbig–Radegast scheiterten an den fehlenden Gleisen und Fahrzeugen. Erst 1948 gab man dieses Vorhaben endgültig auf. Mit der Übernahme des Köthener Anschlußgleises durch die Deutsche Reichsbahn am 1. April 1949 war die DRKB endgültig Geschichte. Das Anschlußgleis in Köthen ist bis heute in Betrieb.

Strecke und Anlagen

Am Gasthof »Ostercöthen« im Südosten der Kreisstadt begann das 1,3 km lange Stumpfgleis zum Bahnhof Köthen Gbf der DRKB. Mit der Erweiterung der Junkerswerke mußte der Haltepunkt 1935 in die Fabrikstraße verlegt werden. Bis 1909 war die Station Sitz der Betriebsleitung. Der Lokschuppen mit seinen Behandlungsanlagen diente ab 1909 nur noch zum Abstellen der Maschinen. Einen Teil der Lokunterhaltung verlegte man 1909 nach Radegast. Die Hauptwerkstatt hingegen verblieb in Köthen. Ein zweigeschossiges Empfangsgebäude, eine Gleiswaage, ein Ladekran und eine Verladerampe für Schmalspurwagen vervollständigten die Bahnanlagen. Hier begann auch das regelspurige Anschlußgleis der DRKB zur Zuckerfabrik in Klebzig und den Junkerswerken.
Parallel zur heutigen Bundesstraße B 183 verlief die Trasse in Richtung Radegast. Der Haltepunkt Klebzig besaß nur einen kleinen Bahnsteig mit Wartehalle. Nach weiteren 1400 m folgte der Bahnhof Großbadegast. Er besaß eine Ladestraße und eine Wartehalle mit Abort. Ohne größere Steigungen, vorbei am Haltepunkt Klein Badegast und einer Ladestelle am Kilometer 4,6 erreichte die Schmalspurbahn nach 5,8 km den Bahnhof Libehna. Auch er besaß wie Großbadegast ein Ladegleis und eine Wartehalle.
Der Bahnhof Prosigk (Kilometer 7,5) war die wichtigste Zwischenstation des Abschnitts Köthen–Radegast. Die naheliegende Zuckerfabrik sorgte für einen recht beachtlichen Güterverkehr. Der Bahnhof verfügte über ein massives Empfangsgebäude, eine Rampe und eine Ladestraße. Die Strecke umging das Dorf im Osten und erreicht nach nur 900 m den Haltepunkt Cosa.
Hinter Cosa wechselte die DRKB auf die andere Straßenseite, bevor die Bimmelbahn in den Bahnhof Gnetsch einfuhr. Ein Ladegleis, eine Viehrampe und eine Wartehalle genügten den betrieblichen Anforderungen.
Der Haltepunkt Schwelwerk Gölzau entstand erst in den zwanziger Jahren . Er diente in erster Linie dem Berufsverkehr zum benachbarten Werk. Wenige hundert Meter weiter hatte die Bahn die ersten Häuser von Radegast erreicht. Die Trasse umging den Ort im Westen, bevor sie in den »Centralbahnhof Radegast« am Kilometer 13,7 einfuhr.
Als Betriebsmittelpunkt besaß Radegast neben dem Empfangsgebäude mit Güterschuppen und Gaststätte, einen Lokschuppen für die Regel- und Schmalspurloks mit Werkstatt, eine Entseuchungsanlage für Güterwagen und ein Abort. Die Bahnhofseinfahrten waren aus allen Richtungen mit Formsignalen gesichert. Die Anschlußgleise zur Zuckerfabrik und zu einer Niederlassung der Schultheiß-Brauerei sorgten für einen enormen Güterverkehr.
In Radegast begann auch das Dreischienengleis nach Zörbig. Es verließ den Bahnhof parallel zur heutigen B 183 und überquerte dabei die Fuhne. Die Fuhne-Brücke war mit 3,5 m lichter Weite die größte Brücke der DRKB. Die beiden Haltepunkte Domäne (Kilometer 0,7) und Ziegelei (Kilometer 1,9) stattete die DRKB nur mit einem Bahnsteig aus. Nach 3,5 km erreichte die Kleinbahn in Zörbig ihren Endbahnhof. Außer ein paar Gleisen verfügte die DRKB über

Am Kochstedter Berg entstand Ostern 1932 dieses Bild von einem Personenzug. Der Wagen in der Mitte ist ein umgebauter Dampftriebwagen. Foto: Sammlung G. Zieglgänsberger

Blick auf den Bahnhof Radegast um 1912. Im Hintergrund ist der Lokschuppen mit Wasserturm zu sehen, auf dessen Dach das Windrad für die Wasserpumpe deutlich zu erkennen ist.
Foto: Sammlung G. Zieglgänsberger

keine weiteren Anlagen. Die Ladestraße benutzten die Klein- und die Staatsbahn. Der Bahnhof Dessau DRKB lag in unmittelbarer Nähe der Zuckerraffinerie und war mit der Staatsbahn durch ein Übergabegleis verbunden. Ein eingleisiger Lokschuppen, eine Umladehalle, eine Gleiswaage, ein Ladekran, eine Rampe und ein zweigeschossiges Empfangsgebäude mit Güterschuppen gehörten zur Station. Parallel zur Straße nach Kochstedt verlief die Schmalspurbahn in Richtung Radegast. Nach nur 800 m folgte der Haltepunkt Dessau Kochstedter Straße. Durch eine von der Landwirtschaft geprägte Region dampfte die Bimmelbahn weiter nach Kochstedt.
Der Bahnhof mit seinem Stumpfgleis, der Ladestraße und der Rampe lag in einer weiten Kurve, in der die Bahn den Ort umging. Ohne größere Steigungen ging es dann weiter zum Haltepunkt Diesdorf-Libbesdorf. Erst der Bahnhof Quellendorf (Kilometer 11,9) hatte wieder größere Bedeutung, denn hier besaßen die Zuckerfabriken Radegast und Prosigk für die Rübenannahme Ladegleise mit Gleiswaagen. Das zweistöckige Bahnhofsgebäude unterstrich die Bedeutung der Station. Ein Wasserkran und eine Ladestraße vervollständigten die Ausstattung des Bahnhofes.
Wie bisher verlief die Schmalspurbahn weiter parallel zur Straße. Erst hinter dem Bahnhof Hinsdorf am Kilometer 15,6, er besaß ein Empfangsgebäude, eine Ladestraße und eine Rampe, dampfte der Zug durch die Mosigkauer Heide, bevor nach etwa 3,3 km im Bahnhof Capelle ankam. Die baulichen Anlagen glichen denen von Hinsdorf. Wie in Quellendorf verfügten die Zuckerfabriken Radegast und Prosigk auch hier über eigene Anschlußgleise. Unmittelbar nach der Ausfahrt aus dem Bahnhof Kapelle schwenkte die Trasse nach Südwesten ab und erreichte nach dem Haltepunkt Wehlau den Bahnhof Zehbitz.
Von Zehbitz aus ging es wieder parallel zur Straße weiter nach Radegast. Zehmitz am Kilometer 24,0 war die letzte Station vor Radegast. Im Gegensatz zu Zehbitz besaß der kleine Bahnhof neben der Ladestraße noch eine Rampe.
Während zwischen Dessau und Radegast nur Schienen mit einem Gewicht von 13,9 kg/m verwendet wurden, baute man auf den andren Abschnitten schwerere Schienen mit 31,4 kg/m ein. Die größte Steigung der DRKB betrug 1:60. An der Höchstgeschwindigkeit von 30 km/h änderte sich in den knapp 50 Betriebsjahren nichts.

Fahrzeuge

Bei der Fusion beider Bahngesellschaften zur DRKB standen insgesamt fünf Cn2t- und drei Bn2t-Loks von verschiedenen Herstellern auf der Schmalspurbahn im Einsatz. Sie trugen alle Namen von Anliegergemeinden. Über Jahrzehnte hinweg genügten die Maschinen den betrieblichen Anforderungen. Lediglich die QUELLENDORF schied schon vor 1914 aus dem Bestand aus. Wann die anderen Loks ausgemustert wurden, ist nicht bekannt.
Im Sommer 1906 setzte die ADKG auf der Kleinbahn einen vierachsigen Dampf-Triebwagen ein. Allerdings war die Maschine des Wagens für den Einsatz auf der DRKB zu schwach, und die ADKG stellte den Triebwagen nach nur wenigen Wochen ab. Um 1910 wurde er in einen Personenwagen umgebaut.
Erst in den zwanziger Jahre frischte die DRKB ihren Lokpark mit drei neuen Cn2t-Loks von Henschel auf. Sie wurden als Nr.3 bis Nr. 5 in den Lokpark eingereiht. Wann die Maschinen Nr, 1. Nr. 2 und Nr. 6 nach Radegast kamen, ist völlig unbekannt. Die Lok Nr. 6 gab die DRKB 1940 an die Kleinbahn Breslau–Trebnitz–Prausnitz ab. Die drei Henschel-Maschinen waren danach auf der Schmalspurbahn allein im Einsatz und gingen im Frühjahr 1946 als Reparationsleistungen in die Sowjetunion.

Für den Betrieb auf dem Dreischienengleis Zörbig–Radegast und der Anschlußbahn in Köthen kaufte die DRKB von der ASN 1907 die Lok COCHSTEDT. Zwei Jahre später kaufte die DRKB ebenfalls von der ASN die Loks GEORG und JAKOB.
Als die drei B-Kuppler in den dreißiger Jahren ersetzt werden mußten, kaufte die DRKB der ASN am 14. Juli 1931 eine T 3 ab, die in Radegast als Lok 23 eingesetzt wurde. Als Ersatz für die 1887 von Henschel gebaute Lok erwarb die DRKB 1938 von der Teutoburger Wald-Eisenbahn eine Cn2t-Lok. Diese als Lok 22 bezeichnete Maschine wurde ebenfalls wie die drei Schmalspurloks 1946 als Reparation in die Sowjetunion abtransportiert.
Bei der Fusion der beiden Bahnen zählte die DRKB sieben vierachsige Personen- und zwei vierachsige Gepäckwagen. Wenige Jahre vor der Einstellung des Personenverkehrs gehörten 1935 insgesamt 14 Personenwagen und drei Packwagen zum Fahrzeugbestand der DRKB. In die Sowjetunion wurden 1946 noch neun Personen- sowie drei Packwagen transportiert.
Wesentlich größer war der Güterwagenbestand der DRKB. Der Geschäftsbericht von 1900 weist 38 gedeckte, 68 offene und 20 Selbstentladewagen aus. Als Reparationsleistung rollten 1946 insgesamt 37 gedeckte, 64 offene und 16 Selbstentladewagen nach Osten.

Triebfahrzeuge der Dessau-Radegast-Köthener Eisenbahn:

Schmalspurdampflokomotiven

Name	Bahn-Nr.	Bauart	Hersteller	Baujahr	Fabrik-Nr.	Bemerkungen
CÖTHEN		Cn2t	Hohenzollern	1895	830	an die CK geliefert
ZÖRBIG		Cn2t	Hohenzollern	1896	949	an die CK geliefert
DESSAU		Cn2t	Hohenzollern	1897	996	an die DRE geliefert
ZERBST		Cn2t	Hohenzollern	1897	997	an die DRE geliefert
PROSIGK		Bn2t	Hagans	1897	333	an die CK geliefert
RADEGAST		Bn2t	Hagans	1897	332	an die CK geliefert
QUELLENDORF		Bn2t		1897		an die DRE geliefert
KOCHSTEDT		Cn2t	O & K	1897	246	an die DRE geliefert
	1	Cn2t	Krauss	1898	3768	
	2	Bn2t	O & K	1899	506	
	3	Cn2t	Henschel	1920	17 635	1946 als Reparation an die Sowjetunion
	4	Cn2t	Henschel	1925	20 397	1946 als Reparation an die Sowjetunion
	5	Cn2t	Henschel	1927	20 812	1946 als Reparation an die Sowjetunion
	6	Cn2t	Krauss	1898	3769	von der Kleinbahn Breslau–Trebnitz–Prausnitz übernommen; 1940 wieder zurückgegeben.

Triebwagen

	Bahn-Nr.	Bauart	Hersteller	Baujahr	Fabrik-Nr.	Bemerkungen
	B'2'		Hannover	1906		Dampf-Triebwagen; 1910 zum Personenwagen umgebaut

Regelspurdampflokomotiven

Name	Bahn-Nr.	Bauart	Hersteller	Baujahr	Fabrik-Nr.	Bemerkungen
JAKOB		Bn2t	Henschel	1893	3889	1909 von der ASN gekauft; am 1. Juli 1939 verkauft
GEORG		Bn2t	Märkische Lokfabrik	1893	79	1909 von der ASN gekauft; 1930 ausgemustert
COCHSTEDT		Bn2t	Hohenzollern	1881	159	pr. T 1 der Bauart Lentz; ab 1883 BROMBERG 1402, ab 1895 KÖNIGSBERG 1402, ab 1897 ERFURT 1402; 1907 von der ASN gekauft
	22	Cn2t	Borsig	1899	4795	1938 von der TWE; 1946 als Reparation an die Sowjetunion
	23	Cn2t	Henschel	1887	2368	pr. T 3; am 14. Juli 1931 von der ASN gekauft; am 24. September 1938 verkauft

Die Bahnen der ADEG

Oschersleben–Schöninger Eisenbahn

Vorgeschichte

Die fruchtbaren Böden der Magdeburger Börde ermöglichten im ehemaligen Landkreis Oschersleben eine sehr ertragreiche Landwirtschaft. Ab der ersten Hälfte des 18. Jahrhunderts prägten der Anbau von Zuckerrüben und deren Verarbeitung die Wirtschaft in der Region. Mit der Eröffnung der Strecken Wolfenbüttel–Oschersleben und Magdeburg–Oschersleben–Halberstadt im Juli 1843 war der südliche Teil der Börde schon sehr früh an das Eisenbahnnetz angeschlossen. Mit der Erschließung der ersten Braunkohlenlagerstätten in der Nähe von Oschersleben um 1840 entstand ein völlig neuer Wirtschaftszweig. Um die großen Mengen Kohle billig befördern zu können, forderten die Grubenbetreiber eine Nebenbahn im Landkreis Oschersleben. Mit der zunehmenden Zahl der Bergwerke wurde der Ruf der Grubenbetreiber und der Kommunen nach einer Eisenbahn immer lauter. Allerdings lehnte die KPEV den Bau einer Nebenbahn zwischen dem braunschweigischen Schöningen und dem preußischen Oschersleben ab.
Auf Anregung der Stadt Oschersleben entstand 1887 ein Gutachten, das die Rentabilität einer Bahnstrecke Oschersleben–Schöningen bestätigen sollte. Allerdings vergingen noch zwei Jahre, bis sich unter der Leitung des Oscherslebener Magistrats am 17. Juli 1889 ein Eisenbahnkomitee gründete. Die Mitglieder setzten sich für den Bau der Strecke von Oschersleben nach Schöningen ein. Kurze Zeit später erteilte das Komitee der Firma »Soenderop & Co« aus Berlin den Auftrag, ein entsprechendes Projekt zu erarbeiten. Nachdem das Königreich Preußen und das Herzogtum Braunschweig den notwendigen Staatsvertrag am 22. Februar 1895 abgeschlossen hatten, beantragte das Komitee drei Tage später offiziell die Vorarbeiten für die Strecke Oschersleben–Schöningen .
Erst ein Vierteljahr danach, am 15. Juni 1895, konstituierte sich mit einem Stammkapital von 2,62 Millionen Mark die »Oschersleben-Schöninger Eisenbahn-Gesellschaft« (OSE). Lenz & Co beauftragten die WEG mit der Beschaffung des notwendigen Kapitals, da das finanzielle Engagement einiger Bahnbefürworter recht mäßig war.
Am 18. Juni 1895 erhielt die OSE von Preußen die Konzession zum Bau und Betrieb der Nebenbahn von Oschersleben nach Schöningen. Die braunschweigische Konzessionsurkunde wurde am 5. Oktober 1895 ausgestellt.

Bau und Eröffnung

Durch die erheblichen Finanzierungsprobleme konnten die Vorarbeiten für die OSE erst am 13. Januar 1898 abgeschlossen und am 24. Februar 1898 zur Prüfung vorgelegt werden. Bereits ein Jahr zuvor hatte die OSE mit Lenz & Co einen Bauvertrag über die Nebenbahn abgeschlossen. Da der Erwerb von einzelnen Grundstücken länger dauerte als geplant, begannen erst im Dezember 1898 die Bauarbeiten. Doch wenige Wochen später informierten Lenz & Co die OSE, daß in den nächsten vier Monaten Schienen und andere Materialien nicht zu beschaffen seien. Die OSE beantragte nun beim Regierungspräsidium in Magdeburg eine Verlängerung der Fertigstellungsfrist. Mit großer Eile wurden die Arbeiten vorangetrieben, so daß die OSE am 24. August 1899 den Einsatz lokbespannter Arbeitszüge beantragen konnte. Ab 2. September 1899 dampften dann die ersten Züge von Oschersleben nach Schöningen. Nachdem am 4. Oktober 1899 das Herzogtum Braunschweig die OSE ohne Einwände abgenommen hatte, kündigten sich für den 5. und 6. Oktober 1899 preußische Abnahmeinspektoren an. Diese fanden erstaunlicherweise zahlreiche Mängel und bereisten die Strecke noch einmal am

Eine Arbeiter-Wochenkarte auf der OSE kostete in den 30er Jahren 4,80 RM.
Abbildung: Sammlung F. Köhler

Anfang der 50er Jahre dampfte ein Personenzug von Hötensleben nach Oschersleben durch die verschneite Börde bei Ottleben.
Foto: Sammlung D. Endisch

Mit schwerer Technik wurden 1971 die Gleise auf der ehemaligen OSE abgebaut.
Foto: Sammlung F. Köhler

27. Oktober 1899. Auch diesmal versagten sie der OSE die Endabnahme und gestatteten ihr lediglich die Aufnahme des Güterverkehrs am 2. November 1899. Erst am 4. Dezember 1899 waren die strengen Prüfer mit dem baulichen Zustand der Nebenbahn zufrieden und am 20. Dezember 1899 konnte die 26,97 Kilometer lange Strecke von Oschersleben nach Schöningen für den Personenverkehr freigegeben werden.
Die Baukosten für die Strecke betrugen insgesamt 3 067 453 Mark und lagen damit weit über dem Stammkapital der OSE. Allein die enormen Forderungen der Grundstückseigentümer verschlangen etwa 665 000 Mark. Die OSE mußte zur Deckung der Finanzierungslücke bei der WEG einen entsprechenden Kredit mit zwei Prozent Zinsen aufnehmen.

Betrieb und Verkehr

Durch einen am 27. März 1899 mit der OSE geschlossen Vertrag hatten sich Lenz & Co die Betriebsführung auf der Strecke bis zum 31. März 1915 gesichert. Zehn Prozent der Betriebseinnahmen standen Lenz & Co zu. Schon in den ersten Monaten zeigte sich, daß der Güterverkehr den größten Teil der Einnahmen erbrachte. Besonders die Zukkerfabriken in Hötensleben, Oschersleben und Ottleben sowie die Braunkohlengruben in Kauzleben bescherten der OSE gewaltige Gütertransporte.
Für den Personenverkehr genügten über Jahre hinweg vier Zugpaare. Lediglich auf der Relation Schöningen–Hötensleben wurden weitere Personenzüge angeboten. Charakteristisch für den Personenverkehr war der recht starke Berufsverkehr zu den Bergwerken entlang der Strecke und den Fabriken in Oschersleben und Schöningen.
Nach der Eröffnung der Strecke Braunschweig–Hötzum am 15. Februar 1902 durch die BSE nahm der Güterverkehr weiter zu. Kohleganzzüge pendelten nun zwischen Hötensleben und Braunschweig. Schon wenige Jahre später hatte der Güterverkehr solche Ausmaße erreicht, daß die WEG als Hauptaktionär der BSE und der OSE über eine Elektrifizierung beider Bahnen nachdachte. Das ehrgeizige Projekt nahm schließlich im Sommer 1909 konkrete Formen an, als in Schöningen ein Wärmekraftwerk entstand. Die ersten Fahrleitungsmasten und Speiseleitungen wurden 1910 bei der OSE aufgestellt. In diesem Zusammenhang wollte man auch die Anliegergemeinden an das Stromnetz anschließen. Allerdings verhinderten Geldschwierigkeiten bei der WEG die Elektrifizierung der OSE. Die schon aufgestellten Masten nutzte man erst

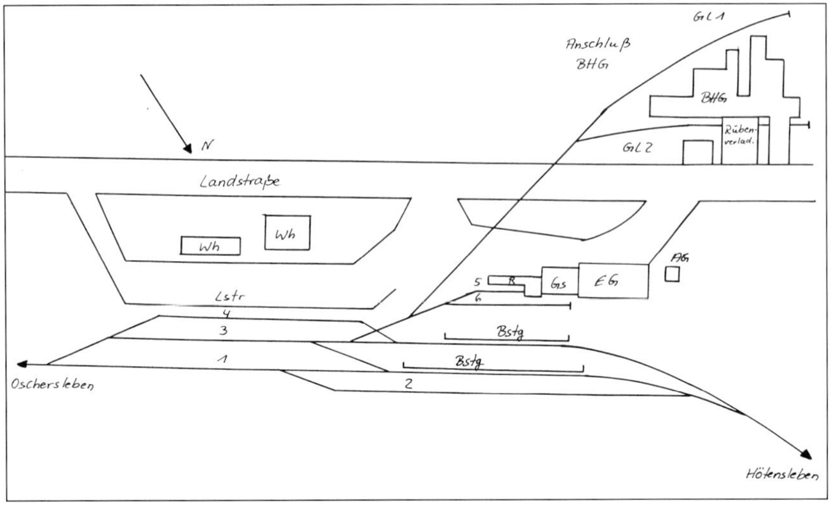

Der Spurplan des Bahnhofs Ottleben 1965. Die Gleise 1 bis 4 hatten nutzbare Längen von 353 Metern, 213 Metern, 119 Metern und 160 Metern. Die beiden Anschlußgleise 1 und 2 maßen 172 und 193 Meter.
Skizze: D. Endisch

Ausfahrt des Bahnhofs Ottleben in Richtung Hötensleben.
Foto: Sammlung F. Köhler.

Jahre später bei der Erneuerung einer Überlandleitung.
Während des 1. Weltkrieges stieg die Transportaufkommen bei der OSE noch weiter. Allerdings wurden die Fahrzeuge und Gleisanlagen auf Verschleiß gefahren. Im Sommer 1918 waren die Schwellen und die Feuerbüchsen der Lokomotiven völlig heruntergewirtschaftet. Nach Ablauf des Betriebsführungsvertrages mit Lenz & Co betreute ab 31. März 1915 die BSE die OSE.
Das Mißmanagement der WEG trieb auch die OSE an den Rand des Ruins. Nur durch ein von den Anliegergemeinden der OSE und den Landkreisen Oschersleben und Neuhaldensleben am 28. Oktober 1920 bewilligtes Darlehen über 500 000 Mark konnte die Stillegung der OSE verhindert werden. Allerdings konnte der Bahnbetrieb nur mit Mühe und Not aufrechterhalten werden. Das reichte jedoch bei weitem nicht: Schon im Frühjahr 1921 schätzte die OSE die Kosten zur Sanierung ihrer Anlagen auf 3,2 Millionen Mark. Erst nach einem weiteren Kredit der Landkreise und Anliegergemeinden am 12. August 1921 war der Erhalt der OSE langfristig gesichert. Mit dem bereits 1918 einsetzenden Niedergang der Braunkohlenförderung zwischen Oschersleben und Hötensleben brach der Bahn die Haupteinnahmequelle weg. Die Inflation 1923 beschleunigte das Grubensterben noch. Mit der Schließung der letzten Zeche in Hötensleben verlor die OSE große Teile des Güter- und Personenverkehrs. Im Geschäftsjahr 1926 hatte die Bahn mit 196 381 Personen und 238 516 t Gütern eine erste Talsohle erreicht.
Auch wenn die Zahlen im Personenverkehr ab 1927 wieder langsam zunahmen, unterlag der Güterverkehr von nun an immer stärkeren Schwankungen. Durch die Fusion der WEG mit der AGV erhielt die VKAG die ehemaligen WEG-Anteile der OSE. Die VKAG strebte nun die Verschmelzung von der BSE und OSE zu einer Gesellschaft an, da sich die gemeinsame Betriebsführung und der Fahrzeugtausch zwischen beiden Bahnen bewährt hatten. Warum die Fusion in letzter Minute scheiterte, ist bis heute ungeklärt.
Am 1. April 1932 übernahm schließlich ADEG die Betriebsführung auf der OSE. Bereits seit 1930 litt die OSE unter der Weltwirtschaftskrise und dem Kraftverkehr. Der ständige Rückgang der Beförderungszahlen hielt bis 1933 an. In diesem Jahr transportierte die OSE lediglich 147 054 Reisende und 162 476 t Güter . Durch den Einsatz eines Triebwagens ab 9. Oktober 1933 konnte die OSE wieder mehr Fahrgäste auf die Bahn locken. Schon zwei Jahre später nutzten wieder 189 949 Fahrgäste die Züge zwischen Oschersleben und Schöningen. Werktags setzte die OSE vier Zugpaare zwischen beiden Endstationen ein, weitere

Das Ottlebener Empfangsgebäude 1951 von der Straßenseite.
Foto: Sammlung D. Endisch

vier verdichteten das Angebot auf dem Abschnitt Hötensleben–Schöningen. Auch der Gütertransport legte in den dreißiger Jahren wieder zu. Nach Ausbruch des 2. Weltkrieges nahm der Verkehr ungeahnte Ausmaße an. Im Jahr 1942 beförderte die OSE 554 071 Reisende. Durch die Umleitung zahlreicher DRG-Güterzüge war die Strecke rund um die Uhr ausgelastet.
Die Bahnanlagen und Fahrzeuge wurden während des Krieges nicht zerstört. Am 11. April 1945 mußte die OSE auf Befehl der US-Armee ihren Verkehr einstellen. Mit dem Einmarsch der Sowjetarmee am 1. Juli 1945 in den Kreis Oschersleben wurde die OSE hinter Hötensleben am Kilometer 23,06 durch die Demarkationslinie geteilt. Erst ab September 1945 gab es auf der Strecke Oschersleben–Hötensleben wieder einen planmäßigen Betrieb. Am 1. Januar 1947 wurde die OSE durch das Land Sachsen-Anhalt unter Zwangsverwaltung gestellt und durch die »Sächsische Provinzbahnen G.m.b.H.« betrieben.
Erst am 1. Januar 1950 übernahm die Deutsche Reichsbahn die vollständige Betriebsführung auf der Strecke Oschersleben–Hötensleben. Zur Vereinfachung des Betriebes begannen und endeten die Züge in Richtung Hötensleben nicht mehr im OSE-Bahnhof, sondern auf der Nordseite des Bahnhofs Oschersleben
Im Winterfahrplan 1957/58 verkehrten auf der Kursbuchstrecke 205o werktags zwischen Oschersleben und Hötensleben sechs Zugpaare. Der Güterverkehr wurde dabei mit GmP abgewickelt. Reine Güterzüge setzte die DR nur bei hohem Frachtaufkommen ein.
Die Ereignisse des Sommers 1961 hatte auf den Verkehr zwischen Oschersleben und Hötensleben keine direkten Auswirkungen. Lediglich den Zugleitbahnhof verlegte man von Hötensleben nach Ottleben.
Mit der drastischen Reduzierung der Gütertarifpunkte auf der ehemaligen OSE zeichnete sich ab 1965 das Ende der Strecke ab. Allerdings mußte die geplante Streckenstillegung zum Jahresende 1968 wegen fehlender LKW und Busse um ein Jahr verschoben werden. Das Ende der ehemaligen OSE kam dann recht schnell und völlig unerwartet: Als am 21. Dezember 1969 der GmP 69 739 zwischen Ottleben und Hornhausen-Nord in einer Schneewehe steckenblieb, beschloß das Reichsbahnamt Aschersleben die Stillegung zum 22. Dezember 1969. Mit der Demontage der Strecke im Februar 1971 endete die Geschichte der OSE.

Strecke und Anlagen

Der Güterbahnhof Oschersleben-Nord der OSE befand sich zwischen dem Rangier- und dem Hauptbahnhof der DRG. Er besaß vier Gleise, einen Güterschuppen, eine Ladestraße mit Kopf- und Seitenrampe, eine Gleiswaage, ein kleines Stationsgebäude und einen kleinen Kohlenbansen mit Wasserkran. Sechs Anschlußgleise begannen in Oschersleben-Nord. Die Strecke machte einen Bogen um Oschersleben und am Kilometer 3,06 zweigte das Verbindungsgleis zum Personenbahnhof Oschersleben-Nordwest ab, der in unmittelbarer Nähe des DRG-Bahnhofs lag. In Oschersleben-Nordwest gab es nur ein Stumpfgleis mit Bahnsteig und Dienstgebäude. Rund zwei Kilometer verlief die OSE parallel zur Hauptbahn Oschersleben–Wolfenbüttel, bevor sie nach Norden schwenkte und den Bahnhof Hornhausen erreichte.
Er besaß zwei Gleise, ein dreigeschossiges Stationsgebäude mit Güterschuppen und eine Ladestraße mit Rampe. Einige hundert Meter weiter, nach der größten Steigung der Strecke mit 1 : 70, folgte der Haltepunkt Hornhausen-Nord mit seinem Ladegleis. Ab hier verlief die OSE weiter nach Westen, bevor der langgestreckte Bahnhof Ottleben kam.
Ottleben war nach Hötensleben die wichtigste Station der OSE. Hinter dem Bahnhof lag mit 10 m lichter Weite die größte Brücke der OSE. Am Kilometer 14,0 begann bis 1926 der Anschluß der »Altonaer Zeche«.

In der Zuckerfabrik Warburg war die ehemalige Lok 2^b der OSE von 1930 bis 1979 als Werklok im Einsatz.
Foto: Sammlung A. Mehnert

Danach folgte der Haltepunkt Ausleben. Weiter in nordwestlicher Richtung bahnte sich die Trasse ihren Weg über den Haltepunkt Barneberg zum Bahnhof Kauzleben. Dieser lag an einer Zeche und besaß als Anschlußbahnhof drei Aufstellgleise, eine Ladestraße sowie eine Wartehalle.

Anschließend schlängelte sich die OSE zum betrieblichen Mittelpunkt Hötensleben. Neben dem dreigleisigen Lokschuppen mit Werkstatt und dem Empfangsgebäude mit angebautem Güterschuppen gab es hier auch eine Gleiswaage. Die Betriebsleitung hatte in Hötensleben ihren Sitz.

Die OSE machte eine weite Kurve um den Ort und verlief dann ab Kilometer 23,06 auf braunschweigischem Territorium. Nach 26, 3 km hatte sie den Endbahnhof Schöningen-Süd erreicht. Als Gemeinschaftsbahnhof der OSE und BSE war die Station recht großzügig ausgestattet. Das zweigeschossige Bahnhofsgebäude, den Güterschuppen, die Ladestraße mit Rampe und den Kohlenbansen mit Wasserkran nutzen beide Bahnen. Die Anschlüsse der Saline, des Gaswerkes, der Gewerkschaft Suchtleben und der Hohlsteinwerke sorgten für ein hohes Güteraufkommen.

Die Höchstgeschwindigkeit auf der OSE betrug 50 km/h. Mit Formhauptsignalen waren lediglich die Einfahrten der Bahnhöfe Schöningen-Süd, Hötensleben (aus Richtung Oschersleben) und Oschersleben-Nord sowie das Verbindungsgleis zum DR-Güterbahnhof in Oschersleben gesichert.

Fahrzeuge

Als die ersten Züge zwischen Oschersleben und Schöningen dampften, besaß die OSE fünf dreifach gekuppelte Naßdampfer des Lenz-Typs »b«, die Hanomag geliefert hatte. Die Maschinen entsprachen weitestgehend der T 3. Die Maschinen bekamen die Betriebs-Nummern 1^b bis 5^b.

Die Nr. 1^b und 5^b mußte die OSE 1926 wegen erheblicher Schäden ausmustern. Allerdings nutzte man beide Loks noch als als Ersatzteilspender. Die Nr. 2^b und 4^b waren hingegen nur kurz auf der OSE im Einsatz. Nach vielen Einsätzen bei anderen Lenz-Bahnen kam die Lok 2^b in den zwanziger Jahren zur BSE. Im Sommer 1930 verkaufte die OSE die Maschine für 5500,- Mark an die Zuckerfabrik in Warburg. Der Verein Braunschweigischer Verkehrsfreunde rettete die Lok 1979 vor dem Schneidbrenner. Nachdem die Lok Nr. 3^b 1926 einen neuen Ersatzkessel bekam, wurde sie von der ADEG als OSE 1022 bezeichnet. Im Anschluß an eine Hauptuntersuchung verblieb die Lok 1945 bei der BSE und wurde 1957 ausgemustert.

Als Ersatz für die anderweitig genutzten Loks kaufte die OSE baugleiche Maschinen bei der Hanomag. Während man die Nr. $1^{b\ II}$ 1936 als Schrott verkaufte, wurde die Nr. $4^{b\ II}$ ausgemustert. Zur Erneuerung ihres Fahrzeugparkes kaufte die OSE drei gebrauchte Cn2t-Loks von der BSE. Die ursprünglich als Nr. 9^b bis 11^b bezeichneten Maschinen erhielten von der ADEG die Nummern OSE 1031 bis OSE 1033. Lediglich die OSE 1031 verblieb nach 1945 auf ihrer Stammstrecke. Von der Waggonfabrik Wismar erwarb die OSE ein »Schweineschnäuzchen«, das man 1943 an die NLE abgab.

Den größten Teil des Wagenparks bildeten offene Güterwagen. Insgesamt 51 O-Wagen und 17 gedeckte Güterwagen beschaffte die OSE 1899. Nur drei Personenwagen der II./III.Klasse, drei III. Klasse-Personenwagen und zwei Packwagen mit Postabteil ergänzten den Fuhrpark. Die Personen- und Packwagen besaßen eine Heberlein-Bremse. Erst in den zwanziger Jahren rüstete die OSE alle ihre Fahrzeuge mit Druckluftbremsen aus. Die meisten Personen- und Güterwagen verblieben 1945 auf den Strecken der BSE. Nur zwei Personenwagen II./III. Klasse, zwei Personenwagen II. Klasse, ein Packwagen, drei O-Wagen und ein Kesselwagen kamen 1949 zur Reichsbahn.

Triebfahrzeuge der Oschersleben–Schöninger Eisenbahn:

Dampflokomotiven

Bahn-Nr.	ADEG-Nr.	Bauart	Hersteller	Baujahr	Fabrik-Nr.	DR-Nr.	Bemerkungen
1^{b}		Cn2t	Hanomag	1898	3125		Lenz-Typ »b«; 1926 ausgemustert
2^{b}		Cn2t	Hanomag	1898	3126		Lenz-Typ »b«; als Baulok auf verschiedenen Lenz-Bahnen im Einsatz; ab August 1926 bei der OSE und BSE im Einsatz; 1930 als Werklok an die Zuckerfabrik Warburg verkauft; 1979 vom Verein Braunschweigischer Verkehrsfreunde erworben und als Museumslok äußerlich aufgearbeitet
3^{b}		Cn2t	Hanomag	1898	3127		Lenz-Typ »b«; 1926 mit Hanomag-Ersatzkessel (Fabrik-Nr. 01219) ausgerüstet; 1945 bei der BSE verblieben; nach Einsätzen bei der Kleinbahn Gittelde–Bad Grund (1946) und der Kleinbahn Kaldenkirchen–Brüggen (1949–1952) als OSE 28 im Sommer 1952 an die Kleinbahn Beuel–Großenbusch verkauft; dort 1957 ausgemustert
4^{b}		Cn2t	Hanomag	1898	3128		Lenz-Typ »b«; 1900 an die Bergheimer Kreisbahn als Nr. 1^{b} verkauft; 1913 von der KPEV als COELN 6140 übernommen
5^{b}		Cn2t	Hanomag	1898	3129		Lenz-Typ »b«; 1926 ausgemustert; Kessel blieb als Tauschkessel erhalten
$4^{b\,II}$		Cn2t	Hanomag	1898	3226		Lenz-Typ »b«; 1936 ausgemustert mit dem Rahmen der 3^{b} und dem Kessel der 5^{b}
$1^{b\,II}$	OSE 1021	Cn2t	Hanomag	1920	9450		Lenz-Typ »b«, 1926 ausgemustert
9^{b}	OSE 1031	Cn2t	Hanomag	1920	9451	89 6307	von der BSE für 15 000 Mark gekauft; am 16. September 1965 ausgemustert
10^{b}	OSE 1032	Cn2t	Hanomag	1926	10 494		von der BSE für 15 000 Mark gekauft; 1945 bei der BSE verblieben; ab 1946 an die BbLE vermietet; hier am 18. August 1954 ausgemustert
11^{b}	OSE 1033	Cn2t	Hanomag	1898	3463		von der BSE für 15 000 Mark gekauft; 1945 bei der BSE verblieben; 1953 ausgemustert
11^{D}V.K.A.		Dn2t	Henschel	1925	20 508		als Leihlok 1943 von der KNHS; 1945 bei der OSE verblieben, aber nicht von der DR übernommen; wurde als Schadlok am 11. Mai 1953 im Raw Blankenburg ausgemustert
141 JM		1´Ch2t	Henschel	1938	23 695	91 6494	ELNA 2; verblieb als Rückführlok der JM nach 1945 bei der OSE; am 1. Juli 1970 im Bw Salzwedel ausgemustert
143 LRE		1´Ch2t	Vulcan	1925	3855	91 6481	ELNA 2; verblieb als Rückführlok der LRE nach 1945 bei der OSE; am 17. Dezember 1970 im Bw Salzwedel ausgemustert

Triebwagen

Bahn-Nr.	ADEG-Nr.	Bauart	Hersteller	Baujahr	Fabrik-Nr.	DR-Nr.	Bemerkungen
SK 1	1021 TL	A-Adm	Wismar	1933	20 217	VT 133 506	Schienenbus der Bauart Hannover, 1943 an die NLE abgegeben und als NL 1023 bezeichnet; 1955 ausgemustert

Die Bahnen der Anhaltischen Landes-Eisenbahngemeinschaft

Die Anhaltische Landes-Eisenbahngemeinschaft (ALE)

Im Herzogtum Anhalt stand man dem neuen Verkehrsmittel Eisenbahn bereits in der ersten Hälfte des 19. Jahrhunderts sehr aufgeschlossen gegenüber. Wo immer es ging, förderte das Herzogtum den Bau und Betrieb von Strecken. In der zweiten Hälfte des Jahrhunderts engagierte sich Anhalt auch aktiv am Bau von Nebenbahnen. Bei der GHE und DWE zeichnete die herzogliche Regierung dann selbst Aktien.

Schon am Ende des 1. Weltkrieges zeichneten sich die wirtschaftlichen Schwierigkeiten bei den Privatbahnen im nunmehrigen Freistaat Anhalt ab. Um die für die einheimische Wirtschaft geradezu überlebenswichtigen Bahnen effektiver betreiben zu können, entstand auf Initiative des Freistaates am 22. September 1920 als öffentlich-rechtliche Körperschaft in Dessau die Anhaltische Landes-Eisenbahngemeinschaft (ALE).

Aufgabe der ALE war laut Statut *»die Übernahme und Durchführung gemeinschaftlicher oder gleichartiger Aufgaben und Geschäfte beim Bau, dem Betrieb, der Verwaltung und der Verkehrsabwicklung von Eisenbahnen in Anhalt«*. Außerdem sollte die ALE die Interessen aller Mitgliedsbahnen nach außen hin vertreten. Zu den Gründungsmitgliedern der ALE gehörten die GHE und die DWE. Die Übernahme der Betriebsführung wurde rückwirkend auf den 1. Januar 1920 datiert. Die ZKB trat der ALE am 15. Oktober 1920 bei.

Eine Sonderrolle bei der ALE nahm die Staßfurt–Löderburger Kleinbahn AG ein. Der als Kleinbahn konzessionierte Straßenbahn-Betrieb wickelte auf seinem rund 6,7 km langen Streckennetz zwischen Staßfurt, Hecklingen und Löderburg Personen- und Güterverkehr ab. Güterzüge waren aber nur auf den sogenannten Überlandstrecken nach Hecklingen und Löderburg im Einsatz. Zwei vierachsige E-Loks transportierten in erster Linie Kohle und Salz auf den Meterspurgleisen.

Die Bestrebungen des Freistaates, auch die DRKB in die ALE zu integrieren, scheiterten. Die Bahngesellschaft und ihr Betreiber die ADEG, lehnten dieses Ansinnen immer wieder ab.

Finanziert wurde die ALE als Körperschaft des öffentlichen Rechts durch Mitgliedsbeiträge der einzelnen Bahnen. Sie entsendeten auch, je nach Länge des Streckennetzes, Mitglieder in den Verwaltungsrat, der die Geschäftsführung überwachte. Im Sommer 1928 leiteten der Oberbaurat Heck, der Kreisdirektor Geheimer Regierungsrat Dr. Sachsenberg, der Eisenbahndirektor Koch und der Eisenbahndirektor Regierungsbaumeister Uflacker die Geschäfte der ALE.

Ihren Sitz hatte die ALE in Dessau. Das Verwaltungsgebäude wurde bei einem Luftangriff im Frühjahr 1945 völlig zerstört. Mit der Enteignung der einzelnen Mitgliedsbahnen und der Übernahme der Betriebsführung durch die »Sächsische Provinzbahnen G.m.b.H.« Ende 1946 erlosch die ALE.

Mitgliedsbahnen der Anhaltischen Landes-Eisenbahngemeinschaft:

Bahn	Spurweite	Eröffnung	Länge	Bemerkungen
Dessau–Wörlitzer Eisenbahn	1435 mm	22. September 1894	24,0 km	abschnittsweise eröffnet; letztes Streckenstück Wörlitz–Gohrau-Rehsen am 7. Oktober 1934 eröffnet
Gernrode–Harzgeroder Eisenbahn	1000 mm	7. August 1887	52,1 km	abschnittsweise eröffnet; letztes Streckenstück Stiege–Eisfelder Talmühle am 15. Juli 1905 eröffnet
Zschornewitzer Eisenbahn	1435 mm	1. April 1919	16,8 km	aus einer Grubenanschlußbahn entstanden
Staßfurt–Löderburger Kleinbahn	1000 mm	10. April 1900	6,7 km	abschnittsweise eröffnet; letztes Streckenstück Schacht Achenbach–Löderburg am 17. Juli 1900 eröffnet; ab 1906 auch Güterverkehr auf der Straßenbahn; am 31. Dezember 1957 stillgelegt

Die Bahnen der Anhaltischen Landes-Eisenbahngemeinschaft

Dessau–Wörlitzer Eisenbahn

Vorgeschichte

Im Herzogtum Anhalt stand man bereits in der ersten Hälfte des 19. Jahrhunderts technischen Erfindungen sehr aufgeschlossen gegenüber. Sehr früh erkannte man hier die Bedeutung der Eisenbahn für die weitere wirtschaftliche Entwicklung. Bereits am 1. September 1840 eröffnete die BAE ihre Bahnlinie Köthen–Dessau.

Die anhaltischen Fürsten hatten auch einen Sinn für Kunst. So ließ Fürst Johann-Georg II für seine Gemahlin 1683 ein Barockschloß mit einer eigenen Siedlung anlegen. In der späteren Kleinstadt Oranienbaum entstanden neben einer Glashütte noch verschiedene kleine Tabak- und Zigarrenfabriken. Weit bekannter als Oranienbaum ist der 1763 im Auftrag von Leopold Friedrich Franz geschaffene englische Schloßgarten in Wörlitz.

Als oft besuchte Sommerresidenzen bemühten sich Oranienbaum und Wörlitz schon sehr früh um einen Eisenbahnanschluß. Unterstützt wurden die Kommunen dabei von den hier ansässigen Domänen mit ihrer hoch entwickelten Landwirtschaft. Doch das 1870 vorgelegte Projekt einer Hauptbahn von Berlin über Treuenbrietzen, Coswig, Wörlitz, Oranienbaum nach Halle mit einer Zweigstrecke Oranienbaum–Leipzig scheiterte 1875 letztlich am Widerstand des Königreiches Preußen. Auch die zur gleichen Zeit diskutierte Linie Torgau–Kemberg–Wörlitz–Dessau konnte nicht verwirklicht werden.

Erst neun Jähre später, im Sommer 1884, schlug Magdeburgs Landbaumeister Costenoble den Bau einer Nebenbahn von Bergwitz an der Strecke Bitterfeld–Wittenberg nach Dessau vor. Costenoble schätzte die Kosten auf rund 1,65 Millionen Mark. Dary, Donath & Co aus Berlin erklärten sich bereit, die Nebenbahn zu bauen. Als 1887 die Firma Konkurs anmelden mußte, baten Oranienbaum und Wörlitz die Regierungen in Preußen und Anhalt, den Bahnbau zu übernehmen. Die KPEV allerdings lehnte diesen Wunsch ab. Auf Anregung des Kaufmanns Theodor Günther erstellte die Firma Soenderop & Co 1887 das Projekt für eine Nebenbahn von Dessau nach Wörlitz, das aber am 23. Februar 1888 von der Regierung des Herzogtums abgelehnt wurde. Es sollten noch fünf Jahre vergehen, bis auf die Initiative des Herzogtums und des Landkreises Dessau am 9. Oktober 1893 die »Dessau–Wörlitzer Eisenbahn-Gesellschaft« (DWE) mit einem Stammkapital von 1,52 Millionen Mark gegründet wurde.

Bau und Eröffnung

Bereits am 16. August 1893 hatte das Herzogtum Anhalt den Bau und Betrieb einer Nebenbahn von Dessau nach Wörlitz genehmigt. Nach der formalen Gründung der Bahngesellschaft bestätigte die Regierung am 13. Oktober 1893 noch einmal die Konzession und erweiterte sie mit einem Enteignungsrecht für Grundstücke. Im Auftrag der DWE be-

Am 15. August wartete 92 885 mit P 3011 in Oranienbaum auf die Weiterfahrt.
Foto: H. Müller

7 Dessau-Oranienbaum-Wörlitz-Gohrau-Rehsen *RB Nr. 183 b*

				W		S			W			S, Mi, Sa
Dessau Wörl. Bhf.	ab	—	—	5^{10}	8^{00}	10^{30}	13^{36}	16^{15}	17^{20}	18^{47}	—	22^{10}
Waldersee	ab	—	—	5^{21}	8^{11}	10^{41}	13^{47}	16^{26}	17^{31}	18^{58}	—	22^{21}
Mildensee-West	ab	—	—	5^{24}	8^{14}	10^{44}	13^{50}	16^{29}	17^{34}	19^{01}	—	22^{24}
Mildensee	ab	—	—	5^{28}	8^{18}	10^{48}	13^{54}	16^{33}	17^{38}	19^{05}	—	22^{28}
Mildensee-Waldbad †	ab	—	—	—	8^{22}	10^{52}	13^{58}	16^{37}	17^{42}	19^{09}	—	—
Kapen	ab	—	—	5^{35}	8^{25}	10^{55}	14^{01}	16^{42}	17^{46}	19^{21}	—	22^{34}
Oranienbaum	ab	—	—	5^{48}	8^{38}	11^{08}	14^{14}	16^{55}	18^{00}	19^{34}	—	22^{47}
Horstdorf	ab	W	S	5^{55}	8^{45}	11^{15}	14^{21}	17^{02}	18^{07}	19^{41}	S	22^{54}
Wörlitz	ab	4^{15}	5^{35}	6^{02}	8^{55}	11^{25}	14^{30}	17^{09}	18^{19}	19^{48}	20^{00}	23^{01}
Riesigk	ab	4^{22}	5^{42}	an	9^{02}	11^{32}	14^{37}	an	18^{26}	an	20^{07}	an
Gohrau-Rehsen	an	4^{26}	5^{46}		9^{06}	11^{36}	14^{41}		18^{30}		20^{11}	—

		W	S			S		S	W		W	S	S, Mi, Sa
Gohrau-Rehsen	ab	4^{36}	5^{55}	—	9^{15}	11^{46}	14^{50}	—	—	—	18^{36}	20^{20}	—
Riesigk	ab	4^{41}	6^{00}	—	9^{20}	11^{51}	14^{55}	—	—	—	18^{41}	20^{25}	—
Wörlitz	ab	4^{50}	6^{06}	6^{10}	9^{27}	12^{00}	15^{01}	15^{03}	16^{10}	17^{14}	18^{48}	20^{31}	20^{36}
Horstdorf	ab	4^{58}	an	6^{18}	9^{35}	12^{08}	—	15^{11}	16^{18}	17^{22}	18^{56}	an	20^{44}
Oranienbaum	ab	5^{06}	—	6^{26}	9^{41}	12^{15}	—	15^{18}	16^{25}	17^{29}	19^{07}	—	20^{51}
Kapen	ab	5^{20}	—	6^{39}	9^{54}	12^{28}	—	15^{31}	16^{41}	17^{45}	19^{20}	—	21^{04}
Mildensee-Waldbad †	ab	—	—	—	9^{57}	12^{31}	—	15^{34}	16^{44}	17^{48}	19^{23}	—	—
Mildensee	ab	5^{27}	—	6^{45}	10^{01}	12^{35}	—	15^{38}	16^{48}	17^{52}	19^{27}	—	21^{10}
Mildensee-West	ab	5^{32}	—	6^{49}	10^{05}	12^{39}	—	15^{42}	16^{52}	17^{56}	19^{31}	—	21^{14}
Waldersee	ab	5^{35}	—	6^{52}	10^{08}	12^{42}	—	15^{45}	16^{55}	17^{59}	19^{34}	—	21^{17}
Dessau Wörl. Bhf.	an	5^{45}	—	7^{01}	10^{17}	12^{51}	—	15^{54}	17^{05}	18^{08}	19^{44}	—	21^{27}

W = Nur werktags. S = Sonn- und feiertags. Mi u. Sa = Nur mittwochs und sonnabends.
† In Mildensee-Waldbad halten die Züge nur während der amtlich bekanntgegebenen Badezeit.
Die in dem Fahrplan aufgeführten Züge können aus betrieblichen Gründen zeitweilig ausfallen.
Der Ausfall von Zügen wird auf den Bahnhöfen bekanntgegeben.

Trotz kriegsbedingter Einschränkungen herrschte während des Jahresfahrplans 1943/44 (gültig ab 17. Mai 1943) noch reger Verkehr auf der DWE. Abbildung: Sammlung D. Endisch

gann wenig später die am 3. November 1885 gegründete Firma Vering & Wächter mit den Bauarbeiten. Sie schritten zügig voran, da das Gelände zwischen Dessau und Wörlitz keine größeren Erdarbeiten erforderte. Die größte Steigung betrug 1 : 140. Dafür mußte die DWE sechs größere Brücken errichten. Das größte Bauwerk war dabei die s-förmige Blechträger-Brücke über die Mulde bei Dessau mit ihren 18 Öffnungen mit einer Stützweite von jeweils 14,5 m. Sie kostete fast ein Drittel des gesamten Stammkapitals. Von Anfang an durfte die Mulde-Brücke nur mit einer Höchstgeschwindigkeit von 10 km/h befahren werden.

Nachdem im Spätsommer 1894 sämtliche Gleise verlegt und alle Hochbauten fertig waren, fand am 19. und 20. September 1894 die Abnahme der DWE statt. Da die Prüfer an der Nebenbahn nichts zu bemängeln hatten, konnte die DWE am 22. September 1894 ihren Betrieb feierlich eröffnen. Selbst der Herzog zählte zu den Gästen.

Betrieb und Verkehr

Schon am ersten Betriebstag, dem 23. September 1894, setzte ein wahrer Sturm auf die DWE ein. Insgesamt 16 Personenzüge mußte man einsetzen, um alle Fahrgäste zwischen Dessau und Wörlitz befördern zu können. Bereits in den ersten Betriebsjahren entwickelte sich der Personenverkehr und dabei besonders der Ausflugsverkehr in Richtung Wörlitz zur wichtigsten Einnahmequelle der DWE. Da die zur Verfügung stehenden Personenwagen nicht ausreichten, klagten bereits wenige Monate später die ersten Reisenden über die ihrer Meinung nach unhaltbaren Zustände.

Obwohl die DWE laut Konzessionsurkunde nur dazu verpflichtet war, im Sommer drei und im Winter zwei Personenzugpaare einzusetzen, pendelten über Jahre hinweg vier Zugpaare auf der DWE. Bereits im ersten Rechnungsjahr 1894/95 zählte man rund 48 000 Reisende und 11 000 t Güter. In den folgenden Jahren bauten Vering & Wächter, die die Betriebsführung auf der DWE inne hatten, durch neue Anschlußgleise den Güterverkehr zielstrebig aus. Bis zum Geschäftsjahr 1898/99 konnten sie die Beförderungsleistungen auf über 145 000 Fahrgäste und 38 000 t Güter ausbauen. Anfang 1899 übernahm die DBEG, an deren Gründung am 15. November 1898 Vering & Wächter beteiligt war, die Betriebsführung auf der DWE. Wieso der Vertrag 1905 nicht verlängert wurde, ist bis heut unklar.

Schon 1899 beschlossen die Gesellschafter der DWE, die Bahnlinie von Wörliz aus bis zur anhaltischen Grenze bei Gohrau-Rehsen zu verlängern. Doch bis es soweit war, sollten noch über 30 Jahre vergehen.

Die DWE verpachtete ab 1. April 1905 für sechs Jahre die Betriebsrechte an die »Centralverwaltung für Secundairbahnen«. Die Centralverwaltung mußte laut Vertrag pro Jahr 35 Prozent der Einnahmen, aber mindestens 44 000 Mark an die DWE zahlen. Doch schon nach einem Jahr verschlechterte sich das Verhältnis zwischen DWE und Bachstein, da er die vorgeschriebenen Einzahlungen in den Erneuerungs- und Reparaturfond nicht in vollem Umfang leisten wollte. Der Streit spitzte sich derart zu, daß die DWE bereits zum 1. November 1908 den Vertrag kündigte und die Betriebsführung in eigener Regie übernahm. Im Sommer 1910 genehmigte die KED Magdeburg die Anhebung der Höchstgeschwindigkeit von 30 auf 40 km/h. Die DWE warf Gewinn ab und ihre Betriebsleistungen konnten sich sehen lassen: 1913/14 transportierten die Loks rund 185 000 Fahrgäste und 157 000 t Güter.

Nach dem Ausbruch des 1. Weltkrieges erreichten die Leistungen auf der DWE ungeahnte Ausmaße. Der Transport von

Die 92 564 traf am 28. Juni 1965 mit P 3000 in Wörlitz ein. Die Bahnsteigkante bestand noch immer aus Altschwellen.
Foto: H. Müller

Rüstungsgütern sowie ein sprunghaft gestiegener Berufsverkehr schlugen sich auch in der Statistik nieder. Der Geschäftsbericht für 1917/18 wies immerhin 349 838 Fahrgäste und 390 928 t Güter aus. Allerdings war zu dieser Zeit absolute Sparsamkeit angesagt: Selbst die Personenzüge wurden ab 23. Oktober 1917 nicht mehr geheizt. Obwohl die DWE im Gegensatz zu anderen Privatbahnen Anfang der zwanziger Jahre noch sehr gut da stand, trat auch sie der am 22. September 1920 in Dessau gegründeten öffentlich-rechtlichen Körperschaft ALE bei. Wie bei der GHE übernahm die ALE rückwirkend zum 1. Januar 1920 die Betriebsführung auf der DWE. Dadurch konnte die Verwaltung und Betriebsführung auf der DWE gestrafft werden. Im Sommer 1921 setzte die DWE werktags fünf und sonntags vier Personenzugpaare ein. Erst Mitte der zwanziger Jahre brachen große Teile des Personen- und Güterverkehrs weg. Bis 1925 schrumpften die Beförderungsleistungen auf 252 000 Reisende und 214 000 t Güter zusammen.

Obwohl der Kraftverkehr der Reichspost und verschiedener Privatunternehmen der DWE schwer zu schaffen machten, konnte die Bahn ihr Verkehrsaufkommen stabilisieren. Im Sommer 1927 pendelten an Werktagen sechs Zugpaare zwischen Dessau und Wörlitz. An Sonntagen waren es sogar sieben. Der Plan der DWE, einen eigenen Busbetrieb zu eröffnen, scheiterte aber, da die 10 000 Mark für den Kauf der Busse fehlten.

Erst während der Weltwirtschaftskrise wurde 1929 im Rahmen der sogenannten Notstandsarbeiten mit den Bauarbeiten für die Strecke Wörlitz–Gohrau-Rehsen begonnen, nachdem bereits 1924 das Projekt genehmigt worden war. Bei den Bauarbeiten setzte man in erster Linie Arbeitslose ein. Trotz großer Unterstützung von seiten des Freistaates und des Kreises Dessau dauerten die Arbeiten an der rund 5,3 km langen Strecke bis 1932. Scheinbar wollte die DWE diese Verlängerung gar nicht haben, denn erst am 7. Oktober 1934 eröffnete sie den Zugverkehr nach Gohrau-Rehsen.

Ihren absoluten wirtschaftlichen Tiefpunkt hatte die DWE mit knapp 185 000 Reisenden und 41 000 t Gütern 1932 er-

Mit dem Eröffnungszug am Haken rumpelte die 102 026 am 23. Mai 1982 über eine Brücke bei Dessau-Mildensee.
Foto: A. Mehnert

reicht. Mitte der dreißiger Jahre stiegen die Beförderungszahlen wieder an und erreichten dann während des 2. Weltkrieges bisher unbekannte Ausmaße. Allein 1941 zählten die Eisenbahner über 1 Million Fahrgäste. Der Jahresfahrplan 1943/44 sah zwischen Dessau und Gohrau-Rehsen werktags fünf Personenzugpaare sowie zwei Zugpaare auf der Relation Dessau–Wörlitz vor.
Bei den schweren Luftangriffen auf Dessau im Frühjahr 1945 wurde auch die DWE in Mitleidenschaft gezogen. Dabei wurden auch zwei Joche der Muldebrücke in der Nacht des 21./22. April 1945 gesprengt. Erst nach dem Einmarsch der sowjetischen Truppen in Dessau am 3. Juli 1945 begann man mit dem Wiederaufbau der Brücke. Ab dem 1. Oktober 1945 führte die DWE wieder einen halbwegs planmäßigen Verkehr zwischen Waldersee und Gohrau-Rehsen ein. Genau einen Monat später war wieder die ganze DWE befahrbar. Erst am 30. Juni 1946 wurde die DWE enteignet. Die Betriebsführung auf der landeseigenen Bahn übernahm zum 1. Januar 1947 die »Sächsische Provinzbahnen G.m.b.H.«, bevor die ehemalige DWE ab 1. April 1949 in die Verwaltung und Nutznießung der Deutschen Reichsbahn überging.
In den fünfziger und sechziger Jahren war der Verkehr auf der ehemaligen DWE ganz erheblich. Bis zu 600 Pendler nutzten täglich die Bahn. Lediglich im Abschnitt Wörlitz–Gohrau-Rehsen waren die Züge schwächer besetzt, auch wenn im Sommer 1956 insgesamt neun Zugpaare zwischen beiden Endpunkten pendelten. Bereits zum Sommerfahrplan 1961 stellte die DR den Personenverkehr zwischen Wörlitz und Gohrau-Rehsen ein. Nur sieben Jahre später, am 25. Mai 1968, verkehrten auch die letzten Reisezüge auf der Stammstrecke der ehemaligen DWE. Im Güterverkehr wurde die Strecke aber weiterhin bedient.
Mit Beginn des Sommerfahrplanes 1982 führte die Reichsbahn am 23. Mai 1982 wieder einen beschränkten Personenverkehr ein. Von Ende April bis Ende September verkehren seitdem an Wochenenden und an anderen ausgewählten Tagen wieder Reisezüge von Dessau nach Wörlitz. Am 29. Juni 1997 übernahm schließlich die Anhaltische Bahn, eine Tochter der »Deutschen Regionalbahn«, von der DB AG den Personenverkehr auf der DWE. Die Betriebsgenehmigung für die Strecke, die im Kursbuch unter der Nummer 257 eingetragen ist, läuft am 31. Dezember 2000 aus.

Strecke und Anlagen

Rund 400 m vom Dessauer Hauptbahnhof entfernt befindet sich der Bahnhof Dessau-Wörlitzer Bahnhof. Das repräsentative Empfangsgebäude, das sogar ein separates Wartezimmer für die fürstliche Familie besaß, lag fast rechtwinklig zu den Gleisanlagen. Als betrieblicher Mittelpunkt der DWE verfügte er neben recht umfangreichen Gleisanlagen über einen dreigleisigen Lokschuppen mit Drehscheibe (bis 1941), einen Kohlenbansen, eine Ladestraße mit Rampe und einen Güterschuppen. Sogar der Bahnsteig war überdacht. Eine Schiebebühne vor dem Lokschuppen kam 1921 hinzu. Über ein spezielles Verbindungsgleis zum Hauptbahnhof tauschten DWE und Staatsbahn die Güterwagen aus. Weiterhin begannen hier zwei Anschlußgleise. Der Bahnhof war außerdem durch ein Einfahrsignal gesichert. Die Strecke verläßt den Bahnhof in nördlicher Richtung. Nach knapp einem Kilometer schwenkt die Trasse schließlich nach Südosten und erreicht hier das Muldetal, bevor die große Mulde-Brücke befahren wird. Kurze Zeit später rumpelt der Zug am Kilometer 3,0 über die Jonitzer Eisenbahnbrücke und fährt nach 4,1 km in den ehemaligen Bahnhof Dessau-Waldersee, früher Jonitz, ein. Bereits 1896/97 verfügte Jonitz als Kreuzungsbahnhof über zwei Hauptgleise und Einfahrsignale. Das heutige Bahnhofsgebäude entstand 1947. Nur gut 1 km

Typisch für den Triebwagen der DWE waren die im oberen Teil abgerundeten Fenster.
Foto: Sammlung G. Zieglgänsberger

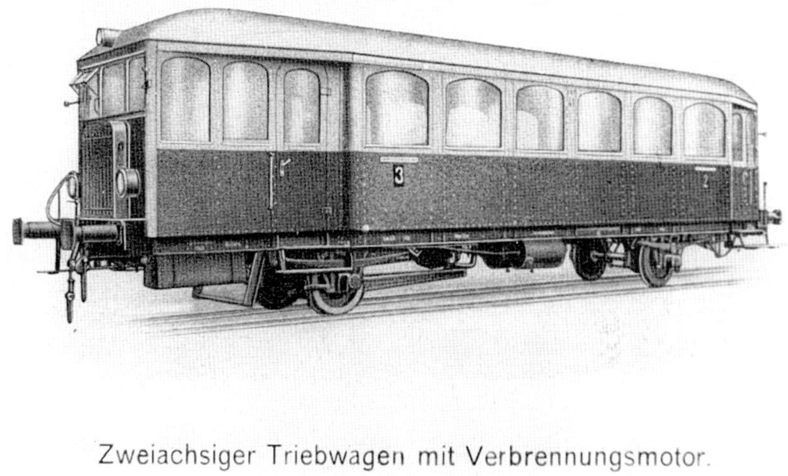

trennen die Stationen Waldersee und Dessau-Ost. Zwischen Dessau-Ost und Dessau-Mildensee, früher Dellnau, liegt am Kilometer 5,7 die Scholitzer Brücke. Diese besteht aus vier Öffnungen mit einer lichten Weite von je 12 m. Das Dellnauer Stationsgebäude mit seinem kleinen Güterschuppen ist inzwischen der Abrißbirne zum Opfer gefallen. An der nördlichen Gemeindegrenze liegen die Haltepunkte Mildensee und Mildensee Waldbad. Von hier aus geht es weiter in Richtung Oranienbaum. Parallel zur Bundesstraße 185 unterquerte die ehemalige DWE die Autobahn.
Anschließend verläuft die Strecke parallel zur Landstraße Mildensee–Oranienbaum, wo am Kilometer 8,25 die 6 m lange Wildgatterbrücke I liegt. Nach 9,4 km erreicht der Zug den Haltepunkt Haide, später Kapen. In Kapen errichtete die DWE eine kleine Wartehalle und ein Ladegleis mit einer Holzverladerampe. Die Wildgatterbrücke II mißt ebenfalls 6 m, liegt aber am Kilometer 12,9 kurz vor Oranienbaum. Hier schwenkt auch die Strecke nach Süden ab, um in den rechtwinklig zur Landstraße liegenden Bahnhof Oranienbaum einfahren zu können. Die Station wurde mehrmals erweitert und verfügte in ihren Glanzzeiten über acht Gleise, einen eingleisigen Lokschuppen mit Wasserturm, Einfahrsignale, ein repräsentatives Empfangsgebäude mit Güterschuppen und eine große Ladestraße. In Oranienbaum begann die Zschornewitzer Kleinbahn. Nachdem die DWE noch einmal die Landstraße gekreuzt hat, fahren die Züge nun parallel zur B 107 in Richtung Wörlitz.
Knapp 3 km vor Wörlitz lag der Bahnhof Horstdorf mit seinen beiden Gleisen. Bevor der Zug in die ehemalige Station rumpelt, muß er auf einer 7 m langen Brücke den Kapengraben überqueren. Das Zentrum der Gemeinde war aber rund 2 km von der Station entfernt.
Bevor der Zug nach 18,7 km in den heutigen Endbahnhof Wörlitz einfährt, muß die B 107 gekreuzt werden. Die Wörlitzer Bahnanlagen fielen recht bescheiden aus. Ein einständiger Lokschuppen, ein Kohlenbansen, drei Gleise, eine Ladestraße, eine Kopf-Seitenrampe und ein Stationsgebäude genügten den betrieblichen Belangen.
In unmittelbarer Nähe der Landstraße Wörlitz–Gohrau-Rehsen verlief die DWE weiter nach Riesig (Kilometer 21,9). Von hier aus war es bis Gohrau-Rehsen nicht mehr weit. Nach etwa 5 Minuten Fahrzeit war die Endstation der DWE erreicht. Außer einem Ladegleis, einem Haupt- und Umfahrgleis und einem kleinen Dienstgebäude gab es keine weiteren Anlagen in Gohrau-Rehsen.

Fahrzeuge

Zur Betriebseröffnung kaufte die DWE bei Henschel drei Bn2-Tenderloks. Die kleinen Maschinen genügten über Jahre hinweg. Erst 1900 stockte man den Lokpark mit einem vierten Zweikuppler von Borsig auf. Im Sommer 1919 stellte die DWE zwei Heißdampfloks von Typ »Preußen« in Dienst, die mit einer Höchstgeschwindigkeit von 40 km/h die schnellsten Maschinen waren. Sie blieben die einzigen Heißdampfer der DWE. Bereits 1925 drehte der erste Triebwagen auf der DWE seine Runden. Das Baumuster der Waggonfabrik Dessau ging 1925 in das Eigentum der DWE über, und bewährte sich mit dem Beiwagen hervorragend im täglichen Einsatz.
Als Ersatz für die inzwischen völlig verschlissenen Zweikuppler kaufte die ALE für die DWE 1936/37 insgesamt drei gebrauchte T 3. Die fünf Dreikuppler trugen nun bis 1945 die Hauptlast des Verkehrs. Bei den Bombenangriffen auf Dessau wurde eine T 3 schwer beschädigt. Die DWE war deshalb froh, als sie 1946 von den demontierten Junkers-Werken zwei Werkloks für den Streckendienst übernehmen konnte. Die Herkunft und der Verbleib der 1945 bei der DWE nachgewiesenen V 36 und Köf II sind

hingegen ungeklärt. Die Deutsche Reichsbahn gliederte Anfang 1950 einen Triebwagen und sieben Dreikuppler in ihren Fahrzeugpark ein.
Im Vergleich zu anderen Privatbahnen besaß die DWE viele Personenwagen. Bereits 1894 verfügte die Bahn über acht Personen und zwei Post-Packwagen. Für den Güterverkehr beschaffte man 1894 vier G-, 12 O- und vier Langholzwagen. In den folgenden Jahren stellte die DWE weitere Wagen in Dienst. Für 1928 ließen sich neben 35 Güter- und vier Langholzwagen insgesamt 21 Personen- und drei Packwagen nachweisen. Außerdem besaß die DWE einen Sprengwagen zur Unkrautbekämpfung. Mit dem Verkehrsrückgang in den dreißiger Jahren reduzierte die DWE auch ihren Fahrzeugpark. So besaß die Bahn 1937 nur noch zehn Personen-, zwei Pack-, zwölf G- und 31 O-Wagen, davon waren insgesamt 34 Güterwagen bei der DRG eingestellt.

Triebfahrzeuge der Dessau–Wörlitzer Eisenbahn:

Dampflokomotiven

Bahn-Nr.	Bauart	Hersteller	Baujahr	Fabrik-Nr.	DR-Nr.	Bemerkungen
1	Bn2t	Henschel	1894	3997		1923 ausgemustert
2	Bn2t	Henschel	1894	3998		am 1. Januar 1936 ausgemustert
3	Bn2t	Henschel	1894	3999		am 8. März 1929 abgestellt; am 1. Januar 1936 ausgemustert
4	Bn2t	Borsig	1900	4765		am 1. Juli 1937 abgestellt; am 31. März 1938 ausgemustert
5	Ch2t	Henschel	1918	16 655	89 6477	Typ »Preußen«; 1964 im Bw Röblingen ausgemustert
6	Ch2t	Henschel	1919	17 353	89 6478	Typ »Preußen«; am 26. November 1964 abgestellt; 1965 im Bw Bitterfeld ausgemustert
7	Cn2t	Hagans	1904	503	89 6205	pr. T 3; HALLE 6201; ab 1925 als 89 7464 im Einsatz; am 29. Februar 1936 von der DRG gekauft; besaß bei der Übernahme den Kessel Freudenstein Nr. 224; am 15. September 1965 im Bw Magdeburg-Buckau ausgemustert
8	Cn2t	Hohenzollern	1899	1182	89 6106	pr. T 3; an die WLE als Lok Nr. 17 geliefert; am 15. März 1937 von der WLE gekauft; 1945 schwer beschädigt und am 20. Dezember 1951 im Bw Dessau ausgemustert
9	Cn2t	Jung	1900	431	89 6114	pr. T 3; MAGDEBURG 6188; ab 1925 als 89 7330 im Einsatz; am 15. September 1937 von der DRG gekauft; besaß bei der Übernahme den Kessel Hagans Nr. 434; am 4. April 1967 im Bw Oebisfelde ausgemustert
10	Cn2t	Krupp	1937	1757	89 6408	Typ »Hannibal«; als Werklok Nr. 3 an die Junkers-Werke Dessau geliefert; 1945 von der DWE übernommen; etwa 1964 im Bw Halle P ausgemustert
11	Cn2t	Krupp	1936	1561	89 6407	Typ »Hannibal«; als Werklok Nr. 2 an die Junkers-Werke Dessau geliefert; 1945 von der DWE übernommen; am 12. Juni 1954 als Werklok an die Hafenbahn Dessau verkauft

Diesellokomotiven

Bahn-Nr.	Bauart	Hersteller	Baujahr	Fabrik-Nr.	DR-Nr.	Bemerkungen
12	Bdh	Schwartzkopff	1940	11 381		Köf II; ehemalige Werklok, kam 1945 zur DWE; Verbleib unbekannt
	Cdh	Deutz		27 394		V 36; ehemalige Werklok, kam 1945 zur DWE; Verbleib unbekannt

Triebwagen

Bahn-Nr.	Bauart	Hersteller	Baujahr	Fabrik-Nr.	DR-Nr.	Bemerkungen
41	28	1-Adm	Dessau	1924	VT 135 503	1955 im Raw Dessau umgebaut; am 22. Mai 1968 im Bw Prenzlau ausgemustert

Die Bahnen der Anhaltischen Landes-Eisenbahngemeinschaft

Gernrode–Harzgeroder Eisenbahn

Vorgeschichte

Schon seit über 1000 Jahren ist der nordöstliche Teil des Harzes mit dem Ramberg, der auch Unterharz genannt wird, besiedelt. Einst Jagdgebiet der deutschen Könige und Kaiser entwickelten sich bereits im Mittelalter Bergbau und Hüttenwesen. Waren aus Blei, Zink und Eisen wurden in alle Teile Deutschlands geliefert. Das hier gewonnene Silber füllte die Staatskassen der Herzogtümer Anhalt und Braunschweig sowie des Königreiches Preußen, die sich den Unterharz teilten. Als sich im 18. und 19. Jahrhundert das Ende des Bergbaues abzeichnete, fanden viele Einheimische in der Holzverarbeitung und bei dem sich langsam entwickelnden Fremdenverkehr neue Arbeit. Nach der Eröffnung der Strecke Magdeburg–Halberstadt am 15. Juli 1843 forderten auch die Städte und Gemeinden im Unterharz einen Anschluß an das Eisenbahnnetz. Bereits 1843 regte ein Eisenbahnkomittee den Bau einer regelspurigen Strecke von Köthen nach Göttingen an. Ein Teil der Bahn sollte dabei durch das Selketal verlaufen. Allein für diesen rund 20 km langen Abschnitt wären 32 Brücken und drei Tunnels notwendig gewesen. Das ehrgeizige Projekt scheiterte letztlich an den enormen Kosten.

Als die MHE am 7. Januar 1868 den Betrieb auf der Stichstrecke Frose–Ballenstedt eröffnete, keimten die Hoffnungen auf eine eisenbahntechnische Erschließung des Unterharzes wieder auf, zumal auch das Königreich Preußen erwog, seine Kanonenbahn Berlin–Metz über den Harz zu bauen. Doch auch diesmal verliefen alle Projekte im Sand. Erst das 1880 präsentierte Projekt einer Meterspurbahn von Quedlinburg über Gernrode, Harzgerode nach Nordhausen brachte wieder Bewegung in die Angelegenheit. Da das Königreich Preußen durch diese Bahnlinie seine eigenen Interessen verletzt sah, blockierte es das Projekt. Stattdessen verlängerte die KPEV nun die Stichstrecke Frose–Ballenstedt bis Quedlinburg. Am 1. Oktober 1885 traf schließlich der erste Güterzug in Gernrode ein. Damit war der Gedanke an den Bau einer Schmalspurbahn im Unterharz aber noch lange nicht erloschen. Im Gegenteil: Von Gernrode aus boten sich weitaus bessere Möglichkeiten.

Das Herzogtum Anhalt stand dem sehr aufgeschlossen gegenüber und beteiligte sich mit 300 000 Mark bei der Gründung der »Gernrode–Harzgeroder Eisenbahn-Gesellschaft« (GHE) am 10. Mai 1886. Der am 8. Januar 1887 einstimmig angenommene Gesellschaftsvertrag legte das Stammkapital der GHE auf 900 000 Mark fest. Die Lokalbahn-Bau- und Betriebsgesellschaft Hostmann & Co übernahm ebenfalls 300 000 Mark. Hostmann & Co sicherten sich für zwölf Jahre sämtliche Betriebsrechte an der GHE.

Bau und Eröffnung

Noch bevor das Herzogtum Anhalt am 14. Oktober 1886 den eingereichten Bauplänen für die meterspurige Schmal-

Ein Güterzug in Richtung Alexisbad legte um die Jahrhundertwende in Mägdesprung einen Zwischenhalt ein.
Foto: Sammlung G. Zieglgänsberger

Ein Personenzug der GHE überquert die Brücke über den Heiligen Teich bei Gernrode.
Foto: Sammlung G. Zieglgänsberger

spurbahn Gernrode–Harzgerode zustimmte, begannen Hostmann & Co am 27. September 1886 mit den Bauarbeiten. Am 14. März 1887 erhielt die GHE ihre Konzessionsurkunde als Nebenbahn. Trotz zahlreicher Einschnitte und Dämme war nach nur zehn Monaten Bauzeit das 10,2 km lange Streckenstück Gernrode–Mägdesprung fertig. Am 7. August 1887 eröffnete die GHE feierlich den Betrieb auf ihrem ersten Streckenstück. Der Andrang der Schaulustigen war unerwartet groß. Rund 1300 Fahrgäste wurden mit den zahlreichen Sonderzügen befördert.

Bis der erste Zug in Harzgerode eintraf, sollten noch gut elf Monate vergehen, denn die notwendigen Erdarbeiten dauerten länger als erwartet. Am 1. Juli 1888 war es schließlich soweit: Die GHE konnte auf ihrer Stammstrecke den Personen- und Güterverkehr eröffnen. Zwischen dem 1. August 1888 und dem 31. März 1889 beförderte die Schmalspurbahn rund 33 300 Fahrgäste und etwa 7700 t Güter durch das Selketal.

Auf ihrer dritten Generalversammlung am 2. Dezember 1887 hatten die Aktionäre der GHE die Verlängerung der Schmalspurbahn von Alexisbad über Güntersberge nach Hasselfelde beschlossen. Die Kleinstadt Güntersberge beteiligte sich auch an den Baukosten. Da Hasselfelde aber zu Braunschweig gehörte, mußte zwischen beiden Herzogtümern ein Staatsvertrag geschlossen werden. Nachdem am 21. September 1888 die anhaltische Regierung dem Bau und Betrieb des Abschnittes Alexisbad–Güntersberge zugestimmt hatte, gingen die Arbeiten an der GHE zügig weiter. Am 1. Juni 1890 nahm die »Anhaltische Harzbahn«, wie die GHE inoffiziell oft genannt wurde, den Betrieb nach Güntersberge auf.

Auch die Verhandlungen zwischen den beiden Herzogtümern über den Staatsvertrag für die Strecke Güntersberge–Hasselfelde nahmen nun konkrete Formen an und konnten am 24. Mai 1891 mit der Unterzeichnung des Dokumentes abgeschlossen werden. Doch in Braunschweig gab es immer noch Gegner, die den Vertrag noch in letzter Minute kippen wollten. Ungeachtet dessen begann die GHE mit den Bauarbeiten auf braunschweigischem Gebiet. Erst als am 10. Oktober 1891 der Staatsvertrag im braunschweigischen Gesetzblatt veröffentlicht wurde, stand der Verlängerung der GHE nach Hasselfelde nichts mehr im Wege.

In der Zwischenzeit hatten die Schienen schon Stiege erreicht, wo am 1. Dezember 1891 der offizielle Eröffnungszug einfuhr. Der harte Winter 1891/92 verhinderte aber den zügigen Weiterbau nach Hasselfelde. Erst am 1. Mai 1892 feierten die Bürger Hasselfeldes den Anschluß an die GHE.

Betrieb und Verkehr

In den ersten Betriebsjahren stiegen die Beförderungsleistungen auf der GHE stetig an. Bereits im Rechnungsjahr 1892/93 transportierte die Schmalspurbahn über 103 000 Reisende und fast 30 000 t Güter. Den Einnahmen von rund 141 000 Mark standen Ausgaben von etwa 109 000 Mark gegenüber. Die Bimmelbahn brachte den Anliegergemeinden den erhofften wirtschaftlichen Aufschwung. Besonders der Fremdenverkehr profitierte von dem neuen Verkehrsmittel.

Lediglich in Hasselfelde war man mit der Anbindung an die GHE nicht ganz zufrieden. Da das wirtschaftliche Leben der Kleinstadt auf Nordhausen ausgerichtet war, regte der Stadtrat eine Verbindung zwischen der GHE und der NWE an. Bereits 1900 gab die Generalversammlung der GHE Vorarbeiten für eine Strecke zwischen Stiege und der Station Tiefenbachmühle der NWE und eine Verlängerung von Hasselfelde nach Rübeland an die HBE in Auftrag. Schon bei den Voruntersuchungen zeigte sich, daß es günstiger wäre, die GHE durch das Behretal zur Eisfelder Talmühle zu verlängern. Das Projekt Hasselfelde–Rübeland legte man allerdings ad acta. Schon zum Jahresende 1900 waren die Vorarbeiten für die Strecke Stiege–Eis-

♀ W außerdem noch Alexisbad ab 8.01 | 17.30 ♀ Harzgerode an 8.10 | 17.39

3 Gernrode (Harz) - Eisfelder Talmühle

nS auch am 10. VI.
Alle Züge 2. 3. Klasse

km	Station	Mo102	S 20bG	4 bG	22	8	W104	10 bG	12	26	14 bG	28	18	S 106
	ab *Aschersleben*	6.10	6.10	7.15	7.15	10.13	12.05	12.05	13.06	14.58	...	vS16.48	18.42	21.25
	ab *Halberstadt*	w5.56	S6.16	7.02	8.10	10.52	...	11.44	11.44	14.01	15.50	17.24	...	21.11
	ab *Quedlinburg*	w6.29	S6.50	7.36	8.46	11.20	...	13.29	13.29	14.28	16.30	17.58	19.17	21.43
0,0	ab **Gernrode** (Harz)	Ballenst	a7.14	8.20	9.11	11.40	a13.05	c13.48	14.10	15.58	d16.50	a18.25	19.40	S22.35
1,3	Osterteich	West ab		×24		×11.44	K	×51	×14	×16.03	×53	×29	×44	K
5,7	Sternhaus-Haferfeld	.. Mo7.09	7.32	8.35	×28	×11.58	13.22	×14.01	×27	×16.16	×17.03	×44	×57	×51
7,0	Sternhaus-Ramberg	.. K	×37	×39	×31	×12.03		×05	×31	×16.20	×06	×48	20.02	
10,2	Mägdesprung	.. 7.34	7.49	8.47	9.40	12.14	13.34	14.14	14.41	16.30	17.15	19.04	20.12	23.04
11,7	Drahtzug	.. ×7.38		×51		×12.19	×38	×17	×45	×16.34		×08	×16	×09
14,6	an **Alexisbad**	.. 7.48	8.01	8.58	9.52	12.28	13.47	14.23	14.54	16.42	17.24	19.18	20.25	S23.17

Nr Privatnebenbahn Nr		Mo101	S 21	W 21	5 bG	w103	S 5bG	7	S 13	13 bG	25	27	19bG	S 29bG	S 105
Aschersleben	an	W7.43	10.04	10.04	12.24	12.24	12.24	14.43	...	...	19.09	20.26	S21.32	22.53	22.53
Halberstadt	an	9.00	9.00	10.05	13.17	13.17	13.17	14.48	16.50	16.50	19.26	21.17	21.17	...	23.13
Quedlinburg Rb	an	7.27	S8.05	9.25	11.17	12.40	12.40	14.16	16.09	16.09	18.38	19.53	w20.49	S21.30	22.45
Gernrode (Harz)	an	Bllst.	S7.46	w8.52	d11.02	a11.22	a11.31	13.39	a15.37	d15.53	18.03	19.33	20.24	a21.10	S21.46
Osterteich		W. an		×48	×59	K		×34	×33	×50	×18.00				K
Sternhaus-Haferfeld		Mo6.51	7.31	8.35	×48	11.04	×18	×22	×21	×41	×48	×18	×07	×53	21.30
Sternhaus-Ramberg		K	×25	×29	×45		×15	×17	×18	×38	×44	×15	20.02	×48	
Mägdesprung		6.26	7.15	8.19	10.36	10.51	11.08	13.09	15.08	15.31	17.36	19.07	19.50	20.39	21.17
Drahtzug		×22	×10	×14	×32	×49	×11.05	×13.04		×28	×32				×13
Alexisbad	ab	6.12	S7.00	w8.05	10.24	10.38	10.58	12.56	14.54	15.22	17.24	18.54	19.36	20.25	21.04

km	Zug Nr	S50	Mo102	S2♀	4	6	S 52	8	W104	S10bG	12	W 54	26♀	S 14	d 16	18	S106
0,0	ab **Alexisbad**	b7.05	7.48	a8.03	9.00	10.00	a11.00	12.33	a13.48	c14.25	14.55	c15.22	16.43	18.20	18.55	20.30	23.18
2,9	an **Harzgerode**	7.14	8.00	8.12	9.08	10.09	11.09	12.42	14.00	14.33	15.03	15.31	16.57	18.29	19.03	20.39	23.30

Zug Nr		Mo101	S 1	W 1	3	5 bG	w103	S 5	7	S 9	S 11	13 bG	25	S 17	15	19	S 105
Alexisbad	an	6.11	6.54	7.59	9.44	d10.23	a10.37	a10.54	12.54	a13.40	a14.48	d15.15	17.12	18.04	18.42	d19.19	S21.02
Harzgerode	ab	6.00	6.45	7.50	9.35	10.15	10.25	10.45	12.45	13.30	14.40	15.06	17.03	17.55	18.33	19.10	20.50

km	Station														
14,6	ab **Alexisbad**	...	K	a8.05	bG	9.56	..	Nach Neudorf (Harz)	w14.24	S15.00	S16.44	d17.25	a19.25	...	K
17,8	Silberhütte (Anh)	...	...	8.13	..	10.04	...		14.31	15.08	16.52	17.32	19.35	...	...
21,9	Lindenberg (Harz)	...	...	8.23	..	10.15	...		14.40	15.18	17.03	17.41	19.47	...	...
27,1	Güntersberge (Harz)	...	...	8.35	..	10.28	...		c14.51	15.29	17.17	17.51	20.00	...	...
30,6	Friedrichshöhe	...	...	8.43	..	10.36	...		...	15.38	17.26	17.58	20.09	...	...
31,3	Albrechtshaus	...	..	×45	..	×38	...		...	×40	×28	×18.00	×11	...	...
35,7	an **Stiege**	...	...	8.55	..	10.48	...		...	a15.51	a17.39	18.08	20.22	...	...

Alexisbad	an	K	6.56	7.50	..	K	Von Neudorf (Harz)	...	a10.56	...	...	w15.20	16.26	d18.53	19.09	a20.02	K
Silberhütte (Anh)		...	6.48	7.42	..			...	10.49	...	...	15.13	16.17	18.46	19.00	19.55	...
Lindenberg (Harz)		...	6.38	7.27	..			...	10.40	...	...	15.04	16.06	18.38	18.49	19.45	...
Güntersberge (Harz)		...	6.25	7.12	..			...	10.28	...	...	c14.53	15.50	18.28	18.34	19.31	...
Friedrichshöhe		...	6.16	6.58	..			...	10.16	...	...	...	15.38	18.21	18.24	19.24	...
Albrechtshaus		...	×13	×55	..			...	×14	...	...	...	×34	×19	a×21	×22	...
Stiege	ab	...	6.03	6.44	..			...	10.03	...	...	...	15.22	18.10	S18.10	19.13	...

km	Zug Nr			30	S 32	34			36	S 64	38	S 40	28		
0,0	ab **Stiege**	...	..	8.25	10.03	10.54	...	...	14.16	a16.00	18.12	a19.15	a20.25	...	...
4,9	an **Hasselfelde**	...	..	8.40	10.20	11.11	...	...	14.33	16.17	18.29	19.32	20.42	...	...

Zug Nr		W 31	S 21	W21	S 31	S 33	35					25	37	S 39	S 29	
Stiege	an	5.29	S6.02	w6.41	7.30	9.03	10.45	..	...	...	...	15.20	15.50	a18.05	a19.02	...
Hasselfelde	ab	5.12	5.45	6.24	7.13	8.48	10.28	..	...	...	...	15.03	15.33	17.48	18.45	...

km	Zug Nr	W 42	S 42	S 44	22				46	S48bG
35,7	ab **Stiege**	5.34	7.33	9.05	10.51	...	...	...	15.55	a18.23
38,6	Birkenmoor		×7.42	×12	×11.00	...	...	...	×16.03	
43,0	Unterberg	×5.52				...	...	...		
44,3	an **Eisfelder Talmühle**	5.57	7.54	9.26	11.12	...	...	...	16.16	18.44
	an *Nordhausen NWE*	6.42	...	10.12	11.53	...	...	...	16.58	19.30
	an *Wernigerode NWE*	9.55	9.55	...	13.44	...	...	...	19.40	...

Zug Nr						41	S 43				25	45		S29bG	
Stiege	an	...	...	...	...	8.24	9.57	...	...	...	14.13	18.04	...	a19.11	...
Birkenmoor		...	...	...	...	×8.17	×9.48	...	...	..	×14.05		...		...
Unterberg		...	...	...	...			...	...	...			...		...
Eisfelder Talmühle	ab	...	...	...	...	8.03	9.35	...	...	...	13.50	17.42	...	18.50	...
Nordhausen NWE	ab		...	...	...	7.20	S8.45	...	...	...	13.03	17.00	...	...	...
Wernigerode NWE	ab	...	...	...	...	...	7.30	...	...	...	11.48	14.18	...	16.30	...

K = Eisenb-Kraftverkehr
a Vom 1. VII.—31. VIII.
b 15.V.—30.VI. u. ab 1.IX.
c Vom 1. VI.—31. VIII.
d tägl., im Juli-Aug. nur W

Der Sommerfahrplan der GHE 1935.
Abbildung: Sammlung D. Endisch

felder Talmühle abgeschlossen. Da Vering & Wächter als Rechtsnachfolger von Hostmann & Co kein großes Interesse an der Verbindung zur NWE zeigten, wollte die GHE das geplante Streckenstück sofort in eigener Regie betreiben. Allerdings dauerte es fast vier Jahre, bis die Finanzierung des auf 720 000 Mark veranschlagten Abschnittes Stiege–Eisfelder Talmühle gesichert war. Außerdem mußten Anhalt, Braunschweig und Preußen einen Staatsvertrag abschließen, da die rund 9 km lange Schmalspurbahn zwei Ländergrenzen kreuzte. Der Vertrag wurde am 16. Juni 1904 unterzeichnet.

Den ursprünglichen Eröffnungstermin am 1. Mai 1905 für die Verbindung zur Eisfelder Talmühle konnte die GHE nicht einhalten. Der kalte und schneereiche Winter 1904/05 warf alle Planungen über den Haufen. Erst am 7. Juni 1905 verlegten die Bauarbeiter die letzten Schienen. Nach der landespolizeilichen Abnahme der Strecke am 9. Juli 1905 wurde der Abschnitt Stiege–Eisfelder Talmühle am 15. Juli 1905 für den Personen- und Güterverkehr freigegeben. Damit hatte die GHE eine Streckenlänge von 52,1 km erreicht. Gleichzeitig übernahm die GHE die Betriebsführung in eigene Regie.

Zur Modernisierung ihrer Fahrzeuge und Anlagen beantragte die GHE beim anhaltischen Landtag ein Darlehen über 180 000 Mark, das problemlos bewilligt wurde. Mit diesem Geld beschaffte die GHE drei schwere Mallet-Loks und neue Güterwagen. Außerdem ersetzte man die bis dahin verwendete Seilzugbremse der Bauart Heberlein durch die Körting-Saugluftbremse und führte die Balancierkupplung ein.

Die GHE stimmte ihren Fahrplan auf die Züge der Staatsbahn in Gernrode und die Züge der NWE in Eisfelder Talmühle ab. Das sehr gute Fahrplanangebot schlug sich natürlich in den Beförderungszahlen der Schmalspurbahn nieder. Im Geschäftsjahr 1911/12 zählte man über 236 000 Reisende. aber auch der Güterverkehr mit rund 90 000 t konnte sich sehen lassen.

Der 1. Weltkrieg bedeutete eine schwere Zäsur in der Entwicklung der GHE. Zwar sank das Verkehrsaufkommen nicht – im Gegenteil: der Güterverkehr nahm sogar durch die Rüstungsproduktion in Silberhütte zu – doch der Verkehr mußte mit immer weniger Eisenbahnern und Fahrzeugen aufrechterhalten werden. Besonders hart traf die GHE die zwangsweise Abgabe der drei fast neuen Mallet-Maschinen und 25 Güterwagen an die Heeresfeldbahnen. Im letzten Kriegsjahr 1918 mußte die GHE sogar ihren Betrieb an einigen Tagen einstellen, da keine Kohle für die Lokfeuerung zur Verfügung stand. Dennoch beförderte die Bahn 1918/19 über 254 000 Fahrgäste und 92 000 t Güter.

Die Einstellung der Rüstungsproduktion im Harz und die Anfang der zwanziger Jahre einsetzende Geldentwertung brachten die GHE in ernste wirtschaftliche Schwierigkeiten. Zur Straffung der Verwaltung und Betriebsführung der Privatbahnen in Anhalt gründete der Freistaat am 22. September 1920 die Anhaltische Landes-Eisenbahngemeinschaft (ALE), die rückwirkend zum 1. Januar 1920 die Betriebsführung auf der GHE übernahm. Außerdem stockte der Freistaat 1922 seinen Aktienanteil an der GHE um weitere 100 000 Mark auf. Trotz

Um 1950 nimmt die Lok »GERNRODE« in Alexisbad Wasser.
Foto: Sammlung G. Zieglgänsberger

Am 15. Mai 1971 wartete die 99 5903 mit einem GmP in Gernrode auf das Abfahrsignal.
Foto: H. Röper

aller Sanierungsversuche mußte die GHE mangels Verkehr im Herbst 1923 den Betrieb zwischen Stiege und Eisfelder Talmühle einstellen, da im Frühjahr 1923 nur 300 Fahrgäste pro Monat gezählt wurden. Erst Ende 1924 dampften wieder Personenzüge durch das Behretal.

Nachdem die Beförderungsleistungen auf der GHE im Geschäftsjahr 1924 ihren ersten Tiefpunkt erreicht hatten, ging es wieder langsam aufwärts. Neben der dringend notwendigen Sanierung des Oberbaues und der Beschaffung neuer Fahrzeuge gründete die GHE am 25. Februar 1925 einen eigenen Kraftverkehrsbetrieb, mit dem man fremder Konkurrenz vorbeugen und das Zugangebot sinnvoll ergänzen wollte. Mit drei Bussen bediente die GHE ein Liniennetz mit rund 122 km Länge zwischen Harzgerode, Gernrode, Ballenstedt, Stiege, Silberhütte und Stolberg.

Doch die positive Entwicklung sollte nicht lange andauern. Nach den recht guten Betriebsergebnissen 1929, mit 194 000 Fahrgästen und 90 000 t Gütern, schrumpften diese Zahlen während der Weltwirtschaftskrise auf ein Minimum zusammen. Erst 1933 hatte die GHE die Talsohle erreicht. Das Betriebsdefizit belief sich nun auf rund 27 000 Mark. Nur noch 101 194 Reisende und 53 981 t Güter konnte die ALE abrechnen. Besondere Sorgenkinder waren dabei die Strecken Alexisbad– Hasselfelde und Stiege–Eisfelder Talmühle. Um den Personenverkehr auf diesen beiden Streckenteilen effektiver zu gestalten, beschaffte die GHE von der Waggonfabrik Dessau einen zweiachsigen Triebwagen. Damit konnten die Betriebskosten für einen lokbespannten Zugkilometer von 2,50 RM auf 0,35 RM gesenkt werden.

Ab 1935 stiegen die Einnahmen der GHE im klassischen Bahngeschäft wieder. Besonders die zahlreichen Ausflügler und Touristen füllten nun die Züge. Schon 1938 verkauften die Eisenbahner der GHE wieder über 247 000 Fahrkarten.

Nach Ausbruch des 2. Weltkrieges stiegen die Leistungen der GHE weiter an, da nun der konkurrierende Kraftverkehr seine Leistungen einstellen mußte. Dennoch konnte die Bahn die inzwischen aufgelaufenen Schulden von knapp 500 000 Mark nicht tilgen. Für knapp 65 000 Mark baute die GHE während des Krieges das rund 1,7 km lange Anschlußgleis von der Ladestelle Fluor bei Straßberg zum Herzogschacht.
Den Krieg überstand die GHE ohne größere Zerstörungen. Mit dem Einmarsch der US-Armee in den Unterharz stellte die Bahn Mitte April 1945 den Betrieb ein. Nur wenige Tage später verkehrten aber wieder die ersten Züge. Bereits für den 4. Mai 1945 sind die ersten Zugfahrten belegt. Mit dem Einmarsch der Roten Armee am 30. Juni 1945 in den Ostharz änderte sich die Situation radikal.
Schon im Herbst 1945 machten erste Gerüchte die Runde, wonach die GHE als Reparationsleistung von der sowjetischen Besatzungsmacht demontiert werde. Allerdings glaubte man von seiten der Geschäftsführung nicht daran, zumal die Gleise und Fahrzeuge der GHE völlig veraltet waren. Am 6. April 1946 mußten dann Eisenbahner der GHE auf Befehl der SMAD mit dem Abbau der Gleise beginnen, obwohl die Anliegergemeinden, der Landkreis Ballenstedt und die Leitung der GHE dagegen protestierten. Lediglich der Hasselfelder Bürgermeister hatte Glück: Er konnte den Erhalt des Abschnittes Eisfelder Talmühle–Stiege–Hasselfelde bei der SMAD durchsetzen. Auf Anweisung der Provinzialverwaltung übernahm die NWE den Betrieb auf diesem Reststück.
Bis auf das etwa 2,5 km lange Streckenstück Straßberg–Herzogschacht waren innerhalb weniger Wochen alle Gleise zwischen Stiege und Gernrode abgebaut und verladen. Auch fast alle Fahrzeuge, bis auf die Lok GERNRODE und einige O-Wagen, wurden gen Osten abgefahren.
Am 30. Juni 1946 wurde schließlich die de jure noch bestehende GHE enteignet und in Landeseigentum überführt. Im Spätsommer 1946 stellte die SMAD der GHE die beschlagnahmten Wagen und die verbliebene Lok »leihweise« zur Verfügung. Die GHE wickelte damit im Auftrag der Besatzungsmacht den Flußspat- und Holztransport zwischen dem Herzogschacht und Straßberg ab. Allerdings erkannte die SMAD nach zahlreichen Eingaben des Kreises Ballenstedt und der Anliegergemeinden die wirtschaftliche Bedeutung der GHE und genehmigte Ende 1946 den Wiederaufbau der Strecken Gernrode–Straßberg und Alexisbad–Harzgerode. Mit viel Organisationstalent beschafften die Eisenbahner aus allen Ecken des Landes Schienen, Weichen und Kleineisen, die sie für den Einbau auf der Schmalspurbahn herrichteten. Ein Großteil der Schwellen sowie alle Hochbauten und Brücken konnten sofort wieder in Betrieb genommen werden.
Die Aufbaukolonnen aus Straßberg und Gernrode trafen sich schließlich am 8. März 1949 unweit des Haltepunktes Drahtzug. Die Deutsche Reichsbahn, die am 1. April 1949 die Verwaltung und Nutznießung der ehemaligen GHE übernahm, eröffnete am 16. Mai 1949 wieder den Personen- und Güterverkehr zwischen Gernrode und Straßberg. Der Wiederaufbau der Stichstrecke Alexisbad–Harzgerode zog sich noch bis 1950 hin. Erst im Juli 1950 traf der erste Personenzug in Harzgerode ein. Auf den Aufbau des Abschnittes von der ehemaligen Verladestelle Fluor nach Stiege verzichtete man allerdings, da zum einen Baumaterialien knapp waren und zum anderen das Verkehrsaufkommen vor 1945 ohnehin gering war.
In den fünfziger und sechziger Jahren bestimmten der Güter- und Berufsverkehr das Bild auf der Selketalbahn, auf der auch in der Nacht die Züge rollten. Erst Ende der sechziger Jahre erlangte der Ausflugsverkehr mit den im Unterharz entstandenen Ferienheimen wieder Bedeutung. Dennoch schien das Schicksal der Bimmelbahn besiegelt. Der 1966 beschlossene Generalverkehrsplan des Bezirkes Halle sah in Abstimmung mit der Reichsbahn für 1974 die Stillegung der Selketalbahn vor. Doch sechs Jahre später wendete sich das Blatt: Das MfV erklärte nach Absprache mit dem Rat des Bezirkes Halle am 5. September 1972 die Selketalbahn zu einem technischen Denkmal. Die Schmalspurbahn sollte als Verkehrsmittel, lebendiges Denkmal und touristische Attraktion erhalten bleiben. Doch dieser Sinneswandel hatte auch seine Gründe: Die Gelder für Lkw und Busse sowie für den Ausbau der Straßen zwischen Straßberg, Harzgerode und Gernrode fehlten und so mußten weiterhin täglich 200 t Flußspat per Bahn abgefahren werden. Zwei Jahre später, 1974, begann die gründliche Erneuerung des Oberbaues der Selketalbahn. Der Güter-

Das Bekohlen der Mallet-Maschinen, hier 99 5904 im Oktober 1987, in Gernrode war Handarbeit. Im Hintergrund die Verladerampe für Schmalspurfahrzeuge.
Foto: D. Endisch

Der Lokbahnhof Gernrode im Dezember 1996: Die 199 010 steht vor dem Triebwagen- und Wagenreparaturschuppen, in der Mitte der Tankcontainer und im Hintergrund der dreigleisige Lokschuppen. Foto: D. Endisch

Der Bahnhof Mägdesprung um die Jahrhundertwende.
Foto: Sammlung G. Zieglgänsberger

transport in Schmalpurwagen und die Umladung in Gernrode blieben aber erhalten. Im selben Jahr wurde eine Studie zum Wiederaufbau der Strecke Straßberg–Stiege erarbeitet.

Da aber immer wieder Gleisbaukapazitäten und Gelder fehlten, schob die Rbd Magdeburg das Vorhaben auf die lange Bank. Mit dem Bau eines großen Wärmekraftwerkes in Silberhütte wurde die Selketalbahn volkswirtschaftlich wichtig, denn die notwendigen Kohlemengen konnten nicht mehr in Gernrode von den Regel- in die Schmalpurwagen umgeschlagen werden. Wegen des knappen Lichtraumprofils zwischen Gernrode und Alexisbad schied auch der Rollwagenbetrieb aus. Lediglich von Nordhausen über Stiege konnten Rollwagenzüge nach Silberhütte gefahren werden. Deshalb begannen 1981 die Arbeiten für den Wiederaufbau des Abschnittes Straßberg–Stiege.

Zur Rationalisierung des Zugbetriebs erhielten die Bahnhöfe Stiege, Straßberg und Silberhütte Rückfallweichen. Damit das Umsetzen in Stiege für Züge auf der Relation Straßberg–Eisfelder Talmühle entfallen konnte, baute die Reichsbahn eine Wendeschleife. Im dichten Schneetreiben dampfte am 30. November 1983 der Eröffnungszug von Stiege nach Alexisbad. Der Güterverkehr zwischen Nordhausen Nord und Silberhütte wurde dann am 12. Februar 1984 aufgenommen. Den ersten planmäßigen Personenzug auf dem neuen alten Streckenabschnitt bespannte am 3. Juni 1984 die 99 6001.

Nach der Wende in der DDR schrumpfte innerhalb weniger Monate der Güterverkehr auf der Selketalbahn auf ein Minimum zusammen. Für 1990 plante die DR ohnehin die Einstellung des Güterverkehrs zwischen Gernrode und Alexisbad, da nicht mehr genügend betriebsfähige Schmalpur-Güterwagen zur Verfügung standen. Nachdem am 4. Januar der erste Rollwagenzug aus Nordhausen in Harzgerode eintraf, dampfte am 1. April 1990 der letzte Schmalspur-Güterzug durch das Selketal.

Ab Sommer 1991 bestimmt der Personenverkehr auf der Selketal das Bild. Planmäßige Güterzüge gehören seit 1993 der Vergangenheit an. Seit dem 1. Februar 1993 ist die am 19. November 1991 gegründete HSB neuer Eigentümer und Betreiber der ehemaligen GHE.

Strecke und Anlagen

Gegenüber des DB AG-Bahnhofes befinden sich die Anlagen der ehemaligen GHE. Als Betriebsmittelpunkt der Selketalbahn besitzt der Bahnhof neben umfangreichen Gleisanlagen noch heute einen dreigleisigen Lokschuppen mit Werkstatt und Wasserturm, ein kleines eingeschossiges Stationsgebäude, einen Wagenschuppen und ein Eisenbahnerwohnhaus. Der Portalkran an der ehemaligen Umladung, die Rampe zum Verladen von Schmalspurfahrzeugen, der Güterschuppen und die Ladestraße mit Rampe werden allerdings nicht mehr genutzt.
Unmittelbar hinter dem Bahnhof Gernrode beginnt für das Lokpersonal der Ernst des Lebens, denn in ständiger Steigung wird der Ramberg bezwungen. Hinter dem Haltepunkt Osterteich schlängelt sich die Trasse durch das Wellbachtal hinauf. Dabei geht es teilweise mit maximal 1 : 30 bergan. Nach 5,7 km ist der Haltepunkt Sternhaus-Haferfeld erreicht. Bis 1974 besaß der Haltepunkt zwei Gleise. Rund 1,3 km später folgt der Haltepunkt Sternhaus-Ramberg. Der unbesetzte Haltepunkt mit seinen beiden Gleisen und der inzwischen abgerissenen Wartehalle markiert den ersten Brechpunkt der GHE-Stammstrecke. Waren die Güterzüge auf der Stammstrecke zu schwer, wurden sie in Mägdesprung oder Gernrode geteilt, in zwei Hälften nach Sternhaus-Ramberg gefahren und hier wieder zusammengesetzt.
Hinter dem Haltepunkt schlängelt sich die Trasse mit einer maximalen Neigung von 1 : 25 hinunter in das Selketal, bis der Zug in den Bahnhof Mägdesprung (Kilometer 10,2) einfährt. Der Bahnhof besitzt heute ein zweigeschossiges Empfangsgebäude mit Güterschuppen, Rampe und Gaststätte, ein Ladegleis und zwei durchgehende Hauptgleise. Entlang der Selke dampft die Bimmelbahn vorbei an Drahtzug, dem kleinsten Haltepunkt im Harz, nach Alexisbad. Als Abzweig-Bahnhof verfügt Alexisbad über drei Hauptgleise, ein Ladegleis, eine Wasserstation und ein zweigeschossiges Empfangsgebäude mit Güterschuppen und Rampe. Bis 1905 gab es einen eingleisigen Lokschuppen.
Getreu ihrem Namen folgt die Selketalbahn dem Fluß auf seinem Weg nach Stiege. Bevor der Zug am Kilometer 17,8 in den Bahnhof Silberhütte mit seinem kleinen Stationsgebäude einfährt, passiert er die großen Anlagen der Pyrotechnischen Werke. Die Reste der Anschlußgleise zum Heizkraftwerk, zum Sägewerk und zum Holzwerk Rinkemühle dokumentieren noch heute die frühere Bedeutung des kleinen Haltepunktes.
Durch Wiesen und Weiden geht es nun sanft bergauf weiter nach Straßberg. Die Selke in Straßberg war bis 1945 Ländergrenze. Während die Straße und Häuser rechts der Bahn zu Anhalt gehörten und Lindenberg hießen, lag links des Flusses das preußische Straßberg. Erst 1952 wurden beide Dörfer zu Straßberg zusammengefaßt. Der ehemalige Bahnhof Lindenberg bestand aus einem zweigeschossigen Empfangsgebäude mit Güterschuppen, einer Ladestraße, einer Rampe, einem Draisinenschuppen und

Im März 1989 donnerte die 99 5906 durch den Einschnitt am Mönchskopf bei Mägdesprung.
Foto: D. Endisch

Der Lokschuppen in Harzgerode wurde 1972 abgerissen.
Foto: G. Zieglgänsberger

Das Empfangsgebäude des Bahnhofs Friedrichshöhe. Während des Wiederaufbaus der Strecke Straßberg–Stiege fiel es 1983 der Abrißbirne zum Opfer.
Foto: G. Zieglgänsberger

Ein voller Erfolg waren die Loks Nr. 21 und 22 mit ihren Luttermöller-Antrieben.
Foto: Sammlung H. Röper

drei Gleisen. Nach dem Wiederaufbau des Abschnittes Straßberg–Stiege 1983 erhielt der Bahnhof Rückfallweichen und eine neue Verladerampe für den im ehemaligen Herzogschacht geförderten Flußspat. Fast ohne Steigung geht es weiter in Richtung Güntersberge. Bevor die Trasse beim Kilometer 23,0 auf das andere Ufer der Selke wechselt, sieht man noch heute rechts die Trasse des ehemaligen Anschlußgleises zum Herzogschacht und die Reste der Fluorfabrik. Nach der Stillegung des Anschlußgleises zum Schacht 1974 wurde der Flußspat im Bahnhof Straßberg verladen.

Rund 4 km später folgt der ehemalige Bahnhof Güntersberge. Nur noch das zweistöckige Empfangsgebäude erinnert an den einstigen Bahnhof. Der ehemalige Lokschuppen, der Güterschuppen, die Ladestraße mit Rampe und die drei Gleise sind seit 1946 Vergangenheit. Hinter Güntersberge wird das Tal der Selke wieder enger und die Steigung hinauf auf die Hochebene bei Stiege größer. Das Gebäude des Bahnhofs Friedrichshöhe mußte 1982 abgerissen werden. Als Kreuzungsstation erhielt Friedrichshöhe zwei Gleise mit Rückfallweichen und eine kleine Wartehalle.

Hinter dem Haltepunkt Albrechtshaus am Kilometer 31,3 schlängelt sich die Strecke vorbei an der Selkequelle nach Stiege. Seit 1983 verfügt der Bahnhof mit seinen vier Gleisen, der Ladestraße und dem zweigeschossigen Empfangsgebäude mit Güterschuppen und Rampe über die bei deutschen Schmalspurbahnen einmalige Wendeschleife. Nach einer kurzen Steigung rollen dann die Züge hinunter nach Hasselfelde. Nach 40,6 km hat die Stammstrecke der GHE ihren westlichsten Endpunkt erreicht. Hier errichtete man einen eingleisigen Lokschuppen, eine Ladestraße, eine Rampe und ein Stationsgebäude mit angebautem Güterschuppen.

Die Strecke Stiege–Eisfelder Talmühle steigt bis zum Haltepunkt Birkenmoor an. Anschließend geht es in einer Neigung von 1 : 27 das Behretal hinunter zum Bahnhof Eisfelder Talmühle. Der Anschluß Unterberg, knapp 2,3 km vor der Eisfelder Talmühle, ist bis heute in Betrieb. In diesem Bahnhof betrieb die GHE nur drei eigene Gleise und einen einständigen Lokschuppen .

Die maximale Steigung im Abschnitt Alexisbad–Harzgerode beträgt 1 : 30. In Harzgerode errichte die GHE sieben Gleise, eine große Ladestraße mit Kopf-

Der T 1 der GHE wird heute nur noch für Sonderfahrten eingesetzt. Hinter dem Fenster neben dem rechten Einstieg ist der Ofen untergebracht.
Foto: Sammlung G. Zieglgänsberger

Der zweiachsige Kesselwagen der GHE hat als Wasserwagen im Feuerlöschzug des Bw Wernigerode Westerntor bis heute überlebt.
Foto: G. Zieglgänsberger

Seitenrampe, einen Lokschuppen und ein zweigeschossiges Empfangsgebäude mit Güterschuppen.
Sämtliche Kreuzungsbahnhöfe der GHE waren durch Deckungscheiben, die drehbar in einem eingekerbten Rohr steckten, gesichert. Die DR stellte dafür später Trapeztafeln auf. Die Höchstgeschwindigkeit betrug 30 km/h, heute beträgt sie 40 km/h.

Fahrzeuge

Zwischen 1887 und 1890 kaufte die GHE von Henschel insgesamt sechs Cn2-Tenderloks, die in einer Steigung von 1 : 25 maximal 48 t schleppen konnten. Diese kleinen, aber robusten Loks genügten fast zwei Jahrzehnte lang den betrieblichen Belangen der Bahn. Erst 1905 mit der Eröffnung der Strecke Stiege–Eisfelder Talmühle stellte man drei moderne Mallet-Maschinen in Dienst. Diese sognannten »Länder-Loks« mußte die GHE allerdings 1914 an die Heeresfeldbahnen abgeben. Alle drei verblieben 1918 in Frankreich.
Von der Ruhr-Lippe-Kleinbahn kaufte die GHE eine vierfach gekuppelte Naßdampflok mit Klien-Lindner-Hohlachsen und Außenrahmen. Da die Maschine Nr. 20 wegen ihrer Zugkraft und ihrer geringen Höchstgeschwindigkeit von 20 km/h hauptsächlich im Güterzugdienst eingesetzt wurde, erhielt sie von den Eisenbahnern den Spitznamen der »Bulle«.
Erst 1928 gelang es der GHE, ihren Lok-Park durch zwei moderne, fünffach gekuppelte Heißdampfloks aufzufrischen. Die Maschinen besaßen einen Luttermöller-Antrieb für die Endachsen. Die als Nr. 21 und 22 bezeichneten Loks trugen nun den größten Teil des Verkehrs auf der GHE. Trotz des recht komplizierten Zahnrad-Antriebes bewährten sich die Loks ausgezeichnet.
Mit dem 1933 von Dessau gekauften zweiachsigen Triebwagen konnte die GHE ihren Personenverkehr auf den schwächer frequentierten Streckenabschnitten rationalisieren. Alle Loks und der T 1 genannte Triebwagen überstan-

den den 2. Weltkrieg ohne Schäden. Mit Ausnahme des in Eisfelder Talmühle abgestellten T 1 und der in Gernrode entgleisten Lok GERNRODE transportierte die sowjetische Besatzungsmacht 1946 alle Loks nach Osten ab. Während die GERNRODE erst 1967 als 99 5811 ausgemustert wurde, steht der T 1 noch heute für Museumsfahrten auf der Selketalbahn zur Verfügung.

Zur Betriebseröffnung besaß die GHE 1887 insgesamt vier Personen-, zwei Pack- , sechs G- und zehn O-Wagen. Der Geschäftsbericht 1938 verzeichnete insgesamt 25 Personen-, sechs Pack-, 23 G- und 76 O-Wagen. Dazu kam noch je ein zwei- und vierachsiger Kesselwagen. Der zweiachsige Kesselwagen war Eigentum der Fluorwerke bei Straßberg und diente zum Transport von Säure. Dieser Kesselwagen sowie zehn Güterwagen wurden 1946 nicht in die Sowjetunion transportiert. Als Feuerlöschwagen blieb der Kesselwagen bis heute erhalten.

Triebfahrzeuge der Gernrode–Harzgeroder Eisenbahn:

Dampflokomotiven

Name	Bahn-Nr.	Bauart	Hersteller	Baujahr	Fabrik-Nr.	DR-Nr.	Bemerkungen
SELKE		Cn2t	Henschel	1887	2226		1946 als Reparation an die Sowjetunion
GERNRODE		Cn2t	Henschel	1887	2227	99 5811	erhielt 1956 im Raw Blankenburg einen Ersatzkessel; am 29. Mai 1967 ausgemustert
HARZGERODE		Cn2t	Henschel	1887	2228		1946 als Reparation an die Sowjetunion
GÜNTERSBERGE		Cn2t	Henschel	1888	2703		1946 als Reparation an die Sowjetunion
ALEXISBAD		Cn2t	Henschel	1890	3350		1946 als Reparation an die Sowjetunion
HASSELFELDE		Cn2t	Henschel	1890	3351		1946 als Reparation an die Sowjetunion
ANHALT		B´Bn4vt	Borsig	1905	5465		am 12. April 1905 ausgeliefert; 1914 an die Heeresfeldbahnen abgegeben; hier als Nr.116 im Einsatz; nach 1918 bei der Ch. d. F. Departementaux de l Aisne in Frankreich als Lok 201 im Einsatz
BRAUNSCHWEIG		B´Bn4vt	Borsig	1905	5466		am 22. April 1905 ausgeliefert; 1914 an die Heeresfeldbahnen abgegeben; hier als Nr.117 im Einsatz; nach 1918 bei der Ch. d. F. Departementaux de l Aisne in Frankreich als Lok 202 im Einsatz
PREUSSEN		B´Bn4vt	Borsig	1905	5467		am 16. Oktober 1905 ausgeliefert; 1914 an die Heeresfeldbahnen abgegeben; hier als Nr.118 im Einsatz
	GHE 20	Dn2t	O & K	1910	3826		1914 von der Ruhr-Lippe-Kleinbahn gekauft; besaß einen Außenrahmen und Klien-Lindner-Hohlachsen; Spitznamen »Bulle«; 1946 als Reparation an die Sowjetunion
	GHE 21	Eh2t	O & K	1928	11 746		besaß Luttermöller-Antrieb; 1946 als Reparation an die Sowjetunion
	GHE 22	Eh2t	O & K	1928	11 747		besaß Luttermöller-Antrieb; 1946 als Reparation an die Sowjetunion

Triebwagen

	Bahn-Nr.	Bauart	Hersteller	Baujahr	Fabrik-Nr.	DR-Nr.	Bemerkungen
	T 1	1-Adm	Dessau	1933		VT 133 522	1963 Umbau zum Gerätewagen; ab 1. Juni 1970 als 187 001 im Einsatz; 1978 abgestellt; 1987 als Museumsfahrzeug wieder aufgearbeitet; seit 1. Februar 1993 Eigentum der HSB

Die Bahnen der Anhaltischen Landes-Eisenbahngemeinschaft

Zschornewitzer Kleinbahn

Vorgeschichte

Im Gebiet westlich von Gräfenhainichen, zwischen Möhlau, Golpa und Zschornewitz, entdeckte man in der ersten Hälfte des 19. Jahrhunderts ergiebige Braunkohlelagerstätten. Allerdings scheiterte deren Erschließung am fehlenden Kapital. Außerdem fehlte ein Eisenbahnanschluß, um die Kohle billig und schnell transportieren zu können. Das änderte sich jedoch mit der Eröffnung der Strecke Lutherstadt Wittenberg–Bitterfeld am 3. August 1859 durch die BAE. Erst 1888 begann in Golpa die Braunkohlenförderung. Die Kohle im Zschornewitzer Raum war im Tagebau leicht zu fördern, da nur wenig Abraum beseitigt werden mußte. Nur vier Jahre später kaufte die Aktiengesellschaft Golpa-Jeßnitz die Grube. Fortan firmierte das Unternehmen als »Friedrich Albrecht-Baggerwerke Golpa-Jeßnitz«. Die Friedrich Albrecht-Baggerwerke bauten 1894 eine Werkbahn zum südlich gelegenen Bahnhof Burgkemnitz, die am 8. Januar 1895 in Betrieb ging.
Die benachbarte Grube »Margarethe« hingegen schloß ihre Grube an die DWE im Norden an. Diese Anschlußbahn nach Oranienbaum ging 1897 in Betrieb. Bereits wenige Jahre später wurde die Grube durch den Untertageabbau unrentabel und stellte schließlich 1901 die Förderung ein. Die Möhlauer Brikettfabrik mußte 1908 schließen. Nun übernahm die DWE die Anschlußbahn. Der neue Eigentümer baute die Strecke weiter über Möhlau zur Brikettfabrik Golpa aus. Dabei wurden beide Anschlußbahnen miteinander verbunden. Die DWE fuhr aus den Gruben jetzt in erster Linie Kieszüge ab.
Erst während des 1. Weltkrieges kam den beiden Grubenbahnen größere Bedeutung zu. Der Betreiber des Stickstoffwerkes in Piesteritz bei Wittenberg, die Bayerischen Stickstoffwerke AG München, benötigten dringend einen Stromlieferanten. Die Golpa-Jeßnitz AG übernahm diesen Auftrag. Am 9. Februar 1915 wurde der entsprechende Vertrag unterzeichnet, in dem sich die Golpa-Jeßnitz AG zur Lieferung von 500 Millionen kWh pro Jahr verpflichtete. Dafür baute man innerhalb weniger Monate bei Zschornewitz ein neues Großkraftwerk. Sämtliche Baumaterialien und Ausrüstungen wurden über die Anschlußbahn von Burgkemnitz transportiert. Bereits am 24. Dezember 1915 ging das Kraftwerk probeweise ans Netz. Am 2. Januar 1916 nahm man das Werk dann in Betrieb.

Bau und Eröffnung

Bereits wenige Monate nach der Übernahme der Möhlauer Werkbahn gab es Überlegungen von seiten der DWE, auf der Anschlußbahn den Personenverkehr aufzunehmen. Allerdings vergingen fast zehn Jahre, bevor die DWE am 1. Okto-

Am 5. Juni 1941 verließ die Lok 2 mit einem schweren Güterzug den Bahnhof Burgkemnitz. Im Vordergrund sind die Gleise der Dampfziegelei zu erkennen.
Foto: Sammlung V. Anton

Zschornewitzer Schüler versammelten sich nach einem Ausflug mit dem Triebwagen der ZK zu einem Erinnerungsfoto.
Foto: Sammlung V. Anton

ber 1917 auf der ehemaligen Grubenbahn einen Werkspersonenverkehr aufnahm.

Auch bei der Elektrowerke AG Zschornewitz, dem Rechtsnachfolger der Golpa-Jeßnitz AG, gab es ähnliche Überlegungen. Die Elektrowerke schlugen die Gründung einer Kleinbahn-Gesellschaft vor, die den Betrieb auf beiden Grubenbahnen übernehmen sollte. Nach diesem Vorschlag beschloß der Aufsichtsrat der DWE am 21. Juni 1918 den Verkauf der Möhlauer Anschlußbahn für 100 000 Mark an die Elektrowerke.

Der Gesellschaftervertrag für die »Zschornewitzer Kleinbahn GmbH« (ZKB) wurde am 7. Oktober 1918 in Berlin unterschrieben. Das Stammkapital der Gesellschaft wurde auf 375 000 Mark festgesetzt. Davon übernahmen die Elektrowerke AG 200 000 Mark und die preußische Provinz Sachsen 100 000 Mark. In das Berliner Handelsregister trug man die Kleinbahn am 16. Oktober 1918 ein. Wenig später beantragte die Kleinbahn beim Königreich Preußen und beim Herzogtum Anhalt die Konzession zum Betrieb der Kleinbahn Burgkemnitz–Oranienbaum. Während Preußen die Konzessionsurkunde bereits am 16. März 1919 ausstellte, verging noch über ein Jahr, bevor am 16. April 1920 die Genehmigung für die Kleinbahn aus Dessau kam.

Sämtliche Bahnanlagen, Fahrzeuge und Ausrüstungen gingen am 11. Dezember 1918 in das Eigentum der ZKB über. Zur gleichen Zeit liefen die Umbauarbeiten an den beiden Werkbahnen auf vollen Touren. Für die Aufnahme des Kleinbahnbetriebes mußten unter anderem noch Bahnsteige und Wartehallen gebaut sowie der Oberbau verstärkt werden. Die landespolizeiliche Abnahme am 29. März 1919 verlief ohne größere Schwierigkeiten, so daß die ZKB am 1. April 1919 den Personen- und Güterverkehr aufnehmen konnte.

Betrieb und Verkehr

Das Verkehrsaufkommen auf der Strecke Burgkemnitz–Oranienbaum entwickelte sich bereits in den ersten Monaten sehr gut. Da die Kleinbahn zu einem großen Teil im Freistaat Anhalt lag, trat sie am 15. Oktober 1920 der ALE bei. Die Bahnhofsanlagen in Golpa mußte die ZKB schon im Herbst 1920 erweitern, die man am 30. Oktober 1920 in Betrieb nahm. Ein Jahr später ergänzte man die Kleinbahnanlagen im Bahnhof Oranienbaum.

Im Personenverkehr bestimmten Pendler das Bild. Deshalb setzte die ZKB im Sommer 1921 werktags sechs Zugpaare Burgkemnitz–Golpa, ein Zugpaar Zschornewitz–Oranienbaum und sechs Zugpaare Burgkemnitz–Oranienbaum ein. Für 1922 bilanzierte die ZKB die Beförderung von über 759 000 Fahrgästen und 1,8 Millionen t Gütern.

Da die DWE Anfang der zwanziger Jahre nur mit Mühe und Not ihren Betrieb aufrechterhalten konnte, übernahm die ZKB mit ihren Fahrzeugen und Eisenbahnern auf der Wörlitzer Schiene einzelne Zugleistungen.

181a Burgkemnitz—Großmöhlau

...	5.30	...	5.30	...	...	16.10	.	17.48			ab *Wittenberg* 180 .... an	...	...	6.23	8.37	...	8.37	14.16	...	19.24	..	...
5.07	5.07	...	7.25	13.05	...	w 16.45	.	18.09	.		ab *Bitterfeld* 180 .... an		..	w 6.05	6.51	..	9.03	.	17.30	w 18.42	.	...
w 102	w 104		106	w 108		w 112		114	...	km	ZugNr *ZschornewKleinb* ZugNr	...	...	w 101	w 103	w 105	105	w 107	111	w 113	115	
w 5.45	w 6.40	...	8.00	w 13.35	...	w 17.30	...	18.50	...	0,0	ab **Burgkemnitz** .... an	...	...	w 5.22	w 6.07	...	7.27	w 13.07	16.52	w 18.07		...
w 5.32	) 6.47	...	8.07	w 13.42	...	w 17.37	.	18.57	...	3,5	an Zschornewitz .... ab	...	..	w 5.15	w 6.00		7.20	w 13.00	16.45	w 18.00		...
...	) 6.55	...	...	...	...	...	...	18.59	...		ab Zschornewitz .... an	...	...	...	...	w 7.10	...	...	...	...	19.38	...
..	w 7.00	...	...	...	...	...	...	|	...	5,5	Zschornewitz Kohlen-Bf	...	...	...	...	w 7 05	..	...	...	...	19 33	...
...	...	..	...	...	...	...	...	19.14	...	8,0	Golpa	...	...	...	...	..	...	...	...	...	19 20	...
...	...	..	...	...	...	...	...	19.16	...	9,0	an **Großmöhlau** .... ab	...		..	...	...	...		...		19 17	...

Im Winterfahrplan 1946/47 (gültig ab 4. November 1946) war die Zschornewitzer Eiisenbahn noch im Kursbuch der DR enthalten.
Abbildung: Sammlung D. Endisch

Im Sommer 1921 begann die ZKB ihre Gleisanlagen zu verstärken. Bis 1925 ersetzte man die alten Gleise durch Schienen der Form VI, die nun in Schotter statt in Kies gebettet waren. Ein Jahr später beantragte die ZKB mit Unterstützung der ALE eine Umkonzessionierung in eine nebenbahnähnliche Privatbahn. Zeitgleich gab es Überlegungen, die Betriebsführung der Kleinbahn an die DRG zu verpachten. Die ZKB begründete diesen Antrag mit ihren Betriebsleistungen, 1925 immerhin rund 176 000 Reisende und 1 Million t Güter, sowie der wirtschaftlichen Bedeutung für die Region. Nach langwierigen Verhandlungen lehnte der Reichsbevollmächtigte für die Privatbahnaufsicht in Halle am 13. März 1927 in seiner Stellungnahme an das RVM diesen Antrag ab. Dieser Empfehlung schloß sich das RVM an. Die Hallenser Behörde riet der ZKB aber, die Gütertarife der Reichsbahn zu übernehmen.

Im Geschäftsjahr 1928 transportierte die ZKB immerhin 158 886 Fahrgäste und 1 440 145 t Güter. Damit nahm die Kleinbahn rund 172 000 Mark ein. Doch ein Jahr später endete mit der Weltwirtschaftskrise der positive Trend. Durch den aufkommenden Kraftverkehr sank die Zahl der Fahrgäste zusätzlich. Besonders dramatisch war die Situation auf dem Abschnitt Möhlau–Oranienbaum. Mit Beginn des Sommerfahrplanes 1932 stellte die ZKB den planmäßigen Personenverkehr zwischen Möhlau und Oranienbaum schließlich ein. Allerdings setzte sie bei Bedarf Sonderzüge auf dem Abschnitt ein, etwa zum Schützenfest nach Oranienbaum.

Zur Rationalisierung ihres Personenverkehrs beschaffte die ZKB 1934 einen Akku-Triebwagen, der fortan den größten Teil des Reiseverkehrs übernahm. Das Fahrzeug erfreute sich bei den Fahrgästen großer Beliebtheit.

Im Güterverkehr bestimmten Kohle- und Versorgungszüge für das Kraftwerk Zschornewitz, die Elektroschmelze und die Brikettfabrik Golpa das Bild auf der Kleinbahn. Durch die Baustoffzüge zum Kraftwerk Vockerode erreichte der Güterverkehr 1936 ungeahnte Ausmaße. Mit dem Vorrücken der Tagebaue im Bereich der Kleinbahn mußte man in den dreißiger Jahren auch zweimal die Strecke verlegen. Zwischen den Kilometern 3,7 und 5,5 veränderte sich 1936 der Verlauf. Die Bauarbeiten zwischen Golpa und Zschornewitz allerdings zogen sich durch den Ausbruch des 2. Weltkrieges länger hin. Erst am 17. April 1940 wurde das neue Streckenstück abgenommen.

Den Güterverkehr auf dem Abschnitt Möhlau–Oranienbaum stellte die ZKB 1938 ein. Bei Bedarf wurde die Strecke allerdings noch bedient.

Obwohl überall in Deutschland während des Krieges der Kraftverkehr mit Bussen eingeschränkt wurde, erhielt die ZKB 1942 die Erlaubnis zur Aufnahme eines Busbetriebes. Während des 2. Weltkrieges bestimmte der Güterverkehr das Geschehen auf der Kleinbahn. Aus Fahrzeugmangel mußte man den Personenverkehr auf ein absolutes Minimum reduzieren. Dennoch beförderte die ZKB 1943 über 832 000 Reisende und 245 000 t Güter. Obwohl die Werkanlagen links und rechts der Kleinbahn oft bombardiert wurden, blieb die ZKB von größeren Zerstörungen verschont. Erst im Frühjahr 1945 mußte man den Betrieb mit dem Näherrücken der Front einstellen.

In der zweiten Jahreshälfte 1945 nahm die ZKB wieder einen halbwegs planmäßigen Zugbetrieb auf. Am 22. März 1946 enteignete die SMAD die ZKB und schlug sie der SAG für Brennstoffindustrie zu. Zur Gewinnung von Oberbaustoffen verfügte die SAG im Februar 1949 den Rückbau des Abschnittes Möhlau–Oranienbaum. Am 3. März 1950 hob man den Kleinbahn-Status auf und wandelte die Strecke wieder in eine Werkbahn um. Am 1. Februar 1950 erhob man die ZKB zu einer Grubenanschlußbahn.

Mit der Auflösung der SAG im Sommer 1953 wurde die ehemalige ZKB zur Zschornewitzer Eisenbahn im VEB Braunkohlenkombinat Golpa. Bis zum 1. Juli 1955 hielt die Zschornewitzer Eisenbahn ihren Werkspersonenverkehr aufrecht. Anschließend diente die Bahn nur noch dem Güterverkehr. Der südliche Teil der ehemaligen ZKB um Golpa existiert noch heute.

Strecke und Anlagen

Die ehemalige ZKB begann im Bahnhof Burgkemnitz an der Strecke Wittenberg–Bitterfeld. Auf der südlichen Seite des Bahnhofs errichtete die ZKB für den Personenverkehr ein Stumpfgleis mit Bahnsteig und ein kleines eingeschossi-

Die 1907 von Borsig gelieferte Lok 2 wurde erst am 10. Januar 1945 außer Betrieb gesetzt.
Foto: Sammlung V. Anton

Während einer Präsentationsfahrt entstand dieses Foto der Akku-Triebwagens in Oranienbaum.
Foto: Sammlung V. Anton

gen Dienstgebäude. Für den Austausch von Güterwagen zwischen Staatsbahn und ZKB standen zwei weitere Gleise zur Verfügung. Die Kleinbahn verließ Burgkemnitz nach einer weiten Linkskurve in nördlicher Richtung. Vorbei an einem Tagebau erreichte der Zug nach 3,5 km den Bahnhof Zschornewitz. Der Bahnsteig, zwei Hauptgleise und das eingeschossige Empfangsgebäude lagen in einer weiten Linkskurve. Als betrieblicher Mittelpunkt verfügte Zschornewitz außerdem über einen dreigleisigen Lokschuppen mit Werkstatt und Wasserturm, einen Güterschuppen, eine 40-t-Gleiswaage sowie eine Ladestraße. Die Garage für die Busse entstand 1940. Diese Gebäude lagen aber direkt am Anschlußgleis zum Kraftwerk.

Die Ortschaft umging die Kleinbahn in einer langgestreckten S-Kurve. Vorbei an der Station Zschornewitz Kohlen-Bf (Kilometer 5,5) rumpelten die Züge nach Golpa. Das Stationsgebäude in Golpa war nur ein Anbau an ein bereits vorhandenes Haus, in dem die Werkskantine der Grube untergebracht war. Davor legte die ZKB dann den Bahnsteig an. Insgesamt fünf Gleise dienten dem Güterverkehr. Zwei Ladegleise waren der Brikettfabrik vorbehalten. Außerdem existierten in Golpa zwei eingleisige Lokschuppen und eine Drehscheibe, die von Werkloks und Maschinen der Kleinbahn benutzt wurde. Die Kilometrierung des Bahnhofes Golpa änderte sich in den dreißiger Jahren von 6,2 auf 8.

Bis Möhlau, dem späteren Großmöhlau, waren es nur rund 1000 m. Ab 1938 war Möhlau die Endstation der ZKB. Hier besaß die Kleinbahn nur ein Haupt- und Umfahrgleis sowie eine kleine Wartehalle. Hinter Möhlau schlängelte sich die Kleinbahn über den Haltepunkt Jüdenberg sowie den Weichenposten Müchauer Mühle (Kilometer 12,1) nach Oranienbaum. Hier endete die ursprünglich 16,8 km lange ZKB. Den Be-

triebsdienst in Oranienbaum übernahm die DWE. Die ZKB errichtete in Oranienbaum auf eigene Rechnung einen eiñständigen Lokschuppen mit Wasserturm, den später die DWE erwarb.
Die Kleinbahn besaß nur Brücken am Kilometer 7,6 (Stützweite 9,3 m) sowie in Golpa und Zschornewitz. Die größte Steigung betrug 1 : 140.

Fahrzeuge

Der Lokpark der ZKB setzte sich bei der Betriebseröffnung ausschließlich aus gebrauchten Dampfloks zusammen. Alle Maschinen hatte die ZKB von den Grubenbahnen übernommen. Im Sommer 1920 besaß die Kleinbahn insgesamt sechs Cn2- und zwei Bn2-Tenderloks. Für den schweren Güterverkehr übernahm man 1923 außerdem noch einen Vierkuppler. Dieser Fahrzeugpark genügte über Jahre hinweg den betrieblichen Anforderungen. Im wesentlichen gab es keine größeren Verschiebungen. Lediglich die Bezeichnung der Lokomotiven änderte sich in den Jahren mehrmals.
Während des 2. Weltkrieges trat bei der ZKB häufig Lokmangel auf, so daß man von der DRG und anderen Privatbahnen Maschinen anmieten mußte.
Das zweifellos interessanteste Fahrzeug der ZKB war der am 12. Oktober 1934 von der Waggonfabrik Dessau gelieferte Akku-Triebwagen. Am 17. Oktober 1934 absolvierte er seine erste Probefahrt. Das 14 610 mm lange Fahrzeug war in zwei Großabteile unterteilt und bot 57 Sitzplätze der 3. Klasse sowie 30 Stehplätze. Mit einer Leistung von 52 kW konnte er 60 km/h schnell werden. Die Akkus speicherten 64 kWh. Damit konnte der Triebwagen rund 120 km mit einer Ladung zurücklegen. Ein Tatzlagermotor trieb den Wagen an. Für den Triebwagen beschaffte die ZKB 1938 noch einen zweiachsigen Beiwagen. Beide Fahrzeuge verblieben bei der späteren Zschornewitzer Eisenbahn und wurden noch vor 1950 in Personenwagen umgebaut. Erst 1960 schieden beide Wagen aus dem Dienst aus.
Bei der Eröffnung des planmäßigen Zugbetriebes besaß die ZKB vier Personenwagen mit insgesamt 738 Plätzen. Bei Bedarf mietete die ZKB von der DRG Fahrzeuge an. Bis 1924 wuchs der Wagenpark auf 17 Personen- und zwei Packwagen an. Nach der Indienststellung des Beiwagens 1938 musterte die Kleinbahn die letzten Wagen aus. Erst 1940 kaufte man wieder zwei Wagen von LHB.
Für den Güterverkehr besaß die ZKB 1919 nur je zwei O- und G-Wagen. Zwei Jahre später gehörten schon 30 Güterwagen zum Fahrzeugpark. Daß der Transport von Schüttgütern auf der ZKB Vorrang hatte, zeigt der Wagenpark von 1924: 19 O- und nur drei G-Wagen wies der Geschäftsbericht aus. Im Rechnungsjahr 1936 waren es insgesamt nur noch 14 Wagen.

Triebfahrzeuge der Zschornewitzer Kleinbahn:

Dampflokomotiven

Bahn-Nr.	Bauart	Hersteller	Baujahr	Fabrik-Nr.	Bemerkungen
	Bn2t	Hohenzollern	1895	837	etwa 1935 ausgemustert
	Cn2t	Henschel	1884	1742	etwa 1935 ausgemustert
1	Cn2t	Henschel	1919	17 268	später in Nr. 5^{I} umgezeichnet; etwa 1940 wieder in Nr. 1 umgezeichnet
1^{I}	Cn2t	Henschel	1919		im Juni 1922 verschrottet
1^{II}	Dn2t	O & K	1923	10 296	etwa 1935 verschrottet
2	Cn2t	Borsig	1907	6172	
3	Cn2t	O &K	1921	9491	später in Nr. 4^{I} umgezeichnet; etwa 1952 ausgemustert
4	Bn2t	Henschel	1907	7247	später in Nr. 3^{I} umgezeichnet; etwa 1950 ausgemustert
5	Cn2t	Hohenzollern	1897	953	1947 als Werklok Nr. 7 an die Brikettfabrik Osternienburg verkauft
6	Cn2t	O & K	1916	7888	1950 an die Bergwitzer Braunkohlenwerke verkauft; hier Umbau als Dampfspeicherlok

Triebwagen

Bahn-Nr.	Bauart	Hersteller	Baujahr	Fabrik-Nr.	Bemerkungen
TW	1-Aa	Dessau	1934		etwa 1945 in Personenwagen umgebaut; bis 1964 als Gerätewagen im Einsatz

Beiwagen

Bahn-Nr.	Hersteller	Baujahr	Fabrik-Nr.	Bemerkungen
TA 1	Dessau	1938		etwa 1945 in Personenwagen umgebaut; bis 1964 als Gerätewagen im Einsatz

Die Bahnen der Centralverwaltung für Secundairbahnen Hermann Bachstein

Neuhaldenslebener Eisenbahn

Vorgeschichte

Die heutige Kreisstadt Haldensleben kann auf eine über 1000jährige Geschichte zurückblicken. Bereits im 10. Jahrhundert entstand am Übergang der Handelsstraßen Magdeburg–Lüneburg und Halberstadt–Salzwedel an der Ohre das Dorf Alt-Haldensleben. Neben diesem gründete Heinrich der Löwe Mitte des 12. Jahrhunderts die Stadt Neuhaldensleben. Nach einer kurzen Zeit des Kupferbergbaus und der Kupferverhüttung lebten die Einwohner der Stadt von Ackerbau und Viehzucht. Erst im 18. Jahrhundert kamen in Neuhaldensleben mit der Ansiedlung von Einwanderern aus der Pfalz und Frankreich die Tuchmacherei, die Tabakverarbeitung und die Zucht von Seidenraupen als neue Erwerbszweige hinzu. Nach 1850 entstanden in der Stadt neben Handschuh- und Steingutfabriken auch eine Zuckerfabrik. Mit der Eröffnung der Strecke Magdeburg–Neuhaldensleben am 16. Dezember 1872 erreichte die Eisenbahn die Stadt an der Ohre. Den durchgehenden Betrieb auf der Strecke Magdeburg–Oebisfelde nahm die MHE am 1. November 1874 auf.

Damit hatte die Eisenbahn das landwirtschaftlich intensiv genutzte Gebiet südlich von Haldensleben im wahrsten Sinne des Wortes »links liegengelassen«. Auch die am 15. September 1872 von der MHE eröffnete Strecke Magdeburg–Eilsleben–Helmstedt tangierte im Süden nur das Gebiet. Doch die Besitzer der Zuckerfabriken in Ackendorf, Schackensleben und Nordgermersleben sowie die Landwirte forderten immer wieder einen Bahnanschluß. Da weder die MHE noch die spätere KPEV diese Wünsche erfüllten, konstituierte sich unter der Leitung des Neuhaldenslebener Landrates, des Amtsrates Schröder aus Alvensleben, des Fabrikbesitzers Schmelzer aus Althaldensleben und des Magdeburger Industriellen von Nathusius ein Eisenbahnkomitee. Ihr Ziel war der Bau einer Nebenbahn von Neuhaldensleben nach Eilsleben.

Sie beauftragten 1882 die »Centralverwaltung für Secundairbahnen Hermann Bachstein« mit der Ausarbeitung des Projektes. Bereits im Februar 1883 präsentierte Bachstein dem Komitee die Unterlagen für die Strecke Eilsleben–Neuhaldensleben mit einer Stichstrecke nach Alvensleben. Die Kosten veranschlagte die CV auf rund zwei Millionen Mark. Mit der Zustimmung des Komitees reichte Bachstein am 9. März 1883 die Unterlagen beim Ministerium der öffentlichen Arbeiten in Berlin zur Prüfung ein. Gleichzeitig bat Hermann Bachstein um eine Beteiligung des Königreiches Preußen.

Bau und Eröffnung

Die Verhandlungen zwischen dem Ministerium und der CV über eine Beteiligung an der Bahn zogen sich über zwei Jahre hin. Im März 1885 lehnte das Ministerium einen Zuschuß zu den Baukosten endgültig ab. Gleichzeitig forderte man Bachstein auf, seinen Kostenvoranschlag zu überarbeiten. In Berlin meinte man, daß der Voranschlag um 300 000 Mark erhöht werden müsse. Daraufhin legte Bachstein dem Eisenbahnkomitee ein neues Finanzierungskonzept für die Nebenbahn vor. Danach sollte sich das Stammkapital der Gesellschaft aus Prioritäts-Stammaktien im Wert von 1,175 Millionen Mark und aus Stammaktien im Wert 1,2 Millionen Mark zusammensetzen. Bachstein verpflichtete sich, die 1,175 Millionen Mark sowie 350 000 Mark der Stammaktien zu übernehmen oder dafür die Geldgeber zu finden, wenn seine CV im Gegenzug die Betriebsrechte an der NhE erhielte. Nach zähen Verhandlungen stimmte das Komitee den Forderungen Bachsteins zu, so daß sich am 25. Juni 1886 die »Neuhaldenslebener Eisenbahn-Gesellschaft AG« (NhE) konstituierte.

Bei der Finanzierung der NhE unterstützten Bachstein das Bankhaus J. Simon Ww. & Söhne aus Königsberg mit 588 000 Mark und die Firma Meyerball aus Berlin mit 487 000 Mark. Bachstein selber übernahm nur für 100 000 Mark Prioritäts-Stammaktien von der NhE.

Wenige Wochen später, am 5. Juli 1886, stimmte dann auch das Regierungspräsidium Magdeburg dem Bau und Betrieb der Nebenbahn von Neuhaldensleben nach Eilsleben zu. Nach Abschluß eines Bauvertrags zwischen der NhE und Bachstein, bei dem sich die NhE zur kostenlosen Überlassung des Grund und Bodens verpflichtet hatte, begannen im Oktober 1886 die Arbeiten an der Bahnlinie. Die Bauarbeiten schritten zügig voran. Ein Jahr später waren alle Gleise der 31,71 km langen Nebenbahn verlegt. Pünktlich zur Zuckerrübenkampagne rollten ab 17. Oktober 1887 die ersten Güterzüge zwischen Neuhaldensleben und Hakenstedt. Den gesamten Personen- und Güterverkehr eröffnete die NhE feierlich am 3. November 1887.

Betrieb und Verkehr

Den von Bachstein geforderten Vertrag über die Betriebsführung auf der Nebenbahn unterzeichnete die NhE am 31. Januar 1888. Laut diesem, bis zum 1. April 1901 gültigen Vertrag, standen Bachstein alle Einnahmen zu. Er mußte damit die Betriebskosten, die Rücklagen und eine 4,5-prozentige Verzinsung der Prioritäts-Stammaktien finanzieren. Lag der abschließende Reingewinn über 200 000 Mark, mußte Bachstein zwei Drittel der Mehreinnahme an die Gesellschafter abführen. Betrug der Gewinn in den ersten Jahren aber weniger als 200 000 Mark, verblieb der Gewinn in den Jahren, wo er die Grenze überschritt, in vollen Umfang bei Bachstein, bis dessen Ausfälle gedeckt waren.

Allerdings war die Freude bei Bachstein an der neuen und lukrativen Nebenbahn nicht ungetrübt, denn für die Einfädelung der NhE in die Bahnhöfe Eilsleben und Neuhaldensleben sowie für den Kauf weiterer Betriebsmittel mußte Bachstein eine Anleihe über 500 000 Mark aufnehmen. Zwar konnte er einen Teil über Aktien und Obligationen decken, über 225 000 Mark blieben aber als schwebende Schulden stehen. Für die Betriebsleitung hatte Bachstein ein Verwaltungsgebäude errichten lassen, in dem sich auch die Dienstwohnung des Betriebsleiters befand.

Obwohl sich der Güterverkehr schon in den ersten Monaten sehr gut entwickelte, blieben die Einnahmen im Personenverkehr hinter den Erwartungen zurück. So beförderte die NhE im Geschäftsjahr 1888/89 fast 152 000 t Güter, aber nur rund 76 000 Fahrgäste. Schuld an dieser Entwicklung war die ungünstige Trassenführung der NhE mit ihren zahlreichen Bögen. Betrug die Luftlinie zwischen Eilsleben und Neuhaldensleben etwa 21 km, lag die Streckenlänge bei über 31 km. Für viele war die Bahnfahrt zu teuer und sie legten den Weg zwischen den Gemeinden zu Fuß zurück. Bachstein erkannte dieses Problem. Man führte deshalb 1890 die wesentlich billigere IV. Klasse auf der NhE ein. Danach verkaufte die NhE deutlich mehr Fahrkarten.

In den ersten Jahren erfüllte die NhE finanziell nicht die in sie gesetzten Erwartungen. Erst im Geschäftsjahr 1894/95 rechnete sich die Bahn für ihre Gesellschafter und Bachstein. Dennoch müssen die Gesellschafter mit der Arbeit der CV zufrieden gewesen sein, denn der Betriebsführervertrag mit Bachstein wurde am 27. Mai 1896 bis zum 31. März 1917 verlängert.

Zur Einsparung von Verwaltungskosten löste Bachstein 1904 die örtliche Betriebsleitung für die NhE auf und über-

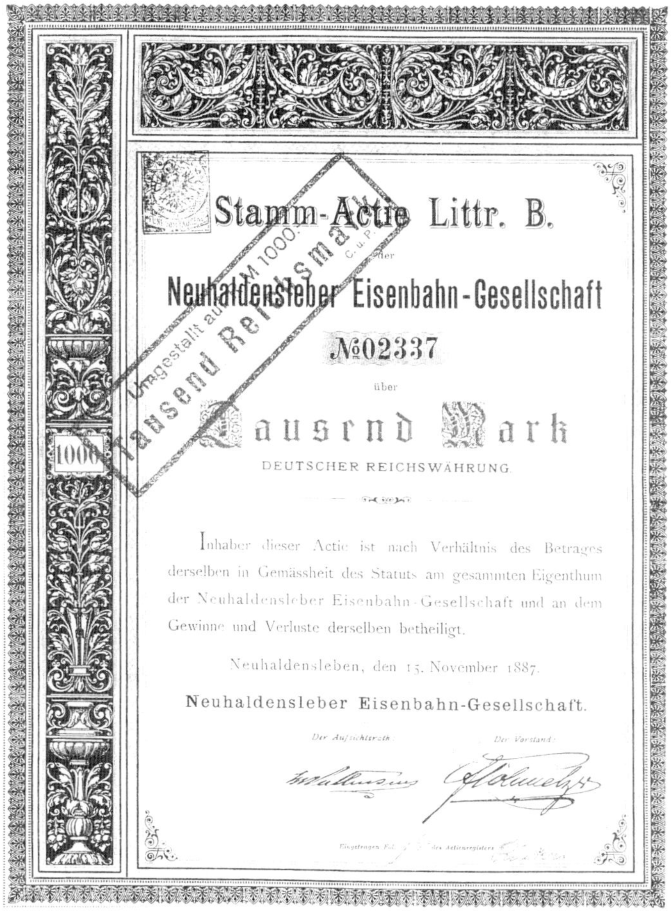
Stamm-Actie Littr. B.
der
Neuhaldensleber Eisenbahn-Gesellschaft
№ 02337
über
Tausend Mark
DEUTSCHER REICHSWÄHRUNG.

Inhaber dieser Actie ist nach Verhältnis des Betrages derselben in Gemässheit des Statuts am gesammten Eigenthum der Neuhaldensleber Eisenbahn-Gesellschaft und an dem Gewinne und Verluste derselben betheiligt.

Neuhaldensleben, den 15. November 1887.

Neuhaldensleber Eisenbahn-Gesellschaft.

Der Aufsichtsrath: Der Vorstand:

Eine Aktie der Neuhaldenslebener Eisenbahn-Gesellschaft kostete 1887 1 000 Mark.
Abbildung: Sammlung U. Wahrendorf

Die Belegschaft der NhE versammelte sich am 1. Mai 1938 vor der Lok 43 zu einem Gruppenbild. Foto: Sammlung U. Wahrendorf

trug diese Aufgaben der CV in Berlin. Zu dieser Zeit standen auch die ersten größeren Erneuerungsarbeiten auf dem Programm. So wurde unter anderem mit der Verstärkung des Oberbaues begonnen. Dabei wurden jetzt Schienen der preußischen Form 6 eingebaut. Auf einen Kilometer Gleis verlegte man 1167 Holzschwellen und ersetzte den Kies durch Schotter. Die rund 700 000 Mark für diese Arbeiten entnahm man größtenteils aus dem gesetzlich vorgeschriebenen Erneuerungsfond. Rund 200 000 Mark mußten über eine erneute Anleihe finanziert werden, die ab 1. April 1908 zu tilgen war.

Die positive Entwicklung der NhE wurde durch den 1. Weltkrieg jäh unterbrochen. Der Rückgang der Beförderungsleistungen verschärfte sich noch durch die ständig steigenden Betriebsausgaben. Noch war das Verhältnis zwischen Bachstein und den Gesellschaftern ungetrübt. So verlängerte man am 7. Januar 1916 den Pachtvertrag an der NhE bis zum 31. März 1922. Doch mit den sinkenden Einnahmen wuchs auch das Mißtrauen zwischen beiden Seiten. Bis 1918 spitzte sich die finanzielle Lage der Bahngesellschaft derart zu, daß die CV den Fahrplan auf ein Minimum reduzierte und zur Deckung der steigenden Kosten bei der KED Magdeburg die Einführung besonderer Tarifzuschläge beantragen mußte. Das blieb den Gesellschaftern der NhE natürlich nicht verborgen und so forderten sie von Bachstein, daß die dadurch erzielten Mehreinnahmen in die Gesamtabrechnung einbezogen werden sollten. Sie argwöhnten, Bachstein wolle eventuelle Verluste nicht mittragen. Nach langen Verhandlungen verzichteten sie für das Geschäftsjahr 1918/19 auf die ihnen zustehenden Mehreinnahmen, lehnten das aber für die folgenden Jahre kategorisch ab. Das Verhältnis zwischen den Gesellschaftern der NhE und Bachstein war derart gespannt, daß die CV den Pachtvertrag bereits zum 1. März 1921 kündigte.

Der entbrannte Streit zwischen Bachstein und der NhE sollte sich noch über Jahre hinziehen. Während Bachstein die Anrechnung der Tarifzuschläge auf den Gewinn ablehnte, stellten die Gesellschafter immer wieder Forderungen, die im Zusammenhang mit der Übernahme des Betriebes in eigener Regie standen. Ungeachtet dessen versuchte die neue Betriebsleitung, das Zugangebot auf der NhE wieder auf Vorkriegsniveau zu bringen. So setzte man auf der Relation Neuhaldensleben–Eilsleben drei Perso-

nenzüge ein, in der Gegenrichtung zwei. Ergänzt wurde dieses Angebot durch je einen Personenzug Eilsleben–Nordgermersleben, Eilsleben–Brumby-Emden und einen zwischen Nordgermersleben und Neuhaldensleben.
In der Zwischenzeit arbeitete Hermann Bachstein zielstrebig an der Übernahme der NhE, denn diese profitable Bahn wollte er sich nicht entgehen lassen. Während der Inflation 1923 gelang es ihm, große Teile der Aktien der NhE aufzukaufen. Scheinbar merkten das die anderen Gesellschafter nicht, denn auf der Generalversammlung am 28. Oktober 1924 trat Bachstein erstmalig offiziell als Hauptaktionär auf. Bachstein setzte vier für ihn wichtige Beschlüsse durch: Zum einen wurde die NhE beauftragt, alle noch offenen Streitfragen mit der Hermann Bachstein gehörenden CV zu klären, zum anderen übernahm die CV vier der sieben Sitze im Aufsichtsrat. Der Vorstand der Bahn sollte bei allen wichtigen Entscheidungen ein von Bachstein bestimmtes Mitglied des Aufsichtsrates konsultieren. Weiterhin verzichteten NhE und CV auf ihre Forderungen, da deren Werte mit der Inflation hinfällig waren. Einen neuen Vertrag mit der CV über die Betriebsführung auf der NhE konnte Bachstein allerdings nicht durchsetzen.
Mit der Eröffnungsbilanz 1925 wurde das Stammkapital der NhE auf 2,375 Millionen Mark neu festgelegt. Zur Belebung ihres Güterverkehrs baute die NhE von Neuhaldensleben aus eine 3,63 km lange Industriebahn zu den im Norden der Stadt gelegenen Industriebetrieben. Die Konzession dafür erhielt die Bahn am 10. April 1925. Die als Neuhaldensleben–Neuhaldenslebener Werke bezeichnete Strecke ging am 15. Oktober 1926 in Betrieb. In der zweiten Hälfte der zwanziger Jahre nahm der Verkehr auf der NhE wieder deutlich zu. Die Zahl der pro Jahr beförderten Reisenden lag jetzt deutlich über 200 000. Im Sommer 1927 verkehrten auf der NhE fünf Zugpaare und ein Zug von Nordgermersleben nach Eilsleben. Im Jahr 1928 konnte die NhE den Transport von rund 280 000 Fahrgästen und über 195 000 t Gütern bilanzieren. Die Einnahmen summierten sich damit auf knapp 585 000 Mark. Doch im Personenverkehr konnte die NhE kein Geschäft machen: Bei einer durchschnittlichen Entfernung von rund zwölf Kilometern waren keine großen Einnahmen zu erzielen.
Ein Jahr später mußte die NhE ihren Streckenverlauf zwischen Neuhaldensleben und der Station Althaldensleben wegen des Baus des Mittellandkanals verändern. Dabei entstand auch die über 20 m lange Brücke über den Mittellandkanal. Die Kosten für diese Bauarbeiten trug die für den Kanal zuständige Elbstrombau-Verwaltung.
Mit der Weltwirtschaftskrise und dem einsetzenden Kraftverkehr verschlechterte sich die wirtschaftliche Lage der Bahn wieder. Zur Einsparung von Kosten schlossen NhE und CV am 7. Mai 1930 wieder einen Vertrag über die Betriebsführung auf der Nebenbahn ab. Danach wurde die Betriebsleitung in Neuhaldensleben aufgelöst und zum zweiten Mal nach Berlin verlegt.
Zur Rationalisierung des Personenverkehrs baute die CV in der Werkstatt der NhE 1932 einen Packwagen zu einem Schlepptriebwagen um. Mit zwei Steuerwagen übernahm er den Personenverkehr zwischen Neuhaldensleben und Eilsleben. Der Zug erfreute sich bei den Fahrgästen großer Beliebtheit. Das schlug sich auch in den Fahrgastzahlen nieder. Sie stiegen von knapp 215 000 im Rechnungsjahr 1935 auf über 250 000 bis 1939 an.
In den dreißiger Jahren investierte die NhE auch in die Erneuerung ihres Fahrzeugparkes und die Modernisierung ihrer Anlagen. Ende 1937 präsentierte sich die Bahn mit ihren 70 Beschäftigten als ein modernes und leistungsfähiges Unternehmen. Genau 238 802 Fahrgäste, 202 212 t Güter und 529 898 Mark Einnahmen konnte die NhE verbuchen. Der Jahresertrag der Gesellschaft lag bei rund 320 000 Mark.
Ende der dreißiger Jahre richtete die NhE auch einen eigenen Busbetrieb ein,

Im Frühjahr 1941 entstand in Erxleben-Uhrsleben das Bild von einer ELNA-Lok.
Foto: Sammlung U. Wahrendorf

der am 1. Juli 1938 seinen Betreib mit vier Bussen und zwei Anhängern aufnahm. 1939 waren hier zwei Eisenbahner beschäftigt.
Mit der Eröffnung der 750 m langen Anschlußbahn vom Kilometer 1,36 zum Haldenslebener Hafen am Mittellandkanal 1938 konnte die Bahn ihr Geschäft weiter ausbauen. Im Zuge der Umbenennung von Neuhaldensleben in Haldensleben änderte die Bahn 1939 auch ihren Namen in »Haldenslebener Eisenbahn«. Allerdings wurden beide Namen oft parallel benutzt.
Während des 2. Weltkrieges nahmen die Beförderungsleistungen auf der Strecke Haldensleben–Eilsleben umgeahnte Ausmaße an. Dabei wurden auch Umleiterzüge der Reichsbahn über die Privatbahn gefahren. Von größeren kriegsbedingten Zerstörungen blieb die Bahn verschont.
Im Frühjahr 1945 ruhte für kurze Zeit auf der Strecke der Verkehr. Am 1. März 1946 wurde die »Haldenslebener Eisenbahn« schließlich von der Provinzialverwaltung sequestiert. Der ab 4. November 1946 gültige Winterfahrplan 1946/47

In den 80er Jahren setzte das Bw Haldensleben seine 52^{80} auch auf der Strecke nach Eilsleben ein. Im Sommer 1982 rangierte 52 8071 in Erxleben-Uhrsleben.
Foto: Sammlung U. Wahrendorf

sah werktags drei Zugpaare und an Sonntagen nur ein Zugpaar vor. Im Dezember 1946 übernahm die »Sächsische Provinzbahnen G.m.b.H.« die Betriebsführung. Zum 1. April 1949 wurde die Privatbahn von der DR übernommen. Die NhE-Werkstatt wurde mit der Hauptwerkstatt der GHWK vereinigt und zum selbständigen Bw Haldensleben erhoben.

Bis zum Herbst 1989 war die Strecke Haldensleben–Eilsleben im Personen- und Güterverkehr unverzichtbar. Mit der Stillegung der Außenstelle Nordgermersleben der Zuckerfabrik Haldensleben zum Jahresende 1990 verlor die Nebenbahn ihren größten Kunden. Mit dem Rückgang des Frachtaufkommens stellte die Reichsbahn zum Fahrplanwechsel 1992 den planmäßigen Güterverkehr zwischen Haldensleben und Eilsleben ein. Fortan verkehrten Güterzüge nur noch bei Bedarf. Mit der Schließung der Gütertarifpunkte Erxleben-Uhrsleben, Nordgermersleben und Schackensleben endete am 31. Dezember 1994 der Güterverkehr auf der ehemaligen NhE .

Obwohl der Personenverkehr mit etwa 80 Fahrgästen pro Tag fast bedeutungslos ist, pendeln zwischen den beiden Endpunkten noch immer Regionalbahnen im Zwei-Stunden-Takt.

Strecke und Anlagen

Im Bahnhof Haldensleben nutzte die NhE die Anlagen der Staatsbahn mit. Die Staatsbahn wickelte gegen eine Gebühr auch den Verkehrsdienst für die NhE mit ab. In Haldensleben unterhielt die Privatbahn lediglich auf der Ostseite des Bahnhofes eine Hauptwerkstatt. Insgesamt besaß die NhE zwei Lokschuppen mit insgesamt acht Ständen, von denen einer als ständiger Ausbesserungsstand genutzt wurde. Die Werkstatt war mit allen notwendigen Maschinen und Anlagen ausgerüstet, um größere Untersuchungen an Loks und Wagen durchführen zu können. Hinter dem Bahnhof Haldensleben schwenkt die Strecke nach Süden ab. Kurz hinter dem Kilometer 1,3 zweigte das Anschlußgleis zum Hafen ab. Danach überquert die Strecke den Mittelandkanal. In der Nähe des Stadtteils Haldensleben II befand sich bis Ende der vierziger Jahre am Kilometer 2,6 der Bedarfshaltepunkt Haldensleben Ost. Nur knapp 1000 m später folgt der Bahnhof Haldensleben Alt. Mit zwei Anschlußgleisen war die Steingutfabrik Schmelzer & Gericke an die Station angeschlossen.

Nach einer weiten Rechtskurve ist der heutige Haltepunkt Hundisburg erreicht. Die Station liegt weit ab des Dorfes mit seinem Schloß und dem Park, den der Industrielle von Nathusius anlegen ließ. Hier wurden in erster Linie landwirtschaftliche Güter und Steine verladen. Durch landwirtschaftlich genutztes Gebiet verläuft die Strecke weiter zum Haltepunkt Ackendorf, der direkt an der Landstraße nach Rottmersleben liegt. Die Zuckerfabrik besaß dort ein Anschlußgleis.

Bevor der Bahnhof Schackensleben (Kilometer 11,1) erreicht ist, schwenkt die Strecke nach Westen ab. Fast schnurgerade verläuft die Nebenbahn nun durch die Magdeburger Börde. Nach der Kreuzung mit der Landstraße Rottmersleben–Seehausen rollen die Züge parallel zur Landstraße in Richtung Nordgermersleben. Mit seiner Zuckerfabrik war der Bahnhof Nordgermersleben (Kilometer 16,4) die wichtigste Zwischenstation der NhE.

Bis zum nächsten Haltepunkt Brumby-Emden sind es nicht einmal mehr drei Kilometer. Der Haltepunkt liegt in unmittelbarer Nähe der Bundesstraße 245. Kurz vor Erxleben schwenkt die Nebenbahn wieder nach Süden ab. An der Landstraße, genau zwischen den beiden Dörfern Erxleben und Uhrsleben, liegt der gleichnamige Bahnhof am Kilometer 22,5.

Schnurgerade geht es nun weiter in Richtung Eilsleben. Noch bevor die Endstation erreicht ist, passiert der Zug den heutigen Haltepunkt Hakenstedt. Nach einer langgezogenen S-Kurve fädelt die ehemalige NhE von Osten her in den Bahnhof Eilsleben ein. Die ehemaligen Anlagen der Privatbahn, zu denen auch ein eigener Bahnsteig gehört, liegen auf der Nordostseite des Bahnhofs. Wie in Haldensleben übernahm auch in Eilsleben die Staatsbahn den Betriebsdienst für die NhE. Komplettiert wurden die Anlagen der Privatbahn in Eilsleben durch

eine kleine Bekohlungsanlage mit Wasserkran.
Sämtliche Stationen, mit Ausnahme des Haltepunktes Haldensleben Ost, rüstete die NhE mit einem massiven Empfangsgebäude und einem Güterschuppen aus. Insgesamt 14 Anschlüsse bediente die Bahn. An den beiden Endpunkten nutzten die Reisenden die Empfangsgebäude der Staatsbahn. Die stärkste Steigung auf der Nebenbahn beträgt 1 : 60, der kleinste Radius 300 m auf der freien Strecke. Insgesamt 10 Brücken mußte die Privatbahn errichten, die größte davon war die Brücke über den Mittellandkanal bei Haldensleben.
Sicherungstechnisch bot die NhE keine Besonderheiten. Die Einfahrten in die Endbahnhöfe waren durch Vor- und Hauptsignale gesichert. Die Abzweigungen zum Hafen und zu den Neuhaldenslebener Werken waren mit einem Gleissperr- und einem Hauptsignal gesichert. Die Mehrzahl der fast 80 Bahnübergänge waren ungesichert. Lediglich vier waren mit handbedienten Schranken ausgerüstet. Für die Verständigung zwischen den Betriebsstellen standen 1937 insgesamt 16 Fernsprecher und sechs Telegraphenapparate zur Verfügung.
Zur Eröffnung der NhE betrug die Höchstgeschwindigkeit 30 km/h. Später wurde sie auf 50 km/h erhöht.

Fahrzeuge

Zur Eröffnung der NhE kaufte Bachstein bei der Lokfabrik Henschel drei Tenderlokomotiven, die weitestgehend der preußischen T 3 entsprachen. Sie besaßen aber mit 365 mm einen größeren Kolbenhub als diese. Zwei Jahre später stockte die CV mit einer vierten, bauartgleichen Lok den Fahrzeugpark weiter auf. Über Jahre hinweg genügten die Dreikuppler den betrieblichen Belangen der Nebenbahn. Als die CV zur Jahrhundertwende ein einheitliches Nummernschema einführte, bei dem die Neuhaldenslebener Maschinen die Nummernreihe 11 bis 19 erhielten, bezeichnete man die Loks als Nr. 11 bis 14.

Nach dem 1. Weltkrieg waren die Loks der NhE völlig verschlissen. Da der Gesellschaft aber für neue Maschinen das Geld fehlte, versuchte man sich mit Gelegenheitskäufen zu behelfen. So kaufte die NhE 1922 von der ELE eine modifizierte preußische T 9^3, die sich allerdings nicht bewährte und nach nur vier Jahren weiterverkauft wurde. Mit der Übernahme einer preußischen T 7 und eines Vierkupplers von der ZtE für den gestiegenen Güterverkehr konnte die NhE ihren Lokmangel halbwegs beheben.
Nachdem noch eine T 3 und ein Vierkuppler von Henschel, die erste Heißdampflok der NhE, an der Ohre eintrafen, verkaufte man 1928 die letzte der 1887 in Dienst gestellten Maschinen. Im gleichen Jahr nahm die Privatbahn auch ihre erste ELNA-Lok in Betrieb.
Anfang der dreißiger Jahre dachte die NhE über die Anschaffung eines Dieseltriebwagens nach. Auf der Grundlage der Erfahrungen der OWE beschloß die CV, in der Neuhaldenslebener Werkstatt einen zweiachsigen Packwagen zu einem diesel-elektrischen Schlepptriebwagen mit Packabteil umzubauen. Dabei entfernte man eine Achse des Wagens und ersetzte sie durch ein zweiachsiges Drehgestell mit zwei Fahrmotoren. Über dieses Drehgestell installierte man einen 300 bis 330 PS starken Dieselmotor der Motoren-Werke Mannheim mit dem von Gebus gelieferten Generator. Der Umbau des 31 t schweren, als T 03 bezeichneten Fahrzeugs kostete rund 60 000 Mark. Außerdem baute man in eigener Werkstatt zwei Personenwagen zu Steuerwagen (VS 309 und 310) um. Ab Mai 1932 gingen die Steuerwagen mit dem Schlepptriebwagen in der Mitte in den Planeinsatz. Rund 250 km pro Tag legte das Gespann zurück und beförderte dabei auch Stückgut-, Milch- und Eilgutwagen.
Vier Jahre später entstand in der Werkstatt der NhE aus einem vierachsigen Wagengestell, das man von der Wumag preiswert erworben hatte, der vierachsigen Steuerwagen VS 311. Die Reichsbahn baute ihn zu Beiwagen um.

Während des Baus des Triebwagens T 03 nahm das Werkstattpersonal zu einen Erinnerungsfoto Aufstellung.
Foto: Sammlung U. Wahrendorf

Mit dem Einsatz des Triebwagengespanns konnte die NhE ihren Lokpark reduzieren und modernisieren. Allerdings war dem 1933 von der BSHK gekauften Dreikuppler kein langer Einsatz beschieden. Nach nicht einmal einem Jahr gab man den ELNA-Verschnitt an die OWE ab.
Die 1935 beschaffte und als Nr. 43 bezeichnete ELNA 5 hingegen bewährte sich sehr gut. Mit ihrer bauartgleichen Schwester übernahm sie ab 1940 den schweren Güterzugdienst zwischen Haldensleben und Eilsleben.
Für den Rangierdienst im Bahnhof Haldensleben und im Hafen am Mittellandkanal setzte die NhE eine als Kö 4 bezeichnete Diesellok ein, die von der EOE kam. Nachdem die NhE ihre Kö 5 hatte, gab man die Kö 4 wieder nach Thüringen zurück. Der Verbleib der Kö 5 ist bis heute ungeklärt, denn die DR reihte von der ehemaligen NhE nur einen Trieb- und zwei Steuerwagen sowie drei Dampfloks in ihren Fahrzeugpark ein.

Die ehemalige Lok 44 wartete in Kalbe/Milde im Sommer 1969 auf neue Einsätze. Erst am 17. Dezember 1970 musterte die DR die Maschine im Bw Salzwedel aus.
Foto: Sammlung U. Wahrendorf

Der vierachsige Steuerwagen der NhE stand am 12. September 1978 als 197 833 noch betriebsbereit im Bahnhof Schönhausen.
Foto: Sammlung D. Endisch

Der Wagenpark der NhE bestand 1888 aus vier Personenwagen der II./III. Klasse, zwei Packwagen und einem Post-Packwagen. Diese Wagen waren alle mit der Schraubenbremse Bauart Schmid, einem der Heberlein-Seilzugbremse ähnlichen System, ausgerüstet. Sie bewährte sich allerdings nicht und wurde bald durch die Heberlein-Bremse ersetzt. Mit der Einführung der IV. Klasse kamen drei Personenwagen dieser Bauart nach Neuhaldensleben. Für den Güterverkehr standen 1887 je 15 O- und G-Wagen zur Verfügung.
Der Geschäftsbericht 1937 weist für die NhE einen Fahrzeugpark von fünf Personenwagen, einschließlich der drei Steuerwagen und vier Packwagen aus. Für den Güterverkehr standen 14 gedeckte und 30 offene Wagen mit einer Gesamttonnage von 510 t zur Verfügung.

Triebfahrzeuge der Neuhaldenslebener Eisenbahn:

Dampflokomotiven

Name	Bahn-Nr.	Bauart	Hersteller	Baujahr	Fabrik-Nr.	DR-Nr.	Bemerkungen
	2	Ch2t	Hohenzollern	1927	4600	89 6280	am 1. Juli 1933 für 13 000 Mark von der BSHK gekauft; 1934 an die OWE verkauft; am 15. April 1965 im Bw Nordhausen ausgemustert
NEUHALDENSLEBEN	11	Cn2t	Henschel	1887	2366		pr. T 3; später als Nr. 2 bezeichnet; war mit dieser Nr. bis 1910 im Einsatz
EILSLEBEN	12	Cn2t	Henschel	1887	2367		pr. T 3; später als Nr. 3 bezeichnet; war mit dieser Nr. bis 1910 im Einsatz
NATHUSIUS	13	Cn2t	Henschel	1887	2368		pr. T 3; später als Nr. 1 bezeichnet; war mit dieser Nr. bis 1910 im Einsatz; 1928 an die ASN verkauft;

Name	Bahn-Nr.	Bauart	Hersteller	Baujahr	Fabrik-Nr.	DR-Nr.	Bemerkungen
NORDGERMERSLEBEN	14	Cn2t	Henschel	1889	2920		pr. T 3
	15	Cn2t	O & K	1907	2539		pr. T 3; 1932 an GEKE verkauft
	16	1´Cn2t	Henschel	1912	11 097		pr. T 9³; 1922 ELE gekauft; 1926 an die KCE verkauft
	17	Dh2t	Henschel	1924	20 441		
	18	Cn2t	Hohenzollern	1891	610		pr. T 7; COELN 6827; 1926 von der BE gekauft
	19	1´Ch2t	Henschel	1928	21 044		ELNA 5; 1939 an die OWE verkauft
	33	Dn2t	O &K	1907	2231	92 6101	besaß Endachsen der Bauart Gölsdorf; 1926 von der ZtE übernommen; am 31. Mai 1964 ausgemustert
	43	1´Ch2t	Henschel	1935	22 736	91 6491	ELNA 5; ab 1961 an die Industriebahn Tegel vermietet; am 6. Mai 1965 ausgemustert
	44	1´Ch2t	Henschel	1940	24 576	91 6496	ELNA 5; am 17. Dezember 1970 im Bw Salzwedel ausgemustert
	78	Bn2t	Hanomag	1895	2650	98 6003	angemietet von der EOE

Diesellokomotiven

	Bahn-Nr.	Bauart	Hersteller	Baujahr	Fabrik-Nr.	DR-Nr.	Bemerkungen
Kö 4		B-dm	O & K	1935	20 554	Kö 0300	von der EOE übernommen; 1940 wieder an die EOE abgegeben
Kö 5		B-dm	Jung	1939	7868		

Triebwagen

Bahn-Nr.	Bauart	Hersteller	Baujahr	Fabrik-Nr.	DR-Nr.	Bemerkungen
T 03	1-Bo´de	Eigenbau	1932	3	VT 135 552	aus Güterwagen umgebaut; 1956 ausgemustert

Steuerwagen

Bahn-Nr.	Hersteller	Baujahr	Fabrik-Nr.	DR-Nr.	Bemerkungen
VS 309	Wismar	1927		VS 144 501	Umbau aus einen II./III. Klasse-Wagen; 1963 zu VB 140 527 umgebaut; ab 1. Juni 1970 als VB 190 846 im Einsatz
VS 310	Wismar	1927			Umbau aus einem III. Klasse-Wagen; 1940 an die Heeresfeldbahnen abgegeben; nach 1956 bei der CFL verblieben
VS 311	Eigenbau	1936		VS 145 502	entstand aus einem vierachsigen Wagengestell der Wumag (Baujahr 1930); Umbau zu VB 147 512; ab 1. Juli 1970 als 197 833 im Einsatz; Eigentum der Eisenbahnfreunde Salzwedel

Die Bahnen der Centralverwaltung für Secundairbahnen Hermann Bachstein

Osterwieck–Wasserlebener Eisenbahn

Vorgeschichte

Am Südhang des Großen Fallsteins liegt im Ilsetal die Kleinstadt Osterwieck. Von Karl dem Großen als Missionszentrum für das eroberte Sachsen gegründet, wuchs die Stadt bis zum 16. Jahrhundert zu einem wichtigen Handelsplatz in der Harzregion. Nach dem Dreißigjährigen Krieg verarmte Osterwieck allerdings. Erst in der ersten Hälfte des 19. Jahrhunderts brachte die Herstellung von Lederwaren wieder einen Aufschwung. Die Eröffnung der MHE am 15. Juli 1843 weckte auch in Osterwieck den Wunsch nach einem Anschluß an das Schienennetz. Als ab 1860 die Pläne der MHE zum Bau der Strecke Halberstadt–Vienenburg bekannt wurden, wollte der Osterwiecker Magistrat die MHE bewegen, diese Linie über die Ilse-Stadt zu bauen. Die MHE lehnte diese Wünsche aber ab, da der Streckenverlauf über Osterwieck ein Umweg war.

Als am 1. März 1869 die ersten Züge auf der Strecke Halberstadt–Wasserleben–Vienenburg fuhren, war die Eisenbahn-Euphorie in Osterwieck erst einmal vorbei, bis am 25. August 1880 Osterwiecker Bürger ein Eisenbahnkomitee gründeten. Ziel des Komitees war der Bau einer Stichbahn von Wasserleben nach Osterwieck. Bereits wenige Wochen später bat der Magistrat von Osterwieck beim zuständigen preußischen Ministerium der öffentlichen Arbeiten um die Genehmigung zum Beginn der Vorarbeiten für die Strecke Wasserleben–Osterwieck. Nach gründlicher Prüfung erteilte das Ministerium schließlich am 31. Dezember 1880 die Genehmigung. Anschließend setzte sich der Vorsitzende des Eisenbahnkomitees, August Wilhelm Zickfeld, mit der »Centralverwaltung für Secundairbahnen Hermann Bachstein« in Verbindung. Nach einem kurzen Schriftwechsel mit Zickfeld erklärte sich Hermann Bachstein bereit, die notwendigen Projektierungsarbeiten zu übernehmen.

Bau und Eröffnung

Nachdem Bachstein im Frühjahr dem Magistrat der Stadt Osterwieck die vollständigen Bauunterlagen übergeben hatte, beantragten die Stadtväter beim Magdeburger Regierungspräsidenten die Konzession zum Bau und Betrieb einer Nebenbahn von Osterwieck nach Wasserleben. Gut vier Wochen nachdem am 17. August 1881 die Konzessionsurkunde für die Nebenbahn unterschrieben wurde, traf nach der Prüfung der Unterlagen am 22. September 1881 die Baugenehmigung in Osterwieck ein. Die Stadtverwaltung übernahm alle Kosten für den Bau der Bahn. Zur Finanzierung der Bahn nahm die Stadt bei der

Stolz präsentierten sich die Eisenbahner der KPEV und der OWE um 1900 im Bahnhof Wasserleben. Links im Bild eine der beiden OWE-Loks.
Foto: Sammlung D. Endisch

Der Triebwagen T 01 wartete in den 30er Jahren in Wasserleben auf neue Fahrgäste.
Foto: Sammlung D. Endisch

In Hornburg kreuzten sich 1939 der T 01 und die ELNA-Lok Nr. 19.
Foto: Sammlung D. Endisch

Kreissparkasse Halberstadt einen Kredit über 275 000 Mark auf.
Den Bau der Nebenbahn sowie die Beschaffung der notwendigen Lokomotiven und Wagen vergab die Stadt Osterwieck an die Bachsteinsche Centralverwaltung und die Firma Davy, Donath & Co aus Berlin. Bereits am 1. Oktober 1881 begannen die Bauarbeiten. Die Bauverträge unterzeichnete man offiziell aber erst am 29. November 1881. Die Arbeiten an der Stichbahn gingen zügig voran. Bereits nach wenigen Wochen verlegten die Arbeiter die ersten Gleise und schon im November 1881 beantragte man beim Regierungspräsidium den Einsatz lokbespannter Arbeitszüge. Allerdings gab die Behörde diesem Wunsch erst am 25. Januar 1882 statt. Fünf Tage später, am 30. Januar 1882, trafen die beiden Maschinen für die neue Nebenbahn in Wasserleben ein. Die Abnahme der Strecke wurde für den 15. Mai 1882 festgesetzt. Die Abnahmekommission bemängelte allerdings die Bahnübergänge. Dennoch konnten die Osterwiecker am 18. Mai 1882 die Eröffnung ihrer 5,18 Kilometer langen Stichbahn nach Wasserleben feiern.

Betrieb und Verkehr

Die Stadt Osterwieck verpachtete die Betriebsführung auf ihrer Nebenbahn für 15 Jahre an die Centralverwaltung. Der Vertrag sicherte Herrmann Bachstein alle Einnahmen. Er mußte der Stadt Osterwieck aber, unabhängig vom Betriebsergebnis, zur Tilgung des Kredits pro Jahr 11 500 Mark zahlen. Der Verkehr auf der Stichbahn entwickelte sich sehr gut. Fünf gemischte Zugpaare verkehrten täglich. Während der Zuckerrüben-Kampagne setzte man auch reine Güterzüge für den Rüben- und Kohlentransport ein. Schon im Rechnungsjahr 1883/84 wurden 44 678 Personen und 39 978 t Güter befördert.
Kurze Zeit später waren die Osterwiecker mit ihrer Stichbahn nicht mehr zu frieden. Das Eisenbahnkomitee unter August Wilhelm Zickfeld strebte eine Verlängerung der Nebenbahn über Hornburg nach Börßum an. Doch im Magistrat fand dieses Vorhaben keine Mehrheit. Mit der Eröffnung der Kleinbahn Hornburg–Börßum am 1. Juni 1895 legte man das Projekt ad acta.
Allerdings genügten beide Stichbahnen den Verkehrsbedürfnissen der Städte Osterwieck und Hornburg mehr schlecht als recht. Die Gemeinden Bühne, Rimbeck, Stötterlingen und Hoppenstedt wollten nun ebenfalls einen Eisen-

Osterwieck-Wasserlebener Eisenbahn

182 e Wasserleben - Börßum

Alle Züge 2. 3. Klasse

...	*5.14*	...	*8.05*	*10.42*	...	*14.09*	...	..	*18.49* **19.06**	**21.28**		ab *Halberstadt* 181 an	...	*6.56*	**8.41**	...	**11.58**	*13.40*	*18.39*	...	...	c*21.48*	...
W 22	2	26	4	6 bG	28	8	10	12	30	14 bG	km	Zug Nr / Zug Nr		1	3	27	5 bG	7	29	9	11	13	31
...	6.30	...	8.41	11.40	...	14.43	...	...	19.35	21.53	0,0	ab **Wasserleben** 181 an	...	6.20	8.11	...	11.10	13.08	18.00	...	...	b21.13	...
...	6.38	...	8.50	11.48	...	14.51	...	...	19.44	22.02	5,2	an **Osterwieck** (Harz) ab	...	6.10	8.03	...	11.02	13.00	17.50	...	...	b21.03	...
...	6.41	...	8.54	11.49	...	14.53	...	...	19.49	...		ab **Osterwieck** (Harz) an	...	...	8.01	...	11.01	12.59	15.23	...	...	20.19	...
...	6.45	...	8.58	11.53	...	14.57	...	...	19.53	...	6,5	Osterwieck West	...	...	7.58	...	10.58	|	15.20	...	...	20.16	...
...	|	...	(9.04	|	...	(15.02	...	...	|	...	9,3	Stötterlingen	...	...	(7.52	...	|	|	(15.13	...	...	(20.10	...
...	6.53	...	9.10	12.01	...	15.06	...	...	20.10	...	10,7	Hoppenstedt	...	—	7.49	...	10.50	12.50	15.10	...	...	20.06	...
...	6.57	...	9.15	12.05	...	15.10	...	...	20.15	...	12,4	Bühne-Rimbeck	...	w 25	7.45	...	10.46	12.46	14.50	...	...	20.01	...
...	7.04	↴	9.24	12.12	...	15.17	...	...	20.23	...	16,9	an **Hornburg** (Kr Werniger.) ab	...	↱	7.36	...	10.38	12.38	14.40	...	...	19.52	...
w6.05	...	8.12	10.00	12.13	13.55	15.19	16.30	18.55	20.28	...		ab **Hornburg** (Kr Werniger.) an	...	w7.15	...	8.50	10.37	12.37	14.35	15.50	17.50	19.49	20.59
w6.14	...	8.20	10.10	12.20	14.05	15.26	16.40	19.05	20.37	...	21,3	an **Börßum** 184 ab	...	w7.05	...	8.40	10.30	12.30	14.25	15.40	17.40	19.40	20.50
7.00	...	a *9.02*	*10.53*	*12.55*	*15.15*	**15.58**	*17.24*	*19.51*	*21.36*	...		an *Braunschweig Hbf* 184n ab	...	*5.56*	...	*8.00*	*9.46*	*11.49*	*13.38*	*15.00*	**17.07**	*19.00*	*20.09*

a In Wolfenbüttel umsteigen. b Ab Osterwieck nur bG. c S bis 10. IX. an *21.51*.

Der ab 17. Mai 1943 gültige Fahrplan enthielt noch vier durchgehende Zugpaare.
Abbildung: Sammlung D. Endisch

bahnanschluß. Auch der Landkreis Halberstadt wollte beide Stichbahnen verbinden, um so die verkehrstechnische Erschließung des Kreises zu verbessern. Herrmann Bachstein übernahm diese Aufgabe.

Deshalb kaufte er am 8. August 1899 von der Stadt Osterwieck für 480 000 Mark die Stichbahn nach Wasserleben. Anschließend gründete er mit einem Stammkapital von 500 000 Mark am 1. Dezember 1900 in Berlin die »Osterwieck-Wasserlebener Eisenbahn-Gesellschaft« (OWE). Am 19. September 1901 übernahm Bachstein auch die Betriebskonzession der Strecke Wasserleben–Osterwieck .

Der Kauf der Kleinbahn Hornburg–Börßum dauerte allerdings länger, da der von der Stadt Hornburg geforderte Preis für Herrmann Bachstein völlig überzogen war. Erst nach Schützenhilfe durch den Landkreis Halberstadt und den Osterwiecker Magistrat übernahm die OWE am 6. Mai 1905 die Hornburger Kleinbahn für 550 000 Mark

Doch damit waren die Probleme für den Bau der Strecke Osterwieck–Börßum noch lange nicht vorbei. Erst nachdem der Kreistag der OWE einen einmaligen Zuschuß von 28 000 Mark gewährte und die Anliegergemeinden kostenlos Grund und Boden zur Verfügung stellten, beantragte die OWE die Vorarbeiten. Obwohl die Genehmigung für die Vorarbeiten noch nicht vorlag, begann die OWE im Juli 1905 bereits mit der Vermessung und Projektierung der neuen Strecke. Nach zähen Verhandlungen zwischen Bachstein und dem Minister der öffentlichen Arbeiten in Berlin erhielt die OWE am 3. Februar 1906 die Genehmigungsurkunde.

Obwohl das Regierungspräsidium Magdeburg weder den vorgelegten Bauunterlagen noch der Umkonzessionierung der Hornburger Kleinbahn in eine Nebenbahn zugestimmt hatte, begannen am 17. Juni 1907 in Hornburg die Bauarbeiten. Erst als der notwendige Staatsvertrag zwischen dem Königreich Preußen und dem Herzogtum Braunschweig am 21. September 1906 unterzeichnet wurde – die Strecke Wasserleben–Börßum verlief auch auf dem Gebiet des Herzogtums – erhielt die OWE am 8. Juli 1907 die Konzessionsurkunde aus Magdeburg. Braunschweig stellte die Konzession am 21. September 1907 aus.

Als alle strittigen Grundstücksfragen geklärt und sämtliche Vermessungsarbeiten beendet waren, legte die OWE erst im Spätsommer 1907 die Bauunterlagen zur endgültigen Prüfung vor. Ohne Genehmigung gingen die Bauarbeiten aber weiter. Bereits Herbst 1907 verlegte man die ersten Gleise von Hornburg aus. Auch die neuen Gebäude in Hoppenstedt und Bühne-Rimbeck waren schon fast fertig, als am 19. Februar 1908 die Vorarbeiten genehmigt wurden. Am 2. November 1908 war es dann soweit: Der Eröffnungszug dampfte von Osterwieck nach Hornburg. Die neue Strecke hatte die OWE insgesamt 1 697 404 Mark gekostet.

Mit der Aufnahme des durchgehenden Zugverkehrs zwischen Wasserleben und Börßum nahmen der Personen- und Güterverkehr einen nicht erwarteten Aufschwung. Setzte die OWE auf beiden Stichbahnen im Geschäftsjahr 1905/06 insgesamt 5158 Züge ein, waren es auf der durchgehenden Strecke vier Jahre später schon 8683 Züge. Allerdings verkehrten auf der OWE meist noch gemischte Züge. Lediglich in der Rübenkampagne legte die Bahn zu den Zuckerfabriken in Wasserleben, Osterwieck und Hornburg reine Güterzüge ein. Für den Personenverkehr genügten fünf Zugpaare.

Der Güterverkehr war das wichtigste Standbein der OWE. Neben den Zuckerfabriken gehörten die Kalk- und Mörtelwerke in Hoppenstedt zu den wichtigsten Kunden. So wurden 1910/11 auf der Strecke Wasserleben–Börßum rund 200 000 Personen und 137 000 t Güter transportiert.

Wie viele andere Bahnen auch mußte die OWE während des 1. Weltkrieges den Betrieb wegen Personalmangels reduzieren. Das hatte aber kaum Auswirkungen auf die Einnahmen. Ab 1920 pendelten sich die Beförderungsleistungen im Personenverkehr zwischen 150 000 und 250 000 Personen und im Güterverkehr auf etwa 150 000 t ein. Auch während der Weltwirtschaftskrise warf die OWE noch Gewinne ab.

Das Empfangsgebäude Osterwieck von der Straßenseite. Hier saß zuerst die Betriebsleitung der OWE.
Foto: D. Endisch

Ende der zwanziger Jahre trennte die OWE den Personen- und Güterverkehr. Mit einem 1930 in der eigenen Werkstatt umgebauten Triebwagen rationalisierte sie ihren Betrieb. Mit dem Einsatz eines zweiten Triebwagens ab 1934 waren lokbespannte Personenzüge eine Seltenheit. Im Sommer 1936 verkehrten vier Zugpaare auf der gesamten Strecke. Verdichtet wurde der Fahrplan durch einen Zug Wasserleben–Hornburg, einen Zug Osterwieck–Börßum, ein Zugpaar Osterwieck–Hornburg sowie drei Zugpaare Hornburg–Börßum.
Durch die Gebietsreform zwischen der preußischen Provinz Sachsen und Braunschweig gehörte die Stadt Hornburg ab 1. August 1941 zum Landkreis Wolfenbüttel. Obwohl Wasserleben und Börßum mehrmals aus der Luft angriffen wurden, blieb die OWE im 2. Weltkrieg unbeschädigt. Mit dem Einmarsch der Roten Armee am 1. Juli 1945 in den Kreis Halberstadt unterbrach die Demarkationslinie zwischen den Besatzungszonen die OWE am Kilometer 14,22 hinter der Station Bühne-Rimbeck. Am 1. März 1946 wurde die OWE von der Provinzialverwaltung sequestiert. Ab Mai 1946 verkehrten die OWE-Züge auch zwischen Wasserleben und Heudeber-Danstedt .
Nach der Übernahme der ehemaligen OWE durch die Reichsbahn wandelte man den Lokschuppen in Osterwieck in eine Außenstelle des Bw Halberstadt um und erhob den Bahnhof Osterwieck zu einer selbständigen Dienststelle. Im Zusammenhang mit der Befestigung der Grenzanlagen im Sommer 1961 wurde am 20. November 1961 der Personenverkehr zwischen Hoppenstedt und Bühne-Rimbeck eingestellt. Für Materialtransporte der Grenztruppen diente das Streckenstück bis Ende der sechziger Jahre. Am 22. Mai 1971 stellte die DR auch den Personenverkehr zwischen Hoppenstedt und Osterwieck ein. Obwohl der Güterverkehr hier offiziell am 1. Oktober 1972 eingestellt wurde, bediente man das Streckenrangiergleis noch bis zum Frühjahr 1976.
Nach zahlreichen Eingaben der Osterwiecker Bevölkerung wurde der 1971 stillgelegte Haltepunkt Osterwieck-West am Kilometer 6,5 am 2. Januar 1984 wieder in Betrieb genommen. Seitdem enden hier alle Personenzüge der heutigen Kursbuchstrecke 327.
Der planmäßige Güterverkehr auf der ehemaligen OWE ruht seit dem Fahrplanwechsel 1992. Am 10. Januar 1994 stellte die DB AG endgültig den Güterverkehr ein und wandelte die Nebenbahn am 28. Mai 1995 in eine Stichstrecke um. Nur noch ein Zug kann die Strecke jetzt befahren.

Strecke und Anlagen

Im Bahnhof Wasserleben besaß die OWE nur ein eigenes Gleis. Die Gleise an der Ladestraße, dem Güterschuppen, der Zuckerfabrik und am Bahnsteig 3 wurden gemeinsam von der Staatsbahn und der OWE genutzt. Erst 1938 baute die OWE für ihre Rangierlok einen kleinen Lokschuppen aus Holz.
Die Nebenbahn verläßt den Bahnhof nach Norden. Fast schnurgerade verläuft die Trasse nach Osterwieck. Am Kilometer 2,7 lag bis 1960 die Ladestelle Schauen mit ihrer 75 m langen Seitenrampe. Nach 5,2 km erreicht der Zug den Bahnhof Osterwieck. Dieser besitzt ein zweigeschossiges Empfangsgebäude mit Güterschuppen und einen langen, eingleisigen Lokschuppen mit Wasserturm. Zwei Ladestraßen, eine kombinierte Kopf-Seitenrampe und eine Gleiswaage gehörten ebenfalls zum Bahnhof.
Nach weiteren 1,3 km folgt der heutige Endpunkt der Strecke, der Haltepunkt Osterwieck-West mit seiner kleinen Wartehalle. Im Ilsetal ging es nun weiter zum Gütertarifpunkt Osterwieck-Werke mit seinen umfangreichen Anschlußgleisen der Lackfabrik. Im wahrsten Sinne des Wortes lag der Haltepunkt Stötterlingen rund 2 km vom Dorf entfernt »auf dem Acker«. Wie in Osterwieck-West gab es hier nur einen 50 m langen Bahnsteig und eine Wartehalle. Entlang des Großen Fallsteins erreichte die OWE Hoppenstedt. Der Bahnhof besaß drei

Der Lokschuppen Osterwieck verfällt heute zusehends.
Foto: D. Endisch

Obwohl seit über 35 Jahren keine Züge mehr in Bühne-Rimbeck halten, ist das Stationsschild bis heute erhalten geblieben.
Foto: D. Endisch

Gleise, ein zweigeschossiges Empfangsgebäude und einen Lokschuppen für eine Kleindiesellok, die eine Erdölverladung und den Anschluß der Kalkwerke bediente. Weiter in nordwestlicher Richtung folgte Bühne-Rimbeck. Die Station hatte nur ein Hauptgleis und ein Ladegleis mit Ladestraße. Einige hundert Meter nach Bühne-Rimbeck wechselte die Trasse auf der größten Brücke der OWE, einer Blechträgerbrücke mit einer Öffnung von 10 m und zwei Öffnungen von je 9,2 m lichter Weite, auf das linke Ufer der Ilse.

Der Bahnhof Hornburg war mit seinen sieben Gleisen ab 1908 der betriebliche Mittelpunkt der OWE. Das zweigeschossige Bahnhofsgebäude mit Güterschuppen beherbergte ab 1924 die Betriebsleitung der Bahn. Im zweigleisigen Lokschuppen hatten bis zu vier Lokomotiven Platz. Zwei Ladestraßen und eine Kopf-Seitenrampe dienten dem Güterumschlag. Hinter Hornburg schwenkte die Strecke nach Westen und verlief nun parallel zur Kanal-Ilse nach Börßum. Hier befand sich mit 1 : 90 auch die größte Neigung der gesamten Strecke. Nach genau 21,334 km hatte die OWE im Bahnhof Börßum ihren Endpunkt erreicht. Hier gab es nur bescheidene Anlagen. In einem Stumpfgleis endeten die Züge der OWE. Zum Umsetzen wurden die Züge in die drei anderen Gleise zurückgedrückt.

Insgesamt besaß die OWE vier Brücken, 46 Durchlässe und 49 unbeschrankte Bahnübergänge. Mit Einfahrsignalen waren nur die Bahnhöfe Wasserleben, Osterwieck, Hoppenstedt, Hornburg und Börßum ausgerüstet.

Fahrzeuge

Herrmann Bachstein kaufte 1881 bei Henschel für die Strecke Wasserleben–Osterwieck zwei Bn2t-Loks, die »ILSE« und die »OSTERWIECK«. Bei der Übernahme der KHB kamen der Zweikuppler »HORNBURG« und die dreifachgekuppelte »BÖRSSUM« zur OWE. Zur Verstärkung ihres Fahrzeugparkes kaufte die OWE 1905 von der NFE die »WERDER« und die »FRIEDLAND«. Als Ersatz für die im Jahr 1909 an die TE verkauften »ILSE« und »OSTERWIECK« er-

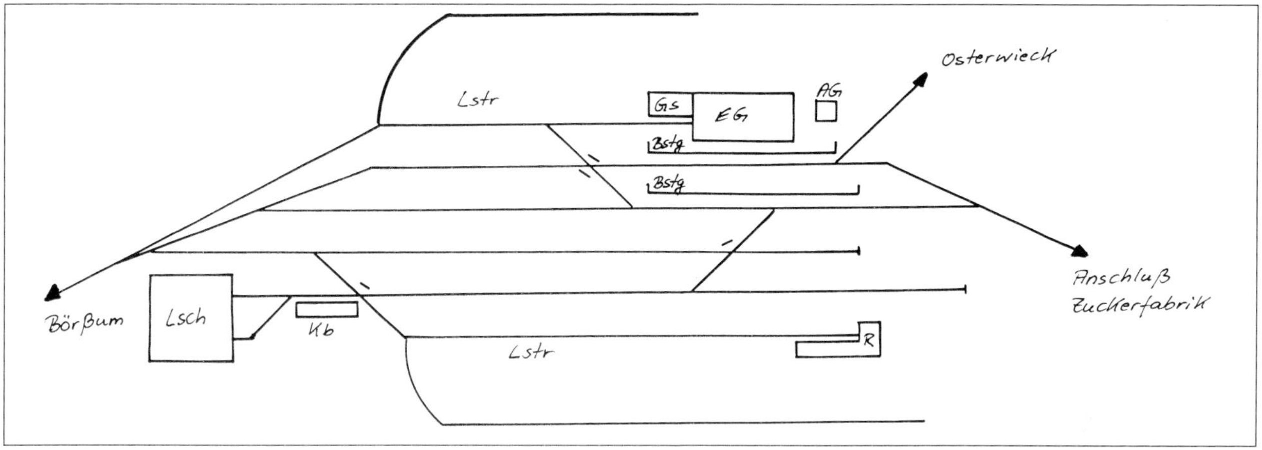

Der Spurplan des Bahnhofs Hornburg um 1910.
Skizze: D. Endisch

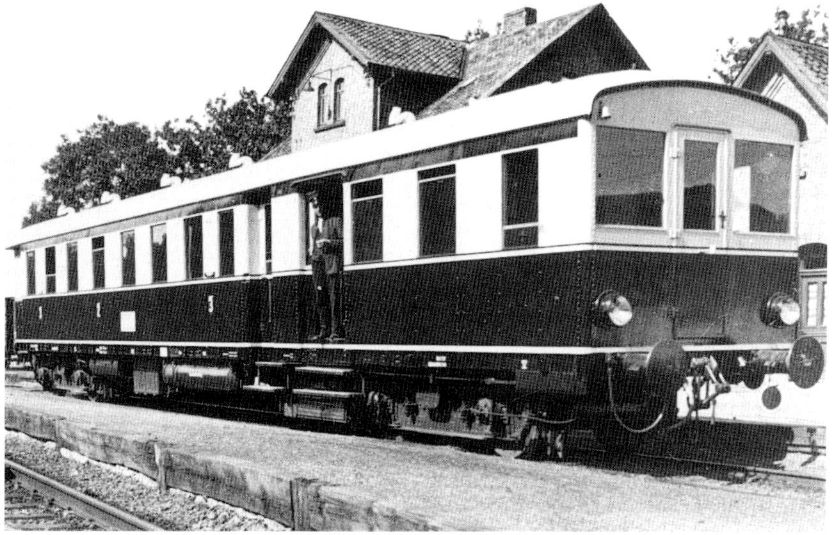

Nach seinem Umbau wartete 1939 der T 04 in Hornburg auf Reisende.
Foto: Sammlung D. Endisch

warb die OWE zwei T 3, die dann die Nummern 32 und 24 erhielten. Nur ein Jahr später gab man die »HORNBURG« an die EOE ab. Da zwischen den einzelnen zur Centralverwaltung gehörenden Bahnen ein reger Loktausch stattfand, waren bei Bedarf auch andere Maschinen auf der OWE im Einsatz.
Erst zu Beginn der zwanziger Jahre kam wieder Bewegung in den Lokpark. Dabei erwarb man als Ersatz für die bereits verschlissenen Maschinen die »ERBSTROM« der RE (Nr. 74) und eine preußische T 7 (Nr. 35). Mit dem Umbau eines Personenwagens in der Hornburger Werkstatt zu einem diesel-elektrischen Triebwagen (T 1) 1930 und der Übernahme des LHB-Triebwagens (T 04) 1934 schrumpfte auch der Lokpark bei der OWE. So gehörten 1936 nur noch die Nr. 24 und 32 sowie die 1934 von der NhE übernommene Nr. 2 zum Bestand der OWE. Für den Rangierdienst in Hoppenstedt kaufte man von LHB eine 12 PS starke Kleindiesellok. Ebenfalls von der NhE kam 1939 eine ELNA 5 nach Hornburg. Erst 1941 kaufte man eine 1´Ch2t-Lok von der Reichsbahn, die als Nr.40 bezeichnet wurde. Mit einem Räumzug kamen 1945 noch zwei 1´ Ch2t-Loks von der NFE nach Hornburg. Im Sommer 1945 verblieben nur der T 04 und die Nr. 40 in Osterwieck.
Auch der Wagenpark der OWE war bescheiden. 1882 besaß die Bahn zwei Personenwagen der II./III. Klasse sowie einen Packwagen mit Postabteil. Von der KHB kamen noch ein Pack/Postwagen und zwei Personenwagen zur OWE. Erst 1910 kaufte man von Lindner drei neue Personenwagen. Einer von ihnen wurde zum T 01 umgebaut. Von der NFE kamen 1945 vier Personenwagen und ein Pack/Postwagen nach Hornburg. Je drei Personenwagen verblieben nach 1945 in Osterwieck und Hornburg. Im Jahr 1927 besaß die OWE 14 gedeckte und 13 offene Güterwagen.

Triebfahrzeuge der Osterwieck–Wasserlebener Eisenbahn:

Dampflokomotiven

ILSE		Bn2t	Henschel	1881	1311		1909 an die TE verkauft
OSTERWIECK		Bn2t	Henschel	1881	1312		1909 an die TE verkauft
HORNBURG	78	Bn2t	Hanomag	1895	26507	98 6003	geliefert an den Bauunternehmer G. von Cölln für die KHB; am 12. März 1910 an die EOE verkauft; am 10.Dezember 1959 im Bw Sangerhausen z-gestellt und 1964 verschrottet
FRIEDLAND	21	Cn2t	Henschel	1884	1826		1905 von der NFE gekauft
WERDER	22	Cn2t	Henschel	1884	1827		1905 von der NFE gekauft
BÖRSSUM	23	Cn2t	Hanomag	1895			an die KHB geliefert; an die WBBE verkauft
	2	Ch2t	Hohenzollern	1927	4600	89 6280	an die BSHK geliefert; 1934 von der NhE gekauft; am 28. August 1940 zur RE umgesetzt; am 15. April 1965 im Bw Nordhausen ausgemustert
	19	1´Ch2t	Henschel	1928	21 044		ELNA 5; 1939 von der NhE gekauft; 1945 in Hornburg verblieben
	24	Cn2t	Henschel	1909	9519		1937 an den Mansfelder Kupferbergbau als Werklok verkauft, noch 1961 hier als Nr. 3006 im Einsatz
	32	Cn2t	Jung	1909	1435		1945 in Hornburg verblieben
	35	Cn2t	Hanomag	1890	2141		pr. T 7 HALLE 6806; 1924 von der GEKE gekauft
	40	1´Ch2t	AEG	1925	3141	91 6676	besaß Lentz-Ventilsteuerung; als Nr. 31 an die MFWE geliefert, als 91 231 von der DRG 1941 übernommen und noch im gleichen Jahr an die OWE verkauft; Von der DR am 1. Februar 1965 als Werklok an den VEB Eisenhüttenwerke Thale/Harz verkauft
	41	1´Ch2t	Henschel	1927	20 919		ELNA 5; kam mit einem Räumzug von der NFE 1945 zur OWE gekommen; 1945 in Hornburg verblieben
	42	1´Ch2t	Henschel	1934	22 558		ELNA 5; kam mit einem Räumzug von der NFE 1945 zur OWE gekommen; 1945 in Hornburg verblieben
RUHLA	71^{I}	Cn2t	Henschel	1880	1107		1910 von der RE übernommen; 1914 als Werklok an die Zuckerfabrik Walschleben verkauft
	71^{II}	Cn2t	Union	1890	553		pr. T 7 BRESLAU 6944; als Leihlok der WBBE zwischen 1922 und 1929 oft auf der OWE im Einsatz
	73	Cn2t	Krauss	1886	1646		am 3. Mai 1906 von der WBBE übernommen, im November 1913 wieder dahin zurück
ERBSTROM	73	Cn2t	Henschel	1880	1108		1920 von der RE übernommen; 1923 als Schrott an die Atlas Bahmaterial GmbH verkauft

Name	Bahn-Nr.	Bauart	Hersteller	Baujahr	Fabrik-Nr.	DR-Nr.	Bemerkungen
	76	Cn2t	O&K	1907	2538	89 6215	pr. T 3; 1945 als Lokhilfe von der EOE zur OWE gekommen; 1964 an Phosphatwerk Steudnitz verkauft
	77	Cn2t	O&K	1908	2926	89 6218	pr. T 3; am 16. November 1945 von der EOE übernommen; 1962 ausgemustert
	79	Cn2t	Henschel	1889	28786		pr. T 3; im November 1934 von der ZBR übernommen
	84	B´Bn4vt	Jung	1904	764		als Leihlok der WBBE bei der OWE im Einsatz
	92	Dh2t	Henschel	1922	19 036	92 6579	als Leihlok der WBBE bei der OWE im Einsatz
	93	Dh2t	Henschel	1922	19 037	92 6580	als Leihlok der WBBE bei der OWE im Einsatz

Dieselokomotiven

	Bahn-Nr.	Bauart	Hersteller	Baujahr	Fabrik-Nr.	DR-Nr.	Bemerkungen
	Kö 2	B-dm	LHB	1929			1934 gekauft als Rangierlok in Hoppenstedt; 1944 leihweise bei der NFE im Einsatz; nach 1945 defekt in Wasserleben abgestellt
	Kö 3	B-dm	O&K	1935		Kö 0297	kam mit einem Räumzug von der NFE 1945 zur OWE; wurde im Herbst 1945 wieder nach Friedland zurückgebracht

Triebwagen

	Bahn-Nr.	Bauart	Hersteller	Baujahr	Fabrik-Nr.	DR-Nr.	Bemerkungen
	T 01	1-Ade	Eigenbau	1930	1		entstand in der Werkstatt Hornburg aus dem Personenwagen Nr. 5 ; elektrische Ausrüstung von Gebus und LKW-Motor von Büssing (110 PS);1945 in Hornburg verblieben
	T 04	(1-A)´(A-1)`de	LHB	1929		VT 137 551	1934 von der OWE gekauft; 1937/38 nach einem Unfall in Hornburg umgebaut; 1965 ausgemustert
	10	Bo´-Bo-´Bo´dm	Düwag	1941	15 344		im April 1944 ohne Motoren von der WBBE übernommen; 1945 in Hornburg verblieben

Selbständige Bahnen

Kleinbahn Goldbeck–Werben

Vorgeschichte

Die Wische im Nordosten der Altmark, zwischen der Elbe im Osten und den beiden Flüssen Biese und Ahland im Westen, wird schon seit Jahrhunderten von der Landwirtschaft geprägt. Zahlreiche Gräben zur Entwässerung durchziehen diesen Landstrich. In der zweiten Hälfte des letzten Jahrhunderts entwickelte sich die Wische zu einem Zentrum des Zuckerrübenanbaus.
Maßgeblichen Anteil daran hatte der Rittergutsbesitzer Philipp Freise, der um 1885/86 das Gut Iden in der Nähe von Goldbeck erwarb und zu einem landwirtschaftlichen Großbetrieb ausbaute. Auf einem Großteil seiner Flächen ließ Philipp Freise zu Iden Zuckerrüben anbauen. Zur Verarbeitung dieser Rüben entstand unter seiner Regie in Goldbeck eine Zuckerfabrik, deren Hauptaktionär er war.
Zum billigen Transport der Rüben zur Fabrik ließ Freise eine rund neun Kilometer lange Anschlußbahn von der Zuckerfabrik Goldbeck über Walsleben und Rohrbeck bis zu seinem Gut Iden bauen. Diese Bahn nahm am 1. April 1886 den Betrieb auf. In Goldbeck bestand weiterhin Anschluß an die am 1. Juli 1849 eröffnete Strecke Magdeburg–Stendal–Wittenberge.

Bau und Eröffnung

In der Kleinstadt Werben verfolgte man den Bau der Rübenbahn mit großem Interesse, denn nach der Inbetriebnahme der Strecke Magdeburg–Wittenberge war Werben ins Abseits geraten. Der hiesige Elbeübergang hatte im Wettlauf mit der Eisenbahn verloren. Obwohl Werbens Stadtväter Freise immer wieder zu einer Verlängerung der Strecke aufforderten, lehnte dieser mit Hinweis auf die zu erwartenden Kosten ab. Lediglich bis Giesenslage baute er die Strecke aus.
Erst mit dem preußischen Kleinbahn-Gesetz von 1892 kam wieder Bewegung in die Verhandlungen. Auch Philipp Freise zu Iden erkannte die Chancen des Gesetzes und beantragte beim Magdeburger Regierungspräsidium für seine Rübenbahn eine Konzession als Kleinbahn sowie deren Verlängerung von Giesenslage nach Werben. Am 12. November 1896 gab der Regierungspräsident dem Antrag Freises statt.
Freise gründete anschließend mit einer Stammeinlage von einer Million Mark die »Kleinbahn m.b.H. Goldbeck–Werben (Elbe)« (KGW), deren alleiniger Inhaber er war. Die Betriebsführung auf der Kleinbahn vergab Freise an die Betriebsabteilung Halle/Saale von Lenz & Co. Mit dem Bau des Abschnittes Giesenslage–Werben beauftragte die KGW die Firma Knoch & Kallmeyer. Die örtliche Bauausführung und Überwachung oblag dem noch jungen Ingenieur Heinrich Adrian, der später noch für den Bau weiterer Strecken in der Altmark verantwortlich sein sollte. Am 1. Oktober 1898 war es endlich soweit: Der Eröffnungszug traf im festlich geschmückten Bahnhof Werben ein.

Betrieb und Verkehr

Doch den Werbenern reichte die Kleinbahn noch nicht. Sie wollten auch einen Gleisanschluß für ihren Elbehafen haben. Mit diesem Wunsch stießen sie bei Philipp Freise zu Iden auf taube Ohren. Er weigerte sich partout, das Anschlußgleis zu bauen. Erst nach massivem Druck von seiten des Regierungspräsidiums Magdeburg und des Ministerium für öffentliche Arbeiten in Berlin gab Freise im November 1905 nach. Die Kosten für die notwendige Aufschüttung eines Dammes und den Gleisbau trug allerdings die Stadt Werben. Binnen weniger Monate waren die Bauarbeiten beendet. Werben besaß nun einen sehr gut erschlossenen Hafen.
Die Kleinbahn erfüllte die in sie gesetzten Hoffnungen. Der Güterverkehr dominierte von Anfang an, unterlag aber starken saisonbedingten Schwankungen. Während der Zuckerrüben-Kampagne herrschte Hochbetrieb auf der Kleinbahn. Der Personenverkehr war relativ konstant. Im Geschäftsjahr 1901 beförderte die KGW rund 47 000 t Güter und über 24 000 Fahrgäste. Die Einnahmen beliefen sich auf genau 52 249,50 Mark. Für die Abwicklung des Betriebes genügten zehn Beamte und zwei Arbeiter.
Während des 1. Weltkrieges konnte die KGW, wie viele andere Kleinbahnen auch, ihren Betrieb nur mit großen Einschränkungen aufrechterhalten. Daran änderte sich auch nach 1918 nichts.
Zwischen 1919 und 1920 gab es Überlegungen, die Wische durch eine Kleinbahn von Werben nach Seehausen an der Strecke Stendal–Wittenberge zu erschließen. Obwohl die Planungen unter der Regie der Provinz Sachsen abgeschlossen waren, scheiterte das Projekt letztlich am Widerstand einiger Gemeinden und Grundbesitzer. Letztere wollten keinen Grund und Boden für den Bahnbau hergeben.
Anfang der zwanziger Jahre hatte sich die Lage bei der KGW noch nicht entspannt. Im Sommer 1921 verkehrten

Kurz vor der Jahrhundertwende entstand dieses Bild im Bahnhof Werben. Auffällig sind die Heberleinbremse und das Gitter am Umlauf der Lok, das einen Übergang zum Zug ermöglichte.
Foto: Sammlung W. List

täglich zwei Zugpaare sowie mittwochs und samstags ein drittes. Nach der Inflation setzte man die Stammeinlage der Gesellschaft auf 350 000 Mark fest. Mitte der zwanziger Jahre nahm der Verkehr zwischen Goldbeck und Werben wieder zu. Im Sommer 1926 pendelten auf der Kleinbahn täglich drei Zugpaare. Der schnellste Zug legte die 19,6 km lange Strecke in 75 Minuten zurück. Auch die Beförderungsleistungen stiegen an. Rund 48 000 Fahrgäste und fast 46 000 t Güter verzeichnete das Geschäftsjahr 1926/27. Im Jahr 1927 lief schließlich der Betriebsvertrag mit Lenz & Co aus. Da man den Vertrag nicht weiter verlängerte, übernahm die KGW den Betrieb in eigener Regie. Freises Schwiegersohn wurde der neue Betriebsleiter.
Ende der zwanziger Jahre zog der Kraftverkehr immer mehr Reisende von der Kleinbahn ab. Daher beabsichtigte die Kleinbahn 1929/30, ihre sehr geringe Höchstgeschwindigkeit von 20 km/h auf 40 km/h zu erhöhen. Am 2. November 1931 genehmigte schließlich die Aufsichtsbehörde die 40 km/h. Mit Rücksicht auf den Oberbau nutzte die KGW diese Geschwindigkeit nicht bei der Gestaltung des Fahrplanes, sondern zum Ausgleich von eventuellen Verspätungen.
Bis Ende der dreißiger Jahre verkehrten täglich drei Personenzugpaare zwischen Goldbeck und Werben, die teilweise auch zum Transport von Güterwagen dienten. Geringfügige Fahrplanänderungen traten meist nur während der Rübenkampagne ein, da zu dieser Zeit die Rangierarbeiten auf den Stationen recht umfangreich waren. Bei besonders großem Güteraufkommen setzte man Sonderzüge für den Rübentransport ein. Auch nach dem Ausbruch des 2. Welt-

Im September 1959 wartete 89 6479 mit ihrem Personenzug in Werben auf die Abfahrt nach Goldbeck.
Foto: Sammlung W. List

krieges blieb der Fahrplan mit drei Personenzugpaaren konstant. Erst nach 1941 entfielen einzelne Zugleistungen. Während des Krieges blieb die Kleinbahn von Zerstörungen verschont.
Die Verwaltung der Provinz Sachsen stellte die KGW am 1. März 1946 unter Zwangsverwaltung. Im Laufe des Jahres 1946 stockte man den Fahrplan wieder auf drei Zugpaare aus. Erst nach der Übernahme der Betriebsführung durch die »Sächsische Provinzbahnen G.m.b.H.« zum Jahresende 1946 wurde die KGW 1947 enteignet. Bis zu diesem Zeitpunkt befand sich die Kleinbahn im Besitz der Familie Freise.
Die ehemalige Kleinbahn ging dann am 30. April 1949 in die Verwaltung und Nutznießung der Deutschen Reichsbahn über. In den fünfziger und sechziger Jah-

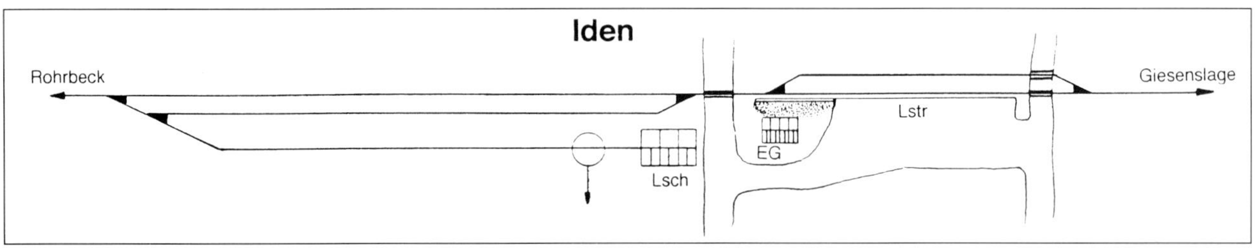

Vor dem Lokschuppen in Iden lag eine kleine Drehscheibe.
Skizze: W. List

Blick auf den Bahnhof Werben 1971.
Foto: W. List

An den Lokschuppen schloß sich die Wagenwerkstatt an.
Skizze: W. List

ren verkehrten auf der Strecke werktags vier sowie an Sonn- und Feiertagen drei Personenzugpaare. Zwei Züge waren dabei als GmP ausgelegt. Erst in der zweiten Hälfte der sechziger Jahre ging der Verkehr zwischen Goldbeck und Werben mehr und mehr zurück. Durch den Ausbau des Straßennetzes in der Wische war der Einsatz von Bussen im Personenverkehr wesentlich attraktiver. Auch der Transport der landwirtschaftlichen Erzeugnisse auf der Straße war

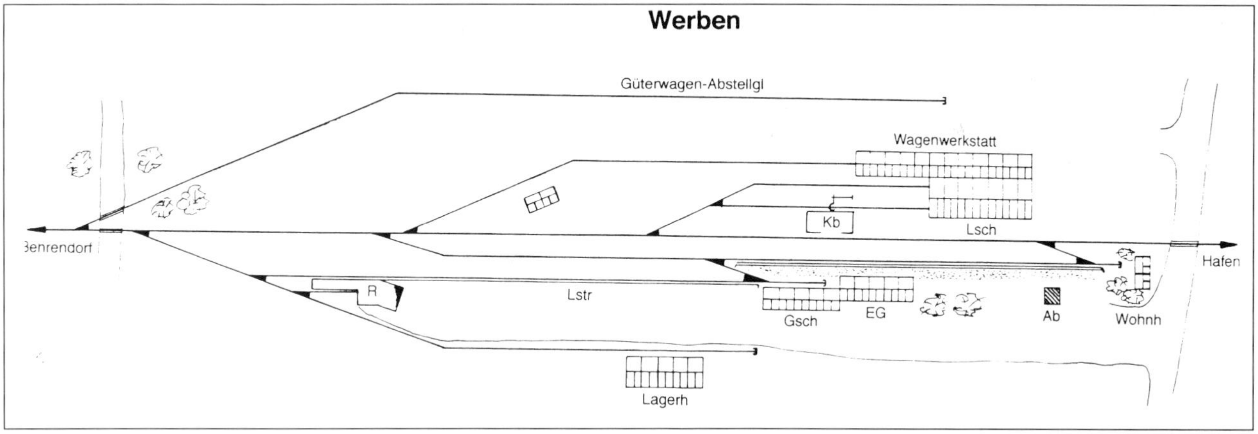

nun wirtschaftlicher, zumal durch die Vernachlässigung des Oberbaus die Fahrzeiten immer länger wurden. So benötigte der schnellste Zug im Sommer 1970 für die nicht einmal 20 km lange Strecke über eine Stunde. Das Ende der ehemaligen KGW war absehbar. Am 25. September 1971 verkehrten die letzten Reisezüge auf der Kleinbahn. Einen Tag später verfügte die Reichsbahn die Gesamtstillegung.

Strecke und Anlagen

Ihren Anfang nahm die Strecke nach Werben im Bahnhof Goldbeck Kleinbahn, der gegenüber dem Bahnhof der Staatsbahn lag. Im Bahnhof Goldbeck begann auch das Anschlußgleis der Zuckerfabrik. Wie die Staatsbahn verließ die KGW Goldbeck in nördlicher Richtung. Rund zwei Kilometer verliefen beide Strecken auf einem gemeinsamen Planum, ehe die Kleinbahn leicht nach Osten abschwenkte.
Wenige Minuten später war Möllendorf (Kilometer 2,2) erreicht. Durch das Tal der Uchte ging es weiter nach Walzleben. Hinter Walzleben schwenkte die Trasse nach Nordosten ab. Über Rohrbeck ging es nach Iden (Kilometer 8,7). Der Bahnhof, der direkt an der Landstraße lag, war weit entfernt von der kleinen Ortschaft. Vorbei am ehemaligen

Haltepunkt Rengerlage rumpelten die Züge nach Giesenlage. Hinter dem Bahnhof am Kilometer 12,7 kreuzte die Kleinbahn die Landstraße Busch–Werben. Anschließend verlief die Kleinbahn parallel zur Landstraße immer nach Norden.

Erst hinter dem Bahnhof Behrendorf kreuzte die KGW noch einmal die Landstraße, bevor der Zug nach 19,6 km in den Endbahnhof Werben einfuhr. Als betrieblicher Mittelpunkt besaß der Bahnhof ein repräsentatives Empfangsgebäude mit Abort, einen Güterschuppen, eine Ladestraße nebst Rampe, insgesamt neun Gleise, einen zweigleisigen Lokschuppen, einen eingleisigen Wagenschuppen, einen Kohlenbansen und einen Wasserkran.

Unmittelbar an den Bahnhof schloß sich als Verlängerung des Hauptgleises das Anschlußgleis zum Elbehafen an. Die Station Werben Hafen lag beim Kilometer 21,5. Während der Wendepausen in Werben blieben die Personenwagen am Bahnsteig stehen, damit in dieser Zeit der Hafen bedient werden konnte.

Die meisten Anschlüsse gehörten zum Rittergut des Philipp Freise zu Iden. Beim Abzweig Gehrhof begann eine mit Pferden betriebene Anschlußbahn zum Gut Rengerslage. Weiterhin waren dies die Entladestelle Sandgrube, der Gutshof mit seinem Düngerschuppen, das Kohlenlager für die Dampfpflüge und das Getreidelager. Außerdem waren in Iden und Rohrbeck Ladestraßen vorhanden.

Einschließlich aller Nebengleise verfügte die Bahn über 26 km Strecke. Davon lagen 2 km auf dem Planum der Staatsbahn. Die Gleise bestanden aus Schienen mit einem Gewicht von 15,1 und 23,8 kg/m, die auf Holzschwellen befestigt waren. Teilweise wurden auch Stahlschwellen der Bauart Haarman verwendet. Sämtliche Gleise lagen in einer Kiesbettung.

Fahrzeuge

Für den Zuckerrübentransport auf seiner Anschlußbahn kaufte Freise 1886 eine Bn2-Tenderlok von Krauss. Erst 1893 kam eine zweite, bauartgleiche Maschine nach Goldbeck. Sie erhielt den Namen »KOLLE«, während die erste Lok »FREISE« genannt wurde. Nach der Verlängerung der Strecke nach Werben kaufte die KGW 1901 bei der Hanomag einen weiteren Zweikuppler, der als »BOETEL« bezeichnet wurde.

Die Statistik für das Jahr 1904 verzeichnete neben den drei Bn2t-Tenderloks noch drei Personen- und 63 Güterwagen. Die drei Personenwagen boten in der II. und III. Klasse insgesamt 112 Sitzplätze.

Im Jahr 1905 musterte die Kleinbahn ihre beiden Krauss-Maschinen aus und ersetzte sie durch zwei Zweikuppler von Hanomag. Wann allerdings die Lok Nr. 4^{d}, ein Zweikuppler des Lenz-Typs »d«, nach Werben kam, ist bis heute ungeklärt.

Im Sommer 1926 gehörten der KGW noch immer drei Dampfloks. Weiterhin zählten zum Fuhrpark ein Pack-, zwei Personen–und 76 Güterwagen.

Erst Ende der zwanziger Jahre genügen die Zweikuppler nicht mehr den betrieblichen Anforderungen und die KGW kaufte von Henschel 1930 einen Dreikuppler. Die wiederum als »KOLLE« bezeichnete Maschine wurde von der Reichsbahn 1949 als 89 6168 übernommen und erst am 1. Oktober 1966 ausgemustert. Die erste preußische T 3 erwarb die KGW erst 1932 von der DRG. O & K hatte die Maschine im Dezember 1902 an die Königliche Werkstätten-Inspektion Grunewald geliefert.

Zwei Jahre später kaufte die Kleinbahn eine zweite T 3, die ebenfalls aus der O & K-Lieferung von 1902 stammte. Beide Loks sowie die KOLLE reihte 1949 die Deutschen Reichsbahn in ihren Fahrzeugpark ein.

Triebfahrzeuge der Kleinbahn Goldbeck–Werben:

Dampflokomotiven

Name	Bahn-Nr.	Bauart	Hersteller	Baujahr	Fabrik-Nr.	DR-Nr.	Bemerkungen
FREISE	1	Bn2t	Krauss	1886	1738		
KOLLE	2	Bn2t	Krauss	1893	2847		
BOETEL	3	Bn2t	Hanomag	1901	3742		
	4^{d}	Bn2t	Hohenzollern	1900	1185		Lenz-Typ »d«
FREISE		Bn2t	Hanomag	1905	3745		
KOLLE		Bn2t	Hanomag	1905	3746		
KOLLE	5	Cn2t	Henschel	1930	21 705	89 6168	am 1. Oktober 1966 im Bw Halberstadt ausgemustert
BOETEL	6	Cn2t	O & K	1902	971	89 6117	pr. T 3; BERLIN 6163; ab 1925 als 89 7425 im Einsatz; 1932 von der DRG gekauft; 1957 ausgemustert
FREISE	7	Cn2t	O & K	1902	962	89 6204	pr. T 3; BERLIN 6160; ab 1925 als 89 7422 im Einsatz; 1934 von der DRG gekauft; 1959 im Bw Leipzig-Wahren ausgemustert

Selbständige Bahnen

Halberstadt–Blankenburger Eisenbahn

Vorgeschichte

Die Ursprünge der Kleinstadt Blankenburg am Nordrand des Harzes reichen bis in das 12. Jahrhundert zurück. Burg und Stadt fielen 1599 an das Herzogtum Braunschweig. Das zwischen 1705 und 1731 umgebaute Schloß diente den Herzögen als Sommerresidenz. Außerdem war Blankenburg, das 1870 knapp 4000 Einwohner zählte, Kreisstadt. Schon wenige Monate nach der Eröffnung der Strecke Magdeburg–Halberstadt am 15. Juli 1843 gab es erste Überlegungen für den Bau einer Eisenbahnlinie nach Blankenburg. Trotz aller Bitten und Forderungen sollten noch 30 Jahre vergehen, ehe ein Zug in die kleine Kreisstadt einfuhr. Erst 1870 kam vom Kölner Bankhaus Eltzbacher & Co der entscheidende Impuls. Das Bankhaus hatte vom Herzogtum Braunschweig sämtliche Eisenerzgruben, Hütten und Maschinenfabriken im Harz übernommen und in der am 15. November 1870 gegründeten Aktiengesellschaft Harzer Werke zu Rübeland und Zorge zusammengefaßt. Eltzbacher & Co planten, in der Nähe von Blankenburg ein modernes Hochofenwerk zu errichten. Doch damit dieses Werk im Wettbewerb bestehen konnte, mußte es an die Eisenbahn angeschlossen werden. Aus diesem Grunde initiierte der Chef des Bankhauses, Jakob Eltzbacher, die Gründung einer Privatbahn. Das Herzogtum Braunschweig genehmigte am 16. April 1870 das von Eltzbacher vorgelegte Statut der »Halberstadt–Blankenburger Eisenbahn-Gesellschaft« (HBE). Anschließend konstituierte sich unter der Führung des Bankhauses die HBE mit einem Stammkapital von 800 000 Talern.

Mit einem Güterzug wartete die Lok »BROCKEN« um 1895 im Bahnhof Braunesumpf auf die Weiterfahrt nach Bast-Michaelstein.
Foto: Sammlung D. Endisch

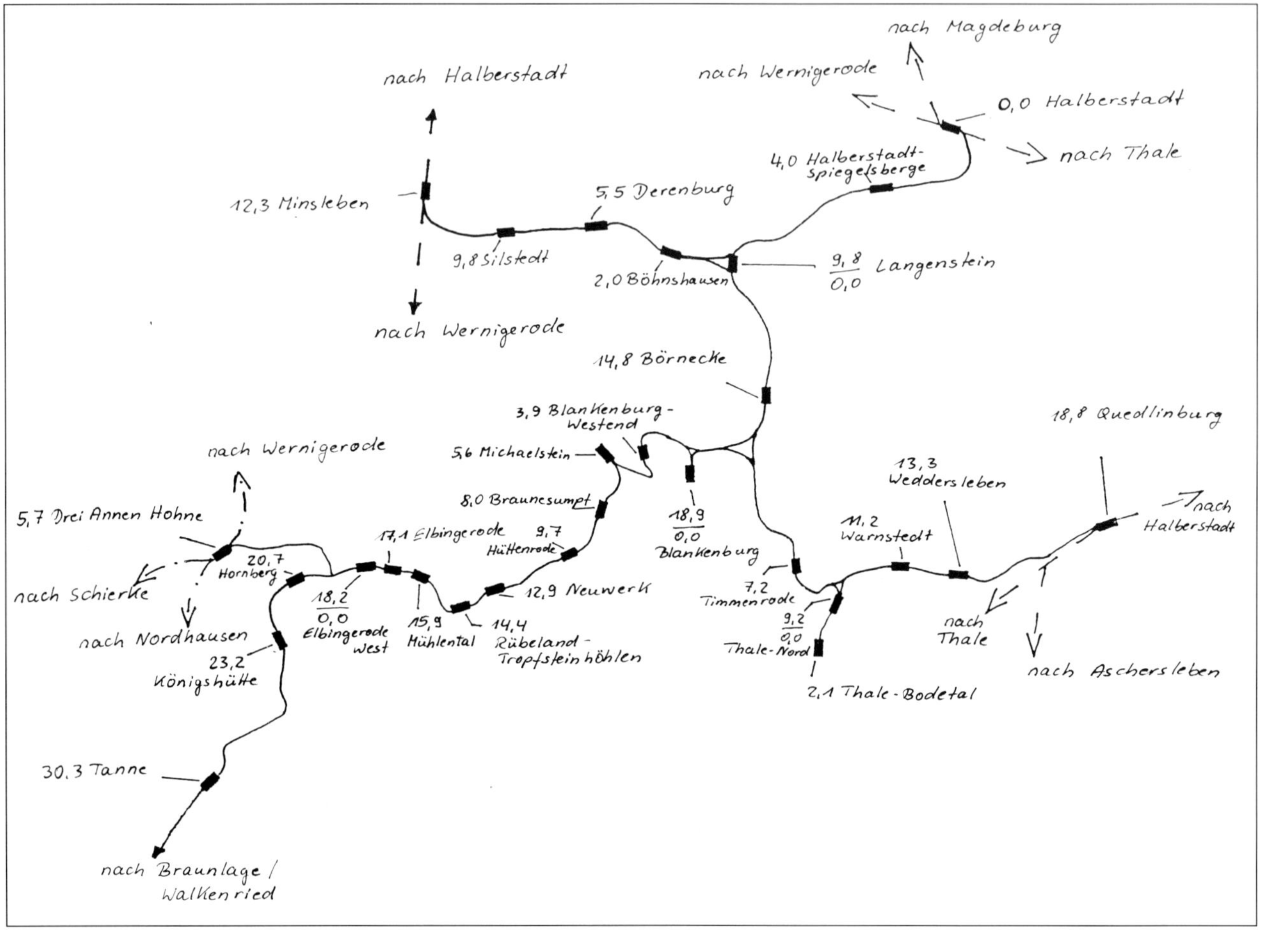

Das Streckennetz der HBE im Sommer 1910. Skizze: D. Endisch

Bau und Eröffnung

Noch bevor auch das Königreich Preußen am 8. Juli 1870 dem Bau und Betrieb der Strecke von Halberstadt über Langenstein nach Blankenburg zustimmte, begannen am 28. Juni 1870 vor den Toren der braunschweigischen Sommerresidenz die Bauarbeiten. Der wenige Wochen später beginnende Deutsch-Französische Krieg unterbrach diese allerdings. Erst Ende 1871 liefen sie wieder auf vollen Touren. Gut ein Jahr später war ein Ende der Arbeiten abzusehen, und die HBE konnte am 31. März 1873 mit der geschmückten Lok LANGENSTEIN den Betrieb auf ihrer Stammstrecke feierlich eröffnen.

Obwohl sich der Verkehr auf der 18,8 km langen Stammstrecke, die bis 1878 als Hauptbahn betrieben wurde, positiv entwickelte – immerhin wurden im ersten Betriebsjahr rund 59 000 Reisende und über 26 000 t Güter transportiert – warf das Unternehmen keinen großen Gewinn ab. Für den Anschluß der Harzer Werke an ihre Strecke beantragte die HBE den Bau einer rund 3,4 km langen Anschlußbahn, für die die Bahn am 30. Oktober 1874 vom Herzogtum Braunschweig die notwendige Betriebserlaubnis erhielt. Nach der Abnahme der Anschlußbahn am 3. Juli 1875 nahm die HBE neun Tage später den Güterverkehr auf. Die Harzer Werke garantierten der HBE vertraglich bis 1885 ein tägliches Transportaufkommen von 150 t.

Zwischen Blankenburg und Bast-Michaelstein war um 1900 eine Zahnradlok mit einem Güterzug unterwegs.
Foto: Sammlung W. Pilkenrodt

Die Lok »VON CRAMM-BURGDORF« war um 1920 mit einem Personenzug in der Nähe der Haltestelle Bornbergstraße 2 bei Elbingerode unterwegs.
Foto: Sammlung D. Endisch

Die im Mai 1875 erstmals angeblasenen Hochöfen in Blankenburg erhielten das Erz aus den Erzgruben bei Hüttenrode und Braunesumpf. Für den Transport hatte man die sogenannte Erzstufenbahn mit vier Teilstrecken angelegt. Zwischen jeder Teilstrecke wurde das Erz abgekippt und auf der nächsten Talstation wieder verladen, ehe es im Hochofenwerk ankam. Diese bis 1885 betriebene Grubenbahn war notwendig, da der Bau einer regelspurigen Eisenbahn viel zu teuer gewesen wäre.

Nach der Eröffnung der HBE-Stammstrecke strebten auch die Stadt Derenburg und die Zuckerfabrik Försterling einen Anschluß an das Eisenbahnnetz an. Nach dem sich die Stadt und die Zuckerfabrik bereit erklärt hatten, sich auch finanziell zu beteiligen, beschloß die Generalversammlung der HBE am 29. Juni 1879 den Bau einer Stichbahn von Langenstein nach Derenburg. Das Königreich Preußen genehmigte bereits am 17. Februar 1880 die von der HBE vorgelegten Bauunterlagen, so daß schon am 15. März 1880 die Arbeiten beginnen konnten.

Innerhalb weniger Wochen war die nur 5,5 km lange Strecke fertig. Mit großem Jubel empfingen am 1. September 1880 die Derenburger den Eröffnungszug. Rund 160 000 Mark hatte die Strecke gekostet, davon übernahmen die Stadt Derenburg 45 000 Mark und die Zuckerfabrik Försterling 25 000 Mark.

Auch wenn sich die Einnahmen im Personen- und Güterverkehr schrittweise erhöhten, war die Verwaltung der HBE mit den Betriebsergebnissen nicht zufrieden. Besonders die große Abhängigkeit der Bahn von den Harzer Werken mißfiel dem Betriebsdirektor Albert Schneider. Schon vor 1880 setzte er sich massiv für den Bau einer Gebirgsbahn in den Harz ein. Diese Gedanken stießen bei den Gemeinden im Harz, der dort ansässigen Industrie und besonders beim Forst auf offene Ohren. Nach einer Petition der Orte Blankenburg, Hüttenrode, Rübeland, Neuwerk, Tanne, Hohegeiß und Trautenstein 1881 bat das Herzogtum Braunschweig die HBE um eine Stellungnahme für den Bau einer Eisenbahn in den Harz. Die HBE stand diesem Anliegen sehr aufgeschlossen gegenüber, favorisierte allerdings aus finanziellen Gründen den Bau einer Strecke, unter Nutzung einiger Teile der Erzstufenbahn, von Blankenburg über Hüttenrode, Rübeland und Elbingerode nach Tanne. Albert Schneider veranschlagte die Baukosten auf rund 3,5 Millionen Mark. Da für die angedachte Gebirgsbahn Neigungen bis 1 : 16,6 notwendig waren, blieb nur der Bau einer Zahnradbahn.

Doch hier gab es ein Problem: Alle bis dahin angewendeten Systeme schieden aus, da im Harz nur eine kombinierte Adhäsions-Zahnradbahn sinnvoll war. Nachdem Roman Abt ein völlig neues

Um 1914 machte ein Personenzug aus Blankenburg im Bahnhof Thale-Bodetal Kopf.
Foto: Sammlung D. Endisch

Zahnradbahnsystem entworfen hatte, stimmte die außerordentliche Generalversammlung der HBE am 8. April 1884 dem Bau der Strecke Blankenburg–Tanne zu. Der braunschweigische Landtag bewilligte der HBE einen Zuschuß über 500 000 Mark. Nach dem Abschluß des Staatsvertrages zwischen Braunschweig und Preußen am 27. April 1884 begannen noch im August 1884 die ersten Bauarbeiten für die als Harzbahn bezeichnete Strecke Blankenburg–Tanne. Obwohl das Herzogtum Braunschweig am 20. Dezember 1885 der HBE die Konzession zum Bau und Betrieb der kombinierten Adhäsions-Zahnradbahn erteilt hatte, wurden die Bauarbeiten am 4. Februar 1885 jäh unterbrochen.
Scheinbar kamen dem Herzoglichen Eisenbahn-Kommissariat auf einmal Zweifel an der neuartigen Adhäsions-Zahnradbahn, so daß man den Bau einer 1 km langen Probestrecke verfügte, deren Betriebsgenehmigung am 21. Februar 1885 eintraf. Das Königreich Preußen forderte in seiner am 20. April 1885 ausgestellten Konzessionsurkunde keinen Probebetrieb. Bis zum Mai 1885 stellte die HBE zwischen Blankenburg und Michaelstein eine 2,2 km lange Zahnradstrecke fertig, auf der am 15. und 16. Mai 1885 die ersten Probefahrten stattfanden. Die offizielle Abnahmefahrt setzte das Eisenbahn-Kommissariat für den 30. Juli 1885 an. Unter den Augen der gestrengen Prüfer bewies die kombinierte Adhäsions-Zahnradbahn des Systems Abt ihre Betriebstauglichkeit. Die offizielle Genehmigung für den Oberbau und die Zahnradloks erteilte das Kommissariat am 20. August 1885. Nun konnten die Arbeiten an der Harzbahn mit Hochdruck fortgesetzt werden.
Mit der Einführung des Zahnradsystems Abt schrieb die HBE Eisenbahngeschichte. Für seine bahnbrechende Erfindung, die vom Harz aus ihren Siegeszug um die Welt antrat, erhielt Roman Abt auf der Weltausstellung in Chicago 1893 eine Ehrenmedaille.
Noch vor der landespolizeilichen Abnahme des Abschnittes Blankenburg–Rübeland am 31. Oktober 1885 erließ das braunschweigische Eisenbahn-Kommissariat am 6. Oktober 1885 die Betriebsvorschrift für die Zahnradbahn.
Am 1. November 1885 war es schließlich soweit: Der erste Zug traf im Bahnhof Rübeland ein. Ein halbes Jahr später, am 1. Mai 1886, dampfte die HBE erstmalig durch die Kleinstadt Elbingerode. Nur gut vier Wochen vergingen und Rothehütte-Königshof, das heutige Königshütte, war am 1. Juni 1886 an die HBE angeschlossen. Das letzte Teilstück von Rothehütte-Königshof nach Tanne wurde dann am 15. Oktober 1886 für den Personen- und Güterverkehr freigegeben.

Betrieb und Verkehr

Durch die Harzbahn mit ihren zahlreichen Anschlußgleisen zu Kalkwerken, Steinbrüchen und den Eisenerzgruben erlebte der Güterverkehr auf der HBE einen ungeahnten Aufschwung. Auch wenn die Adhäsions-Zahnradbahn auf der Harzbahn durch die teuereren Zahnradlokomotiven und die verschärften Betriebsbestimmungen – so durften die Züge bergwärts nur geschoben werden und talwärts mußt die Lok immer ziehen – enorme Kosten verursachte, stieg der Gewinn der Bahngesellschaft sehr stark an. Konnten in den Anfangsjahren wegen zu geringer Betriebsüberschüsse keine Dividenden an die Aktionäre ausgeschüttet werden, lag die Verzinsung der Einlage 1891 bei 5 Prozent. Die Bilanz nach 25 Jahren fiel 1898 bei der Festveranstaltung sehr positiv aus: Das Anlagekapital lag bei über 8,2 Millionen Mark. Die HBE beförderte 1897 insgesamt rund 353 000 Fahrgäste und etwa 409 000 t Güter.
Doch damit gab sich die HBE nicht zufrieden. Die Direktion dachte über einen weiteren Ausbau des Streckennetzes nach. Für einen möglichen Personenverkehr auf der Relation Blankenburg–Wernigerode und zur Belebung des Verkehrs auf der Strecke Langenstein–Derenburg verlängerte die HBE ihre Stichstrecke über Derenburg bis ins rund 5 km entfernten Minsleben. Die rund 300 000 Mark teure Strecke wurde am 3. Oktober 1900 für den Güterver-

Ohne Gewähr! **Fahrplan der** Ohne Gewähr!

Halberstadt-Blankenburger Eisenbahn.

Gültig ab 7. Oktober 1928.

1. Halberstadt—Blankenburg (Harz) —Tanne (Dreiannen-Hohne) und zurück.

ab Halberstadt			8.20	8.50	11.05	14.05	15.45	17.20	19.30	21.45	22.35	Mi.
,, Halberst.-Spiegelsbg.			8.28	8.56	11.11	14.11	15.52	17.26	19.37	22.52	22.42	23.00
,, Langenstein			8.36	9.04	11.19	14.19	16.00	17.34	19.43	22.09	22.50	23.10
,, Börnecke-Harz			x 8.44	x 9.12	x11.27	x14.27	x 16.08	x 17.41	x 19.56	x 22.18	|	
an Blankenburg-Harz			8.50	9.18	11.35	14.33	16.14	17.46	20.03	22.14	23.04	
ab Blankenburg-Harz	6.45		8.54		11.40	14.37		17.49	20.08			
,, Blankenburg-Westend	6.55		9.04		11.50	14.47		17.58	20.18		Sbd. u. S	
,, Bast-Michaelstein	7.07		9.16		12.02	14.58		18.08	20.30			
,, Braunesumpf	x 7.16		x 9.24		x12.10	x15.06		|	x 20.38			
,, Hüttenrode	7.23		9.31		12.17	15.18		18.22	20.45			
,, Rübeland	7.30		9.43		12.34	15.27		18.32	21.02			
an Rübeland Tropfsteinh.	7.36		9.46		12.37	15.30		18.35	21.05			
ab Rübeland Tropfsteinh.	7.39		9.50		12.37	15.30		18.35	21.05			
ab Elbingerode Hbf.	7.46		9.57		12.44	15.37		18.41	21.11			
an Elbingerode West	7.51		10.02		12.49	15.42		18.46	21.16			
ab Elbingerode-West		8.56			12.49			18.46				
an Dreiannen-Hohne		9.07			13.01			18.57				
ab Elbingerode-West	7.54		10.02			15.42			21.16			
,, Rotehütte-Königshof	8.06		10.15			15.55			21.29			
an Tanne	8.19		10.28			16.08			21.42			

Station (Gegenrichtung)															
Halberstadt an	W	7.07	8.36	10.48		13.54		15.06	17.02		19.14		21.30	Mi.	22.15
Halberst.-Spiegelsbg. ab		7.00	8.20	10.41		13.47		15.00	16.55		19.08		21.13	21.40	22.09
Langenstein ,,		6.52	8.18	10.33		13.39		14.52	16.46		19.00		21.05	21.30	22.01
Börnecke-Harz ,,	x	6.42	x 8.07	x10.25		x 13.31		x 14.44	x 16.37		x 18.52		x 20.57		x 21.51
Blankenburg-Harz ab		6.35	8.00	10.18		13.25		14.38	16.30	*	18.45		20.50		21.45
Blankenburg-Harz an	6.20			10.11		12.53			16.25	18.27			20.42		
Blankenburg-Westend ab	6.09			10.01		12.43			16.15	18.17			20.32		Sb. u. S.
Bast-Michaelstein ,,	6.02			9.55		12.37			16.[illegible]	18.10			20.26		
Braunesumpf ,,	|			x 9.40		x 12.24			x 15.[illegible]	17.58			x 20.13		
Hüttenrode ab	5.40			9.22		12.18			15.50	17.52			20.06		
Rübeland ,,	5.23			9.14		12.04	13.42		15.38	17.39			19.54		
Rübeland Tropfsteinh. ab	5.20			9.07		12.01	13.39		15.35	17.36			19.51		
Rübeland Tropfsteinh. an				9.07	9.39	12.01	13.39			17.33			19.51		
Elbingerode Hbf. ab				9.01	9.32	11.55	13.32			17.26			19.44		
Elbingerode West ,,				8.56	9.27	11.50	13.27			17.21			19.39		
Elbingerode-West an					9.27		13.27						19.37		
Dreiannen-Hohne ab					9.15		13.15						19.25		
Elbingerode-West an				8.55		11.50				17.21		19.26			
Rotehütte-Königshof ab				8.42		11.37				17.08		19.13			
Tanne ab				8.29		11.24				16.55		19.00			

* Nur v. 16. 12. bis 24. 2. S. und v. 29. 3. bis 2. 4. täglich

2. Blankenburg (Harz) — Thale — Quedlinburg und zurück.

ab Blankenburg-Harz	5.15			7.45	10.15	13.15		14.40	16.50				20.50	
,, Timmenrode	5.31			7.57	10.30	13.27		14.58	17.02				21.02	
,, Thale Nord	5.35			8.01	10.34	13.31		14.57	17.06				21.06	
an Thale Bodetal	5.40			8.07	10.40	13.36		15.08	17.11				21.12	
	W	W								S	W			
ab Thale Bodetal		6.15		8.17		13.57				17.21	18.30		21.23	
,, Thale Nord		6.21		8.23		14.03				17.26	18.36		21.28	
,, Warnstedt		6.26		8.28		14.08				17.31	18.41		21.33	
,, Weddersleben		6.31		8.33		14.13				17.35	18.46		21.38	
an Quedlinburg Reichsb.		6.43		8.46		14.25				17.46	18.59		21.51	

Station (Gegenrichtung)														
Blankenburg-Harz an			7.38		8.48		11.38	12.40		14.27	17.47		18.41	S
Timmenrode ab			7.25		8.35		11.20	12.26		14.15	17.35		18.28	21.37
Thale Nord ,,			7.21		8.30		11.15	12.21		14.11	17.32		18.24	21.26
Thale Bodetal ab			7.15		8.25		11.10	12.15		14.05	17.27		18.18	21.22
	W		W				S	W						21.16
Thale Bodetal an	*5.30				8.18					13.58	17.17			21.05
Thale Nord ab	5.25				8.08					13.48	17.12			20.59
Warnstedt ,,	5.20				8.03					13.43	17.07			20.54
Weddersleben ,,	5.14				7.58					13.38	17.02			20.49
Quedlinburg Reichsb. ,,	5.00				7.45					13.25	16.47			20.36

* Nur ab Quedlinburg West.

3. Langenstein—Derenburg und zurück.

ab Langenstein	8.40		11.25	14.25		17.40	19.50	*22.05	23.11
an Derenburg	8.55		11.40	14.40		17.55	20.05	22.20	23.25

Station (Gegenrichtung)									
Langenstein an	6.45		10.25		13.30		17.25	18.50	*21.00
Derenburg ab	6.30		10.10		13.15		17.10	18.35	20.45

* Nur Mi., Sbd. und Stg. * Nur Mi., Sbd., S.

18

Reger Verkehr herrschte auf den Strecken der HBE im Winter 1928/29.
Abbildung: Sammlung D. Endisch

kehr eröffnet. Der erste Personenzug traf am 31. Oktober 1900 im Bahnhof Minsleben Dorf ein, der in unmittelbarer Nähe des KPEV-Bahnhofes lag. In Minsleben bestand Anschluß zu den Zügen in Richtung Halberstadt und Wernigerode. Bereits zur Jahrhundertwende hatte die Harzbahn ihre Leistungsfähigkeit erreicht. Die Verkehrsdichte konnte nur noch durch eine höhere zulässige Geschwindigkeit gesteigert werden. Aus diesem Grund rüstete die HBE 1903 zwei Zahnradloks, zwei Personenwagen und 14 Güterwagen mit der Hardy-Saugluftbremse aus und erprobte das neue Bremssystem auf seine Betriebstauglichkeit im Steilstreckendienst. Da sich die Bremse hervorragend bewährte, beschloß die HBE den Umbau aller ihrer Fahrzeuge. Ab 1. Juli 1908 verkehrten alle Züge mit einer durchgehenden Luftbremse. Nach weiteren Probefahrten genehmigte der Königlich Preußische Eisenbahn-Kommissar ab 13. April 1910 die neuen Betriebsvorschriften der HBE. Von nun an durften alle Züge, auch die bergwärts fahrenden, gezogen werden. Weiterhin galten neue Höchstgeschwindigkeiten: Auf der Strecke Halberstadt–Blankenburg waren nun 50 km/h statt vorher 40 km/h erlaubt. Auf den Adhäsionsstrecken der Harzbahn lag die Höchstgeschwindigkeit nun bei 25 statt bisher 15 km/h, und in den Zahnstangenabschnitten durfte nun mit 20 km/h gefahren werden.

Mit Triebwagen versuchte die HBE in den 30er Jahren, ihren Personenverkehr zu rationalisieren. Um 1935 stand der T 2 (später VT 135 514) mit einem Beiwagen in Blankenburg.
Foto: Sammlung D. Endisch

Heute bestimmen die E-Loks der Baureihe 171 das Geschehen auf der Steilstrecke. Im Mai 1997 legte 171 004 in Elbingerode eine Pause ein.
Foto: D. Endisch

Neben der Modernisierung ihres Fahrzeugparkes baute die HBE Anfang des Jahrhunderts auch ihr Streckennetz aus. Um auch vom Brockenverkehr der NWE profitieren zu können, plante die HBE den Bau einer Stichstrecke vom Bahnhof Elbingerode nach Drei Annen Hohne, die am 28. September 1905 vom Königreich Preußen genehmigt wurde. Nach nur wenigen Monaten Bauzeit ging die 4,16 km lange Stichstrecke am 1. Mai 1907 in Betrieb.

Wesentlich schwieriger gestaltete sich der Bau der im Volksmund »Quecke« genannten Bahnlinie Blankenburg–Thale Bodetal–Quedlinburg. Mit Argwohn beobachtete die HBE die Bestrebungen der »Vereinigten Eisenbahnbau- und Betriebsgesellschaft« zum Bau einer Schmalspurbahn von Wernigerode nach Quedlinburg. Doch die Schmalspurbahn scheiterte am fehlenden Geld. Nun wurde die HBE aktiv und präsentierte 1901 das Projekt einer regelspurigen Nebenbahn zwischen Blankenburg, Thale und Quedlinburg. Von dieser Bahn versprach sich die HBE eine Belebung des Güterverkehrs durch das Eisenhüttenwerk Thale und die im Bodetal ansässigen Firmen bei Quedlinburg.

Nach Abschluß des Staatsvertrages zwischen Braunschweig und Preußen am 3. Juli 1905 begannen die Vorarbeiten. Wenig später, am 28. September 1905, genehmigte Preußen den Bau und Betrieb der »Quecke«. Das Herzogtum Braunschweig stellte die Konzessions-Urkunde am 31. Oktober 1905 aus. Während die Bauunterlagen für die Strecke Blankenburg–Thale sehr schnell fertiggestellt waren, zogen sich die Arbeiten für das Streckenstück Thale–Quedlinburg wegen ungeklärter Grundstücksfragen in die Länge. Besonders schwierig gestaltete sich wegen des fehlenden Baulandes die Einbindung der Strecke in den Staatsbahnhof Quedlinburg. Da die Verhandlungen zwischen HBE und KPEV sehr zäh verliefen, eröffnete man erst am 30. Juni 1907 das Streckenstück Blankenburg–Thale Bodetal. Gleichzeitig gingen die Verbindungsgleise zwischen den Strecken Blankenburg–Thale Bodetal und Halberstadt–Blankenburg in Betrieb. Durchgehende Güterzüge von Thale nach Halberstadt oder umgekehrt konnten so ohne Kopfmachen in Blankenburg verkehren. Zwischen 1906 und 1907 wurde auch der Bahnhof Blankenburg erweitert. Dabei entstanden unter

Mit einem schweren Güterzug mühten sich im März 1993 die 171 002 und die 171 001 die Steigung von Rübeland nach Hüttenrode hinauf. Foto: D. Endisch

In Langenstein zweigte einmal die Stichstrecke nach Derenburg ab. Heute ist Langenstein nur noch ein Kreuzungsbahnhof zwischen Halberstadt und Blankenburg. Foto: D. Endisch

anderem ein neuer Güterschuppen, zwei mechanische Stellwerke und ein neues Bahnbetriebswerk mit Ringlokschuppen.

Der Bahnbau nach Quedlinburg ging nur schleppend voran. Am 15. Oktober 1907 konnte der Güterverkehr zwischen Thale und Weddersleben aufgenommen werden. Erst am 4. April 1908 nahm die HBE den Personenverkehr zwischen Thale Bodetal und Quedlinburg auf. Von Anfang an dominierte der Güterverkehr auf der »Quecke«.

Während des 1. Weltkrieges erreichte der Güterverkehr auf der HBE bis dahin ungeahnte Ausmaße. Allein auf der Harzbahn wurden 1916 über 450 000 t Güter transportiert. Die Zahnradbahn hatte nicht zuletzt wegen der komplizierten Loks ihre Leistungsgrenze erreicht. Der neue Betriebsdirektor Otto Steinhoff suchte nach einer Möglichkeit, den schwerfälligen Zahnradbetrieb grundlegend zu rationalisieren. Steinhoff beantragte deshalb am 1. April 1917 den Einsatz einer schweren 1'E1'-Tenderlok mit Riggenbach-Gegendruckbremse auf der Harzbahn. Doch die Zweifel bei den Aufsichtsbehörden waren groß und auch bei der HBE gab es kritische Stimmen. Nach mehreren Versuchsfahrten mit anderen HBE-Maschinen auf der Harzbahn bestätigte Steinhoff am 30. September 1919 die Bestellung der Tenderlok.

Im Februar 1920 traf schließlich die erste 1'E1'-Tenderlok, genannt MAMMUT, in Blankenburg ein. Für den Kraftprotz schlug am 4. März 1920 die Stunde der Wahrheit: Mit 240 Tonnen am Zughaken donnerte die MAMMUT in nur 16 Minuten von Blankenburg nach Michaelstein. Damit hatte die HBE den Beweis erbracht, daß mit entsprechend konstruierten Lokomotiven der Zahnradbetrieb abgelöst werden konnte. Ein weiteres Mal hatte die HBE Eisenbahngeschichte geschrieben. Bis 1921 stellte die HBE ihre vier TIERKLASSE-Loks in Dienst und löste damit den Zahnradbetrieb auf der Harzbahn ab.

Doch das Jahr 1919 bedeutete auch das Aus für den Personenverkehr zwischen Derenburg und Minsleben. Obwohl die HBE ab 1913 durchgehende Züge von Blankenburg nach Wernigerode anbot, blieb der Personenverkehr weit hinter den Erwartungen zurück. Den Güterverkehr hielt man bis zur Stillegung der Zuckerfabrik Minsleben im Jahr 1930 aufrecht. Anschließend schlug für die 5,39 km lange Strecke das letzte Stündlein: Bis zum Sommer 1934 wurden die Gleise zwischen Derenburg und Minsleben abgebaut.

Anfang der zwanziger Jahre erkannte die HBE bereits im Kraftverkehr den Konkurrenten der Zukunft und gründete deshalb am 5. Dezember 1924 mit der ALE die »Harz-Kraftfahrzeuglinien der Ostharzbahnen G.m.b.H.«. Ihren Bahnbetrieb ergänzte die HBE unter anderem durch den Busverkehr in Quedlinburg und die Buslinie Halberstadt–Harsleben.

Auch eine Seilbahn wollte die HBE bauen. Sie beantragte am 15. November 1926 beim RVM die Konzession für eine Schwebebahn vom Bahnhof Thale Bodetal über die Roßtrappe zum Hexentanzplatz. Zwar stimmte das RVM den Plänen zu, doch der preußische Minister für Handel und Gewerbe untersagte den Bau der Seilbahn, da das Bodetal bei

Alte Zahnstangen benutzte die HBE zur Befestigung der Ladestraße und Bahnsteige in Langenstein.
Foto: D. Endisch

Thale Naturschutzgebiet war. Am 11. Juni 1932 versuchte es die HBE noch einmal. Obwohl unter anderem der einflußreiche Harzclub und die Stadt Thale zustimmten, verbot das Ministerium für Handel und Gewerbe die Schwebebahn. Danach verschwand das Projekt endgültig in den Schubladen der HBE.
In der zweiten Hälfte der zwanziger Jahre dachte die HBE über einen generellen Umbau der Harzbahn nach. Die Spitzkehre in Michaelstein und die 1 : 16,6-Steigung zwischen Rübeland und Hüttenrode behinderten einen flüssigen Betriebsablauf. Immerhin transportierte die HBE auf ihrer Steilstrecke 1929 über 1,3 Millionen Fahrgäste und fast 1,25 Millionen t Güter! Die HBE erarbeitete deshalb Projekte für eine Neubaustrecke von Blankenburg über Wienrode nach Hüttenrode und eine teilweise Neutrassierung des Abschnittes Hüttenrode–Rübeland. Die Kosten veranschlagte man auf rund 2 Millionen Mark. Allerdings konnte die HBE nur die Neutrassierung zwischen Hüttenrode und Rübeland realisieren. Die Arbeiten dafür begannen 1930. Dabei entstanden der 90 m lange Nebelsholz-Tunnel, der 307 m lange Tunnel Krumme Grube und das 99 m lange Krockstein-Viadukt, das mit einer Höhe von 29,16 m das höchste Eisenbahn-Viadukt des Harzes ist. Das imposante Bauwerk wird, da es das Kreuztal bei Neuwerk überspannt, auch oft als Kreuztal-Viadukt bezeichnet. Im Zuge dieser Bauarbeiten entstand auch der neue Bahnhof Rübeland Tropfsteinhöhlen. Der alte Bahnhof dient seit dem nur noch als Abstell- und Güterbahnhof. Die rund 2,4 km lange Neubaustrecke wurde am 12. Februar 1931 dem Betrieb übergeben. Dadurch konnte die maximale Zuglast zwischen Rübeland und Königshütte von 180 auf 460 t angehoben werden. Die Auswirkungen der Weltwirtschaftskrise und die angespannte finanzielle Situation verhinderten den Bau der Strecke Blankenburg–Wienrode–Hüttenrode, obwohl die Unterlagen schon fix und fertig waren.
Erst in der zweiten Hälfte der dreißiger Jahre stiegen die Beförderungsleistungen der HBE wieder deutlich an. Im Rechnungsjahr 1937 bilanzierte die HBE ein Transportvolumen von etwa 1 032 000 Millionen Reisenden und über 1,64 Millionen t Gütern. Die gesamten Betriebseinnahmen beliefen sich auf etwa vier Millionen Mark, von denen im Geschäftsbericht 1,29 Millionen Mark als Jahresertrag ausgezeichnet wurden.
Während des 2. Weltkrieges stieg der Güterverkehr bei der HBE weiter an. Besonders die Rüstungstransporte der Harzer Werke, der Eisenhüttenwerke Thale und die Kalkzüge für die Karbidherstellung sorgten für einen bis dahin nicht gekannten Güterverkehr. Allerdings mußte man den Personenverkehr ab etwa 1942 wegen akuten Lokmangels auf ein Minimum reduzieren.
Den Krieg überstand die HBE ohne größere Zerstörungen, obwohl der Harz noch am 8.April 1945 zur Festung erklärt wurde. Lediglich die Anlagen im Bahnhof Halberstadt waren schwer zerstört. Am 17. April 1945 sollte die von der DR angemietete 96 002 als Panzersperre vom Kreuztal-Viadukt gestürzt werden, was aber vereitelt werden konnte. Einen Angriff auf Thale und Blankenburg durch die US-Armee verhinderten engagierte Einwohner. Mit dem Einmarsch der amerikanischen Truppen am 18. April 1945 in das Gebiet zwischen Blankenburg und Quedlinburg endete der 2. Weltkrieg.
Auf Anweisung der Besatzungstruppen mußte die HBE ihren gesamten Betrieb einstellen. Wann genau der erste Zug wieder eingesetzt wurde, läßt sich heute nicht mehr zweifelsfrei feststellen.
Erst am 9. Juni 1945 erließ die britische Militärregierung einen provisorischen Fahrplan, der werktags auf allen Strecken, mit Ausnahme der Relation Langenstein–Derenburg, zwei Zugpaare vorsah. Nach dem Einmarsch der ersten Verbände der Roten Armee am 30. Juni 1945 gehörte die HBE zur Sowjetischen Besatzungszone. Noch über ein Jahr konnte die HBE ihre Selbständigkeit behaupten. Am 1. September 1946 erhielt die Geschäftsführung schließlich vom Präsidenten der Provinz Sachsen einen Brief, in dem sie über die Enteignung der des gesamten Vermögens der HBE unterrichtet wurde. Die »Sächsische Provinzbahnen G.m.b.H.« übernahm am

Das Bw Blankenburg wurde im Rahmen der Elektrifizierung umgebaut. Der rechte Teil des Lokschuppen wurde für eine Krananlage höher gebaut. Hier werden die E-Loks unterhalten.
Foto: D. Endisch

Wasserkran, Portalkran-Anlage, Schlackekanal, Untersuchungsgrube und Kohlebansen zur Dampflok-Behandlung sind noch heute in Blankenburg vorhanden.
Foto: D. Endisch

15. Dezember 1946 die Verwaltung und Betriebsführung auf allen Strecken und in allen Betriebsteilen der HBE. Die HBE legte am 11. Januar 1947 Widerspruch gegen die Enteignung ein, der allerdings umgehend abgelehnt wurde.
Wie alle anderen Privatbahnen in der ehemaligen sowjetischen Besatzungszone wurde die HBE auf Beschluß der Deutschen Wirtschaftskommission zum 1. April 1949 in die Verwaltung und Nutznießung der Deutsche Reichsbahn übergeben. Die Strecken Halberstadt–Blankenburg und Blankenburg–Tanne gehörten wegen des Kalkverkehrs zu den wichtigsten Güterzugstrecken der Reichsbahn. Das Ende der fünfziger Jahre beschlossene sogenannte Chemie-Programm, das den großzügigen Ausbau der Karbidchemie in der DDR vorsah, hatte auch Auswirkungen auf die ehemaligen Strecken der HBE. Die für die Karbidherstellung notwendigen Kalkmassen kamen aus dem Harz. Die Steilstrecke Blankenburg–Tanne hatte wieder einmal ihre Leistungsgrenze erreicht. Bereits seit dem 1. November 1957 wickelte man nur noch Berufsverkehr auf der Harzbahn ab. Alle anderen Personenzüge wurden mit Bussen im Schienenersatzverkehr gefahren.
Die Reichsbahn beschloß dann 1959 den Ausbau der Strecke Halberstadt–Blankenburg sowie die Modernisierung und Elektrifizierung der Strecke Blankenburg–Königshütte mit 25 kV/50 Hz. Das große Investitionsprogramm begann im März 1963 mit dem Ausbau der ehemaligen HBE-Stammstrecke. Sie wurde auf eine Achslast von 21 Tonnen und eine Höchstgeschwindigkeit von 60 km/h ertüchtigt. Damit die Kalkzüge ohne Kopfmachen im Bahnhof Halberstadt in Richtung Halle gefahren werden können, baute man eine Verbindungskurve bei Halberstadt.
Die Bahnhöfe der Strecke Blankenburg–Königshütte wurden unter anderem für 450 m lange Güterzüge ausgebaut. Die Elektrifizierung der Steilstrecke im Harz war zwar im Herbst 1965 abgeschlossen, doch wegen technischer Probleme konnte der volle elektrische Zugbetrieb erst am 1. August 1966 aufgenommen werden, seither wird die Strecke Blankenburg–Königshütte als Rübelandbahn bezeichnet.
Gut zwei Jahre später, am 1. November 1968, wurde der Abschnitt Königshütte–Tanne stillgelegt und demontiert. Zwischen Elbingerode und Drei Annen Hohen verkehrte bereits am 26. September 1964 der letzte Personenzug.
Auch die Strecke Langenstein–Derenburg und die »Quecke« hatten Ende der sechziger Jahre ausgedient. Auf der Stichstrecke nach Derenburg stellte die DR am 15. November 1968 den Betrieb ein. Am 1. Juni 1969 endete der Perso-

Der Bismarck-Tunnel bei Rübeland verlor nach der Neutrassierung der Strecke Rübeland–Hüttenrode seine Schienen.
Foto: Sammlung W. Pilkenrodt

nenverkehr zwischen Thale Bodetal und Quedlinburg. Im Güterverkehr wurde der Streckenrangierbezirk Quedlinburg–Weddersleben noch bis 1972 bedient, bis er am Anschluß der Ziegelei Kratzenstein endete.

Zu diesem Zeitpunkt waren die Tage der Personenzüge zwischen Blankenburg und Thale Bodetal bereits gezählt. Noch vor Ablauf des Winterfahrplanes 1972/73 stellte die DR am 19. März 1973 den Personenverkehr ein. Für den Güterverkehr war die Strecke Blankenburg–Thale Bodetal unverzichtbar, wurde doch über sie das Eisenhüttenwerk Thale versorgt. Das Verkehrsaufkommen war so gewaltig, daß die Reichsbahn die gesamte Strecke auf 21 Tonnen Achslast ausbaute. Die Bahnhöfe Bodetal und Roßtrappe übergab die DR einschließlich aller Gleisanlagen der Hütte, die nun die Betriebsführung übernahm. Mit der Stillegung der Hütte hatte die Strecke 1992/93 ihre Existenzgrundlage verloren. Am 30. Juni 1993 verkehrte der letzte Güterzug zwischen Thale und Blankenburg.

Mit einem Güteraufkommen von zwei Millionen t pro Jahr sind der Fortbestand der Rübelandbahn und der Strecke Halberstadt–Blankenburg auch im nächsten Jahrtausend gesichert.

Strecke und Anlagen

Auf der Ostseite des Bahnhofes Halberstadt beginnt noch heute die ehemalige HBE. Neben dem Stumpf- und Umfahrgleis am heutigen Bahnsteig 1 Ost besaß die Bahn in Halberstadt einen kleinen Rangierbahnhof mit Ablaufberg, der heute noch zum Abstellen von Personenwagen genutzt wird. In einer weiten Rechtskurve verläßt die Strecke den Bahnhof und umfährt dabei Halberstadt. Im 2,4 km entfernten Abzweig Harsleben beginnt die im Oktober 1965 eröffnete Verbindungskurve zur Wegelebener Strecke. Bis 1991 herrschte hier ein sehr reger Güterverkehr. Insgesamt acht Anschlußgleise wurden von hier aus täglich mehrmals bedient. Vorbei am Haltepunkt Halberstadt-Oststraße (Kilometer 2,9) erreicht die Bahn nach genau 4 km den Bahnhof Halberstadt-Spiegelsberge. Wie alle Bahnhöfe der ehemaligen HBE verfügt die Station über Einfahr-

Das imposanteste Bauwerk der Rübelandbahn ist noch heute das Viadukt über das Kreuztal bei Neuwerk. Um 1932 entstand das Bild mit einer Lok der Tierklasse.
Foto. Sammlung W. Pilkenrodt

Kurz vor der Fertigstellung des Bahnhofs Drei Annen Hohne entstand diese Postkarte.
Foto: Sammlung W. Pilkenrodt

und Ausfahrsignale. Ein Stellwerk, ein Empfangsgebäude, zwei Bahnsteige, ein Güterschuppen und zwei Hauptgleise vervollständigen die Anlage. Der Anschluß zu einer Kohlenhandlung wird noch heute bedient. Außerdem beginnt hier das Anschlußgleis zu den Malchit-Höhlen bei Langenstein. Einige Meter verläuft das Gleis parallel zur Bahn ehe es nach links schwenkt und hinter einem Erdwall den Blicken entschwindet. Die unterirdischen Anlagen mußten 1944/45 die Häftlinge des KZ Langenstein-Zwieberge anlegen. Später nutzte die NVA einen Teil der Anlagen als ABC-sicheres Depot.
Fast gerade geht es in ständiger Steigung weiter nach Langenstein (Kilometer 9,8). Der Kreuzungsbahnhof, bis 1968 Anfangspunkt der Strecke nach Derenburg, besitzt neben der heute kaum noch benutzten Ladestraße nur ein Stationsgebäude mit Stellwerk. Das ehemalige Stellwerk wurde 1965 abgerissen. Hinter Langenstein schwenkt die Trasse in Richtung Süden und verläuft auf Dämmen und durch Einschnitte nach Börnecke. Der weit ab vom Dorf gelegene Bahnhof ist ebenfalls ein Kreuzungsbahnhof. Neben drei Gleisen besitzt er ein modernes Bahnhofsgebäude. Durch dichte Kiefernwälder bahnt sich die Trasse ihren Weg in Richtung Blankenburg. In Höhe der Burgruine Regenstein befindet sich ein mehrgleisiger Übergabebahnhof, dessen Anschlußgleis im Wald verschwindet. Hier befindet sich ein Lager der Bundeswehr.

Etwas später nähert sich von links die Strecke aus Richtung Thale. Dann teilen sich die Gleise. Während es rechts zum Güterbahnhof Blankenburg Nord geht, führen die Gleise nach links zum Personenbahnhof. In diesem Gleisdreieck liegen die Anlagen des ehemaligen Bw Blankenburg. Das Bild im Personenbahnhof (Kilometer 18,8) bestimmt der Turm des großen Fahrdienstleiterstellwerks. Das Empfangsgebäude ist ein Sandsteinbau. Der Güterschuppen mit Ladestraße, ein Wasserhaus und einige kleinere Dienstgebäude ergänzen die Anlage. In Richtung Harz verläßt der Zug den Bahnhof nach Norden. Vorbei am FEW Blankenburg, dem Güterbahnhof Blankenburg Nord, wo die Güterzüge umgespannt werden, und dem Unterwerk geht es in ständiger Steigung nach

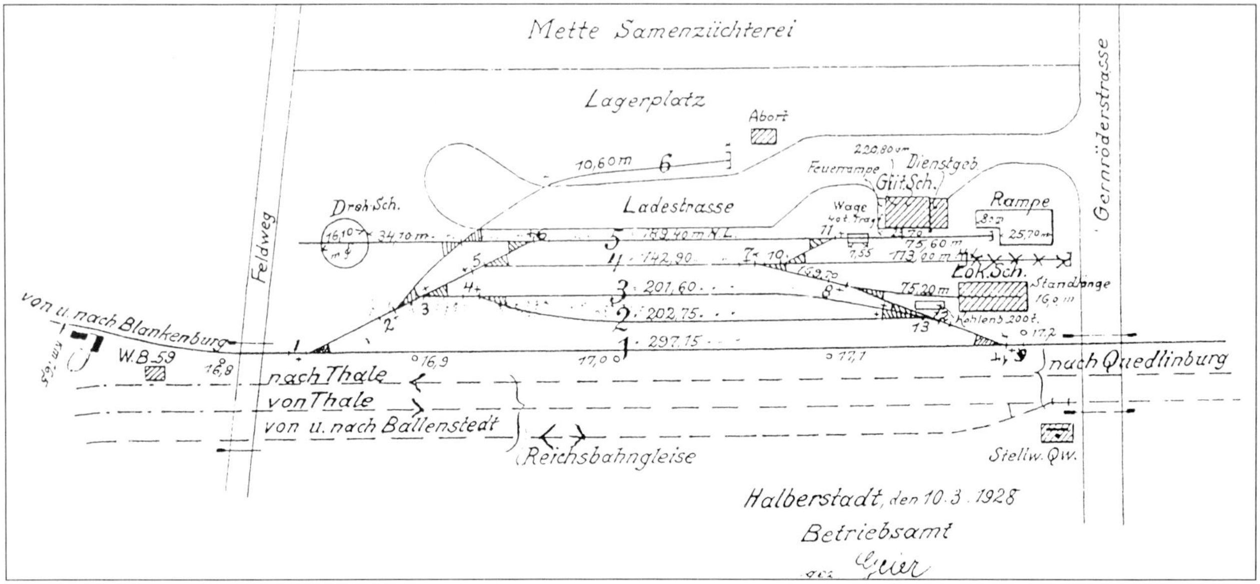

Der Bahnhof Quedlinburg West diente der HBE als Rangier- und Güterbahnhof.
Abbildung: Sammlung D. Endisch

Blankenburg-Westend. Hinter Westend beginnt die Steilstrecke mit Neigungen bis 1 :16,8. Die Strecke schraubt sich förmlich den Berg hinauf. Nach 5,6 km ist die Spitzkehre Michaelstein mit ihren drei Gleisen und dem Stellwerk erreicht. Nach der vorgeschriebenen Bremsprobe geht es weiter durch Einschnitte und über hohe Dämme. Dabei muß der Zug auf seinem Weg über den Haltepunkt Braunesumpf (Kilometer 8,0) nach Hüttenrode auch die größte Steigung mit 1:16,66 bezwingen. In Hüttenrode (Kilometer 9,7) hat die Strecke ihren ersten Scheitelpunkt erreicht. Unterhalb des Personenbahnhofes mit seinem Stellwerk und Dienstgebäude liegen die Anlagen des Güterbahnhofes.

Hinter Hüttenrode geht es im ständigen Gefälle auf der 1931 eröffneten Strecke weiter in Richtung Rübeland. Bevor aber der Haltepunkt Neuwerk erreicht ist, passiert der Zug den Tunnel Krumme Grube, das Kreuztalviadukt und den Nebelsholz-Tunnel. Weiter bergab rollt der Zug in das Bodetal. Nach dem Überqueren der Bundesstraße 27 auf dem Viadukt »Am Haus am Stein« geht es parallel zur Straße und zur Warmen Bode zum Bahnhof Rübeland Tropfsteinhöhlen (Kilometer 14,4). Kurz hinter dem Viadukt zweigt das Gleis zum ehemaligen Bahnhof, dem heutigen Güterbahnhof Rübeland ab. Die Anlagen – Empfangsgebäude, Lokschuppen, Wasserstation und das ehemaligen HBE-eigene Sägewerk - sind noch erhalten.

Im Bahnhof Rübeland Tropfsteinhöhlen mit seinem mächtigen Stellwerk beginnen auch die Anschlußgleise zu den Harzer Kalkwerken, dem größten Güterkunden der Bahn. Das Bahnhofsgebäude gehörte bis 1931 zu einer Eisengießerei. Hinter Rübeland geht es wieder bergan vorbei am Haltepunkt Mühlental zum Bahnhof Elbingerode (Kilometer 17,1). Hier begannen und endeten die Züge nach Drei Annen Hohne. Da der Bahnhof Elbingerode weit vom Stadtzentrum entfernt lag, gab ihn die Reichsbahn 1965 auf und wandelte ihn in einen Wagenladungsknoten um. Dafür baute man den 1,1 km entfernten ehemaligen Bahnhof Elbingerode West zum neuen Bahnhof um. Er erhielt dabei ein völlig neues Empfangsgebäude und drei Hauptgleise. Unmittelbar hinter Elbingerode West zeigte die Strecke nach Drei Annen Hohne ab. Wenige hundert Meter hinter der Abzweigung lag auf dem Hochplateau des Hornberges die Station Wechsel. Hier mußten die Zahnradloks umsetzen um den Zug in das anschließende Gefälle zu ziehen. Hier hatte die HBE mit 503,5 m über NN ihren höchsten Punkt erreicht.

Anschließend rollt der Zug vorbei am Kalkwerk Hornberg und den Haltepunkt Hornberg wieder in das Tal der Warmen Bode zum heutigen Endbahnhof Königshütte (Kilometer 23,2). Der mit Rückfallweichen ausgerüstete Bahnhof besitzt einige Ladegleise, eine Rampe und ein Empfangsgebäude. Der Anschluß zum Ofenbau wird nicht mehr bedient.

Im Tal der Warmen Bode schlängelte sich die HBE dann bis 1968 nach Tanne. Hier bestand zwischen 1899 und 1945 Anschluß an die meterspurige SHE. Ne-

ben den neun Gleisen besaß die HBE in Tanne ein repräsentatives Bahnhofsgebäude, einen eingleisigen Lokschuppen, eine Ladestraße mit Gleiswaage und eine Rampe. Außerdem gab es zwei Rollbockgruben zum Umladen von Güterwagen auf die SHE.
Die Stichstrecke Elbingerode–Drei Annen Hohne schwenkte erst hinter Elbingerode West nach Westen ab. Durch dichte Wälder ging es gut zwei Kilometer mit einer Steigung bis 1 : 40 bergauf. Anschließend rollte der Zug in den Bahnhof Drei Annen Hohne. Die HBE-Station lag tiefer als der NWE-Bahnhof. Mit einem Fußgängertunnel waren beide Bahnhöfe verbunden. Außer dem Stationsgebäude, einem Lade-, Haupt- und Umfahrgleis gab es noch zwei Überladegleise zur NWE, wo Güter umgeschlagen werden konnten.
Die »Quecke« schwenkte in Blankenburg kurz vor dem Bw nach rechts ab und verlief parallel zur Strecke nach Halberstadt bevor sie einen weiten Rechtsbogen machte. Hier lag auch das Gleisdreieck, das die Strecken Halberstadt–Blankenburg und Blankenburg–Quedlinburg miteinander verband. Im ständigen Gefälle mit Neigungen zwischen 1 : 100 und 1 : 60 verlief die Bahn nach Süden. Am Nordhang der Teufelsmauer ging es mit 1 : 60 bergan. Kurz vor der Steigung lag der Haltepunkt Helsunger Krug (Kilometer 5,5).
Am Kilometer 7,2 war schließlich der Bahnhof Timmenrode erreicht. Er verfügte über ein Empfangsgebäude mit Güterschuppen und ein Ladegleis mit Rampe. Anschließend verlief die Trasse parallel zur Landstraße nach Thale. Am Kilometer 8,6 gabelte sich die Strecke in Richtung Quedlinburg und Thale. Nach weiteren 300 Metern folgte Weiche 3. Hier endete das durch drei Formsignale gesicherte Gleisdreieck bei Thale Nord. Der gleichnamige Haltepunkt Thale Nord mit Dienstgebäude und Stellwerk kam erst am Kilometer 0,7. Nach leichtem Gefälle, vorbei am Güterbahnhof Thale-Roßtrappe mit drei durchgehenden Hauptgleisen, fuhr der Zug am Kilometer 2,4 in den Kopfbahnhof Thale Bodetal ein.
Erst an der Weiche 3 zweigte die Strecke nach Quedlinburg ab. Nach 300 Metern fädelte an der Weiche 2 die Verbindungskurve aus Timmenrode ein. Fast parallel zur Ladestraße ging es nach Warnstedt. Der Bahnhof mit zwei Gleisen, einer Ladestraße und Stationsgebäude lag am nördlichen Ende des Dorfes. Durch Einschnitte rollten die Züge hinab nach Weddersleben (Kilometer 12,6). Der Bahnhof entsprach zur Eröffnung der Station in Warnstedt, wurde aber, da er über drei Anschlußgleise verfügte, später erweitert. Hinter Weddersleben fiel die Quecke mit 1 : 60 hinab in das Bodetal. Erst kurz vor dem 1924 stillgelegten Haltepunkt Maaßmühle (Kilometer 14,2) endete das Gefälle. Hinter der Ziegelei Kratzenstein (Kilometer 15,4) überquerte die Strecke auf einer großen Blechträgerbrücke die Bode. 800 Meter später zweigte das Anschlußgleis zur Waggonfabrik Quedlinburg ab. Parallel zu den Strecken Quedlinburg–Frose und Halberstadt–Thale fädelte die HBE in den Bahnhof Quedlinburg ein. Der HBE-Güterbahnhof Quedlinburg West (Kilometer 17,0) verfügte über fünf Gleise, einen einständigen Lokschuppen, Dienstgebäude mit Güterschuppen und eine 16-Meter-Drehscheibe. Nach 18,1 km endete die Quecke auf der Westseite des Quedlinburger Hauptbahnhofes.
Die Stichstrecke nach Derenburg war über ein Gleisdreieck mit dem Bahnhof Langenstein verbunden. Nur kleine Steigungen hatte der Zug auf seinem Weg über den Haltepunkt Böhnshausen (Kilometer 2,0) zum 5,5 km entfernten Bahnhof Derenburg zu überwinden. Ein Empfangsgebäude, ein Güterschuppen, ein eingleisiger Lokschuppen und fünf Gleise gab es hier. Im Tal der Holtemme verlief zwischen 1900 und 1934 die Strecke weiter zum 6,8 km entfernten Staatsbahnhof Minsleben. Zwischen Derenburg und Minsleben existierten nur noch die Stationen Silstedt (Kilometer 9,7) und Minsleben Dorf.

Den Wasserturm im Bahnhof Quedlinburg errichtete die HBE. Den ursprünglichen Wasserbehälter ersetzte die DR in den 50er Jahren.
Foto: D. Endisch

Fahrzeuge

Für ihre Stammstrecke und für die Stichbahn nach Derenburg beschaffte die HBE zwischen 1872 und 1881 einige Stütz- und Schlepptenderloks. Über Jahre hinweg genügten sie den betrieblichen Belangen.
Mit dem Bau der Zahnradbahn mußte die HBE völlig neue Maschinen kaufen. In Zusammenarbeit mit der Maschinenfabrik Esslingen konstruierte die HBE ihre Zahnradloks, die später als Vorbild für die preußische T 26 dienten. Die ersten vier dieser Maschinen lieferte Esslingen 1885. Zwischen 1887 und 1907 be-

Die Lok »BOERNECKE«, eine preußische G 3, setzte die HBE meist zwischen Halberstadt und Blankenburg ein.
Foto: Sammlung D. Endisch

Die Lok Nr. 71 war die letzte von der HBE gekaufte Zahnradlok. Sie wurde 1929 ausgemustert.
Foto: Sammlung D. Endisch

schaffte die HBE weitere sechs dieser bewährten C1´/bn4-Tenderloks, deren Namen im Laufe der Zeit mehrmals wechselten. Erst 1914 stellte die HBE ihre erste vierfachgekuppelte Heißdampf-Zahnradlok in Dienst, die aber bald überflüssig war.
Mit dem Ausbau des Streckennetzes mußte die Bahn auch ihren Lokpark den geänderten Ansprüchen anpassen. Deshalb kaufte die HBE neue, aber auch gebrauchte Tenderloks der unterschiedlichsten preußischen Gattungen. Neben einigen T 3 kamen auch die T 7, die T 9^1 und die T 9^3 zum Einsatz. Zahlreiche der T 3-Ableger waren etwas größer als das Original und verfügten bereits über eine Heusinger-Steuerung. Zwei der T 9^3 baute die Hauptwerkstatt noch in Heißdampfmaschinen um.
Für den Personenverkehr auf den Relationen Halberstadt–Blankenburg und Blankenburg–Wernigerode beschaffte man zwischen 1911 und 1913 insgesamt vier preußische T 12. Sie waren die ersten Heißdampfloks der HBE.
Die kleineren Tenderloks waren meist in den Lokbahnhöfen Derenburg und Quedlinburg stationiert oder erledigten den Rangierdienst. Die T 9^1 war oft auf der Derenburger Schiene im Einsatz. Da sie mit ihren recht großen Rädern sehr leicht zum Schleudern neigte, setzte man sie nicht sehr gerne auf der »Quecke« ein.
Mit ihren vier als TIERKLASSE bekannten 1´E 1´-Tenderloks konnte die HBE ihre Zahnradloks abstellen. Die bulligen Tenderloks bewährten sich hervorragend und waren meist auf der Harzbahn im Einsatz. Gelegentlich schleppten sie auch schwere Güterzüge nach Halberstadt. Alle vier Maschinen reihte die DR 1950 in ihren Fahrzeugpark ein. Die MAMMUT hat bis heute überlebt: Als Dauerleihgabe des VM Dresden präsentiert der Förderverein Rübelandbahn e.V. im Rübeländer Lokschuppen die äußerlich perfekt aufgearbeitete Maschine.
Ende der zwanziger Jahre modernisierte die HBE ihren Lokpark grundlegend. Aufgrund der guten Erfahrungen mit den 1´E 1´-Maschinen bestellte die HBE bei der Hanomag je drei 1´C1´h2- und 1´D1´h2- Maschinen, die sowohl auf der Steilstrecke als auch auf den Flachlandstrecken zum Einsatz kommen sollten. Nach den drei Vierkupplern 1927 lieferte Hanomag die Dreikuppler 1929. Sie kamen im Personenzug- und leichten Güterzugdienst auf allen Strecken zum Einsatz. Alle sechs Maschinen gelangten in den Park der Reichsbahn und blieben bis zu ihrer Ausmusterung Ende der sechziger Jahre ihren Stammstrecken treu.
Während des 2. Weltkrieges beschaffte die HBE bei Borsig zwei 1´C1´h2- Tenderloks. Bereits 1938 hatte die Firma zwei Dh2-Tenderloks geliefert. Während die 1´C1´-Maschinen wie ihre Hanomag-

Für den Einsatz auf der Strecke Blankenburg–Thale Bodetal–Quedlinburg stellte die HBE 1907 die Lok »QUEDLINBURG« in Dienst.
Foto: Sammlung D. Endisch

Auf der Drehscheibe in Blankenburg präsentierte sich die Lok Nr. 10, die spätere 93 6776 der Reichsbahn. Gut zu sehen ist hier die über dem Zylinder angebaute Mischvorwärmer-Anlage der Bauart Worthington.
Foto: Sammlung D. Endisch

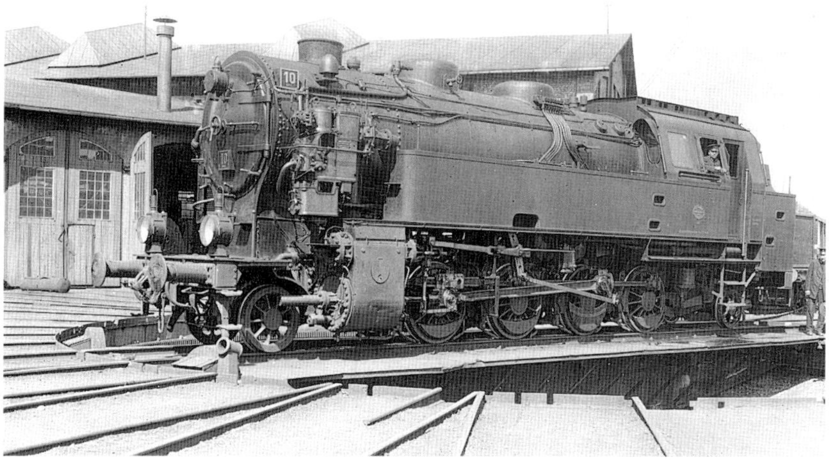

Schwestern eingesetzt wurden, kamen die beiden schweren Vierkuppler im Rangier- und Schiebedienst auf der Harzbahn zum Einsatz. Auch diese vier Loks kamen alle zur DR und blieben bis weit in die sechziger Jahre im späteren Bw Blankenburg im Einsatz.
Aber auch vier Triebwagen kamen bei der HBE zum Einsatz. Die Absicht der HBE, ihren Personenverkehr zu großen Teilen mit Triebwagen abzuwickeln, konnte allerdings nicht verwirklicht werden. Alle VT waren auf der Steilstrecke einsetzbar. Der »Silbervogel« genannte T 1 wurde später das Stammfahrzeug auf der Strecke Langenstein–Derenburg. Der T 2 und der T 3 übernahmen ab Mitte der dreißiger Jahre einzelne Personenzugleistungen auf der Strecke Blankenburg–Thale Bodetal–Quedlinburg. Für den Triebwagenverkehr kaufte die HBE bei der Waggonfabrik Wismar auch sechs Bei- und einen Steuerwagen. Letzterer war mit dem T 4 im Einsatz. Bis auf einen Beiwagen gingen alle Fahrzeuge 1950 im Park der Reichsbahn auf.
Die HBE besaß wegen der strengen Bremsbestimmungen auf der Steilstrecke einen recht großen eigenen Wagenpark. So mußten unter anderem alle Wagen, die auf der Harzbahn zum Einsatz kamen, mit der Heberlein- und später mit der Hardy-Bremse ausgerüstet sein. Einige Personenwagen besaßen sogar ein Bremszahnrad. Ansonsten entsprachen alle Wagen den preußischen Normalien. Lediglich die Erztransporter waren eine eigene Konstruktion. Im Jahr 1897 gehörten der HBE insgesamt 29 Personen-, fünf Gepäck- und 556 Güterwagen, dazu zählten unter anderem 16 Erz- und 251 Kalkwagen. Bis 1928 vergrößerte sich dieser Park auf 60 Personen-, acht Pack- und 653 Güterwagen.

BEMA und Mitteldeutscher Eisenbahnbedarf

Anfang der zwanziger Jahre trennte die HBE zur Rationalisierung ihres Betriebes den Werkstättenbereich vom eigentlichen Eisenbahnbetrieb. Für Unterhaltung und Instandsetzung ihres Fahrzeugparks gründete die HBE am 20. Juni 1921 die »Blankenburger Eisenbahn-Bedarfs- und Maschinenfabrik GmbH« (BEMA). Als ein selbständiges Unternehmen übernahm die BEMA mit ihren rund 220 Beschäftigten auch für andere Eisenbahngesellschaften die Wartung von Fahrzeugen. Die BEMA betrieb außerdem das Sägewerk in Rübeland. Im Jahr 1927 lag das Stammkapital der BEMA bei 500 000 Mark.

Den als »Silbervogel« bezeichneten T 1 lieferte Uerdingen 1929 an die HBE.
Foto: Sammlung D. Endisch

Mit der HBE wurde auch die BEMA 1946 von der Provinz Sachsen enteignet und der »Sächsischen Provinzbahnen G.m.b.H.« unterstellt. Die Reichsbahn wandelte die Werkanlagen 1950 in ein Raw um, in dem in erster Linie kleinere Tenderlokomotiven instandgesetzt wurden. Als sich Ende der fünfziger Jahre abzeichnete, daß die DDR-Industrie die Reichsbahn nicht mit allen benötigten Maschinen und Anlagen versorgen konnte, wurde am 1. August 1957 das Raw in das Reichsbahnentwicklungswerk (REW) Blankenburg umgewandelt. Hier wurde dann ab 1959 Gleisbau- und Rangiertechnik für die DR entwickelt und gebaut. Ab 1. Januar 1960 hieß das REW Forschungs- und Entwicklungswerk (FEW) des Verkehrswesens und ab 1. Mai 1967 wieder FEW der DR. Heute ist das FEW Blankenburg ein Spezialwerk der DB AG.

Nur wenige Monate nach ihrer Entstehung gründete die BEMA noch 1921 ihrerseits mit einem Stammkapital von 120 000 Mark die »Mitteldeutsche Eisenbahnbedarf G.m.b.H. in Berlin«. Dieses Unternehmen handelte und vermietete Eisenbahnfahrzeuge und -materialien aller Art. Die von der Firma aufgekauften Schrottloks und -wagen verschrottete die BEMA in Blankenburg. Auch die Mitteldeutsche Eisenbahnbedarf GmbH wurde 1946 enteignet. Im Gegensatz zur BEMA endete damit die Geschichte der Firma.

Triebfahrzeuge der Halberstadt-Blankenburger Eisenbahn:

Zahnradlokomotiven

Name	Bahn-Nr.	Bauart	Hersteller	Baujahr	Fabrik-Nr.	Bemerkungen
RÜBELAND	62	C1'/bn4t	Esslingen	1885	2084	entsprach der pr. T 26; ab 1886 als PRINZ ALBRECHT im Einsatz; 1929 ausgemustert
ELBINGERODE	63	C1'/bn4t	Esslingen	1885	2085	entsprach der pr. T 26; ab 1894 als ALBERT SCHNEIDER im Einsatz 1929 ausgemustert
ROTHEHÜTTE		C1'/bn4t	Esslingen	1885	2086	entsprach der pr. T 26; ab 1894 als ROMAN ABT im Einsatz; 1916 ausgemustert
TANNE		C1'/bn4t	Esslingen	1885	2087	entsprach der pr. T 26; ab 1894 als KYBITZ im Einsatz
BROCKEN	65	C1'/bn4t	Esslingen	1887	2204	entsprach der pr. T 26; ab 1894 als VON

Name	Bahn-Nr.	Bauart	Hersteller	Baujahr	Fabrik-Nr.	Bemerkungen
						CRAMM-BURGDORF im Einsatz; nach Ausbau des Zahnradtriebwerkes 1922 an die Hafenbahn Hamm verkauft
BROCKEN		C1´/bn4t	Esslingen	1894	2667	entsprach der pr. T 26; später als VON OTTO im Einsatz
TANNE	67	C1´/bn4t	Esslingen	1898	2987	entsprach der pr. T 26; später als CARL MÄRTENS im Einsatz
TANNE		C1´/bn4t	Esslingen	1904	33214	entsprach der pr. T 26; später als A. BENSEN im Einsatz
ROTHEHÜTTE	68	C1´/bn4t	Esslingen	1906	3352	entsprach der pr. T 26; später als HERZOG JOHANN ALBRECHT im Einsatz; nach Ausbau des Zahnradtriebwerkes 1922 an die Hafenbahn Hamm verkauft
VON BUDDE	69	C1´/bn4t	Esslingen	1907	3418	entsprach der pr. T 26
VON GOLTZ	70	C1´/bn4t	Esslingen	1907	3419	entsprach der pr. T 26; später Zahnradtriebwerk ausgebaut
	71	D/bh4t	Esslingen	1914	3732	1929 ausgemustert

Berglokomotiven

Name	Bahn-Nr.	Bauart	Hersteller	Baujahr	Fabrik-Nr.	DR-Nr.	Bemerkungen
MAMMUT		1´E1´h2t	Borsig	1919	10 353	95 6676	am 20. Januar 1968 z-gestellt; anschließend an das VM Dresden übergeben, seit 1997 als Dauerleihgabe im Lokschuppen Rübeland ausgestellt
WISENT		1´E1´h2t	Borsig	1919	10 354	95 6677	am 19. Oktober 1970 ausgemustert
BÜFFEL		1´E1´h2t	Borsig	1920	10 909	95 6678	am 21. August 1967 ausgemustert
ELCH		1´E1´h2t	Borsig	1920	10 910	95 6679	nach Kesselzerknall im Raw Meiningen am 2. Februar 1953 ausgemustert
	1	1´C1´h2t	Hanomag	1929	10 640	75 6676	am 27. Mai 1967 ausgemustert
	2	1´C1´h2t	Hanomag	1929	10 641	75 6677	am 6. November 1968 ausgemustert
	3	1´C1´h2t	Hanomag	1929	10 642	75 6678	am 16. Januar 1968 ausgemustert
	6	1´C1´h2t	Borsig	1943	14 980	75 6776	am 27. Mai 1967 ausgemustert

Name	Bahn-Nr.	Bauart	Hersteller	Baujahr	Fabrik-Nr.	DR-Nr.	Bemerkungen
	7	1'C1'h2t	Borsig	1943	14 981	75 6777	am 18. Januar 1968 ausgemustert
	10	1'D1'h2t	Hanomag	1927	10 566	93 6776	am 27. November 1968 ausgemustert
	11	1'D1'h2t	Hanomag	1927	10 567	93 6777	am 11. Juni 1969 ausgemustert
	12	1'D1'h2t	Hanomag	1927	10 568	93 6778	am 14. Juli 1969 ausgemustert
	18	Dh2t	Borsig	14 680	1938	92 6879	bis 1. Juli 1952 als 92 6776 im Einsatz; am 25. Mai 1967 ausgemustert
	19	Dh2t	Borsig	14 681	1938	92 6880	bis 1. Juli 1952 als 92 6777 im Einsatz; am 7. September 1967 ausgemustert

Flachlandlokomotiven

Name	Bahn-Nr.	Bauart	Hersteller	Baujahr	Fabrik-Nr.	DR-Nr.	Bemerkungen
ZIEGENKOPF		Bn2t	Hanomag	1872	794		Stütztenderlok; 1912 ausgemustert
LANGENSTEIN		Bn2t	Hanomag	1872	795		Stütztenderlok; 1912 ausgemustert
BLANKENBURG		Cn2	Krauss	1873	310		Schlepptenderlok; 1916 ausgemustert
REGENSTEIN		Cn2	Borsig	1878	3665		Schlepptenderlok; 1916 an die Heeres feldbahnen abgegeben
DERENBURG		Cn2	Borsig	1881	3765		Schlepptenderlok; 1916 ausgemustert
BOERNECKE		Cn2	Esslingen	1888	2312		pr. G 3
	15	Dn2t	Union	1912	1984	92 6501	pr. T 11; ab 1925 als 92 560 im Einsatz; von der DRG gekauft
	16	Eh2t	Schwartzkopff	1915	5726	94 6776	pr. T 16.1; ab 1925 als 94 689 im Einsatz; von der DRG am 16. Dezember 1931 gekauft; am 7. August 1967 im Bw Sangerhausen ausgemustert
RÜBELAND	21	Cn2t	Esslingen	1886	2188		pr. T 3, 1921 verkauft an die Eisenhüttenwerke Thale
ELBINGERODE	22	Cn2t	Esslingen	1893	2641		pr. T 3; 1916 verkauft am die Rheinsdorfer Sprengstoffwerke
DREI ANNEN HOHNE	23	Cn2t	Esslingen	1906	3381	89 6013	ab 1. Mai 1954 Werklok des Raw Halberstadt; am 31. Mai 1964 ausgemustert
HALBERSTADT		Cn2t	Hohenzollern	1907	2103		
TANNE	24	Cn2t	Esslingen	1908	3479		pr. T 3; verkauft an die Gewerkschaft Silesia

Name	Bahn-Nr.	Bauart	Hersteller	Baujahr	Fabrik-Nr.	DR-Nr.	Bemerkungen
QUEDLINBURG	31	Cn2t	Hohenzollern	1907	2104	89 6014	am 21. April 1964 ausgemustert
THALE	32	Cn2t	Hohenzollern	1907	2104		
	31^{II}	Cn2t	Grafenstaden	1892			pr. T 7
BROCKEN	41	1´Cn2t	Hohenzollern	1904	1797		pr. T 9.3; 1939 an Klöckner Zeche Werne in Börne verkauft
PRÄSIDENT BALTZ	42	1´Cn2t	Hohenzollern	1907	2106	91 6576	pr. T 9.3; auf Heißdampf umgebaut; ab 1932 als Nr. 23 im Einsatz; am 17. April 1967 im Bw Ketzin ausgemustert
	44	1´Cn2t	Hohenzollern	1909	2441	91 6577	pr. T 9.3; 91 1183; von der DRG gekauft; auf Heißdampf umgebaut; am 20. Dezember 1967 im Bw Salzwedel ausgemustert
	45	1´Cn2t	Union	1906	1450	91 6501	pr. T 9.3; ab 1925 als 91 790 im Einsatz; von der DRG gekauft; am 16. März 1965 ausgemustert
	46	C1´n2t	Henschel	1899	5228		pr. T 9.1 der Bauart Elberfeld; CASSEL 7291; von der KPEV gekauft; 1927 an die Mindener Kreisbahn verkauft
	47	C1´n2t	Henschel	1899	5230		pr. T 9.1 der Bauart Elberfeld; CASSEL 7293; von der KPEV gekauft; 1924 an die Mindener Kreisbahn verkauft
	48	C1´n2t	Union	1896	865		pr. T 9.1; CASSEL 7209; von der KPEV gekauft; 1930 ausgemustert
HERRMANN WOLF	51	1´Ch2t	Borsig	1911	7864	74 6776	pr. T 12; am 28. Januar 1966 im Bw Seddin ausgemustert
BERNHARD CASPER	52	1´Ch2t	Borsig	1911	7865	74 6777	pr. T 12;am 14. September 1965 im Bw Güsten ausgemustert
STAATSMANN HARTWIG	53	1´Ch2t	Borsig	1912	8164	74 6778	pr. T 12; am 20. Mai 1966 an den VEB Transformatoren- und Röntgenwerk Radebeul als Werklok Nr. 1^{II} verkauft
PRÄSIDENT SOMMER	54	1´Ch2t	Borsig	1913	8705	74 6779	pr. T 12; am 17. März 1964 im Bw Berlin-Schönweide ausgemustert

Triebwagen

Bahn-Nr.	Bauart	Hersteller	Baujahr	Fabrik-Nr.	DR-Nr.	Bemerkungen
T 1	A-Adm	Uerdingen	1929		VT 133 504	wurde »Silbervogel« genannt; 1966 im Bw Blankenburg ausgemustert
T 2	1-Adm	Dessau	1934		VT 135 514	
T 3	B'-2'dh	MAN	1938		VT 137 571	am 22. Mai 1968 im Bw Aschersleben ausgemustert
T 4	Bdm	Wismar	1940	21 143	VT 135 543	ab 1. Juni 1970 als 186 031 im Einsatz

Steuer- und Beiwagen

Bahn-Nr.	Hersteller	Baujahr	Fabrik-Nr.	DR-Nr.	Bemerkungen
VB 1201	Wegmann	1908		VB 140 501	
VB 1202	Wismar	1937	20 282	VB 140 503	nach Unfall am 26. Januar 1961 abgestellt; am 13. Juli 1963 im Bw Haldensleben ausgemustert
VB 1203	Wismar	1838			Kriegsverlust
VB 1211	Wismar	1938	21 104	VB 140 506	ab 1. Juni 1970 als 190 832 im Einsatz; am 30. November 1984 im Bw Jerichow ausgemustert und als Lagerraum weiter genutzt; steht seit 1995 im Werk Wittenberge
VB 1212	Wismar	1937	20 283	VB 140 504	ab 1. Juni 1970 als 190 830 im Einsatz
VB 1221	Wismar	1937	20 284	VB 140 505	ab 1. Juni 1970 als 190 831 im Einsatz
VS 1220	Wismar	1910		VS 144 502	Steuerwagen für den T 4; am 26. Juni 1951 zum VB 140 515 umgebaut; am 3. Oktober 1968 im Bw Rostock ausgemustert

Kleinbahn des Kreises Jerichow I

Vorgeschichte

Die Lederverarbeitung und Schuhherstellung prägten im 19. Jahrhundert die Wirtschaft der Stadt Burg nordwestlich von Magdeburg. Mit der Eröffnung der Strecke Potsdam–Burg am 7. August 1846 durch die Potsdam–Magdeburger Eisenbahn-Gesellschaft (PME) kam die Eisenbahn in die Kreisstadt. Erst am 15. Mai 1873 fuhren die Züge nach Magdeburg. Das neue Verkehrsmittel und der 1871 eröffnete Ihlekanal belebten die Industrie in Burg, dem Sitz des 1815 gegründeten Kreises Jerichow I. Schon früh forderte der Kreistag den Bau einer Nebenbahn durch den Landkreis. Der Eisenbahnausschuß unter der Leitung des Landrates von Pischel schlug eine regelspurige Nebenbahn von Zerbst über Burg nach Havelberg vor. Allerdings lehnte 1893 das Magdeburger Regierungspräsidium diesen Wunsch ab. Auch das preußische Militär meldete Interesse an einer Eisenbahn im Kreis Jerichow I an, da es hier mehrere Truppenübungsplätze unterhielt. Nach zahlreichen Diskussionen einigten sich alle Interessenten auf den Bau einer Schmalspurbahn mit 750 mm und beauftragen die Kleinbahnabteilung des Bochumer Vereins für Bergbau und Gußstahlfabrikation mit der Erarbeitung eines entsprechenden Projektes.

Am 26. November 1894 präsentierten Vertreter des Bochumer Vereins dem Kreisausschuß die Baupläne für die Strecken Burg–Ziesar–Wenzlow und Burg–Groß Lübars. Obwohl die Kreisverwaltung für beide Strecken bei Regierungspräsidenten in Magdeburg die Konzession beantragte, erörterte man noch den Bau weiterer Bahnlinien.

Bau und Eröffnung

Schon im Frühjahr 1895 schrieb der Landkreis sämtliche Bauarbeiten aus und rief am 15. Juni 1895 die Anlieger der projektierten Strecken auf, die zukünftige Trasse sowie einen fünf Meter breiten Streifen rechts und links davon freizuhalten. Bereits im September 1895 liefen die Bauarbeiten an den Kleinbahnen auf vollen Touren, 77 Weichen waren schon verlegt, ohne daß die Konzessionsurkunde vorlag. Erst am 19. November 1895 genehmigte die Magdeburger Behörde den Bau und Betrieb der Kleinbahnen Burg–Ziesar–Wenzlow und Burg–Groß Lübars. Noch am selben Tag berief man den Ingenieur Magnus Wolfhardt zum technischen Leiter der Kleinbahnen des Kreises Jerichow I (KJ I). Eigentlich rechnete man schon für den Oktober 1895 mit der Eröffnung der ersten Strecken, doch so schnell ging es dann doch nicht.

Die Fertigstellung der Kleinbahnen sollte noch rund ein halbes Jahr dauern. Am 4. April 1896 nahm die KJ I auf der 28,3 km langen Strecke Burg–Grabow–Magdeburgerforth und dem 11,9 km langen Abschnitt Burg–Steglitz den Betrieb auf.

Die Abschnitte Steglitz–Groß Lübars und Magdeburgerforth–Ziesar Ost wurden am 17. Juli 1896 abgenommen und zwei Tage später, am 19. Juli 1896, für den Verkehr freigegeben. Zu diesem Zeitpunkt liefen die Bauarbeiten an der 10, 2 km langen Querverbindung Magdeburgerforth–Altengrabow–Lübars noch. Hier rollten die ersten Züge am 8. Oktober 1896. Zum Schluß eröffnete die KJ I am 12. Dezember 1896 ihr rund ein Kilometer langes Anschlußgleis zum Burger Hafen am Ihlekanal.

Den ursprünglichen Plan, die KJ I über Ziesar bis nach Brandenburg zu verlängern, gab man aber wieder auf, obwohl das Planum der 20 km langen Strecke schon teilweise fertig und einzelne Brücken gegründet waren. Der Kreis Jerichow I befürchtete, die Einwohner von Ziesar und Umgebung würden mit der KJ I zum Einkaufen nach Brandenburg fahren. Weiterhin gab es Probleme bei der Einfädelung der KJ I in den Bahnhof Brandenburg, und einige Wenzlower Bauern wollten ihr Land nicht verkaufen. Den Vorarbeiten und dem Kostenvoranschlag über 815 000 Mark für die Strecke Groß Lübars–Loburg–Gommern stimmte der Kreistag am 30. November 1898 zu. Den Bau und Betrieb der Strecke beschloß der Kreistag endgültig am 29. April 1899. Allerdings lehnte man die angedachten Kleinbahnen Burg–Schermen–Gommern und Möckern–Papsdorf ab. Die Konzessionsurkunde für die Verlängerung der KJ I nach Gommern traf am 6. Dezember 1901 in Burg ein. Die Bauarbeiten dauerten bis 1903. Als die KJ I in Loburg an die am 1. Oktober 1892 von der KPEV eröffnete Nebenbahn Biederitz–Loburg anschloß, verlegte man zwischen Groß Lübars und Loburg ein Dreischienengleis. Da die KJ I auch Transporte zum Truppenübungsplatz nach Altengrabow durchführen sollte, rüstete man auch den bereits bestehenden Abschnitt Groß Lübars–Altengrabow mit einem Dreischienengleis aus. So konnte die KJ I die geforderten Militärzüge ohne Probleme befördern. Der Betrieb zwischen Loburg und Altengrabow wurde am 21. Juli 1902 eröffnet. Einige Monate vergingen

Im Sommer 1964 fuhr die 99 4645 mit ihrem Personenzug in Gehlsdorf ein. Im Hintergrund ist die Autobahnbrücke zu erkennen.
Foto: Sammlung H. Röper

aber noch, bevor am 20. April 1903 der Abschnitt Loburg–Gommern für den Verkehr freigegeben wurde. Die KJ I hatte nun eine Gesamtlänge von 101,64 km, davon waren 14 km ein Dreischienengleis.
Auf dem Dreischienengleis der KJ I galt eine besondere Dienstvorschrift. Schmalspurzüge durften danach Regelspurwagen mit maximal 16 Achsen mitnehmen. Güterzüge, die nur aus regelspurigen Fahrzeugen bestanden, konnten bis zu 110 Achsen stark sein.

Betrieb und Verkehr

Die Erwartungen des Kreistages an den Verkehr auf der KJ I wurden nicht enttäuscht. Besonders der Güterverkehr entwickelte sich besser als erwartet. Bereits im Rechnungsjahr 1900 beförderte die KJ I rund 294 000 Fahrgäste und über 87 000 t Güter. Der Transport von Zuckerrüben, Kartoffeln, Getreide, Holz und Kohle waren das Rückgrat des Güterverkehrs. Auch wenn die KJ I Jahr für Jahr einen Betriebsüberschuß erwirtschaftete, reichte dieser Gewinn nur selten, um Rücklagen für die Erneuerung von Fahrzeugen oder Anlagen zu bilden. Der Betrieb mußte mit dem geringsten Aufwand abgewickelt werden.

Mit einem Güterzug wartete 1965 die 99 4801 in Burg auf die Abfahrt.
Foto: Sammlung H. Röper

Der Personenverkehr auf der KJ I war gekennzeichnet durch einen sehr großen Anteil von Pendlern. Aber auch von einem bescheidenen Ausflugsverkehr in die Jerichower Schweiz bei Magdeburgerforth konnte die Kleinbahn profitieren. Täglich drei Personenzugpaare auf den Strecken Burg–Grabow–Ziesar, Groß Lübars–Gommern und Burg–Groß Lübars–Ziesar genügten völlig. Während sich die Fahrgastzahlen ab 1909 bei rund 420 000 Reisenden pro Jahr einpendelten, war der Güterverkehr auf der KJ I größeren Schwankungen unterworfen. Dem Rekordergebnis von 195 309 t Gütern im Jahr 1913 stand beispielsweise das eher magerere Geschäftsjahr 1911 mit 138 000 t gegenüber. Dennoch gehörte die KJ I zu den Kleinbahnen mit dem meisten Güterverkehr in Deutschland.

Im 1. Weltkrieg war die Bahn durch zahlreiche Militärtransporte fast vollständig ausgelastet. Nach 1918 normalisierte sich die Situation wieder. Die kriegsbedingten Verkehrseinschränkungen blieben aber bestehen. So verkehrten im Sommer 1921 täglich drei Zugpaare Burg–Grabow–Ziesar, zwei Paare Burg–Groß Lübars–Ziesar und vier Zugpaare Altengrabow–Loburg–Gommern. Allerdings geriet die KJ I, wie viele andere Kleinbahnen auch, während der Inflation 1923 in ernste wirtschaftliche Schwierigkeiten. Die benachbarte Kleinbahn Groß Wusterwitz–Ziesar und die Genthiner Kleinbahn schlossen sich unter maßgeblicher Beteiligung der Kleinbahnabteilung der Provinz Sachsen in Merseburg zu einem Unternehmen zusammen. Nach einem Beschluß des Burger Kreistages beantragte nun auch die KJ I die Übernahme der Betriebsführung durch die Merseburger Kleinbahnabteilung. Diesem Antrag stimmte man unter der Bedingung zu, daß die KJ I auf Regelspur umgebaut werde. Der Kreistag war mit dem Umbau der Kleinbahn einverstanden und zwischen 1924 und 1926 erstellte die Kleinbahnabteilung in Merseburg die notwendigen Bauunterlagen. Nach dem Umbau sollten die Genthiner Kleinbahn und die KJ I fusionieren.

Allerdings konnten sich der Kreis Jerichow I, das Land Preußen, die Provinz Sachsen und das Deutsche Reich nicht über die Finanzierung des Umbaus der KJ I einigen, so daß das Projekt scheiterte. Lediglich ein neues und repräsentatives Verwaltungsgebäude für die KJ I entstand in Burg.

Inzwischen hatte der aufkommende Kraftverkehr der Kleinbahn zahlreiche Fahrgäste geraubt. Mit dem Rückgang in der landwirtschaftlichen Produktion schrumpfte auch der Güterverkehr. Im Geschäftsjahr 1928 konnte man nur noch die Beförderung von 173 665 Fahrgästen und 125 972 t Gütern bilanzieren. Im Gegensatz zu anderen Bahnen brach in der Weltwirtschaftskrise das Verkehrsaufkommen bei der KJ I nicht zusammen. Bis 1931 konnte der Güterverkehr auf über 208 000 t gesteigert werden. Der Personenverkehr blieb mit rund 175 000 Fahrgästen fast konstant.

Um im Wettbewerb mit dem Kraftverkehr besser bestehen zu können, gründete die KJ I einen eigenen Fuhrbetrieb, der am 16. August 1934 mit zwei Sattelschlepper-Bussen von Mercedes-Benz seine Arbeit aufnahm. Auf der Relation Burg–Magdeburgerforth–Ziesar–Loburg ersetzte man hier in verkehrsschwachen Zeiten lokbespannte Personenzüge. Mit zwei 1936 gekauften Zugmaschinen und mehreren Anhängern beförderte die Kleinbahn dann auch Stückgut.

In der ersten Hälfte der dreißiger Jahre erörterten der Landkreis und die Provinz Sachsen noch einmal den Umbau der KJ I auf Regelspur. Da jetzt das Geld für den Ausbau des Straßennetzes benötigt wurde, legte man den Umbau 1936 endgültig zu den Akten. Der Burger Kreistag bewilligte der Kleinbahn nun Gelder, damit neue Loks und Wagen beschafft werden konnten. Bisher hatte man nur gebrauchte Fahrzeuge gekauft. Neues Rollmaterial war auch dringend notwendig, den ab 1935 nahm besonders der Güterverkehr zu den Truppenübungsplätzen bei Altengrabow zu. Mit über 366 000 Tonnen Gütern erreichte die KJ I 1938 ein Rekordergebnis.

207 u Loburg–Großlübars–Altengrabow–Magdeburgerforth–Ziesar

Alle Züge 3. Klasse

W 20	W 2	W 10	S 8	W 8	W 26	S 26	W 14	W 28	W 24	km	Zug Nr Kleinb Kr Jerichow	Zug Nr	W 7	W 21	S 7	W 9	S 25	W 25	W 11	W 27	W 13	W 5	So 3	29
w5.15	w 6.00	w10.45	So10.50	w11.45	w13.40	So15.00	w16.35	w19.00	..	0.0	ab **Loburg** Kleinbf 207a, r, s	an	w6.15	von Burg	So6.46	w9.46	So11.30	w12.47	..	w14.32	w16.29	..	..	20.06
5.21	6.06	10.53	10.52	11.53	13.48	15.08	16.45	19.08	..	2.5	Bomsdorf		6.09		6.40	9.40	11.24	12 41	..	14.31	16.23	..	..	19 54
5.32	w 6.18	11.05	11.10	12.01	w14.00	So15.20	16.54	w19.20	..	7.4	an **Großlübars** 207r	ab	5.58		6.29	9.29	So11.13	w12.30	..	w14.20	16.12	..	..	19.43
5.33	—	11.07	11.15	12.11	..	..	16.55	..	w19.44		ab **Großlübars**	an	5.55	W6.43	6.21	9.28	..	..	W14.13	..	16.04	..	..	..
w5.43	S 20	11.17	11.25	12.21	..	..	17.05	..	19.56	12.1	an **Altengrabow Bf**	ab	w5.45	6.33	6.11	9.18	..	..	14.01	..	15.54	..	..	..
..	..	11.37	11.27	12.22	..	..	17.06	..	19.57		ab **Altengrabow Bf**	an	..	6.32	6.06	9.17	..	..	13.56	..	15.46	..	..	..
..	..	|	|	|	..	..	|	..	|	—	Drewitz-Altengrabow 207q		..	|	|	|	..	..	|	..	|	..	..	..
..	..	11.43	11.33	12.29	..	..	17.14	..	20.03	14.0	Dörnitz		..	6.27	6.01	9.11	..	..	13.50	..	15.40	..	..	..
..	..	11.50	11.37	12.36	..		17.19	..	20.09	16.4	Magdeburgerforth Haltest		..	6.20	5.54	9.03	..	..	13.42	..	15 33	..	..	..
..	..	11.55	11.41	12.42	..	S 4	17.24	..	w20.14	17.6	an **Magdeburgerforth**	ab	..	6.15	5.49	8.58	..	..	13.37	..	15.27	..	..	..
..	So7.59	12.05	11.45	12.43	..	So15.45	17.25	..	..		ab **Magdeburgerforth** (s auch 207a)	an	..	6.10	5.45	8.52	..	..	13.27	..	15.17	w18.25	So19 11	..
..	8.05	12.10	11.51	12.48	..	15.51	17.30	..	..	19.8	Schopsdorf		..	6.05	5.40	8.46	..	..	13.24	..	15.12	18 20	19 05	..
..	8.10	12.16	11.57	12.54	..	15.57	17.36	..	..	21.6	Gehlsdorf		..	6.00	5.35	8.42	..	..	13.17	..	15.07	18.15	19.00	..
..	So8.18	w12.24	So12.05	w13.02	..	So16.05	w17.44	..	..	24.7	**Ziesar West**		..	W5.50	So5.25	w8.35	..	..	W13.10	..	w15.00	w18.05	So18.50	..
..	..	..	..	..	..	..	..	..	..	26.5	an **Ziesar Ost**	ab	..	..	..	..	..	..	..	..	..	..	..	..

207q Burg (b Magdeburg)–Grabow–Magdeburgerforth–Ziesar

Alle Züge 3. Klasse

W 2	S 2	W 10	W 4	W 8	S 4	W 6	W 12	km	Zug Nr *Kleinbahn Kr Jerichow*	Zug Nr	S 1	W 7	W 1	W 11	W 3	W 5	S 3	
..	..	..	..	..	..	..	..	0.0	ab **Burg** (b Magdeburg) Rb 207	an	..	..	..	..	..	..	..	..
w 6.15	So 9.50	..	w10.50	..	So14.00	..	w 18.25	0.0	**Burg** (b Magdeburg) Kleinb		So 7.33	..	w 7.57	..	w 15 00	w 20.15	So20.55	..
6.20	9.54	..	10.57	..	14.04	..	18.29	1.2	Burg Magdeburger Tor		7.27	..	7.52	..	14.55	20 10	20 49	..
6.25	10.01	..	11 03	..	14.11	..	18.34	2.1	Burg Zerbster Tor 207 r		7.20	..	7.47	..	14.41	20 06	20 44	..
6.36	10.10	..	11.13	..	14.20	..	18.45	5.6	Gütter		7.08	..	7.36	..	14.40	19 55	20 31	..
6.46	10.23	..	11.26	..	14.33	..	18.55	9.3	**Grabow**		6.56	..	7.26	..	14 30	19.43	20 21	..
6.57	10.34	..	11.37	..	14.44	..	18.56	12.1	Kähnert		6.44	..	7.13	..	14 17	19.31	20 08	..
7.06	10.40	..	11.44	..	14.50	..	19 03	13.8	Stresow		6.37	..	7 07	..	14 11	19 25	20.03	..
7.14	10.49	..	11.54	..	14.59	..	19 20	16 8	Theeßen		6.27	..	6.54	..	14 03	19 17	19.55	..
7.20	10.55	..	12.00	..	15.05	..	19.25	18.8	Küsel		6.21	..	6 47	..	13 58	19 03	19.50	..
7.26	11.02	..	12.06	..	15.12	..	19.31	20.9	Waldrogäsen		6.14	..	6.40	..	13 50	18.57	19 42	..
7.31	11.08	..	12 13	..	15 18	..	19.37	22.5	**Wüstenjerichow**		6.08	..	6.35	..	13.45	18.52	19.37	..
7.42	11.18	..	12.24	..	15 28	..	19.47	25.9	Reesdorf		5.57	..	6 24	..	13 37	18 42	19 27	..
7.49	11.25	..	w12.30	..	15.35	..	19.54	28.6	an **Magdeburgerforth**	ab	5.50	..	W 6.15	..	w 13.30	18.35	19.21	..
7.59	11.45	w12.05	..	w 12.43	15.45	w 17.05	20.17		ab **Magdeburgerforth** (siehe auch 207 ü)	an	5.45	w 6.10	..	w13 27	..	18 25	19 11	..
8.05	11.51	12.10	..	12 48	15.51	17.10	20 23	30.4	Schopsdorf		5.40	6.05	..	13.24	..	18 20	19 05	..
8.10	11.57	12.16	..	12.54	15.57	17 18	20.28	32.2	Gehlsdorf		5.35	6.00	..	13.17	..	18.15	19 00	..
w 8.18	So12.05	w12.24	..	W 13.02	So16.05	w 17.24	w 20.36	35.3	**Ziesar West**		So 5.25	w 5.50	..	W13.10	..	W 18.05	So18.50	..
..	..	..	..	..	..	..	..	37.1	an **Ziesar Ost** (Rath)	ab	..	..	..	..	..	..	..	..

207r Burg (b Magdeburg)–Großlübars

Alle Züge 3. Klasse

S 22		W 22		S 24		W 24		km	Zug Nr *Kleinbahn Kr Jerichow*	Zug Nr	S 21		W 21		W 23		S 23	
So 9.30	..	w 10 30	..	So18 00	..	w 18.00	..	0.0	ab **Burg** (b Magdeburg) Kleinb 207 (siehe auch 207 q)	an	So 7.53	..	w 8.12	..	w 15.58	..	So17.00	..
9.38	..	10 38	..	18 08	..	18.08	..	1.2	Burg Magdeburger Tor		7.47	..	8.05	..	15.53	..	16.54	..
9.46	..	10.43	..	18 16	..	18.16	..	2.1	Burg Zerbster Tor		7.41	..	8.00	..	15.48	..	16.48	..
9.58	..	10.56	..	18 28	..	18 28	..	6.6	Madel		7.27	..	7.49	..	15.35	..	16.34	..
10.14	..	11.14	..	18.44	..	18.44	..	11.7	Steglitz		7.15	..	7.34	..	15.21	..	16.22	..
10 29	..	11 28	..	18.50	..	18.50	..	17.1	Pabsdorf (Friedensau)		6.59	..	7.19	..	15.04	..	16.06	..
10 36	..	11.36	..	19.06	..	19.06	..	19.5	Lüttgenzlatz		6.52	..	7.11	..	14.56	..	15.59	..
10.45	..	11.44	..	19.15	..	19.15	..	22.3	Hohenzlatz		6.44	..	7.02	..	14 47	..	15.51	..
10.56	..	11.54	..	19.26	..	19.26	..	25.9	Riesdorf		6 35	..	6.52	..	14.37	..	15.42	..
So11.04	..	w 12.00	..	So19 34	..	w 19.34	..	28.5	an **Großlübars** 207 u	ab	So 6.25	..	w 6.45	..	w 14.30	..	So15.30	..

207s Loburg–Gommern

Alle Züge 3. Klasse

W 7		S 7			W 13			km	Zug Nr *Kleinbahn Kr Jerichow I*	Zug Nr	W 8		S 8			W 12		
W 6.30	..	So 7.00	..	..	w 15.07	..	..	0.0	ab **Loburg** Kleinbf 207 a, u	an	w 10 30	..	So10 38	..	..	w 18.40	..	..
6.36	..	7.06	..	..	15.13	..	..	1.7	Loburg Haltestelle		10.23	..	10 33	..	..	18.33	..	..
6.40	..	7 10	..	..	15 17	..	..	2.7	Klepps		10.19	..	10 29	..	..	18.29	..	..
6 48	..	7.18	..	..	15.25	..	..	5.2	Kalitz (Göbel)		10.11	..	10.21	..	..	18.21	..	..
6.53	..	7.23	..	..	15 30	..	..	6.6	Brietzke		10.06	..	10 16	..	..	18.16	..	..
6 58	..	7.29	..	..	15 35	..	..	8.4	Dalchau		10.01	..	10 10	..	..	18.11	..	..
7 08	..	7.37	..	..	15.45	..	..	11 3	Ladeburg		9.51	..	10 02	..	..	18.01	..	..
7 14	..	7.44	..	..	15.51	..	..	12.9	Leitzkau		9.45	..	9 57	..	..	17.55	..	..
7.23	..	7.52	..	..	16 00	..	..	15.8	Gressow		9.36	..	9.47	..	..	17.46	..	..
7.32	..	8.00	..	..	16 09	..	..	18.5	Danigkow		9.27	..	9.37	..	..	17.37	..	..
W 7.40	..	So 8.06	..	..	w 16.17	..	..	20.5	an **Gommern** Kreisbf	ab	W 9.20	..	So 9.30	..	..	w 17.30	..	..

Im Winterfahrplan 1946/47 (gültig ab 4. November 1946) belegte die KJ I im Kursbuch vier Tabellen.
Abbildung: Sammlung D. Endisch

Am letzten Tag der KJ I, dem 25. September 1965, war die 99 4644 noch im Einsatz.
Foto: Sammlung H. Röper

Während des 2. Weltkrieges mußte die KJ I ihren Kraftverkehr wegen Treibstoffmangels einschränken. Auch der Zugbetrieb konnte nur mit Mühe aufrechterhalten werden. Aus Kohle- und Personalmangel mußte der Verkehr auf den weniger frequentierten Strecken auf ein Minimum reduziert werden. Im Sommer 1941 verkehrten auf der Relation Burg–Magdeburgerforth–Altengrabow drei und auf dem Abschnitt Altengrabow–Loburg zwei Zugpaare. Zwischen Loburg und Gommern sowie auf der Strecke Burg–Grabow–Altengrabow setzte die KJ I nur noch ein Zugpaar ein. Glücklicherweise blieb die Kleinbahn von Zerstörungen verschont, obwohl sie in der Nähe zahlreicher militärisch wichtiger Objekte lag. Ende April 1945 mußte die KJ I ihren Betrieb aber wegen Kohlemangel einstellen. Im Sommer 1945 dampften die Züge auf der Schmalspurbahn wieder halbwegs planmäßig.
Mit der Demontage der Zuckerfabrik in Gommern 1946 nahm der Güterverkehr stark zu, denn die Rüben mußten nun in Burg oder Gommern auf die Regelspur umgeladen und abtransportiert werden. Der ab 4. November 1946 gültige Fahrplan sah werktags auf den Strecken Burg–Magdeburgerforth–Ziesar und Loburg–Altengrabow–Ziesar je drei Zugpaare vor. Auf den Relationen Burg–Groß Lübars und Loburg–Gommern verkehrten je zwei Personenzugpaare.
Die auf ein Zugpaar mittwochs und samstags ausgedünnte Strecke Ziesar West–Ziesar Ost wurde 1947/48 endgültig stillgelegt und abgebrochen.
Am 15. Dezember 1946 übernahm die »Sächsische Provinzbahnen G.m.b.H.« die Betriebsführung auf der KJ I. Am 1. April 1949 ging die Verwaltung und Nutznießung der Kleinbahn auf die Deutsche Reichsbahn über.
Die Reichsbahn baute die Anlagen des Schmalspurbahnnetzes so gut es ging

Mit schwerer Technik wurde die Strecke Burg Mitte–Groß Lübars abgerissen.
Foto: H. Röper

aus und modernisierte sie. Zuerst wurde die bis dahin genutzte Seilzugbremse Bauart Heberlein durch die Druckluftbremse ersetzt. Außerdem griff die DR 1951 das Projekt zur Umspurung der Schmalspurbahn wieder auf. Das war durchaus berechtigt, denn 1950 wurden immerhin rund 168 000 t Güter auf der Bimmelbahn transportiert. Da der Reichsbahn aber die dafür notwendigen Baustoffe nicht bewilligt wurden, verschwand das Projekt wieder in der Schublade. Als auch der Einsatz von Rollwagen und Rollböcken wegen des zu schwachen Oberbaues scheiterte, errichtete die Reichsbahn 1956 in Burg eine Krananlage und Schüttgutrampe, die den Umschlag der Güter von Regel- auf Schmalspurwagen und umgekehrt beschleunigen sollte. Gleichzeitig stellte man den Betrieb auf der Anschlußbahn zum Ihlekanal in Burg ein.

Im Winter 1957/58 herrschte auf den Strecken der ehemaligen KJ I noch Hochbetrieb: Auf den Kursbuchstrecken 207p Burg–Magdeburgerforth–Ziesar, 207s Loburg–Gommern, 207r Burg–Lübars und 207u Loburg–Magdeburgerforth waren werktags 15 Personenzugpaare im Einsatz. Doch der jahrelang nur mangelhaft unterhaltene Oberbau forderte seinen Tribut. Die Zugfahrt auf der 35,3 km langen Strecke von Burg über Grabow nach Ziesar dauerte über zwei Stunden.

Noch vor Ablauf des Winterfahrplanes 1959/60 stellte die Deutsche Reichsbahn am 2. Mai 1960 den Personenverkehr zwischen Loburg und Gommern auf Busse um. Der Güterverkehr wurde schrittweise bis zum 1. Januar 1961 eingestellt. Nach der Stillegung des Abschnittes Leitzkau–Gommern wurde die gesamte Strecke Loburg–Gommern am 10. März 1962 für den Zugbetrieb gesperrt. Auf eigene Kosten richtete die DR hier einen Ersatzverkehr mit LKW ein. Erst am 26. Mai 1963 übernahm der Kraftverkehr alle Leistungen von der Reichsbahn. Am selben Tag endete auch der Schmalspurbetrieb zwischen Loburg und Altengrabow. Nach dem Rückbau der Schmalspurgleise verlängerte die Reichsbahn den regelspurigen Personenverkehr der Strecke Magdeburg–Biederitz–Loburg über das ehemalige Dreischienengleis bis Altengrabow.

Aber auch für die verbliebenen Strecken der ehemaligen KJ I rückte das Ende immer näher. Mitten im Sommerfahrplan 1965 legte man die Strecke Burg Mitte–Lübars still und begann sofort mit deren Abbau. Innerhalb weniger Wochen waren die Gleise verschwunden.

Mit dem Ausbau der Straßen zwischen Burg und Ziesar lief auch die Gnadenfrist für den verbliebenen Personenverkehr auf der Strecke Burg–Magdeburgerforth–Ziesar ab. Am 25. September 1965 war es dann soweit, die 99 4643 bespannte den letzten Reisezug auf der ehemaligen KJ I.

Wenige Monate später heizte man die 99 4721 noch einmal an und setzte sie bis 1966 zum Abbau der Strecke ein.

Strecke und Anlagen

Der Ausgangspunkt der KJ I, die Station Burg-Umladebahnhof, war auch der betriebliche Mittelpunkt der Schmalspurbahn. Er lag fast im rechten Winkel südlich des Bahnhofes der Reichsbahn und verfügte neben einem Lok- und Wagenschuppen mit Schmiede über eine Umladerampe, einen Ladekran, einen Güterschuppen, einen 120 m langen Bahnsteig und eine kleine Fahrkartenausgabe. In nördlicher Richtung verlief das Anschlußgleis zum Ihlehafen, das die Strecke Magdeburg–Berlin niveaugleich kreuzte. Unmittelbar hinter dem Bahnhof begann mit 1 : 50 die größte Steigung des gesamten Netzes. Schwere Züge wurden dort von der in Burg stationierten Rangierlok nachgeschoben. Nach nur einem Kilometer war die Steigung zu Ende und es ging bergab weiter. Anschließend überquerte die Schmalspurbahn die heutige Bundesstraße 1 und erreichte den Haltepunkt Burg West mit seiner einfachen Wartehalle. Hier zweigte das

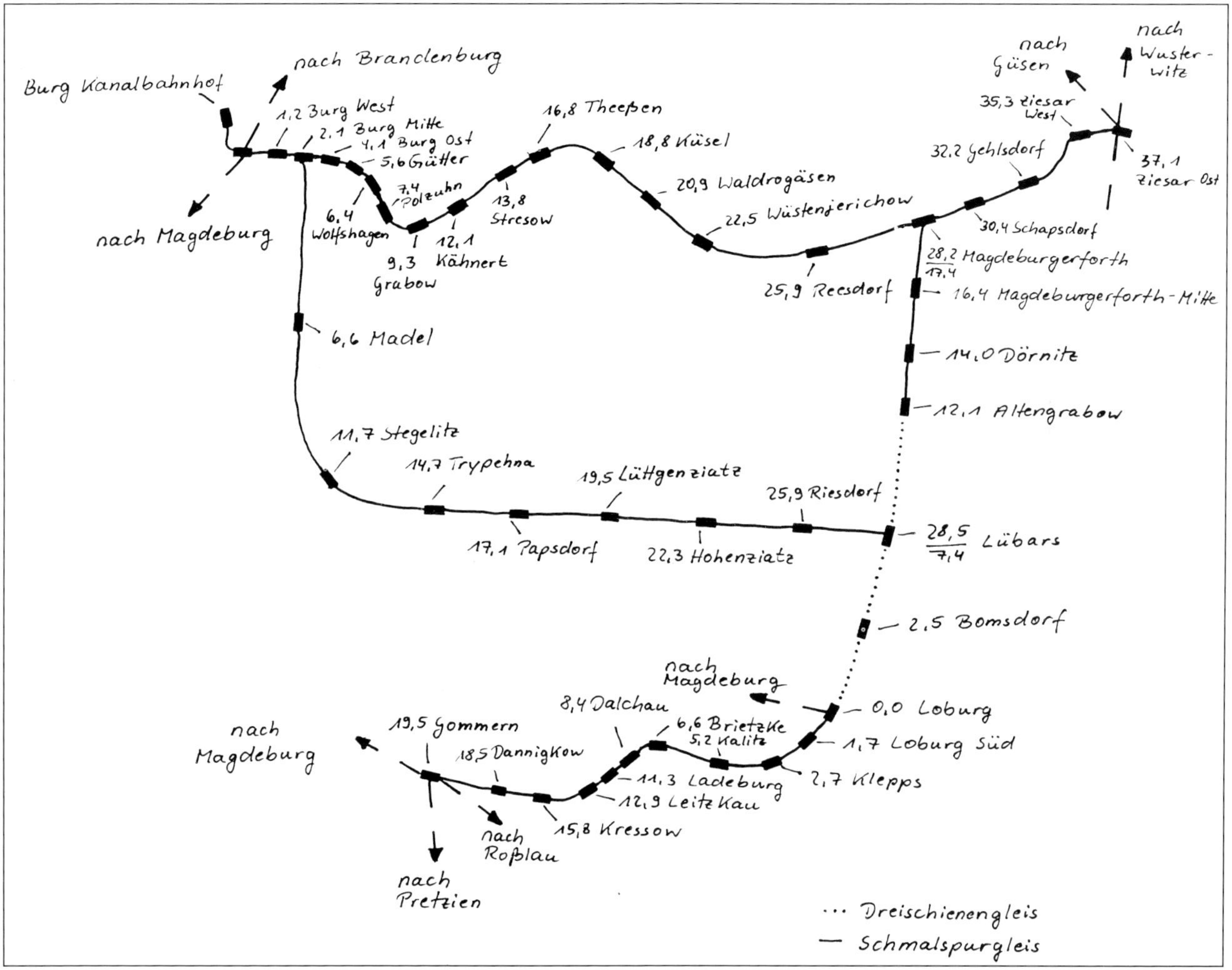

Das Streckennetz der KJ I.
Skizze: D. Endisch

Anschlußgleis zur Molkerei ab. Rund 900 m später folgte der Bahnhof Burg Mitte.

Die Abzweigstation besaß ein Ausweich- und Ladegleis, ein Wartehäuschen mit Güterschuppen, eine Fahrkartenausgabe, eine Ladestraße, eine Viehrampe und ein etwa abseits gelegenes Abort. Die Strecke nach Lübars schwenkte nach rechts ab, während die Ziesarer Strecke geradeaus weiter ging. In Richtung Ziesar mußte die Bimmelbahn wieder bergan schnaufen, bevor am Kilometer 4,2 der 1950 eröffnete Haltepunkt Burg Ost folgte. Parallel zur Landstraße Burg–Grabow bahnte sich die KJ I jetzt ihren Weg durch Ackerflächen und vorbei an den Haltepunkten Gütter und Wolshagen mit ihren Wellblechbuden nach Polzuhn. Das Ladegleis in Polzuhn diente in erster Linie zum Verladen von landwirtschaftlichen Erzeugnissen.

Knapp zwei Kilometer weiter folgte der Bahnhof Grabow. In Grabow übernahm die KJ I die Rolle einer Straßenbahn. Über die Dorfstraßen, vorbei an zahlreichen Häusern erreichte die Bimmelbahn am Kilometer 9,3 den Bahnhof Grabow. Gegenüber der Station lag das Gasthaus »Zur Eisenbahn«. Ein Ladegleis mit einer Rampe für Milchkannen genügte den betrieblichen Anforderungen. Mit viel Pfeifen und Geläut verließ der Zug

Bescheiden waren die Gleisanlagen im Bahnhof Stresow.
Foto: Sammlung H. Röper

den Ort und überquerte am Ende des Dorfes auf einer Steinbogenbrücke die Ihle.
Durch Felder und Wiesen, vorbei an der Ladestelle des Sägewerks Grabow, dampfte die Kleinbahn über den Haltepunkt Kähnert nach Stresow. Das Anschlußgleis in Richtung Ziegelsdorf diente zur Verladung von Zuckerrüben und des in der Nähe gewonnenen Kieses. Hinter den Haltepunkten Theeßen und Küsel (Kilometer 18,8) änderte sich langsam die Landschaft. Nachdem die Schmalspurbahn die Autobahn Berlin–Hannover unterquert hatte, begann das Waldgebiet der »Jerichower Schweiz«. Die nun folgenden Haltestellen Waldrogäsen, Wüstenjerichow und Reesdorf waren im Sommer oft Ziel zahlreicher Ausflügler. Das war auch der Grund, warum die KJ I besonders lange Personenzüge hierher einsetzen mußte.
Am Kilometer 27,5 fädelte die Strecke aus Lübars wieder ein und nach 28,2 km war der Bahnhof Magdeburgerforth erreicht. Er bestand aus zwei durchgehenden Hauptgleisen, einem Ladegleis, einem einständigen Lokschuppen mit Wasserkran und einen großzügigen Empfangsgebäude. Rund 800 m in Richtung Ziesar zweigte das Anschlußgleis zur Rohpappenfabrik ab. Von hier aus waren es noch rund 1,4 km bis zum Haltepunkt Schopsdorf. Ein Ladegleis und ein kleiner Güterschuppen – mehr gab es in Schopsdorf nicht. In unmittelbarer Nähe des Haltepunktes Gehlsdorf mit seinem Ladegleis und der Rampe unterquerte die KJ I ein zweites Mal die Autobahn Berlin–Hannover. Am Kilometer 34,5 stand ab 1938 ein Lichtsignal, das die Kreuzung mit der Strecke Güsen–Ziesar der Genthiner Kleinbahn sicherte. Von der Kreuzung bis zum Bahnhof Ziesar West mußte der Zug noch knapp 800 m zurücklegen. Hier unterhielt die KJ I neben einem Empfangsgebäude mit Gaststätte auch einen Lokschuppen.
Bis 1930 endeten alle Personenzüge im 1,8 km entfernten Bahnhof Ziesar Ost. Im Ost-Bahnhof existierten ein Lokschuppen, ein Güterschuppen und einige Abstellgleise.

Die Strecke Burg–Lübars schwenkte in Burg Mitte nach Süden ab und verlief fast parallel zur heutigen Bundesstraße 246a nach Südosten. Erst nach über 5 km und der Unterquerung der Autobahn Berlin–Hannover erreichte der Zug den Haltepunkt Madel. In unmittelbarer Nähe der Straße ging es weiter nach Steglitz (Kilometer 11,7). Wie fast alle Stationen an diesem Streckenstück besaß Steglitz nur eine Ladestraße und ein kleines Wartehäusschen. Hinter Steglitz schwenkte die Strecke wieder nach Osten ab, bevor der Zug am Kilometer 17,1 den Haltepunkt Pabsdorf erreichte. Lediglich Lüttgenziatz besaß ein etwa 1,4 km langes Anschlußgleis zu einer Mühle. Nach den Haltepunkten Hohenziatz und Riesdorf fuhr die Bimmelbahn nach 28,5 km von Burg Umladebahnhof in Lübars ein.
In Magdeburgerforth begannen und endeten zahlreiche Züge aus Richtung Loburg und Lübars. Rund 300 m nach der Abzweigstelle fuhr der Zug in den Haltepunkt Magdeburgerforth Mitte ein. Rund eine Viertelstunde benötigte die Bimmelbahn für die knapp 5 km lange Strecke von Magdeburgerforth über den Haltepunkt Dörnitz bis nach Altengrabow.
In Altengrabow endete das Dreischienengleis für den in der Nähe gelegenen Truppenübungsplatz. Die Gleisanlagen der KJ I waren recht umfangreich. Außer einer Ladestraße und zwei durchgehenden Hauptgleisen im um 45 Grad versetzten Schmalspurteil des Bahnhofes besaß die Kleinbahn zwei durchgehende Hauptgleise mit Dreischienengleis und ein Empfangsgebäude mit Güterschuppen. Für hohe Militärs errichtete die KJ I im Regelspurteil des Bahnhofes Altengrabow einen separaten Bahnsteig, den sogenannten Kaiserbahnsteig.

In den Klusbergen von Halberstadt wurde 1967 die 99 4721 aufgestellt. Leider ist die Lok Ende der 80er Jahre verschrottet worden.
Foto: H. Röper

Über das Dreischienengleis rumpelten die Züge weiter nach Lübars. Die mit zwei Einfahrsignalen gesicherte Station erhielt ein Empfangsgebäude mit Güterschuppen. Der sich nun anschließende Abschnitt nach Loburg besaß eine eigene Kilometrierung. In Bomsdorf am Kilometer 2,5 gab es nur ein Ladegleis. Bevor die Kleinbahn in den Gemeinschaftsbahnhof der Reichsbahn und der KJ I in Loburg einfuhr, mußte ein dreiflügeliges Formsignal passiert werden. Das Signal gab nicht nur die Einfahrt in den Bahnhof frei, sondern signalisierte auch, ob der Zug in den Schmalspurteil oder in den Regelspurteil einfahren durfte. Die KJ I errichtete in Loburg einen Lokschuppen mit Übernachtung und eine Gleiswaage. Während der Rübenkampagne stationierte die Kleinbahn hier eine Lok, die die schweren Rübenzüge nach Gommern bespannte.
Die Schmalspurbahn nach Gommern verließ den Bahnhof Loburg in westlicher Richtung. Nach nur 1,7 km folgte der Haltepunkt Loburg Süd. Durch Äcker und Wiesen führte die Trasse der KJ I nach Klepps und Kalitz. Während in Klepps das Anschlußgleis der Ziegelei für einen regen Güterverkehr sorgte, wurden auf dem etwa 2,1 km langen Anschlußgleis von Kalitz zum Gut Göpel meist Zuckerrüben verladen.
Zwischen den Haltepunkten Dalchau (Kilometer 8,5) und Ladeburg (Kilometer 11,3) überquerte die Kleinbahn auf einer Steinbogenbrücke einen kleinen Bach. Hier richtete man eine Pulsometerstation ein, an der die Loks ihre Wasservorräte ergänzen konnten. Die Kleinstadt Leitzkau besaß gleich zwei Haltepunkte. Im Haltepunkt Leitzkau West (Kilometer 15,8), bis 2. Oktober 1960 Cressow, zweigte ein Ladegleis zum Gut Cressow ab. Da das Anschlußgleis im Gefälle lag, wurde es als Gleisdreieck an das Streckengleis angeschlossen.

Die 99 4802 ist wie ihre Schwester 99 4801 noch heute auf der Strecke Putbus–Göhren im Einsatz. Foto: D. Endisch

Kurz hinter dem Haltepunkt Dannikow am Kilometer 18,5 überquerte die KJ I die Ehle und erreichte wenig später Gommern. Nur 800 m vor dem Endbahnhof lag der Haltepunkt Gommern.
Im Endbahnhof Gommern hatte die KJ I Anschluß an die Gommern–Pretziener Kleinbahn und die Deutsche Reichsbahn. Neben einem kleinen Bahnsteig besaß die KJ I in Gommern einen Lokschuppen, eine Überladerampe, eine Gleiswaage und mehrere Abstellgleise. Die Zuckerfabrik Gommern war direkt an das Streckennetz der Kleinbahn angeschlossen.

Fahrzeuge

Von der Lokfabrik Jung kaufte die KJ I zwischen 1895 und 1897 insgesamt fünf Cn2t-Loks . Mit rund 12 t Leergewicht und einer Länge über Puffern von 6000 mm waren die Loks mit den Nr. 1 bis 5 recht klein. Sie bewährten sich aber sehr gut auf den leichten Strecken der Kleinbahn.
Erst 1902 mußte die Kleinbahn ihren Lokpark weiter aufstocken. Von der Lokfabrik Hagans aus Erfurt erwarb man drei Dreikuppler, die mit rund 150 PS etwas leistungsstärker waren. Allerdings waren die Loks für einige Abschnitte des Kleinbahnnetzes zu schwer. Um die Loks etwas leichter zu machen, reduzierte man einfach den Wasservorrat. Deshalb montierte die Werkstatt 150 mm unter der Oberkante der Wasserkästen Abflußrohre. Damit konnten die Personale nicht mehr Wasser fassen als erlaubt. Zwei weitere bauartgleiche, aber bereits mit kleineren Wasserkästen ausgerüstete Loks lieferte Hagans 1909 und 1910 nach Burg. Die Maschinen bezeichnte die KJ I als Nr. 6 bis 10.
Bis zu Beginn der zwanziger Jahre genügten die zehn Loks völlig den betrieblichen Belangen auf dem Burger Schmalspurnetz. Erst 1922 kaufte die KJ I ihre ersten beiden Vierkuppler ein. Die als Nr. 11 und 12 eingereihten Loks von Orenstein & Koppel hatten nur 20 PS mehr Leistung als die Cn2t-Loks. Da sich die Maschinen sehr gut bewährten, kaufte man 1923 noch eine dritte von O & K. Aus Aberglauben vergab die KJ I die Betriebs-Nr. 13 nicht und reihte die Lok als Nr. 14 ein.
Nach der Übernahme zweier Dn2t-Loks von der Rosenberger Kreisbahn 1926 wurden die Dreikuppler langsam überflüssig. Die 1912 und 1923 von O & K gebauten Loks glichen im wesentlichen den Loks Nr. 10, 11 und 14, besaßen aber im Gegensatz zu den anderen drei Maschinen einen Außenrahmen. Die dritte Außenrahmen-Lok erhielt die Nr. 17 und kam erst 1929 von Rosenberg nach Burg. Sie besaß im Unterschied zu den anderen beiden Klien-Lindner-Hohlachsen. Auf ihre Cn2t-Loks konnte die Kleinbahn nun verzichten und begann 1925 mit deren Ausmusterung. Nach dem Ausscheiden der Nr. 3 im Sommer 1935 waren nur noch die Nr. 9 und 10 im Einsatz.
Die sechs rund 170 PS starken Vierkuppler trugen nun die Hauptlast des Verkehrs auf den Schmalspurbahnen. Als Mitte der dreißiger Jahre feststand, daß die KJ I nicht umgespurt würde, erneuerte die Kleinbahn ihren Fahrzeugpark. Als Übergangslösung kaufte man 1935 von der Schlawer Kleinbahn zwei 1902 von Henschel gebaute D1´n2-Tenderloks. Da sich die Loks nicht bewährten, schieden sie bereits 1938 wieder aus dem Bestand aus, nachdem die KJ I ihre Loks Nr. 20 und 21 in Dienst gestellt hatte.
Die beiden von Henschel gelieferten Loks waren die ersten Heißdampf-Maschinen bei der KJ I. Dank ihres sehr guten Fahrwerks durften sie 45 km/h schnell fahren. Zwischen 1948 und 1949 baute die LOWA in Freital die 21 in eine Dh2-Tenderlok um. Durch die andere Lastverteilung verschlechterte sich aber das Fahrverhalten der Maschine. Erst 1964 rüstete das Raw Görlitz die inzwischen als 99 4802 bezeichnete Lok wieder mit einem Bissel-Gestell wieder aus. Während des 2. Weltkrieges mußte die

Bei der KJ I liefen die von der Schlawer Kleinbahn gekauften Wagen noch einige Monate mit ihrer alten Beschriftung.
Foto: Sammlung H. Röper

Kleinbahn die Lok Nr. 17 an die Heeresfeldbahnen abgeben.
Für den Bauzug- und Rangierdienst kaufte die Bahn 1937 von Schwartzkopff eine Diesellok vom Typ FD 80.
Nach dem 2. Weltkrieg übernahm die Kleinbahn unter der Nr. 22 eine 1922 an die Firma Polinsky & Zöllner gelieferte Werklok, die im April 1948 vom Landkreis Haldensleben nach Burg kam. Unter der Nr. 23 reihte die KJ I die ehemalige Werklok der Zuckerfabrik Gommern in ihren Fahrzeugpark ein.
Die Deutsche Reichsbahn übernahm 1949 von der ehemaligen KJ I eine Diesel- und elf Dampfloks. Fast alle Maschinen blieben bis zu ihrer Ausmusterung oder der Stillegung des Schmalspurnetzes in Burg.
Vier Maschinen der KJ I sind bis heute erhalten geblieben. Während die ehemalige Nr. 15 heute im Schmalspur-Museum Lindenberg und die Nr. 23 als Denkmal in Gommern zu bewundern sind, stehen die beiden Henschel-Loks Nr. 20 und 21 seit 1965 auf der Strecke Putbus–Göhren im Einsatz.
Für den Personenverkehr orderte die Kreisverwaltung bei der Düsseldorfer Waggonfabrik zwischen 1895 und 1900 elf zweiachsige Personen- und vier offene Aussichtswagen. Bereits 1902/03 baute die Burger Werkstatt die Aussichtswagen zu geschlossenen Personenwagen um. Bis 1910 stockte die KJ I ihren Fahrzeugpark auf 21 Personenwagen auf. Sie waren alle mit speziellen Kohleöfen und der Heberlein-Bremse ausgerüstet. Erst 1930 stellte die Kleinbahn ihre ersten vierachsigen Reisezugwagen in Dienst. Von der Schlawer Kleinbahn im Pommern übernahm man günstig sieben gebrauchte Fahrzeuge. Insgesamt zwölf Zweiachser und neun Vierachser kamen 1949 noch zur Deutschen Reichsbahn.
Die fünf zwischen 1895 und 1987 von der Waggonfabrik Düsseldorf gekauften zweiachsigen Gepäckwagen mit Postabteil und der 1926 von Werdau gelieferte vierachsige Packwagen kamen alle zur Reichsbahn, ebenso die in eigener Werkstatt zu Packwagen umgebauten zweiachsigen Güterwagen.
Wie die Personenwagen waren die 1895 bestellten Güterwagen alle Zweiachser und wurden von der Waggonfabrik Düsseldorf geliefert. Im Rechnungsjahr 1902 besaß die Kleinbahn insgesamt 132 Güterwagen. Erst 1935 kamen aus Schlawe die ersten Vierachser nach Burg und bis 1935 vergrößerte sich der Güterwagenpark auf 251 Fahrzeuge. Neben zahlreichen offenen und gedeckten Güterwagen besaß die KJ I auch einen Baugerätewagen, zwei Feuerlöschwagen, einen vierachsigen Sprengwagen und mehrere zu Hilfstendern umgebaute offene Wagen.
Für die Bespannung regelspuriger Güterwagen zwischen Loburg und Altengrabow beschaffte die Kleinbahn 1902 zwei spezielle Zwischenwagen mit einer Länge von 6,8 m und einem Achsstand von nur 2,5 m.
Alle Wagen der KJ I hatten an beiden Seiten einen Mittelpuffer, einen Kupplungsbalken sowie einen Kupplungskolben mit Haken und Spannschloß. Die Seilzugbremse wurde erst nach 1950 durch die Druckluftbremse abgelöst.

Triebfahrzeuge der Kleinbahn des Kreises Jerichow I:

Dampflokomotiven

Bahn-Nr.	Bauart	Hersteller	Baujahr	Fabrik-Nr.	DR-Nr.	Bemerkungen
1	Cn2t	Jung	1895	232		1925 ausgemustert
2	Cn2t	Jung	1895	233		bis 1935 im Rangierdienst in Burg eingesetzt; dann als Heizlok in der Werkstatt genutzt; 1936 ausgemustert
3	Cn2t	Jung	1895	234		1925 ausgemustert
4	Cn2t	Jung	1896	254		1925 ausgemustert
5	Cn2t	Jung	1897	272		1925 ausgemustert
6	Cn2t	Hagans	1902	468		1926 ausgemustert
7	Cn2t	Hagans	1902	469		1929 ausgemustert
8	Cn2t	Hagans	1902	470		1928 ausgemustert
9	Cn2t	Hagans	1909	611	99 4614	am 7. Mai 1963 in Burg ausgemustert
10	Cn2t	Hagans	1910	651	99 4615	1957 in Burg ausgemustert
11	Dn2t	O & K	1922	9681	99 4642	Lok war von 1946 bis 1959 mit einem Schlepptender ausgerüstet und ab 1956 als 99 4551 im Einsatz; am 2. Mai 1967 in Burg ausgemustert
12	Dn2t	O & K	1922	9682	99 4643	Generalreparatur im Raw Görlitz am 22. April 1964; ab 11. Dezember 1965 auf dem Prignitzer Schmalspurnetz im Einsatz; am 1. Oktober 1971 als Heizlok verkauft
14	Dn2t	O & K	1924	10 862	99 4645	Generalreparatur im Raw Görlitz am 11. März 1965; ab 13. März 1965 auf dem Prignitzer Schmalspurnetz im Einsatz; am 24. Juli 1969 in Perleberg ausgemustert
15	Dn2t	O & K	1923	10 501	99 4644	1926 von der Rosenberger Kreisbahn (Lok 4) gekauft; besaß Außenrahmen; Generalreparatur im Raw Görlitz am 16. Januar 1964; ab 15. November 1965 auf dem Prignitzer Schmalspurnetz im Einsatz; seit 27. Mai 1994 Eigentum des Schmalspurbahn-Museums Lindenberg
16	Dn2t	O & K	1912	5216	99 4641	1926 von der Rosenberger Kreisbahn (Lok 3) gekauft; besaß Außenrahmen; Generalreparatur im Raw Görlitz am 10. Oktober 1963; ab 4. Juni 1965 auf dem Prignitzer Schmalspurnetz im Einsatz; am 24. Juli 1969 in Perleberg ausgemustert
17	Dn2t	O & K	1907	2335		1929 von der Rosenberger Kreisbahn (Lok 2) gekauft; 1944 an die Heeresfeldbahn abgegeben
18	D1′n2t	Krauss	1902	4716		1935 von der Schlawer Kleinbahn (Lok 1) gekauft; 1938 ausgemustert
19	D1′n2t	Krauss	1904	5211		1935 von der Schlawer Kleinbahn (Lok 2) gekauft; 1938 ausgemustert
20	1′Dh2t	Henschel	1938	24 367	99 4801	seit 7. Dezember 1965 auf der Insel Rügen im Einsatz
21	1′Dh2t	Henschel	1938	24 368	99 4802	1948 in eine Dh2t-Maschine umgebaut, 1964 Rückbau; seit 7. Dezember 1965 auf der Insel Rügen im Einsatz
22	Bn2t	Henschel	1922	19 514	99 4721	geliefert an die Firma Polinsky & Zöllner als Werklok; im April 1948 von Landkreis Haldensleben übernommen; war zwischen 1950 und 1956 als 99 4401 im Einsatz; am 2. Mai 1967 in Burg ausgemustert und an den »Klub junger Naturforscher und Techniker« Halberstadt verkauft; nach einer äußerlichen Aufarbeitung im Bw Halberstadt am 6. Juli 1967 in den Klusbergen Halberstadt aufgestellt; im Frühjahr 1990 verschrottet
23	Cn2t	O & K	1920	9418	99 4301	als Werklok an die Zuckerfabrik Gommern geliefert; ab 1946 bei der KJ I im Einsatz; am 10. November 1965 an die Ballenstedt Transport KG verkauft; seit 1975 Denkmal in Gommern

Diesellokomotiven

Bahn-Nr.	Bauart	Hersteller	Baujahr	Fabrik-Nr.	DR-Nr.	Bemerkungen
	C-dm	Schwartzkopff	1936	10 429	Kö 6002	Typ FD 80; am 3. Juni 1952 zur Schmalspurbahn Klockow–Pasewalk umgesetzt; am 10. 4. 1962 in Dahme ausgemustert

Selbständige Bahnen

Kleinbahn Gommern–Pretzien

Vorgeschichte

Schon im Mittelalter war die Kleinstadt Gommern östlich von Magdeburg für ihre Steinbrüche, in denen Quarzit-Steine gewonnen wurden, bekannt. In der ersten Hälfte des 18. Jahrhunderts begann man erst mit der industriellen Gewinnung des Quarzits. Um die gebrochenen Steine billiger und schneller transportieren zu können, beantragte der Besitzer eines Steinbruches am 10. Januar 1886 beim Regierungspräsidium in Magdeburg den Bau und Betrieb einer Werkbahn mit 600 mm Spurweite. An dem Bau der Werkbahn waren aber auch andere Steinbruch-Betreiber zwischen Gommern und Pretzien interessiert. Sie gründeten am 15. März 1886 nach Vermittlung der Gebrüder Schroch eine Genossenschaft als Betreibergesellschaft für die Werkbahn.

Bau und Eröffnung

Die gewünschte Betriebsgenehmigung allerdings ließ auf sich warten. Erst am 6. April 1888 unterschrieb der Magdeburger Regierungspräsident das Papier. Er genehmigte damit den Betrieb einer Werkbahn zum ausschließlichen Transport von Steinen aus Gommern zum Elbe-Hafen in Pretzien. Die Werkbahn durfte Grundstücke, die dem Königreich Preußen gehörten, unentgeltlich benutzen. Das Statut der »Gommern–Pretziener Eisenbahn« (GPE) erschien schließlich am 25. November 1889. Nur ein knappes Jahr später beantragte die GPE beim Eisenbahn-Kommissariat in Berlin die Aufnahme eines Lokbetriebes auf der auf 750 mm umgespurten Strecke. Die Berliner Behörde teilte der Bahn am 7. September 1890 mit, daß eine Genehmigung nicht notwendig sei, da die GPE kein öffentliches Eisenbahn-Unternehmen sei. Lediglich eine Zustimmung des Regierungspräsidiums in Magdeburg mußte man einholen. Gegen den Lokbetrieb hatte man in Magdeburg keine Einwände und am 5. Dezember 1890 durften offiziell die ersten Dampfloks die Steinzüge zum Elbe-Hafen nach Pretzien schleppen.

Nun strebte die GPE eine Verbindung zum Bahnhof in Gommern an. Deshalb beauftragte man 1893 Orenstein & Koppel mit der Verlängerung der Werkbahn. Für diese Strecke beantragte die GPE eine Betriebsgenehmigung als Kleinbahn. Aber dieser Antrag wurde abgelehnt, da das Regierungspräsidium keinen Grund für die Aufnahme eines öffentlichen Verkehrs sah. Erst im Frühsommer 1899 kam Bewegung in die verfahrene Situation. Ein von J. G. Crusius aus Magdeburg vorgelegter Bericht überzeugte das Präsidium, so daß der Regierungspräsident am 1. November 1899 der GPE für 100 Jahre die Konzession für die 2,4 km lange Strecke zum Gommerner Bahnhof ausstellte.

Innerhalb weniger Monate waren die Bauarbeiten an der Werkbahn beendet. Am 26. Juni 1900[1] dampften die ersten Steinzüge nach Gommern.

[1] Das »Handbuch der deutschen Straßenbahnen, Kleinbahnen und Privatbahnen« (Verlag der Verkehrstechnik, Berlin) nennt den 1. November 1900 als Eröffnungstermin.

Stein- und Sandtransporte in Kipploren und Wagen mit Holzaufbauten bestimmten den Alltag auf der Kleinbahn Gommern–Pretzien.
Foto: Sammlung G. Zieglgänsberger

Vor dem Betriebshof in Pretzien wartete am 1. Juli 1975 eine von Skoda 1965 gebaute Diesellok auf neue Aufgaben.
Foto: Nickel, Sammlung G. Zieglgänsberger

Betrieb und Verkehr

Das Güteraufkommen auf der nun rund 4,3 km langen Kleinbahn schnellte in die Höhe. Bereits im Geschäftsjahr 1900 wurden über 108 000 t befördert. Allerdings deckten die Einnahmen zu diesem Zeitpunkt noch nicht die Ausgaben. Nur sechs Jahre später war die Bahn ein florierendes Unternehmen. Mit über 236 000 t Steinen nahm man rund 103 000 Mark ein. Die Ausgaben hingegen lagen nur bei rund 67 000 Mark. Dennoch hatte die Genossenschaft auch viel Ärger mit ihrer Bahn. Immer wieder gab es mit verschiedenen Grundstückseigentümern langwierige Diskussionen beim Verlegen neuer Anschlußgleise. Das kostete Zeit und verteuerte den Betrieb. Seitens des Regierungspräsidiums regte man deshalb die Gründung einer Kleinbahn-Gesellschaft an, denn mit dem notwendigen Enteignungsrecht ausgestattet konnte der Bau neuer Gleise beschleunigt werden. Aus diesem Grund fusionierten am 14. Mai 1908 die Werkbahn und das 1905 in Betrieb genommene Kraftwerk zur »Kleinbahn und Kraftwerk Pretzien G.m.b.H.«. Das neue Unternehmen bekam aber erst am 12. Oktober 1911 für seine Werkbahn den Kleinbahn-Status.
Für den immer größer werdenden Steinbruch-Betrieb hatten die Betreiber zur Rationalisierung des Quarzitabbaus ein Kraftwerk in Betrieb genommen, das zwischen 1904 und 1905 in der Nähe des Werkbahn-Depots in Pretzien entstand. Es versorgte alle Gruben zwischen Gommern und Pretzien mit Strom.
Zur Wahrung der Form veröffentlichte die Kleinbahn 1912 einen »Tarif für die Beförderung von lebenden Tieren und Gütern«. In der Realität wurden aber nur Steine transportiert, da die ganze Bahn nur durch Steinbrüche verlief. Obwohl

Die 1942 gebaute Kö 6004 war 1975 noch im Einsatz.
Foto: Nickel, Sammlung G. Zieglgänsberger

die Bahn für ihr Geschäftsjahr 1912 sieben Beamte und 14 ständige Arbeiter als Belegschaft auswies, wurden diese nicht nach den Tarifen für Kleinbahnen bezahlt. Sie erhielten die wesentlich geringeren Löhne der Steinbrucharbeiter. Weiterhin wies der Geschäftsbericht von 1912 über 262 000 t beförderter Güter aus. Das Anlagekapital wurde mit 400 000 Mark ausgewiesen. Bis 1928 kletterte der Güterverkehr auf über 352 000 t. Doch ein Jahr später war mit der positiven Bilanz Schluß: Die wenig später einsetzende Weltwirtschaftskrise brachte die Steinbrüche zwischen Gommern und Pretzien und damit auch die Kleinbahn an den Rand des wirtschaftlichen Ruins. Innerhalb weniger Monate kam der Betrieb fast zum Erliegen. Im Sommer 1931 standen noch sieben Beschäftigte auf der Gehaltsliste. Nur eine Lok schleppte Züge über die Schmalspurgleise. Noch 167 000 t Quarzit verließen 1931 die Steinbrüche.
Erst nach 1934 setzte allmählich wieder ein Aufschwung im Güterverkehr auf den Werkgleisen ein. Ein Jahr später bilanzierte man wieder den Transport von über 328 000 t Gütern. Doch zu dieser Zeit waren die Anlagen der Kleinbahn völlig ausgefahren. Die Rbd Halle als zuständige Aufsichtsbehörde mußte mehrmals die Instandsetzung der Gleise und die Einhaltung der geltenden Vorschriften anmahnen. Mit eigens für die Werkbahn genehmigten Vorschriften und Ausnahmeregelungen hielt man den Betrieb aufrecht.
Während des 2. Weltkrieges sank der Steintransport auf ein Minimum. Ab Sommer 1945 ruhte der Verkehr völlig. Erst zum Jahresende 1945 kam der Betrieb wieder in Gang. Am 1. März 1946 stellte die Provinzialverwaltung von Sachsen-Anhalt die Kleinbahn unter Zwangsverwaltung. Wenige Monate später, am 1. Januar 1947, übernahm die »Sächsische Provinzbahnen G.m.b.H.« die Betriebsführung auf der ehemaligen GPE. Daraufhin teilte die »Kleinbahn und Kraftwerk Pretzien G.m.b.H.« mit, daß es sich bei der scheinbaren Kleinbahn nur um eine Werkbahn handle. Anschließend wurde die GPE zum 30. September 1947 wieder an den alten Betreiber übergeben. Im Frühjahr 1949 übernahm dann die »Ballerstedt-Transport KG Pretzien (Elbe)« die Werkbahn. Erst 1972 wandelte man das Unternehmen in Volkseigentum um. Ab 1. Januar 1975 hieß der neue Betreiber schließlich »VEB Sandgruben Pretzien (Elbe)«. Noch knapp zwei Jahre rumpelten die Güterzüge zwischen Gommern und Pretzien. Am 31. Dezember 1976 stellte die ehemalige GPE ihren Betrieb endgültig ein.

Strecke und Anlagen

Die ehemalige GPE begann an der Alten Elbe in Pretzien. Über eine Sturzbühne konnten hier Steine in Lastkähne verladen werden. Einige hundert Meter später folgte der betriebliche Mittelpunkt der GPE. In der Nähe des Kraftwerkes befand sich das Depot der Werkbahn. Ein zweigleisiger Lokschuppen mit Wasserturm, eine Werkstatt, ein Materialschuppen, ein Kohlebansen sowie einige Abstell- und Umfahrgleise genügten den Belangen.
Parallel zu Wirtschaftswegen verlief die Strecke immer in nördlicher Richtung nach Gommern. Zwei Ausweichgleise ermöglichten Kreuzungen auf freier Strecke. Die Anschlußgleise zu den einzelnen Sandgruben und Steinbrüchen wechselten häufig ihre Lage. Nach 3,6 km war die Gemarkung von Gommern erreicht. Parallel zur Strecke Magdeburg–Zerbst fädelte die GPE in den Bahnhof Gommern ein. Bevor die Steine auf der 2,9 m breiten und 2,4 m hohen Rampe in regelspurige Güterwagen entladen wurden, mußte die größte Steigung von 1 : 118 überwunden werden. Zum Umladen größerer Steine gab es noch einen Bockkran über das Regelspurgleis und ein auf gleicher Höhe liegendes zweites Schmalpurgleis.

Signale gab es auf der GPE nicht. Der Oberbau bestand aus 12 m langen Schienen mit einem Metergewicht von 20 kg und 15 hölzernen Schwellen. Die Gleise waren in Kies oder Sand gebettet. Die gesamt Streckenlänge schwankte, abgesehen von der 4,3 km langen Stammstrecke, zwischen 8 und 13 km.

Fahrzeuge

Erst 1890 beschaffte die GPE ihre ersten Bn2-Tenderloks für den Steintransport. Bis 1911 wuchs der Lok-Park auf acht Maschinen an. Anfang der zwanziger Jahre ersetzte man einige der älteren Maschinen durch je drei 50 PS starke Loks von Orenstein & Koppel und Henschel. Während des 2. Weltkrieges gab die Kleinbahn mangels Transportaufkommen drei Maschinen an die Heeresfeldbahnen ab. Nach 1945 kam nur noch eine neue LKM-Lok nach Pretzien. Die ehemalige 99 4301 kam erst 1965 zur Werkbahn. Bereits 1958 kam die erste Diesellok auf der ehemaligen GPE zum Einsatz.

Für den Güterverkehr setzte man zuerst einfache Kastenwagen mit Holzaufbauten ein. Im Jahr 1900 gehörten 204 zweiachsige Güterwagen, darunter auch Plattenwagen und Kipper, zur GPE. Bis 1928 stieg der Wagenpark auf 350 Fahrzeuge an. Im Sommer 1947 waren es noch 296. Bei der GPE gab es keine durchgehende Bremse. Viele Wagen verfügten nur über eine Handbremse.

Triebfahrzeuge der Kleinbahn Gommern–Pretzien:

Dampflokomotiven

Name	Bahn-Nr.	Bauart	Hersteller	Baujahr	Fabrik-Nr.	Bemerkungen
		Bn2t	Hagans	1890	231	
		Bn2t	Hagans	1890	232	1896 an Firma A. Renner in Braunschweig verkauft
		Bn2t	Hagans	1890	236	
		Bn2t	Krauss	1898	3842	
ROON		Bn2t	Krauss	1900	4380	
MOLTKE		Bn2t	Krauss	1889	2139	1900 von O &K gebraucht gekauft
BLÜCHER		Bn2t	Henschel	1902	6266	am 22. Oktober 1942 an die Heeresfeldbahnen für den Einsatz in der Sowjetunion abgegeben
KAISER		Bn2t	Henschel	1912	11 052	am 22. Oktober 1942 an die Heeresfeldbahnen für den Einsatz in der Sowjetunion abgegeben
	4	Bn2t	O & K	1921	9773	1941 an die Zuckerfabrik Gommern verkauft
	5	Bn2t	O & K	1922	9775	am 17. Dezember 1964 ausgemustert
	6	Bn2t	O & K	1925	11 049	am 22. Oktober 1942 an die Heeresfeldbahnen für den Einsatz in der Sowjetunion abgegeben
	7	Bn2t	Henschel	1925	20 507	
	8	Bn2t	Henschel	1927	20 782	1969 ausgemustert
	9	Bn2t	Henschel	1927	22 760	1969 ausgemustert
		Bn2t	LKM	1951	26 002	geliefert mit Kessel Übigau 1951/8581; 1969 ausgemustert
		Cn2t	O & K	1920	9418	als Werklok an die Zuckerfabrik Gommern geliefert; ab 1950 bei der DR als 99 4301 im Einsatz; am 10. November 1965 von der DR gekauft; seit 1975 Denkmal in Gommern

Diesellokomotiven

Name	Bauart	Hersteller	Baujahr	Fabrik-Nr.	Bemerkungen
	C-dm	Deutz			Typ OZ 55; 75 PS Leistung
dunkelgrün	B-dm	Jung	1961	12 390	Typ SZ 110; 40 PS Leistung; 1961 auf der Leipziger Messe gekauft; 1976 ausgemustert
blau	B-dm	CKD	1961	40 095	Typ BN 30 OR; 30 PS; am 20. Februar 1967 von VEB Kies- und Sandwerke Nordhausen gekauft; 1976 ausgemustert
schwarz	B-dm	Diema	1942	1185	Typ HF 50 B; bei der DR als Kö 6004 im Einsatz; 1967 von der DR gekauft; 1976 ausgemustert
gelb	B-dm	Skoda	1965	420 424	Typ BN 30; 30 PS; 1968 gekauft; 1976 ausgemustert
braun	B-dm	LKM	1959	262 100	Typ Ns 2h; 30 PS; 1971 gekauft; 1976 ausgemustert
grün	C-dm	LKM	1950	249 259	Typ Ns 3; 60 PS; 1973 gekauft; 1976 ausgemustert

Marienborn–Beendorfer Eisenbahn

Vorgeschichte

Zwischen Halle/Saale, Magdeburg, Braunschweig und dem Harz gibt es umfangreiche Kali- und Steinsalzvorkommen. Bereits in der zweiten Hälfte des 18. Jahrhunderts begann hier die großindustrielle Erschließung und Verarbeitung der Salze. Auch in der Nähe der braunschweigischen Kreisstadt Helmstedt fanden Geologen um 1895 ergiebige Kali- und Steinsalzlagerstätten. Daraufhin gründeten verschiedene Investoren in Magdeburg die Gewerkschaft Burbach, um diese Lagerstätten ausbeuten zu können. Bereits 1898 begannen in unmittelbarer Nachbarschaft von Helmstedt, in Beendorf, in der preußischen Provinz Sachsen, die Bauarbeiten für das geplante Bergwerk. Allerdings stand die Gewerkschaft Burbach vor einem Transportproblem: Der nächste Bahnhof befand sich erst im rund 5 km entfernten Marienborn. Da die preußische Staatsbahn nicht gewillt war, ein Anschlußgleis nach Beendorf zu bauen

Anfang der 50er Jahre herrschte im Bahnhof Beendorf beschauliche Ruhe.
Foto: Sammlung U. Wahrendorf

207t Marienborn (Sachs-Anh)**–Beendorf** — Alle Züge 2. Klasse

1050		⚒ 1052	⚒ 1054	km	Zug Nr *Rbd Magdeburg* Zug Nr	9387		⚒ 9395	⚒ 9397
9.14	· ·	⚒16.40	⚒19.08	0.0	ab **Marienborn** (Sachs-Anh) 207, 207v ⊞ an	8.58	· ·	⚒16.13	⚒18.36
9.25	· ·	⟩16.51	⟩19.19	3.0	Y Morsleben · · · · · · · · · ⋏	8.44	· ·	⟩16.01	⟩18.24
9.34	· ·	⚒17.00	⚒19.28	5.4	an **Beendorf** · · · · · · · · · · ab	8.32	· ·	⚒15.50	⚒18.13

Im Winterfahrplan 1956/57 (gültig vom 30. September 1956 bis zum 1. Juni 1957) verkehrten auf der ehemaligen KMB werktags nur drei Zugpaare. Abbildung: Sammlung D. Endisch

und ein Transport mit Pferdefuhrwerken viel zu teuer und aufwendig war, blieb der Gewerkschaft nichts anderes übrig, als eine eigene Stichbahn nach Marienborn zu bauen.
Noch Anfang 1898 beauftragte die Gewerkschaft Burbach die Vereinigte Eisenbahn-Bau- und Betriebsgesellschaft Berlin mit der Ausarbeitung eines entsprechenden Projektes, das die Ingenieure bereits im Mai desselben Jahres vorlegten. Allerdings schlugen sie vor, die Bahn nicht wie ursprünglich geplant als Grubenanschlußbahn, sondern als Kleinbahn zu betreiben und eventuell über Beendorf hinaus bis ins braunschweigische Bad Helmstedt, einen Ortsteil der Kreisstadt, zu verlängern. Nachdem es von seiten des Auftraggebers keine Einwände gab, legte die Vereinigte Eisenbahn-Bau- und Betriebsgesellschaft die Unterlagen zur landespolizeilichen Prüfung vor. Während das Ministerium der öffentlichen Arbeiten in Berlin gegen eine Verlängerung der Strecke nach Bad Helmstedt keine Bedenken hatte, erhob das Magdeburger Regierungspräsidium dagegen Einspruch. Letztlich setzte sich die Magdeburger Behörde durch. Die am 30. November 1898 ausgestellte Konzessionsurkunde erlaubte der Gewerkschaft nur den Bau und Betrieb einer Kleinbahn im Königreich Preußen.

Bau und Eröffnung

Inzwischen lag auch ein detaillierter Kostenvoranschlag für die Kleinbahn von Marienborn nach Beendorf vor. Die Vereinigte Eisenbahn-Bau- und Betriebsgesellschaft bezifferte die Kosten auf eine Million Mark . Die recht hohen Kosten begründete man mit dem »gebirgigen Charakter« der Landschaft zwischen Marienborn und Helmstedt, der mehrere Brücken und Einschnitte nötig mache. Erst nachdem die Gewerkschaft Burbach eine Überarbeitung des Projektes forderte, bezeichneten die Berliner Ingenieure die Ausläufer des Lappwaldes als »hügelig«. Nun ergab sich eine maximale Steigung von 1 : 80 und ein kleinster Radius von 300 m. Erst Ende 1898 konnten die ersten Bauarbeiten für die 5,4 km lange Kleinbahn Marienborn–Beendorf beginnen.
Für den Oberbau verwendete man 10 m lange, auf Kiefernschwellen genagelte Vignolschienen mit einem Gewicht von 23,8 kg/m, die in Kies gebettet wurden. In Beendorf entstanden ein Empfangsgebäude, ein Abort, ein Güterschuppen, und ein Lokschuppen. Das Bergwerk erhielt einen separaten Gleisanschluß. In Marienborn und Morsleben entstanden nur eine kleine Wartehalle.
Während die Bauarbeiten auf vollen Touren liefen, gründete die Gewerkschaft Burbach in Berlin am 17. Mai 1899 die »Marienborn-Beendorfer Kleinbahn AG«. Nach der landespolizeilichen Abnahme der Strecke wurde die Strecke schließlich am 17. September 1899 feierlich eröffnet. Allerdings wies der Eigentümer der Strecke, die Gewerkschaft Burbach, schon bei der Betriebseröffnung daraufhin, daß die Strecke in erster Linie dem Güterverkehr dienen werde. Die Freude an der KMB war nicht ganz ungetrübt, denn die Baukosten lagen mit 1 341 240 Mark deutlich über dem Voranschlag.

Betrieb und Verkehr

Zur Betriebseröffnung verpachtete der Eigentümer die Betriebsführung der Kleinbahn für zehn Jahre an die Vereinigte Eisenbahn-Bau- und Betriebsgesellschaft in Berlin. Mit dem Beginn der Kaliförderung in der Grube Beendorf im Jahr 1900 nahm der Güterverkehr auf der Kleinbahn die gewünschten Ausmaße an. Der Personenverkehr hingegen war nur sehr bescheiden. Da die meisten Bergarbeiter aus Beendorf und Umgebung kamen, gab es auch keinen nennenswerten Berufsverkehr. So zählte man 1902 nur 9779 Reisende auf der KMB. Da der Bahnhof Beendorf rund 1,3 km von der Gemeinde entfernt lag, war die KMB auch für die Bevölkerung nicht sonderlich attraktiv. Sehr schnell erreichte das jährliche Güteraufkommen bei der KMB mehr als 200 000 t. Mit der Verlängerung des Anschlußgleises der Kaligrube zur benachbarten Zuckerfabrik in Alleringersleben wuchs das Frachtaufkommen weiter an. Bereits im Geschäftsjahr 1909 beförderte die Kleinbahn 226 836 t.
Schon 1910 mußten die Übergabegleise in Marienborn erweitert werden. Das 1911/12 gebaute Anschlußgleis zum Schacht Burbach II sorgte für weitere Kali-Transporte. Im Geschäftsjahr 1912 erreichte der Güterverkehr auf der Kleinbahn einen Spitzenwert: Genau 284 976 t wurden befördert. Damit

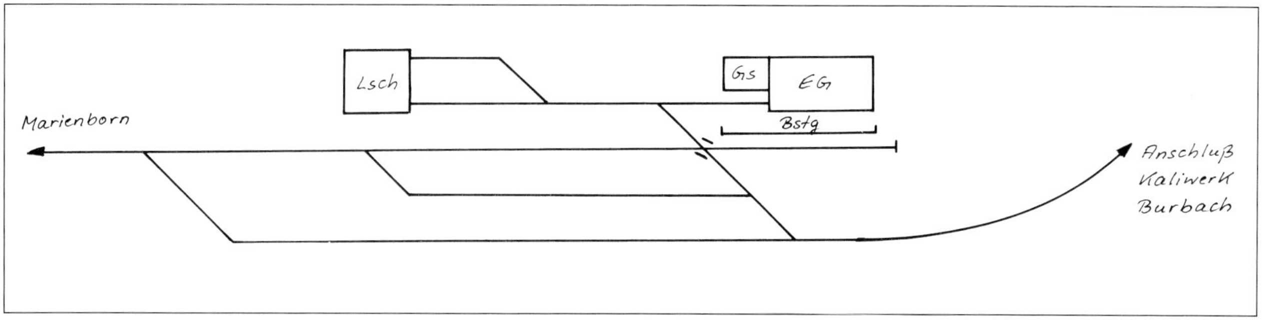

Spurplan des Bahnhofs Beendorf im Jahr 1899.
Skizze: D. Endisch

nahm die Vereinigte Eisenbahn- und Betriebsgesellschaft allein im Gütertransport 200 890 Mark ein. Kein Wunder, denn die jährliche Förderleistung der beiden Gruben der Gewerkschaft Burbach lag bei rund 420 000 t Rohsalze, die größtenteils auch in der Beendorfer Salzmühle und Chemie-Fabrik weiter verarbeitet wurden .

Im Sommer 1913 erwog man, die Strecke nach Norden über Schwanefeld zur Kaligrube Walbeck bei Weferlingen zu verlängern. Nach Absprache mit der Kleinbahn Neuhaldensleben–Weferlingen, die keine Nachteile fürchtete, wollte die Vereinigte Eisenbahn- und Betriebsgesellschaft die KMB sogar bis Weferlingen ausbauen. Allerdings verhinderte der 1. Weltkrieg dieses Vorhaben.

Nach dem 1. Weltkrieg ging der Güterverkehr nur leicht zurück, während die KMB den Personenverkehr auf ein Minimum reduzierte. Im Sommer 1921 beschäftigte die KMB insgesamt 21 Eisenbahner. Für die Gewerkschaft Burbach hatte sich die Investition gelohnt. Bis 1921 verzinste sich das Anlagekapital auf 22,41 Prozent. In den dreißiger Jahren setzte man von Dienstag bis Sonnabend nur ein Personzugpaar pro Tag ein. Auch während des 2. Weltkrieges hielt sich der Personenverkehr in Grenzen. Im Sommer 1941 setzte die KMB nur ein Personenzugpaar für den öffentlichen Verkehr ein. Mit der Auslagerung der Rüstungsproduktion in stillgelegte Kalischächte bei Morsleben und Beendorf wuchs das Verkehrsaufkommen weiter. Neben Rohstoffen und Rüstungsgütern wurde die Kleinbahn nun auch zum Transport von Zwangsarbeitern und KZ-Häftlingen genutzt. Obwohl die Kleinbahn als »kriegswichtig« eingestuft wurde, blieb sie von Zerstörungen verschont.

Wie alle anderen Privatbahnen auch wurde die KMB am 1. September 1946 unter die Verwaltung der Provinzialverwaltung gestellt und ab 15. Dezember 1946 von der »Sächsischen Provinzbahnen G.m.b.H.« betrieben. Zum 1. April 1949 übernahm schließlich die Deutsche Reichsbahn die Betriebsführung auf der KMB, die erst Ende 1949 enteignet wurde.

Im Winterfahrplan 1954/55 setzte die Reichsbahn auf der als KBS 207t bezeichneten Strecke auf der Relation Marienborn–Beendorf werktags vier Personenzüge ein. In der Gegenrichtung waren es drei. Im Winter 1957/58 pendelten auf der ehemaligen KMB werktags drei Personenzugpaare. Da die Bahn bereits seit der ersten Verschärfung der Grenzüberwachung am 26. Mai 1952 im Sperrgebiet lag, blieb der Personenverkehr bescheiden. Mit dem Bau des sogenannten »Antifaschistischen Schutzwalls« am 13. August 1961 wurde die Umgebung von Marienborn zur »terra incognita«. Die Einstellung des Personenverkehrs ließ nicht lange auf sich warten. Am 30. September 1962 stellte die Bahn den Personenverkehr ein. Gut fünf Jahre später, am 26. Mai 1968, stellte die DR auch den verbliebenen Güterverkehr ein, nachdem die Strecke bereits seit 1. September 1967 als Streckenrangiergleis des Bahnhofes Marienborn firmierte. Die Gesamtstillegung verfügte die Rbd Magdeburg schließlich am 31. Juli 1970.

Strecke und Anlagen

Die KMB begann gegenüber dem Staatsbahnhof in Marienborn und verließ den Bahnhof in nordwestlicher Richtung. Nach 3 km erreichte die Strecke den Haltepunkt Morsleben, der heute durch sein Endlager für schwach radioaktive Stoffe bekannt ist. Anschließend verlief die Strecke parallel zur Landstraße nach Beendorf. Rund 1, 3 Kilometer vor dem Dorf befand sich der Bahnhof in der Nähe des Schachtes I. Der Bahnhof Beendorf verfügte als Sitz der Betriebsverwaltung über ein ein zweigeschossiges Empfangsgebäude. Ein 100 m langer Bahnsteig, ein Abortgebäude, ein Güterschuppen mit 48 m^2 Grundfläche und eine Laderampe ergänzten die Station. Im zweigleisigen Lokschuppen unterhielt die KMB ihre Maschinen. Für den Güterverkehr standen in Beendorf ein 125 m langes Freiladegleis und ein Aufstellgleis mit einer Nutzlänge von 325 m zur Verfügung.

Fahrzeuge

Die Vereinigte Eisenbahn-Bau- und Betriebsgesellschaft kaufte 1899 bei der Hanomag zwei Cn2-Tenderloks, die weitestgehend der preußischen T 3 entsprachen. Die Maschinen wurden als BURBACH und BAD HELMSTEDT bezeichnet. Erst drei Jahre später kaufte man eine weitere T 3, die den Namen BEENDORF erhielt.

Kurz vor dem 1. Weltkrieg erwarb die KMB von der preußischen Staatsbahn eine B1n2-Tenderlok. Von dieser ursprünglich als T 2 bezeichneten Baureihe beschaffte die KPEV bei Henschel 1895 nur drei Exemplare. Die 1914 gekaufte Lok wurde als COELN (rechtsrheinisch) 1429 zuerst in Kirchweyhe eingesetzt und 1914 als als T 4 KATTOWITZ 6417 ausgemustert. Ein zweite Lok dieser Bauart kaufte die KMB 1918. Diese Maschine wurde bei der KED Berlin mit der Nummer 2010 zuerst eingesetzt. Später wechselte sie zur KED Posen. Hier trug sie nacheinander die Nummern 2010, 1577 und 6101, bevor sie 1918 zur KMB kam. Der Einsatz der kleinen Maschine dauerte nur wenige Jahre. Bereits 1924 verkaufte man die Lok an die NGE.

Im Sommer 1928 übernahm die KMB als Lok Nr. 4 von der Gewerkschaft Riedel einen weiteren Dreikuppler. Ursprünglich lieferte Hanomag die Lok 1916 an die Burgdorfer Kreisbahn, die ebenfalls zur Gewerkschaft Burbach gehörte. Noch im gleichen Jahr kam noch eine weitere Lok aus Burgdorf nach Beendorf, sodaß nun die BURBACH und BAD HELMSTEDT ausgemustert werden konnten. Drei Cn2t-Maschinen reihte die Deutsche Reichsbahn 1949 noch in ihren Fahrzeugpark ein.

Zur Betriebseröffnung standen der KMB einen Personenwagen der II./III. Klasse, zwei III.Klasse-Personenwagen und zwei Güterwagen zur Verfügung. Im Geschäftsjahr 1935 besaß die Kleinbahn nur noch zwei Personenwagen und einen Packwagen. Eigene Güterwagen erschienen erst wieder 1949 in den Inventarlisten der KMB.

Dampflokomotiven der Marienborn-Beendorfer Kleinbahn AG

Lok	Bauart	Hersteller	Baujahr	Fabrik-Nr.	DR-Nr.	Bemerkungen
BURBACH	Cn2t	Hanomag	1899	3221		pr.T 3
BAD HELMSTEDT	Cn2t	Hanomag	1899	3222		pr.T 3
BEENDORF	Cn2t	Hanomag	1902	3871	89 6010	pr.T 3, am 15. August 1965 im Bw Oebisfelde ausgemustert
	B1n2t	Henschel	1895	4137		pr. T 2, seit 1915 als pr. T 1 bezeichnet; zuletzt als POSEN 6101 im Einsatz; 1918 von der KPEV gekauft und 1925 an die NGE verkauft
	B1n2t	Henschel	1895	4139		pr. T 2, seit 1906 als pr. T 4 bezeichnet; zuletzt als KATTOWITZ 6417 im Einsatz; im August 1914 von der KPEV gekauft
Nr. 4	Cn2t	Hanomag	1916	7975	89 6233	1928 von der Burgdorfer Kreisbahn übernommen; trug hier die Nr. 3; am 1. Juli 1967 im Bw Magdeburg Hbf ausgemustert
	Cn2t	Hanomag	1920	9436	89 6405	1928 von der Burgdorfer Kreisbahn übernommen; am 16. September 1965 im Bw Haldensleben ausgemustert

Nordhausen–Wernigeroder Eisenbahn

Vorgeschichte

Nachdem das Königreich Preußen im Frühjahr 1864 der MHE den Bau und Betrieb der Hauptbahn Halberstadt–Vienenburg erlaubt hatte, entstand die Idee, von Vienenburg aus eine Bahnlinie über Wernigerode nach Nordhausen zu bauen. Mit großer Unterstützung des Grafen Otto zu Stolberg-Wernigerode konstituierte sich am 8. Dezember 1866 ein Eisenbahnkomitee, das sich für den Bau der sogenannten Zentralharzbahn einsetzte. Aber auch die Städte Ilfeld und Benneckenstein sowie die Bergwerke unterstützten das gräfliche Projekt. Graf Otto wollte die MHE für sein Projekt gewinnen, doch die MHE lehnte das Vorhaben mit Hinweis auf die ernormen Baukosten und großen Steigungen ab. Die geplante Trassenführung sah mehrere Steigungen mit 1 : 40 vor. Im April 1870 löste sich das Eisenbahnkomitee schließlich auf, da der Graf und die anderen Interessenten das notwendige Kapital allein nicht beschaffen konnten.
Im Herbst 1884 legte der Königliche Landbaumeister Costenoble aus Magdeburg den Plan für eine meterspurige Dampfstraßenbahn von Wernigerode durch das Tal der Steineren Renne zum Brocken vor. Die kompletten Unterlagen präsentierte Costenoble am 24. November 1885 dem Wernigeröder Magistrat. Aber auch dieser Plan konnte nicht umgesetzt werden, da es am notwendigen Kapital fehlte. Im April 1889 legte man das Vorhaben endgültig zu den Akten.
Ein gutes Jahrzehnt später ging die Initiative für den Bau einer Eisenbahn über den Harz von Nordhausen aus. Das 1896 unter der Leitung des Nordhäuser Bürgermeisters Kurt Schusteruhs gegründete Eisenbahnkomitee erhielt bereits am 27. Mai 1896 vom Königreich Preußen die Konzession zum Bau und Betrieb einer meterspurigen Schmalspurbahn »von Nordhausen über Ilfeld nach Wernigerode mit einer Abzweigung zum Brocken«. Anschließend schloß das Bahnkomitee mit der »Vereinigten Eisenbahnbau- und Betriebsgesellschaft« Berlin am 20. Juni 1896 einen Bauvertrag ab. Erst fünf Tage später, am 25. Juni 1896 konstituierte sich mit einem Stammkapital von 5,5 Millionen Mark in Berlin die »Nordhausen–Wernigeroder Eisenbahn-Gesellschaft« (NWE). Neben Wernigerode, Nordhausen, Ilfeld und Benneckenstein beteiligte sich auch die Stolbergisch-Wernigerodische Verwaltung mit 300 000 Mark an der NWE.
Da rund 2 km der NWE über das Hoheitsgebiet des Herzogtums Braunschweig verliefen, mußte die NWE auch hier eine Konzession beantragen. Am 24. März 1896 stimmte die braunschweigische Regierung dem Bau und Betrieb der NWE zu. Im Februar 1897 übertrug die NWE der »Vereinigten Eisenbahnbau- und Betriebsgesellschaft« bis zum 31. März 1909 die Betriebsführung.

Nach der Eröffnung der NWE hatte die Postkutsche im Harz ausgedient. Postillon Bruns führte die geschmückten Kutsche zum letzten Mal nach Schierke.
Foto: Sammlung G. Zieglgänsberger

Schwere Personenzüge bespannte die NWE mit zwei Mallet-Loks.
Foto: Sammlung H. Röper

Bau und Eröffnung

Obwohl die Bauarbeiten für die NWE bereits im März 1896 in Nordhausen und Wernigerode begonnen hatten, gingen sie nicht so schnell voran, wie geplant. Besonders in Wernigerode verzögerten unvorhergesehene Probleme die Arbeiten. So mußten die bereits in der Kirchstraße verlegten Gleise zwischen Wernigerode und Hasserode auf Anweisung des preußischen Eisenbahnministers ab 25. September 1896 wieder entfernt und das bereits fertige Planum abgetragen werden. Auf der anderen Seite des Harzes hingegen lief alles nach Plan. Unter großem Jubel der Einwohner wurde am 5. Dezember 1896 in Ilfeld die erste Lok der NWE abgeladen und für den Arbeitszugdienst angeheizt. Nach der landespolizeilichen Abnahme am 28. Juni 1897 konnte die NWE am 12. Juli 1897 auf ihrem ersten Teilstück, dem rund 10 km langen Abschnitt Nordhausen–Ilfeld, den Personenverkehr eröffnen. Knapp ein halbes Jahr später fuhren die ersten Güterzüge in Netzkater ein. Der Personenverkehr zwischen Ilfeld und Netzkater wurde am 1. Mai 1898 eröffnet.

Inzwischen lagen auch die Gleise zwischen Wernigerode und Schierke. Ein hart erkämpfter Sieg, denn immer wieder hatten Einwohner von Wernigerode und Hasserode die Bauarbeiten erfolgreich verzögert. So mußten die Baupläne für die Zillierbach-Brücke am Bahnhof Westerntor überarbeitet werden, da die Bevölkerung eine Gefahr für die Sicherheit sah. In Hasserode hingegen verweigerten 32 Grundstückseigner die Bauerlaubnis. Erst nach einem Gerichtsurteil am 23. September 1897 konnten die Arbeiten fortgesetzt werden. Am 16. Juni 1898 fuhr schließlich der Eröffnungszug in den Bahnhof Schierke ein. Vier Tage später nahm man dann den planmäßigen Personen–und Güterverkehr zwischen Wernigerode und Schierke auf. Doch die Freude bei der NWE war gedämpft: In ihrem Bericht an die NWE vom 13. Juli 1898 mußte die »Vereinigte Eisenbahnbau- und Betriebsgesellschaft« einräumen, daß durch die zahlreichen Schwierigkeiten beim Bahnbau das Stammkapital nicht zur Deckung aller Kosten reichen werde. Trotz dieses Berichtes liefen die Arbeiten weiter und am 15. September 1898 ging der Abschnitt Netzkater–Benneckenstein in Betrieb.

Mit Hochdruck arbeiteten die Baukolonnen nun an den Abschnitten Schierke–Brocken und Drei Annen Hohne–Benneckenstein. Den Grundstein für das Bahnhofsgebäude auf dem Brocken hatte man bereits am 28. Juli 1898 gelegt. Beim Bau der Brockenbahn kam auch eine Kompanie Eisenbahn-Pioniere des 1. Eisenbahnregimentes aus Berlin-Schöneberg zum Einsatz. Die Soldaten waren in erster Linie mit dem Verlegen der Gleise beschäftigt, während die zahlreichen Gastarbeiter aus Italien und Kroatien im Tiefbau schufteten. Für den Bau der Trasse mußten unter anderem rund 90 000 m^3 des Brockenmoors abgetragen und durch einen festen Damm ersetzt werden. Bereits am 4. Oktober 1898 traf der erste Zug auf dem höchsten Gipfel des Harzes ein.
Am 14. Dezember 1898 war es endlich soweit: Zwischen Elend und Sorge wurden die letzten Gleise verlegt und beide Teilstrecken miteinander verbunden. Doch bis zur offiziellen Eröffnung der Brockenstrecke und des durchgehenden Verkehrs vergingen noch einige Wochen. Erst nachdem alle sogenannten Restarbeiten erledigt waren, nahm die NWE auf ihren Strecken Nordhausen–Wernigerode und Drei Annen Hohne–Schierke am 27. März 1899 feierlich den Betrieb auf.

Betrieb und Verkehr

Die Freude an dem rund 79 km langen Schmalspurnetz war nicht ganz ungetrübt, denn die Baukosten schlugen mit insgesamt 8,128 Millionen Mark zu Buche. Zur Deckung der Finanzlücke nahm die NWE bei der ADKG am 3. August 1899 eine Anleihe über 2,5 Millionen Mark auf. Trotz dieser ungünstigen Ausgangsbedingungen entwickelte sich der

Das schwere Zugunglück im Thumkuhlental am 6. Juli 1927 kostete sechs Mensch das Leben.
Foto: Sammlung H. Röper

Verkehr auf der NWE sehr gut. Schon nach wenigen Wochen war der Personenverkehr die wichtigste Einnahmequelle der Bahn. Besonders der Ausflugsverkehr zum Brocken lag weit über den Erwartungen, auch wenn der Harzgipfel nur zwischen dem 30. April und dem 15. Oktober angefahren wurde. Lediglich im Winter 1899 setzte die NWE versuchsweise Züge auf den Brocken ein. Der Aufwand zum Freihalten der Strecke lag aber deutlich über den Einnahmen. Bereits im Mai 1899 nahm die NWE rund 59 000 Mark ein. Auf Drängen des Harzclubs richtete die NWE am Kilometer 13,6 schließlich den Haltepunkt Goetheweg ein, der am 17. Juli 1900 eröffnet wurde. Während die NWE nur die 25 000 Mark für den Bahnsteig und das Rückdrückgleis übernahm, trug die rund 3500 Mark für das Wartehäuschen der Harzclub. Ab 1901 eröffnete die NWE jedes Jahr ihre Fahrsaison auf den Brocken mit Sonderzügen zum Walpurgisfest.

Im Geschäftsjahr 1901/02 beförderten die Schmalspurzüge über 548 000 Reisende und knapp 69 000 t Güter. Dabei nahm die NWE rund 575 000 Mark ein. Seit 1. Juli 1906 setzte die NWE auf allen Strecken täglich fünf Zugpaare ein. Bei der NWE dachte man nun auch über einen weiteren Ausbau des Streckennetzes nach. Obwohl sich seit der Eröffnung der Strecke Brunnenbachsmühle–Tanne am 24. August 1899 SHE und NWE kreuzten, sollten noch Jahre vergehen, ehe beide Bahngesellschaften ein Verbindungsgleis bauten. Beide Bahnen argwöhnten, die jeweils andere könnte ihr einen Teil des Güterverkehrs in Richtung Nordhausen wegnehmen.

Die NWE wollte mit ihren modernen Schlepptriebwagen einen Eilzugbetrieb einrichten. Doch der 2. Weltkrieg verhinderte das Vorhaben.
Foto: Sammlung G. Zieglgänsberger

NWE und GHE hingegen konnten sich schon im Mai 1900 über den Verlauf der Strecke Eisfelder Talmühle–Stiege einigen. An den Baukosten der am 15. Juli 1905 eröffneten Strecke beteiligte sich die NWE mit 100 000 Mark.
Weiterhin strebte die NWE den Bau einer Strecke von Wernigerode über Blankenburg und Thale nach Quedlinburg an. Mit dieser Verbindung wollte die NWE die seit Jahrzehnten diskutierte sogenannte Harzgürtelbahn realisieren. Obwohl die NWE und die »Vereinigte Eisenbahnbau- und Betriebsgesellschaft« 1900 die Konzession erhielten, konnte das Projekt nicht verwirklicht werden. Die HBE sah darin eine Gefahr für ihre eigenen Interessen und hintertrieb das Vorhaben. Als schließlich die Gemeinden der NWE eine finanzielle Unterstützung versagten, verschwand das Projekt erst einmal in der Schublade. Doch nicht lange. Als die Geschäftsführung der NWE merkte, daß die HBE nun die Harzgürtelbahn bauen wollte, beantragte man noch einmal die Konzession beim Herzogtum Braunschweig. Doch den Wunsch lehnte man ab, da bereits die HBE mit den Vorarbeiten für eine Strecke Quedlinburg–Blankenburg–Wernigerode begonnen hatte. Als am 31. März 1909 der Vertrag mit der »Vereinigten Eisenbahnbau- und Betriebsgesellschaft« auslief, war die NWE ein wirtschaftlich gesundes Unternehmen. Im Rechnungsjahr 1908/09 zählte man über 792 000 Fahrgäste und rund 169 000 t Güter. Ab 1. April 1909 wickelte die NWE ihren Betrieb in eigener Regie ab.
In den folgenden Jahren bis zum Ausbruch des 1. Weltkrieges investierte die NWE viel Geld in den Ausbau ihrer Anlagen. So entstand 1910 zwischen den Bahnhöfen Steinerne Renne und Drei Annen Hohen die Blockstelle Drängetal. Da die Station mit einem Umfahr- und ei-

Nach der Wende erwachte die Tradition der Walpurgiszüge wieder zu neuem Leben. Teufel und Hexen fahren dann in den bunt geschmückten Zügen mit.
Foto: D. Endisch

nem Rückdrückgleis ausgerüstet war, konnten sich hier auch Züge kreuzen. Außerdem rüstete die NWE alle Kreuzungsbahnhöfe zwischen 1910 und 1912 mit Einfahrsignalen aus. Alle Fahrdienstleiter waren nun mit Morseapparaten untereinander verbunden.

In der Zwischenzeit hatten auch die NWE und die SHE ihre Berührungsängste abgebaut und sich auf den Bau eines Verbindungsgleises in Sorge geeinigt. Das rund 125 m lange Gleis ging am 1. Mai 1913 in Betrieb. NWE, SHE und GHE schlossen außerdem einen Vertrag ab, der den Übergang von Güter- und Kurswagen zwischen den einzelnen Gesellschaften regelte.

Auch die Anlagen des Bahnhofs Nordhausen mußten nun dringend verändert werden. Oberste Priorität hatte die Trennung der Anlagen für den Personen- und Güterverkehr. Während dieser Bauarbeiten wurden auch alle Gleise in Nordhausen erneuert. Das neue Empfangsgebäude des Personenbahnhofes weihte die NWE am 1. Juli 1913 ein.

Der 1. Weltkrieg stellte in der Entwicklung der NWE eine tiefe Zäsur dar. Schon wenige Wochen nach Kriegsbeginn verzeichnete man erhebliche Einbrüche im Personen- und Güterverkehr. Bereits im Geschäftsbericht 1915/16 bilanzierte die NWE einen Rückgang der Einnahmen um 30,8 Prozent. Viel schwerer wog der Aderlaß an Fahrzeugen. Noch 1914 hatten die Heeresfeldbahnen sechs Loks, 40 offene Güterwagen und 24 Rollböcke beschlagnahmt. Zwar zahlte die Staatskasse der NWE dafür 277 000 Mark Entschädigung, doch damit konnten die Lücken im Fahrzeugpark nicht geschlossen werden. Immerhin gelang es der NWE, 31 der beschlagnahmten O-Wagen für etwa 76 000 Mark wieder zurückzuholen.

Mit zwei Sonderzügen nahm die Reichsbahn am 15. September 1991 die Strecke Schierke–Brocken wieder in Betrieb.
Foto: D. Endisch

Mit dem reduzierten Fuhrpark konnte die NWE nur noch drei Zugpaare auf der Harzquer- und der Brockenbahn einsetzen. Zum 1. April 1916 verlegte die NWE den Sitz der Direktion von Nordhausen nach Wernigerode. Immerhin ist Wernigerode mit der Betriebswerkstatt und den Brockenzügen der betriebliche Mittelpunkt der Bahn.

Da die NWE den Familien ihrer zum Wehrdienst einberufenen Eisenbahner auch weiterhin die Gehälter auszahlte und durch die Einnahmeverluste nicht mehr die Kredite in vollem Umfang tilgen konnte, geriet die Bahn zum Ende des 1. Weltkrieges in ernste finanzielle Schwierigkeiten. Zwar konnte die Bahn im Rechnungsjahr 1917/18 durch eine Erhöhung der Tarife eine Mehreinnahme von 98 000 Mark verzeichnen, doch durch gestiegene Kohle- und Ölkosten nahmen auch die Ausgaben um 75 000 Mark zu. Eine 1918 einberufene Gläubigerversammlung beschloß deshalb den Verkauf von zwei Lokomotiven und neun Personenwagen für 250 000 Mark.

Am 1. April 1918 übernahm der technische Direktor der NWE, Eduard Scharnhorst, die Leitung der Bahn. Über 30 Jahre sollte er nun die Geschicke der NWE leiten. Er verordnete der Bahn ein striktes Sparprogramm. Auch wenn der Geschäftsbericht von 1918/19 bereits wieder höhere Einnahmen bilanzierte, war die Harzquerbahn noch lange nicht aus dem Gröbsten heraus. Im Gegenteil: Zwischen dem 27. April 1919 und dem 4. Mai 1919 sowie vom 5. bis 15. November 1919 mußte die NWE den Verkehr wegen Kohlemangel einstellen. Im März 1920 ruhte der Betrieb noch einmal für fünf Tage wegen der Kämpfe im Harz während des Kapp-Putsches.

Im Jahr 1922 konnte die NWE wieder etwas für ihre Bahnhöfe tun. Aus Kosten-

Blick auf die Anlagen des Bahnhofs Nordhausen Nord. Im Vordergrund rangiert die 199 301. Foto: D. Endisch

gründen schloß man allerdings erst einmal die Haltepunkte Talbrauerei bei Netzkater und Hasserode II. Außerdem entstand 1922 ein neues massives Wartehäuschen am Haltepunkt Goetheweg und die Linienführung im Bahnhof Hasserode wurde verändert. Das hölzerne Stationsgebäude auf dem Brocken hatte 1923 ausgedient und wurde durch einen Bau aus Granitsteinen ersetzt. Im Sommer 1923 gelang es der NWE endlich, alle ihre Schulden zu begleichen.

Im Sommer 1924 wurden wieder Gedanken wach, das Streckennetz der NWE zu erweitern. Die von verschiedenen Gewerbetreibenden aus Benneckenstein und Umgebung vorgeschlagene Strecke Hasselfelde–Benneckenstein stieß bei der NWE auf großes Interesse. Damit wäre die Strecke Stiege–Eisfelder Talmühle überflüssig gewesen, wegen der es zwischen GHE und NWE in den zwanziger Jahren immer wieder Streit gab. Allerdings scheiterte das Vorhaben am fehlenden Geld. Auch die Pläne, das Streckenstück Nordhausen–Ilfeld in ein Dreischienengleis umzubauen, blieben Illusion.

Ebenso die 1924 erörterten Pläne, die Strecke bis Drei Annen Hohne nach Schweizer Vorbild zu elektrifizieren, legte die NWE schnell wieder zu den Akten. Es war einfach kein Geld da. Die vorhandenen Mittel investierte man lieber in den Neubau für eine Hauptwerkstatt. In der Nähe des Bahnhofs Westerntor entstand 1925/26 eine neue Wagen- und Lokwerkstatt mit Lackiererei, Tischlerei, Schmiede und Verwaltung. Selbst aufwendige Kesselarbeiten waren nun möglich. Am 20. Dezember 1926 wurde die neue Werkstatt feierlich eröffnet.

Das schwerste Zugunglück in der Geschichte der NWE ereignete sich am 6. Juli 1927 im Thumkuhlental. Nach ausgiebigen Regenfällen unterspülte der Bach den Bahndamm in der Nähe der Thumkuhlenbrücke. Der von Drei Annen Hohne kommende Zug entgleiste und stürzte in die Tiefe. Zwei Reisende und vier Eisenbahner fanden dabei den Tod.

Schon sehr früh erkannte Eduard Scharnhorst im Kraftverkehr die zukünftige Konkurrenz. Bereits 1926 entschloß sich die NWE auf seine Initiative hin, einen eigenen Busverkehr zu gründen. Ab 1927 betrieb die NWE zur Ergänzung ihres Streckennetzes fünf Buslinien, von denen vier in Nordhausen begannen. Die speziell angebotenen Ausflugsfahrten in den Harz und das Umland sorgten für sehr gute Einnahmen. Bereits 1928 beförderte die NWE mit ihren Bussen 256 000 Personen. Im Bahnverkehr transportierte man über 963 000 Reisende und 223 000 t Güter. Durch die Busse konnte die NWE die Folgen der Weltwirtschaftskrise abfangen. Um den Abwärtstrend besonders im Personenverkehr während der Weltwirtschaftskrise aufzuhalten, erschloß Eduard Scharnhorst neue Kundenkreise. Gemeinsam mit Reisebüros organisierte er für Dänen, Briten, Franzosen, Niederländer und Schweizer Ausflugsreisen in den Harz und auf den Brocken. Nach zähen Verhandlungen legte die DRG ein Eilzugpaar Hamburg–Berlin ein, das in Wernigerode Anschluß zu den Brockenzügen hatte.

Mitte der dreißiger Jahre gestaltete die NWE ihre Bahnanlagen in Wernigerode um. Dabei entstand der völlig neue Bahnhof Wernigerode-Westerntor, der am 1. Juli 1936 eröffnet wurde und als erste Station mit Lichtsignalen ausgerüstet war. Anschließend begann man mit der Umgestaltung des Endbahnhofes, die am 15. Dezember 1939 endete. Auch die Beförderungsleistungen nahmen in den dreißiger Jahren wieder zu. An manchen Tagen wurden dann bis zu 5000 Fahrgäste auf den Brocken gefahren. Nun konnte die NWE auch wieder über eine Erneuerung ihres Fahrzeugparkes nachdenken. Dabei setzte man auf Dieseltriebwagen. Die Inbetriebnahme des T 1 am 26. Januar 1936 war sogar der »Frankfurter Zeitung« einen längeren Beitrag über die NWE wert. Mit dem T 1 und zwei weiteren Triebwagen wollte die

Im Bahnhof Eisfelder Talmühle trafen sich die NWE und die GHE. Rechts lagen die Anlagen der GHE. Foto: D. Endisch

NWE die Fahrzeiten im Personenverkehr reduzieren. Doch das neue Konzept konnte durch den Ausbruch des 2. Weltkrieges nicht mehr umgesetzt werden.
Noch Ende 1939 mußte die NWE ihren Busverkehr einstellen, da die Fahrzeuge vom Militär beschlagnahmt wurden. Ab 1940 galten auch Einschränkungen im Zugverkehr. So verkehrten 1943 nur noch werktags vier Zugpaare auf der Harzquerbahn. Auf der Brockenbahn setzte die NWE zwei Zugpaare ein. Ein dunkles Kapitel in der Geschichte der NWE stellt der im Frühjahr 1944 begonnene Verkehr auf dem rund 2,5 km langen Anschlußgleis von Niedersachswerfen nach Harzungen dar. Zum Bau der unterirdischen Rüstungsfabriken bei Niedersachswerfen transportierte die Schmalspurbahn nun Materialien aller Art und in vier speziell hergerichteten Personenwagen auch KZ-Häftlinge. Die Häftlinge des berüchtigten KZ Mittelbau-Dora waren auch bei der Erweiterung des Bahnhofes Ilfeld 1944 eingesetzt. Dabei entstand unter anderem der zweigleisige Lokschuppen mit Werkstatt.
Nach dem schweren Luftangriff auf Nordhausen am 4. April 1945 brachten die Eisenbahner alle entbehrlichen Fahrzeuge nach Ilfeld. Wenige Tage später, am 11. April 1945 marschierte die US-Armee in Nordhausen und Wernigerode ein. Zu diesem Zeitpunkt ruhte bereits jeglicher Verkehr. Trotz der Luftangriffe auf Nordhausen und der Kampfhandlungen im Harz blieb die NWE von schweren Zerstörungen verschont. Lediglich die Sprengung der Brücke bei Sorge behinderte für einige Wochen den Betrieb.
Mit Zustimmung der SMAD durfte die NWE am 1. August 1945 wieder den betrieb zwischen Nordhausen und Ilfeld aufnehmen. Nachdem die Brücke bei Sorge repariert war, verkehrten ab Oktober 1945 wieder Züge auf der Harzquerbahn. Die Brockenstrecke blieb noch bis zum 14. Mai 1949 gesperrt.
Auf Anweisung der Provinzialverwaltung Sachsen-Anhalt übernahm die NWE am 15. April 1946 auch die Betriebsführung auf dem Reststück Sorge–Tanne der SHE und dem Abschnitt Eisfelder Talmühle–Hasselfelde der GHE, der nicht von den Sowjets abgebaut wurde. Zum 1. September 1946 stellte die Provinzialverwaltung die NWE unter Zwangsverwaltung. Die »Sächsische Provinzbahnen G.m.b.H.« übernahm dann im Dezember 1946 de jure die Betriebsführung.
Das große Hochwasser im Südharz am 13. Januar 1948 unterspülte zwischen Ilfeld und Netzkater an mehreren Stellen so stark die Gleise, daß der Betrieb für über ein Jahr gesperrt werden mußte. Als am 31. Dezember 1949 der erste durchgehende Personenzug aus Nordhausen in Wernigerode eintraf, existierte die NWE nur noch für Stunden.
Die erst am 15. August 1948 enteignete NWE wurde wie alle anderen Klein- und Privatbahnen zum 1. April 1949 der Deutschen Reichsbahn zur Verwaltung und Nutznießung übergeben. Das zuständige Rba Halberstadt löste die Betriebsleitung aber erst zum 1. Januar 1950 auf. Die Werkstatt in Wernigerode Westerntor wandelte man zu einem selbständigen Bw um. Die Bahnhöfe Wernigerode Westerntor, Hasserode, Elend, Benneckenstein, Ilfeld, Nordhausen Nord und Hasselfelde wurden eigenständige Dienststellen.
Mit der Einführung des Dispatcher-Dienstes bei der Reichsbahn überwachte ab 1. Januar 1956 ein Dispatcher vom Bahnhof Wernigerode Westerntor aus den Betrieb auf den Schmalspurbahnen im Harz. Erste Einschränkungen im Zugverkehr gab es 1958 mit der Stillegung und Demontage des Abschnittes Sorge–Tanne und am 26. Mai 1960 mit der Einstellung der Bahnpost. Den größten Einschnitt in den Betriebsablauf stellten die sogenannten Grenzsicherungsmaßnahmen am 13. August 1961 dar. Mit sofortiger Wirkung mußte der Personenverkehr zwischen Schierke und dem Brocken eingestellt werden. In Schierke, Sorge, Elend und Benneckenstein durf-

Als einzige Schmalspurbahn Deutschlands besitzt die ehemalige NWE einen Tunnel.
Foto: D. Endisch

ten nur noch Inhaber eines speziellen Passierscheins aussteigen. Später ließ die DR auch den alten Bahnhof Sorge auf und verlegte ihn später in Richtung Benneckenstein. Der neue Haltepunkt Sorge ging 1974 in Betrieb.
Zur Rationalisierung des Güterverkehrs wollte die Reichsbahn den Rollwagenbetrieb einführen. Dazu verstärkte man den Oberbau auf 10 t Achslast. Am 16. November 1964 fuhr der erste Rollwagen-Güterzug über die Harzquerbahn.
Mit der Umgestaltung der Umladung in Wernigerode 1972/73 endete die Modernisierung der Harzquerbahn. Nach dem Rückbau des Verbindungsgleises in der Ochsenteichstraße und der Inbetriebnahme des neuen Gleises parallel zur Bahnstrecke nach Ilsenburg mußten alle Güterzüge in Richtung Harz erst im Bahnhof Wernigerode Kopf machen.
In Niedersachswerfen und Steinerne Renne erprobte die Reichsbahn 1979 erstmalig Rückfallweichen. Außerdem nahm man den Zugfunk in Betrieb. In Drei Annen Hohne hatten 1980 die alten Lichtsignale ausgedient. Am 4. August 1980 ersetzte die Reichsbahn sie durch Einheitslichtsignale.
Mit der Wende in der DDR schrumpfte der Güterverkehr auf der Harzquerbahn auf ein Minimum. Der Personenverkehr hingegen brach nicht zusammen, da die Bahn zum Ziel unzähliger Touristen wurde. Schon 1990 gab es die ersten Forderungen, den Personenverkehr auf den Brocken wieder zu reaktivieren. Trotzdem wollte die Reichsbahn die Schmalspurbahn so schnell als möglich abgeben. Bevor es aber soweit war, wurde die rekonstruierte Brockenstrecke am 15. September 1991 eröffnet.
Den planmäßige Personenverkehr zum Gipfel nahm die DR am 31. Mai 1992 auf. In der Zwischenzeit hatten die Anliegergemeinden sowie die Landkreise Nordhausen, Quedlinburg und Wernigerode mit einem Stammkapital von drei Millionen Mark die »Harzer Schmalspurbahnen GmbH« (HSB) gegründet. Nach langen Verhandlungen mit der DR übernahm die HSB am 1. Februar 1993 die Harzquer- und Brockenbahn.

Strecke und Anlagen

In unmittelbarer Nähe des Nordhäuser Hauptbahnhofes der DB beginnt die Strecke der ehemaligen NWE. Das repräsentative Empfangsgebäude des Kopfbahnhofes Nordhausen Nord wur-

Die Rollbockgrube in Wernigerode.
Foto: H. Röper

de 1913 eröffnet. Einige Umsetz- und Abstellgleise, zwei Bahnsteiggleise, Ausfahrsignale und ein Stellwerk vervollständigen die Anlagen. Rund 500 m nach dem Bahnsteig, hinter dem beschrankten Bahnübergang, liegt links der zweigleisige Lokschuppen mit seinen Behandlungsanlagen und der Drehscheibe. Auch der Güter- und Umladebahnhof der NWE ist hier. Für das Umladen regelspuriger Güterwagen gibt es dort eine Rollbock- und eine Rollwagengrube. Während die Rollwagen bis 1998 auf dem gesamten Streckennetz zum Einsatz kamen, wurden mit den Rollböcken nur Anschlußgleise in Nordhausen bedient. Vorbei an zahlreichen Industrieanlagen und Anschlüssen verläßt die Harzquerbahn Nordhausen nach Norden hin und erreicht nach 2,2 km den Haltepunkt Nordhausen-Altentor mit seinem 1934 fertiggestellten Stationsgebäude. Bis in die fünfziger Jahre verfügte die Station über ein Haupt- und ein Nebengleis. Unmittelbar hinter dem beschrankten Bahnübergang bei Altentor passiert der Zug am Kilometer 2,5 das Einfahrsignal für den Bahnhof Nordhausen Nord.
Wenige Minuten später ist dann der Haltepunkt Nordhausen-Krimderode mit seiner kleinen Wartehalle erreicht. Zwischen 1944 und 1946 besaß der Haltepunkt noch ein Kreuzungsgleis. Kurz hinter dem Haltepunkt kreuzt die Strecke die Bundesstraße 4. Parallel zu ihr und vorbei an den ausgedehnten Anlagen der Gipsfabriken und dem 1997 neu eingerichteten Haltepunkt Herkulesmarkt dampfen die Züge weiter in Richtung Niedersachswerfen Ost (Kilometer 7,0). Seit 1979 besitzt die Kreuzungsstation keine Einfahrsignale mehr. An ihre Stelle traten die Lichtsignale für die eingebauten Rückfallweichen. Die Ladegleise, die Holzrampe und der kleine Güterschuppen sind längst Vergangenheit. In Niedersachswerfen zweigte auch das Anschlußgleis für das Außenlager in Harzungen ab.
Hinter Niedersachswerfen geht es immer weiter parallel zur B 4 über die ebenfalls neuen Haltepunkte Niedersachswerfen Ilfelder Straße und Ilfeld Schreiberwiese nach Ilfeld (km 11). Der recht große Bahnhof, heute ebenfalls mit Rückfallweichen ausgerüstet, besitzt neben dem schmucken Empfangsgebäude, drei Hauptgleise, zwei Ladegleise, eine Ladestraße und einen zweigleisigen Lokschuppen, in dem heute nur noch historische Fahrzeuge abgestellt werden.
Hinter Ilfeld nimmt die Steigung langsam zu. Im Tal der Behre existierte bis 1922 am Kilometer 12,6 der Haltepunkt Talbrauerei. Rund 400 m weiter überquert die Bahn die Behrebrücke, bevor der Haltepunkt Netzkater erreicht ist. Bis in die sechziger Jahre war Netzkater (Kilometer 14,0) ein richtiger Bahnhof mit Einfahrsignalen, Kreuzungsgleis und zwei Ladegleisen samt Ladestraße.
Nach weiteren 3,3 km fährt der Zug in den Bahnhof Eisfelder Talmühle ein, der bis 1994 mit Einfahrsignalen gesichert war. Heute gibt es auch hier Rückfallweichen mit den dazugehörigen Lichtsignalen So 18. Im ehemaligen Gemeinschaftsbahnhof der NWE und GHE besaß die Harzquerbahn das Stationsgebäude, zwei Bahnsteige, eine Ladestraße und fünf Gleise. Die Dampfloks ergänzen hier vor ihrer Weiterfahrt in die Berge ihre Wasservorräte.
Hinter der Eisfelder Talmühle beginnt für das Lokpersonal »der Ernst des Lebens«. In zahlreichen Kurven und immer bergan schlängelt sich die Trasse im Tal des Tiefenbaches mit 1 : 40 in Richtung Benneckenstein. Im Haltepunkt Tiefenbachmühle mit seiner Wartehalle halten die Züge nur bei Bedarf. Bis in die fünfziger Jahre verfügte die Station über ein Ladegleis. Es folgt der Haltepunkt Sophienhof. Am Kilometer 25,1 befand sich bis 1967 die Holzverladestelle Kälberbruch. Von hier aus ist es bis zum Bahnhof Benneckenstein (Kilometer 29,8) nicht mehr weit. Benneckenstein liegt 347 m höher als Nordhausen. Der durch Einfahrsignale und Schranken gesicher-

Bis zum 1. Weltkrieg bildeten zwölf Mallet-Loks das Rückgrat der Zugförderung bei der NWE. Noch heute sind drei dieser Maschinen vorhanden. Die 99 5904 wurde erst 1989 verschrottet.
Foto: D. Endisch

te Kreuzungsbahnhof mit seinem holzverkleideten Empfangsgebäude verfügt neben sieben Gleisen über einen eingleisigen Lokschuppen, einen Güterschuppen, zwei Ladestraßen und zwei Anschlußgleise.
Hinter Benneckenstein geht es durch dichten Wald mit 1 : 30 hinab in das Bodetal zum Haltepunkt Sorge mit seinem schmucken Stationsgebäude. Der eigentliche Bahnhof Sorge lag außerhalb des Ortes an der Landstraße in Richtung Tanne. Von seinen Anlagen und denen der SHE-Station blieb außer den Resten der SHE-Brücke nichts erhalten. Ab hier geht es wieder mit einer Steigung von 1 : 100 wieder bergan in Richtung Elend. Während dieses Aufstieges erreicht die Harzquerbahn am Kilometer 38,2 auch ihren höchsten Punkt mit 556 m über NN. Von hier aus rollt der Zug in zahlreichen Kurven hinunter in einer Neigung von 1 : 30 in das Bodetal und fährt nach 3,4 km in den Bahnhof Elend ein.
Wie bei allen Keuzungsbahnhöfen mußten auch hier die Formsignale den Signalen der Rückfallweichen weichen. Der Bahnhof besaß zu seinen besten Zeiten zwei Bahnsteiggleise und vier Gleise für den Güterumschlag mit Güterschuppen sowie eine Rampe und eine Ladestraße. Nach einer langgezogenen S-Kurve muß der Dampfzug noch einmal eine kurze Steigung bezwingen, bevor der Abzweigbahnhof Drei Annen Hohne erreicht ist.
Dort zweigt die Brockenstrecke ab. Zwischen 1907 und 1964 bestand auch ein Anschluß zur HBE-Strecke nach Elbingerode. Neben dem Empfangsgebäude besaß der NWE-Bahnhof einst sieben Gleise und zwei Umladegleise in unmittelbarer Nähe der HBE-Station. Insgesamt vier Bahnsteige baute die NWE. Die Strecke in Richtung Wernigerode verläuft einige hundert Meter parallel zur Landstraße nach Wernigerode, bevor sie im Wald verschwindet und sich mit einem Gefälle zwischen 1 : 30 und 1: 50 sich das Drängetal, Thumkuhlental und die Steinerne Renne hinunter nach Wernigerode schlängelt. Am Kilometer 50,6 legte die NWE den Kreuzungsbahnhof Drängetal mit Stellwerk, Kreuzungsgleis und Rückdrückgleis an. Bei Kreuzungen wurde der bergwärtsfahrende Zug im Rückdrückgleis abgestellt. Nachdem der zu Tal fahrende Zug die Station passiert hatte, konnte der andere Zug aus der Waagerechten wieder anfahren. Die 1968 geschlossene Station nahm die HSB für den Brockenverkehr mit Rückfallweichen wieder in Betrieb.
Beim Kilometer 51,6 liegt der rund 60 m lange Tunnel durch den Thumkuhlenkopf, der einzige Schmalspurtunnel Deutschlands. Wenige Minuten später folgt der Kreuzungsbahnhof Steinerne Renne mit seinen beiden Rückfallweichen. Hinter der Station liegt mit einem Radius von 60 m die engste Kurve. Im Holtemmetal dampfen die Züge gemächlich nach Wernigerode–Hasserode. Der Bahnhof mit seinen beiden Gleisen lag bis 1922 auf der anderen Seite des Empfangsgebäudes. Die drei Anschlußgleise wurden im Güterverkehr mit Rollböcken bedient. Vorbei an Häusern und Gärten geht es mit viel Gebimmel und Gepfeife zum Haltepunkt Wernigerode Kirchstraße.
Nachdem die Westerntor-Kreuzung im Schrittempo überquert ist, rollt der Zug in den 1936 eröffneten Bahnhof Wernigerode Westerntor ein. Mit seinen umfangreichen Werkstattanlagen und den Abstellgleisen ist er der betriebliche Mittelpunkt der Harzquerbahn. Bis zum Endbahnhof am Kilometer 59,5 ist es nun nicht mehr weit. Hier befinden sich Lokbehandlungsanlagen und die Lokleitung. Der Spurwechselbahnof mit Verladerampe, Rollbock- und Rollwagengrube liegt rund 600 Meter in Richtung Ilsenburg.
Die 19 km lange Brockenbahn beginnt im Bahnhof Drei Annen Hohne. In engen Kurven, durch dichte Fichtenwälder und mit einer Steigung bis 1: 30 schlängelt sich die Brockenstrecke nach Schierke hinauf. Der Bahnhof am Kilometer 5,4

Die zwei Borsig-Mallets erfüllten nicht die in sie gesetzten Erwartungen. Ihre Laufeigenschaften befriedigten nicht.
Foto: Sammlung H. Röper

Die heutige 99 5906 kam erst 1920 zur NWE. Sie wird heute noch im Selketal eingesetzt.
Foto: H. Röper

hat vier Gleise und ein kleines Stationsgebäude. In ständiger Steigung geht es mit bis zu 33 Promille weiter gen Brocken. Nach dem rund 4,6 km entfernten Eckerloch umgeht die Trasse den Königsberg und erreicht am Kilometer 13,6 den Bahnhof Goetheweg mit seinem Rückdrückgleis. Die Station war bis 1961 mit Einfahrsignalen gesichert . Unmittelbar hinter der Station beginnt das Brockenmoor. Für den Bau der Strecke mußten rund 90 000 m^3 Moor beseitigt werden. Wenig später beginnt die sogenannte Brockenspirale. Auf ihr umfahren die Züge eineinhalbmal den Gipfel, bevor der Endbahnhof naht. Neben drei Gleisen gibt es auf dem Brocken nur das Empfangsgebäude. Zwischen 1961 und 1988 wurde die Strecke Schierke–Brocken nur bei Bedarf von Güterzügen zur Versorgung der auf dem Gipfel stationierten Soldaten der Grenztruppen oder der Sowjetischen Armee befahren. Wegen seiner recht konstanten Steigung von 1 : 30 diente dieser Abschnitt auch für die Erprobung von Lokomotiven. So untersuchte die Reichsbahn hier unter anderem die auf Ölfeuerung umgebauten Neubauloks der Baureihe 99^{23-24} und die Baureihe 199^{8}.

Fahrzeuge

Noch bevor die ersten planmäßigen Züge auf der NWE verkehrten, beschaffte man 1896 für den Bauzugdienst drei Bn2-Tenderloks, die später im Rangierdienst in Nordhausen und Wernigerode eingesetzt wurden. Zwei dieser Loks übernahm 1949 noch die DR. Die letzte Maschine schied erst 1965 aus.
Für den Streckendienst erwarb die NWE zwischen 1897 und 1901 insgesamt zwölf Mallet-Maschinen von den Lokomotivfabriken Jung und Güstrow. Diese rund 350 PS starken B´Bn4v-Tenderloks bildeten über Jahre hinweg das Rückgrat in der Zugförderung. Die zwangsweise Abgabe von sechs Maschinen an die Heeresfeldbahnen riß eine große Lücke in den Lokpark der NWE. In den zwanziger Jahren erhielten die Loks allerdings neue Kessel. Fünf dieser Maschinen reihte die Reichsbahn 1950 noch als Baureihe 99^{59} in ihren Fuhrpark ein. Drei Loks übernahm schließlich die

Der T 1 während der Montage. Im Vordergrund ist der Dieselmotor mit dem Generator zu sehen.
Foto: G. Zieglgänsberger

Im März 1993 wartete der auf einen Transportwagen verladene T 3 in Blankenburg auf seine Aufarbeitung.
Foto: D. Endisch

HSB, die zwei von ihnen noch heute vor Traditionszügen einsetzt. Die älteste Lok ist somit seit über 100 Jahren auf den Schmalspurbahnen im Harz im Einsatz.
Für den Einsatz vor schweren Personenzügen auf der Brockenstrecke kaufte die Bahn 1909 zwei sechsachsige Naßdampf-Mallets bei Orenstein & Koppel. Die zugkräftigen, als Nr. 31 und 32 bezeichneten C´Cn4v-Loks, waren viel zu schwer und wurden deshalb 1921 nach Bolivien verkauft.
Als Ersatz für die 1914 abgegebenen Maschinen kaufte die NWE zwischen 1915 und 1920 zwei dreifachgekuppelte Tenderloks und eine weitere Mallet. Während die als Nr. 6 bezeichnete Ch2-Lok des Württembergischen Eisenbahnregiments bereits ab 1915 im Einsatz stand, kam die Naßdampf-Schwester Nr. 7 erst 1920 von der Nassauischen Kleinbahn in den Harz. Beide Loks waren im Rangier- und Rollbockdienst in Nordhausen und Wernigerode im Einsatz. Die Loks sind noch heute betriebsfähig und werden als Dauerleihgaben der HSB von der IG Harzer Schmalspurbahnen (Nr. 6) und vom Freundeskreis Selketalbahn (Nr. 7) vor Sonderzügen eingesetzt.
Ebenfalls 1920 gelangte die als Nr. 41 bezeichnete und 1918 von der MBG Karlsruhe gebaute B´Bn4v-Mallet in den Harz. Als 99 5906 dampft sie heute vor planmäßigen Personenzügen durch das Selketal.
Zur Ergänzung ihres Lokparks stellte die NWE 1914 zwei 1´D1´h2-Tenderloks von Henschel in Dienst. Allerdings waren sie zu schwer und wurden bereits 1917 an die LBE verkauft, die sie auf 1435 mm umspurte.

Anfang der zwanziger Jahre gab die NWE zwei schwere (1´B)´B1´h4v-Mallets bei Borsig in Auftrag. Zwar waren die 1922 und 1924 gebauten Loks in der Lage, 105 t schwere Personenzüge auf den Brocken zu schleppen, doch ihre Laufeigenschaften befriedigten überhaupt nicht. Die Reichsbahn musterte die als

Mit 50 km/h ist die ehemalige NWE Nr. 21^{II} die schnellste Schmalspurlok im Harz. In den 90er Jahre war sie zeitweise grün-schwarz lackiert.
Foto: D. Endisch

99 6011 und 99 6012 bezeichneten Loks 1966 aus.
Ende der dreißiger Jahre wollte die NWE ihren Lokpark grundlegend erneuern und bestellte deshalb eine 1´C1´h2-Tenderlok aus dem von Krupp angebotenen Lieferprogramm für Schmalspurbahnen. Die elegante Maschine bewährte sich sehr gut, doch der 2. Weltkrieg verhinderte den Bau weiterer Loks. Mit 50 km/h ist die 99 6001 die schnellste deutsche Schmalspurlok.
Ihre letzten beiden Dampfloks übernahm die NWE 1946 von der demontierten Strecke Hildburghausen–Heldburg. Allerdings konnten die französischen Beutemaschinen wegen zahlreicher Schäden nicht eingesetzt werden.
Mitte der dreißiger Jahre beschaffte die NWE ihren ersten Triebwagen, der den Personenverkehr rationeller und vor allem attraktiver machen sollten. Die beiden weiteren 1938 für die NWE gebauten Schlepptriebwagen besaßen lediglich ein Gepäckabteil sowie eine Heizeinrichtung und waren mit normalen Reisezugwagen im Einsatz. Der geplante Eilzugbetrieb mit den Schlepptriebwagen konnte infolge des 2. Weltkrieges allerdings nicht mehr realisiert werden.
Für den Rangierdienst auf dem Regelspurteil des Bahnhofes Nordhausen Nord kaufte man 1925 einen kleinen Zweikuppler von der StTE, der bereits 1934 ausgemustert wurde. Erst 1939 übernahm die NWE eine neue Bn2-Tenderlok von der Buxtehude–Harsefelder Eisenbahn.
Für den Personen- und Güterverkehr beschaffte die NWE zahlreiche Wagen. So gehörten 1910 insgesamt 45 vierachsige Personenwagen, 135 Güterwagen, 32 Rollböcke und acht Gepäckwagen zum Fahrzeugpark. Neben zahlreichen O- und G-Wagen mit zwei und vier Achsen setzte die NWE zum Schottertransport auch 15 zweiachsige Steinkübelwagen

Im Bw Nordhausen wartete die ehemalige Lok Nr. 61[II] der NWE Ende 1962 auf ihre Verschrottung. Foto: Rbd Erfurt, Sammlung M. Kratzsch-Leichsenring

ein, die 1929/30 in eigener Werkstatt aus O-Wagen entstanden. Für den Rollbockverkehr dienten ab 1922 sechs Zwischenwagen. Im Sommer 1928 zählte der Fahrzeugpark der NWE 44 Personen-, neun Gepäck- und 168 Güterwagen sowie 29 Paare Rollböcke.
Seit 1956 sind die 1´E1´-Tenderloks der Baureihe 99^{23-24} im Harz im Einsatz und seither das Rückgrat des Dampfbetriebs.

Triebfahrzeuge der Nordhausen–Wernigeröder Eisenbahn:

Schmalspurdampflokomotiven

Bahn-Nr.	Bauart	Hersteller	Baujahr	Fabrik-Nr.	DR-Nr.	Bemerkungen
1	Bn2t	Güstrow	1896	163	99 5804	am 15. Mai 1965 ausgemustert
2	Bn2t	Güstrow	1896	164		1939 wegen schadhaftem Kessel ausgemustert und als Schrott an die Heeresfeldbahnen verkauft
3	Bn2t	Güstrow	1896	165	99 5803	am 8. Dezember 1961 buchmäßig zum Bw Reichenbach umgesetzt; war hier ab 17. September 1962 im Einsatz; ab 27. November 1963 wieder zurück nach Wernigerode; am 12. Juli 1967 ausgemustert
6	Ch2t	Henschel	1914	12 879	99 6101	1918 von den Heeresfeldbahnen übernommen, am 1. Februar 1993 an HSB übergeben
7	Cn2t	Henschel	1914	12 880	99 6102	1920 von der Nassauischen Kleinbahn; am 1. Februar 1993 an HSB übergeben
11	B´Bn4vt	Jung	1897	258	99 5901	am 1. Februar 1993 an HSB übergeben
12	B´Bn4vt	Jung	1897	259		1914 an die Heeresfeldbahnen abgegeben; 1918 in Frankreich verblieben
13	B´Bn4vt	Jung	1897	260		1914 an die Heeresfeldbahnen abgegeben; 1918 in Frankreich verblieben
14	B´Bn4vt	Jung	1897	261	99 5902	ab 1927 als Nr. 12 im Einsatz; am 1. Februar 1993 an HSB übergeben
15	B´Bn4vt	Güstrow	1897	184		1914 an die Heeresfeldbahnen abgegeben; 1918 in Frankreich verblieben
16	B´Bn4vt	Güstrow	1897	185		1914 an die Heeresfeldbahnen abgegeben; 1918 in Frankreich verblieben
17	B´Bn4vt	Güstrow	1897	186		1914 an die Heeresfeldbahnen abgegeben; 1918 in Frankreich verblieben

Bahn-Nr.	Bauart	Hersteller	Baujahr	Fabrik-Nr.	DR-Nr.	Bemerkungen
18	B´Bn4vt	Jung	1898	345	99 5903	ab 1918 als Nr. 13 im Einsatz; am 1. Februar 1993 an HSB übergeben
19	B´Bn4vt	Jung	1897	346		1914 an die Heeresfeldbahnen abgegeben; 1918 in Frankreich verblieben
20	B´Bn4vt	Jung	1901	463		ab 1918 als Nr. 12 im Einsatz; nach Unfall im Thumkuhlental am 6. Juli 1927 ausgemustert
21	B´Bn4vt	Jung	1901	464	99 5904	ab 1918 als Nr.15 im Einsatz; 1989 ausgemustert
22	B´Bn4vt	Jung	1901	465	99 5905	ab 1918 als Nr. 16, ab 1927 als Nr. 14 im Einsatz; am 1. Juni 1971 abgestellt; 1974 verschrottet
21^{II}	1´C1´h2t	Krupp	1939	1875	99 6001	am 1. Februar 1993 an HSB übergeben
31	C´Cn4vt	O & K	1909	3939		1921 nach Bolivien verkauft
32	C´Cn4vt	O & K	1909	3940		1921 nach Bolivien verkauft
41	1´D1´h2t	Henschel	1913	13 569		1917 an die LBE verkauft; dort auf 1435 mm umgespurt
42	1´D1´h2t	Henschel	1913	13 570		1917 an die LBE verkauft; dort auf 1435 mm umgespurt
41^{II}	B´Bn4vt	Karlsruhe	2052	1918	99 5906	1920 übernommen; am 1. Februar 1993 an HSB übergeben
51	(1´B)´B1´h4vt	Borsig	11 382	1922	99 6011	am 19. August 1922 abgeliefert; am 16. November 1959 an Bw Gera abgegeben; am 15. August 1966 ausgemustert
52	(1´B)´B1´h4vt	Borsig	11 831	1924	99 6012	am 10. Juli 1924 abgeliefert; am 26. April 1966 ausgemustert
71	C1´n2t	Schneider		1890	99 5631	französische Beutelok; 1946 von der demontierten Strecke Hildburghausen–Heldburg übernommen; nicht im Einsatz, erst nach einer Hauptuntersuchung 1952 im Raw Blankenburg; am 1. November 1966 im Bw Barth ausgemustert
72	C1´n2t	Schneider		1890	99 5632	französische Beutelok; 1946 von der demontierten Strecke Hildburghausen–Heldburg übernommen; nicht im Einsatz, erst nach einer Hauptuntersuchung 1952 im Raw Blankenburg; 1960 ausgemustert

Regelspurdampflokomotiven

Bahn-Nr.	Bauart	Hersteller	Baujahr	Fabrik-Nr.	DR-Nr.	Bemerkungen
61	Bn2t	Hohenzollern	1899	1209		1925 von der StTE gekauft; 1934 ausgemustert
61^{II}	Bn2t	Borsig	1908	6947	98 6213	1939 von der Buxtehude–Harsefelder Eisenbahn gekauft; 1960 ausgemustert

Triebwagen

Bahn-Nr.	Bauart	Hersteller	Baujahr	Fabrik-Nr.	DR-Nr.	Bemerkungen
T 1	Bo´Bo´de	MAN	1935		VT 137 561	1963 im Bw Cottbus ausgemustert
T 2	Bo´Bo´de	Wismar	1938		VT 137 565	1962 ausgemustert
T 3	Bo´Bo´de	Wismar	1938		VT 137 566	ab 1. Juni 1970 als 185 025 im Einsatz; ab 1. Juli 1971 als 187 025; am 1. Februar 1993 an HSB übergeben

Stendal–Tangermünder Eisenbahn

Vorgeschichte

Tangermünde, südöstlich von Stendal gelegen, kann auf eine tausendjährige Geschichte zurückblicken. An der Mündung des Flüßchens Tanger in die Elbe entstand in ottonischer Zeit zum Schutz einer Handelstraße eine Reichsburg. Im Mittelalter erlebte die Stadt eine wirtschaftliche Blüte, an die noch heute die zahlreichen gotischen Backsteinbauten erinnern. Nach 1500 brach diese Entwicklung abrupt ab und Tangermünde blieb über Jahrhunderte eine Ackerbürgerstadt. Die Landwirtschaft bestimmte das Leben in und um Tangermünde. In der zweiten Hälfte des 19. Jahrhunderts bezog die MHE die Stadt in ihre Planungen zum Bau der Strecke Berlin–Stendal–Hannover ein. Allerdings entschied sich die MHE aus Kostengründen nicht für die Überquerung der Elbe bei Tangermünde, sondern weiter nördlich bei Hämerten. Der Abschnitt Berlin–Stendal der MHE ging schließlich am 1. Februar 1871 in Betrieb.

In den folgenden Jahren gab es immer wieder Forderungen, Tangermünde an das Eisenbahnnetz anzuschließen. Bereits 1877 diskutierte man auf Anregung des Landtagsabgeordneten Thiel über den Bau einer Nebenbahn zwischen Stendal und Tangermünde.

Ein Hamburger Ingenieur stellte 1879 das Projekt einer Pferdebahn von Stendal nach Tangermünde vor. Allerdings fand das Vorhaben, das rund 120 000 Mark kosten sollte, nicht die Zustimmung des Tangermünder Magistrats, der nun selbst aktiv wurde. Als der Bau eines Elbehafens in Tangermünde beschlossene Sache war, wurden die Forderungen des Magistrats und der ansässigen Industrie immer dringlicher. Bürgermeister Ulrichs schlug dem Magistrat 1883 die Gründung einer eigenen Bahngesellschaft vor. Sein Vorhaben untermauerte er mit einem exakten Bauplan einschließlich eines Kostenvoranschlags und einer Rentabilitätsberechnung. Neben den Stadtvätern stimmten auch die Besitzer der 1876 gegründeten Meyer´schen Zuckerraffinerie, die die größte in Europa werden sollte, und der Ölmühlenbesitzer Nethe dem Vorhaben des Bürgermeisters zu.

Auf Initiative des Magistrats wurde schließlich am 5. November 1884 die »Stendal–Tangermünder Eisenbahn-Gesellschaft« (StTEG) gegründet. Das Anlagekapital der Gesellschaft wurde auf 785 000 Mark festgelegt. Die Stadt Tangermünde übernahm 400 000 Mark, die Gebrüder Meyer 306 000 Mark. Bereits am 30. März 1885 erteilte das Königreich Preußen die Konzession zum Bau und Betrieb der Nebenbahn. In das Handelsregister der Stadt Tangermünde wurde die Bahngesellschaft am 19. September 1885 eingetragen. Wenige Tage später reichte die StTEG die notwendigen Bauunterlagen zur Prüfung ein.

Bau und Eröffnung

Unter der Leitung des Baumeisters Friedrich Fischer aus Braunschweig begannen am 20. April 1885 die Arbeiten an der Nebenbahn Stendal–Tangermünde, am Anschlußgleis zum Hafen und dem Gleis zur Zuckerraffinerie. Obwohl die Erdarbeiten zügig voran gingen, mußte die für den November 1885 angesetzte Betriebsaufnahme verschoben werden. Durch Enteignungsklagen verzögerten sich die Arbeiten. Erst zum Jahreswechsel 1885/86 lagen die ersten Gleise. Auch der Termin 1. Januar 1886 konnte nicht gehalten werden, da das Wetter zu schlecht war. Die für einen Monat später angesetzte landespolizeiliche Abnahme fiel ebenfalls aus. Erst am 31. März 1886 wurde dann die Strecke abgenommen. Die Eröffnung der StTEG ließ nun nicht mehr lange auf sich warten. Am 1. April 1886 rollten die ersten Güterzüge zwischen Stendal und Tangermünde. Am selben Tag gingen auch das 1,68 km lange Gleis zum Hafen und das 1,4 km lange Anschlußgleis zur Zuckerraffinerie in Betrieb. Den Personenverkehr nahm die StTEG am 7. April 1886 auf.

Betrieb und Verkehr

Bereits im erstenn Geschäftsjahr erfüllte die StTEG die Hoffnungen ihrer Betreiber: Rund 52 000 t Güter und fast 57 000 Reisende beförderte die Bahn. Insgesamt 15 Beamte und 15 Arbeiter beschäftigte die StTEG. Dabei setzte man täglich drei Personenzüge ein. Schon ein Jahr später mußte das Angebot auf vier Zugpaare angehoben werden. Das schlug sich natürlich in den Beförderungsleistungen nieder. Schon 1890 verkaufte die StTEG über 75 000 Fahrkarten. Um der Nachfrage gerecht zu werden, setzte die Privatbahn ab 1893 täglich fünf Zugpaare ein. Aber auch das reichte nur wenige Jahre. Ab 1899 fuhren täglich sechs Personenzüge in jede Richtung.

Die Bahn wurde aber auch zu einem Motor für die Wirtschaft der Stadt. Tangermünde erlebte einen ungeahnten Aufschwung. Neben der 1887 in Betrieb genommenen Leimfabrik entstanden 1903

Abfahrbereit steht der Triebwagen der StTEG im Bahnhof Tangermünde.
Foto: Sammlung W. List

eine Konservenfabrik und 1904 eine Schokoladenfabrik. Diese Firmen und das 1891 fertiggestellte Anschlußgleis von Stendal-Vorbahnhof zur Aktien-Zuckerfabrik erhöhten den Güterverkehr noch weiter, so daß die Bahn bereits 1895 über 111 000 t Güter beförderte.
Für diese Leistungen mußte die StTEG ihre Bahnanlagen anpassen. So verlängerte die StTEG 1893/94 das Ladegleis an der Elbe bis zum Fährdamm. Nur zwei Jahre später wurde die Hafenverbindungsbahn bis zur Tangerschleuse ausgebaut. Das sogenannte Hochwassergleis an der Elbe beim sogenannten Karlsbau entstand 1898. Neben den zahlreichen Erweiterungen der Gleisanlagen der Zuckerraffinerie Friedrich Meyer´s Sohn AG entstanden in den folgenden Jahren weitere Anschlußgleise in Tangermünde. In Miltern kam neben dem öffentlichen Ladegleis später noch ein Anschluß zur Getreidehalle hinzu.
Ab 1909 war die StTEG im Bahnhof Stendal Vorbahnhof mit der Stendaler Kleinbahn verbunden. Beide Bahnen benutzten den Bahnhof und das Verbindungsgleis zum Hauptbahnhof gemeinsam.
Zwischen 1904 und 1917 begann und endete im Bahnhof Tangermünde die schmalspurige Strecke nach Lüderitz. Auch sie belebte den Verkehr auf der StTEG.

Im Rechnungsjahr 1910 beförderte die StTEG stattliche 181 000 Fahrgäste und über 241 000 t Güter. Schon 1913 benutzten über 200 000 Reisende den Zug zwischen Stendal und Tangermünde.
Während des 1. Weltkrieges blieben die Beförderungsleistungen bei der StTEG stabil, daran änderte sich auch in den zwanziger Jahren nichts. Im Gegenteil: Bis 1925 konnte die StTEG ihren Personenverkehr auf über 337 000 Fahrgäste

Die Lok Nr. 6 rangierte 1939 in Tangermünde.
Foto: K. Böttcher, Sammlung F. Barby

ausbauen. Lediglich im Güterverkehr mußte die Bahn Einbußen hinnehmen. Dennoch schleppten die Dampfloks 1925 über 219 000 t über die Gleise. Bis 1929 pendelte sich das Verkehrsaufkommen bei rund 300 000 t Güter und etwa 240 000 Reisenden ein.
Erst mit der Weltwirtschaftskrise und dem aufkommenden Kraftverkehr verlor die StTEG Reisende und Frachten. Um dem Abwärtstrend im Personenverkehr entgegen zu wirken, beschloß die StTEG den Einsatz eines Triebwagens. Am 4. Januar 1933 traf der vierachsige Triebwagen aus der Waggonfabrik Wismar in Tangermünde ein. Das Fahrzeug ging am 17. Februar 1933 in den Planeinsatz. Die Rechnung der StTEG ging auf: Ab 1935 nahm die Zahl der Reisenden wieder zu. Allerdings dauerte es einige Jahre, ehe die Zahlen aus den zwanziger Jahren wieder erreicht waren. Im Geschäftsjahr 1938 reisten wieder über 265 000 Menschen mit der StTEG. Auch der Güterverkehr war mit knapp 239 000 t erneut im Aufschwung begriffen.
Während des 2. Weltkrieges nahmen die Beförderungsleistungen auf der StTEG ungeahnte Ausmaße an. Nach der kriegsbedingten Einstellung des Kraftverkehrs stieg der Personenverkehr auf der Schiene sprunghaft an.
Aber die StTEG geriet auch in das Blickfeld der Militärs. Zur Entlastung der Elbebrücke bei Hämerten und als Ausweichstrecke im Falle ihrer Zerstörung verlegten 1944/45 Pioniere ein Gleis auf der Nordseite der Brücke in Tangermünde, die bereits 1933 als kombinierte Straßen-Eisenbahnbrücke gebaut wurde, und verbanden die StTEG mit der Genthiner Kleinbahn bei Fischbeck. Arbeitszüge und Lokleerfahrten waren längere Zeit der einzige Verkehr auf dieser strategischen Bahn. Der letzte Militärzug mit Munition und Verpflegung überquerte die Elbe bei Tangermünde am 12. April 1945. Danach sprengten deutsche Pioniere die Brücke.
Das Ende des 2. Weltkrieges erlebte die StTEG ohne größere Zerstörungen. Bereits im Frühjahr dampften wieder einige Züge zwischen Stendal und Tangermünde. Mit der Zwangsverwaltung der Privatbahn durch die Provinzialverwaltung am 6. März 1946 zeichnete sich das Ende der Selbständigkeit ab. Ab 4. November 1946 verkehrten werktags fünf Zugpaare auf der StTEG. Zum 1. Januar 1947 übernahm die »Sächsische Provinzbahnen G.m.b.H.« die Betriebsführung auf der Strecke Stendal–Tangermünde.
Am 30. April 1949 ging die ehemalige StTEG in die Verwaltung und Nutznießung der Deutschen Reichsbahn über. Die Reichsbahn stockte das Angebot auf acht Zugpaare an Werktagen auf. Dieser Standard blieb in den fünfziger und sechziger Jahren erhalten. Mit dem Ausbau der Industrie in Tangermünde stieg die Bedeutung der Strecke weiter an. Für die Bedienung der vielen Anschlüsse entstand neben der Schokoladenfabrik ein Übergabebahnhof, von dem alle Betriebe im Industriegebiet der Stadt bedient wurden.
Anfang der siebziger Jahre reduzierte die Reichsbahn das Angebot im Personenverkehr auf sieben Zugpaare. Mit der Verlagerung des Verkehrs wieder auf die Schiene pendelte der Triebwagen Anfang der achtziger Jahre zehnmal zwischen den beiden Endbahnhöfen.
Erst mit den wirtschaftlichen Folgen der Wiedervereinigung schrumpften der Personen- und Güterverkehr auf ein Minimum zusammen. Dennoch wurde die ehemalige StTEG bei Bedarf bis zum 1. Januar 1998 im Güterverkehr bedient. Mit der Einführung des vereinfachten Nebenbahndienstes und der Umwandlung der ehemaligen StTEG in eine Stichbahn am 1. Juni 1995 verkehrte der Güterzug nur noch nachts.
Schon seit dem 29. Mai 1994 wird die heutige KBS 269 mit Regionalbahnen werktags im Stundentakt befahren. Seit 1997 ist hier ein moderner Doppelstock-Triebwagen der Baureihe 670 im Einsatz, der »Alma« genannt wird. Das Land will den Nahverkehr auf der ehemaligen StTEG langfristig erhalten.

Im Frühjahr 1990 schleppte 106 948 noch einen Nahgüterzug nach Tangermünde.
Foto: W. List

Strecke und Anlagen

Die Züge nach Tangermünde beginnen noch heute am ehemaligen Bahnsteig 3, heute Bahnsteig 7/8, auf der Ostseite des Stendaler Bahnhofes. Die Einfahrt aus Richtung Vorbahnhof war durch das Einfahrsignal B gesichert. Parallel zur Hauptbahn nach Berlin verläßt die Trasse Stendal. Nach 1,2 km legt der Triebwagen einen Zwischenstop in Stendal Vorbahnhof ein. Diesen Bahnhof und die Strecke in Richtung Stendal Bahnhof nutzten einst StTEG und StK gemeinsam. Der Bahnhof bestand einst aus zwölf Gleisen, einem Inselbahnsteig mit Stationsgebäude, einem Güterschuppen und einer Ladestraße. Die Anschlußgleise für die Zuckerfabrik begannen ebenfalls hier. Hinter Stendal Vorbahnhof verläuft die Nebenbahn immer parallel zur Bundesstraße 188 in Richtung Tangermünde.
Nach einigen Minuten ist der Haltepunkt Bindfelde (Kilometer 3,4) erreicht. Bis Miltern (Kilometer 6,9) ist es nun nicht mehr weit. Diese Haltestelle besaß früher ein Ladegeleis und ein Anschlußgleis zu einem Getreidelager.
Unweit des Kilometers 8,7 am ehemaligen Posten 1 kreuzt die Bundesstraße die Bahnlinie. Beide verlaufen aber weiterhin parallel. Erst kurz vor der Einfahrt in den Bahnhof Tangermünde macht die Strecke eine große Linkskurve, bevor nach 10,2 km die Endstation erreicht ist. Die Einfahrt war bis zum 1. Juni 1995 durch ein Lichthauptsignal gesichert.
Als betrieblicher Mittelpunkt der Privatbahn besaß Tangermünde umfangreiche Gleisanlagen. Das repräsentative Empfangsgebäude, gleichzeitig Sitz der Betriebsleitung, wurde letztmalig 1923 erweitert. Ein Lagerschuppen, zwei Ladestraßen, ein großer Güterschuppen, eine Kopf-Seitenrampe, ein Lademaß, zwei Gleiswaagen, ein Triebwagenschuppen, ein zeitweilig fünfständiger Lokschuppen samt Wasserkran und Kohlebansen ergänzten den Bahnhof. Der Lokschuppen wurde schon 1955 abgebrochen. Die drei Bahnübergänge im Bahnhof waren durch Schranken gesichert.
Der Oberbau der StTEG bestand in den dreißiger Jahren zum größten Teil aus

210c Stendal–Tangermünde und zurück

Alle Züge 2. Klasse

km	Rbd Magdeburg	Zug Nr		⚒ 1342			1344			⚒ 1346		1348		⚒ 1350		1352		1356	1358
0.0	**Stendal** 208, 209, 209 b } siehe auch	ab	. .	⚒ 5.45	. .	. .	7.18	. .	. .	⚒ 11.00	. .	13.25	. .	⚒ 15.28	. .	17.41	. .	20.40	22.31
1.2	Stendal Vorbahnhof } 210 b		. .	5.49	. .	. .	7.22	. .	. .	11.04	. .	13.29	. .	15.33	. .	17.45	. .	20.44	22.35
3.4	Bindfelde		. .	5.55	. .	. .	7.28	. .	. .	11.10	. .	13.35	. .	15.39	. .	17.51	. .	20.50	22.41
6.9	Miltern	↓	. .	6.02	. .	. .	7.36	. .	. .	11.18	. .	13.42	. .	15.46	. .	17.58	. .	20.57	22.48
10.2	**Tangermünde**	an	. .	⚒ 6.09	. .	. .	7.43	. .	. .	⚒ 11.25	. .	13.49	. .	⚒ 15.53	. .	18.05	. .	21.04	22.55

km	Rbd Magdeburg	Zug Nr		⚒ 1341		1343			⚒ 1345		1347	⚒ 1349		1351			1353		1357
0.0	**Tangermünde**	ab	. .	⚒ 4.58	. .	6.19	. .	. .	⚒ 8.05	. .	11.50	⚒ 14.05	. .	16.35	. .	. .	18.27	. .	21.19
3.3	Miltern		. .	5.06	. .	6.26	. .	. .	8.13	. .	11.58	14.12	. .	16.43	. .	. .	18.35	. .	21.27
6.8	Bindfelde		. .	5.14	. .	6.33	. .	. .	8.21	. .	12.06	14.20	. .	16.51	. .	. .	18.43	. .	21.35
9.0	Stendal Vorbahnhof } siehe auch	↓	. .	5.21	. .	6.39	. .	. .	8.27	. .	12.12	14.26	. .	16.57	. .	. .	18.49	. .	21.41
10.2	**Stendal** 208, 209, 209 b } 210 b	an	. .	⚒ 5.24	. .	6.42	. .	. .	⚒ 8.30	. .	12.15	⚒ 14.29	. .	17.00	. .	. .	18.52	. .	21.44

Knapp 25 Minuten dauerte im Winterfahrplan 1956/57 (gültig vom 30. September 1956 bis zum 1. Juni 1957) eine Reise von Stendal nach Tangermünde.
Abbildung: Sammlung D. Endisch

Die beiden Bahnübergänge im Bahnhof Tangermünde waren durch Schranken gesichert.
Skizze: W. List

die als »TANGERMUENDE« und »ELBE« im Einsatz waren. Beide Loks entsprachen wie die 1892 von der Hanomag gekaufte »ALTMARK« der preußischen T 3. Die drei Maschinen trugen über Jahre hinweg die Hauptlast des Verkehrs. Für den Einsatz im schweren Güterverkehr elektrischen Triebwagen von der Waggonfabrik Wismar in Dienst. Das 21 m lange und 30 t schwere Fahrzeug bot 78 Sitz und 45 Stehplätze. Dank seines 180 PS starken Motors konnte der Triebwagen 65 km/h erreichen. Seine zulässige Streckengeschwindigkeit lag allerdings

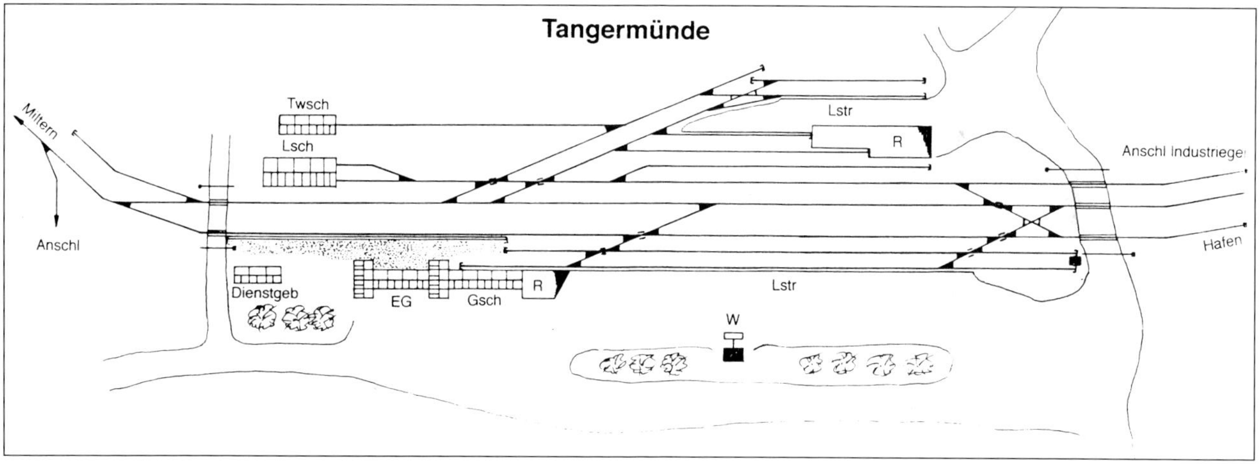

Schienen der Bauform S 33. Die Reichsbahn baute die Strecke später auf eine Achslast von 21 Tonnen aus. Der kleinste Radius betrug 180 m. Zwischen dem Bahnhof Tangermünde und dem Hafen lag mit 1 : 90 die größte Steigung. Brücken besaß die StTEG keine.

Fahrzeuge

Von der Maschinenfabrik Esslingen kaufte die StTEG 1885 zwei Dreikuppler, erwarb die StTEG 1905 eine Dn2-Tenderlok von Borsig. Der als »HOHENZOLLERN« bezeichneten Lok folgte 1913 ein zweite bauartgleiche Lok. Die gekaufte Borsig-Lok war eine Heißdampf-Maschine. Als die »MARKGRAF« 1913 in Tangermünde eintraf stellte die StTEG eine der drei T 3 ab. Bis 1931 schieden auch die anderen beiden handgebremsten Dreikuppler aus.
Für den Personenverkehr stellte die Privatbahn 1933 ihren vierachsigen, dieselnur bei 50 km/h. Die DR übernahm den Triebwagen als VT 137 552. Nach einem Unfall stellte man ihn am 2. Juli 1958 ab, bevor er 1965 verschrottet wurde.
Neben dem Triebwagen übernahm die Reichsbahn außerdem die zwei Dn2-Tenderloks und die von Borsig gekauften Heißdampf-Vierkuppler.
Der Wagenpark der StTEG bestand 1925 aus jeweils zwei zweiachsigen und zwei dreiachsigen Personen-, einen Pack- sowie 23 Güterwagen. Zwölf Jah-

Der Triebwagen der StTEG wartete 1939 in Tangermünde auf neue Aufgaben.
Foto: K. Böttcher, Sammlung F. Barby

re später gehörten der Privatbahn immer noch die zwei Dreiachser und die beiden Zweiachser mit insgesamt 272 Sitzplätzen. Dazu kamen noch ein III. Klasse-Wagen, ein Steuerwagen sowie ein G-Wagen für den Binnenverkehr.

Triebfahrzeuge der Stendal–Tangermünder Eisenbahn:

Dampflokomotiven

Name	Bahn-Nr.	Bauart	Hersteller	Baujahr	Fabrik-Nr.	DR-Nr.	Bemerkungen
TANGERMUENDE	1	Cn2t	Esslingen	1885	2132		pr. T 3; im Dezember 1925 ausgemustert
ELBE	2	Cn2t	Esslingen	1885	2133		pr. T 3; 1913 ausgemustert
ALTMARK	3	Cn2t	Hanomag	1892	2408		pr. T 3; 1931 ausgemustert
HOHENZOLLERN	4	Dn2t	Borsig	1905	5648	92 6001	am 27. Mai 1967 im Bw Halberstadt ausgemustert
MARKGRAF	5	Dn2t	Borsig	1913	8504	92 6104	am 12. Dezember 1963 ausgemustert
HUGO MEYER	6	Dh2t	Borsig	1924	11 835	92 6106	ab 1963 Werklok im FEW Blankenburg
	7	Dh2t	Borsig	1927	12 055	92 6201	ab Dezember 1963 Werklok im Raw Stendal

Triebwagen

Bahn-Nr.	Bauart	Hersteller	Baujahr	Fabrik-Nr.	DR-Nr.	Bemerkungen
	Bo´-2de	Wismar	1932	20 200	VT 137 552	am 2. Juli 1965 ausgemustert

Steuerwagen

Bahn-Nr.	Hersteller	Baujahr	Fabrik-Nr.	DR-Nr.	Bemerkungen
	Wismar	1939			1939 umgebaut aus einem III. Klasse-Wagen; verfügte über ein Pack- und ein Postabteil

Selbständige Bahnen

Kleinbahn Tangermünde–Lüderitz

Vorgeschichte

Zur Jahrhundertwende erlebte die Altmark einen wahren Kleinbahn-Boom. Viele Gemeinden erhofften sich von der Kleinbahn einen wirtschaftlichen Aufschwung. Auch im nördlichen Teil des Landkreises Stendal gab es Überlegungen, das landwirtschaftlich intensiv genutzte Gebiet mit einer Schmalspurbahn zu erschließen. So plante die Altmärkische Kleinbahn GmbH (AM) 1898, ihre Strecke Klötze–Vinzelberg über Demker nach Tangermünde zu verlängern. Außerdem war eine Stichstrecke von Lindstedt nach Groß Schwarzlosen geplant. Allerdings fehlte der Gesellschaft für diese Erweiterung das notwendige Kapital. Es wurde zunächst einmal ruhig um dieses Vorhaben.

Erst zur Jahrhundertwende griffen der Landkreis Stendal und einige Gemeinden das Vorhaben wieder auf, wandelten es aber in eine Schmalspurbahn von Tangermünde über Demker nach Lüderitz um. In Tangermünde versprach man sich von dieser Bahn neue Güter für den Elbehafen. Nachdem sich die Provinz Sachsen und das Ministerium der öffentlichen Arbeiten bereit erklärt hatten, das Projekt finanziell zu unterstützen, konstituierte sich am 30. April 1902 die »Kleinbahn AG Tangermünde–Lüderitz« (KTL). Das Stammkapital setzten die Aktionäre auf 622 000 Mark fest. Davon übernahmen die Provinz und das Königreich Preußen, vertreten durch das Ministerium der öffentlichen Arbeiten, jeweils 118 000 Mark. Der Landkreis Stendal steuerte 30 000 Mark bei.

Bau und Eröffnung

Schon wenige Wochen später, am 14. Mai 1902, stellte das Magdeburger Regierungspräsidium die Konzessionsurkunde für die KTL aus. Die Bauarbeiten an der Kleinbahn mit 750 mm Spurweite begannen noch im gleichen Jahr. Dabei achtete man auf äußerste Sparsamkeit, was sich nur wenige Jahre später als großer Fehler erweisen sollte. Bereits am 10. Oktober 1903 nahm die KTL auf der Strecke Tangermünde-Neustadt–Lüderitz ihren Betrieb auf. Im Bahnhof Demker an der Strecke Magdeburg–Stendal hatte man eine Umladerampe errichtet. Die Eröffnung der Abschnitte von Tangermünde-Neustadt zum Bahnhof Tangermünde der StTEG und zum Elbehafen verzögerte sich wegen Problemen bei der Trassenführung bis zum 25. Februar 1904.

Betrieb und Verkehr

Über die Betriebsergebnisse der KTL blieben nur sehr spärliche Unterlagen erhalten. Der Personalbestand der Schmalspurbahn setzte sich aus je zwei Lokführern, Heizern und Zugführern sowie einem Schlosser in der Werkstatt Tangermünde, einem Bahnhofsvorsteher in Demker, einem Stationsgehilfen und fünf Umlade-Arbeitern zusammen.

Um 1904 entstand dieses Bild der Lok Nr. 2 im Bahnhof Lüderitz.
Foto: Sammlung W. List

Im Bahnhof Groß Schwarzlosen hielt der Fotograf für diese Postkarte die Lok Nr. 2 und den BCPw-Post4i im Bild fest.
Foto: Sammlung W. List

Letztere wurden auch bei der Unterhaltung der Gleisanlagen eingesetzt. Auf allen Stationen, mit Ausnahme von Demker und Tangermünde, waren Agenten für die Abwicklung des Güterverkehrs zuständig. Den Zugführern oblag der Betriebsdienst und der Fahrkartenverkauf auf den Stationen.

In den Monaten der Zuckerrüben-Kampagne erreichte der Güterverkehr auf der Kleinbahn seinen Höhepunkt. Für das Jahr 1906 bilanzierte die KTL über 70 000 Fahrgäste und 20 000 t Güter. Die Einnahmen blieben hingegen bescheiden. Im Rechnungsjahr 1904/05 nahm die KTL rund 23 000 Mark ein. Ein Jahr später waren es zwar schon über 34 000 Mark, doch die Bahn mußte an allen Ecken und Enden sparen. Damit blieb auch die gewünschte Verbindung zwischen der AM und der KTL nur ein Traum. Auch die Unterhaltung der Bahnanlagen reduzierte man auf ein Minimum. Obwohl die KTL 1911/12 rund 63 000 t Güter und 21 000 Reisende beförderte, betrug der Betriebsüberschuß nicht einmal 7500 Mark. Bereits 1911 monierte die KED Magdeburg als zuständige Aufsichtsbehörde den Zustand der Gleise und verfügte die Reduzierung der Höchstgeschwindigkeit von 25 auf 20 km/h.

Während des 1. Weltkrieges verschlechterte sich die Situation weiter. Rückläufige Betriebseinnahmen und fehlendes Personal verschärften die Situation der KTL erheblich. Bei der Bereisung im Jahr 1917 verfügte die KED Magdeburg schließlich die Reduzierung der Höchstgeschwindigkeit auf 12 km/h in geraden Streckenabschnitten und auf 10 km/h in Kurven. Weiterhin drohte man mit einer kurzfristigen Betriebseinstellung, wenn die Mängel nicht schnellstens behoben würden. Aber dazu war die KTL nicht mehr in der Lage, denn die Einnahmen deckten gerade noch die Betriebskosten. Auch die gesetzlich vorgeschriebenen Rücklagen waren verbraucht.

Noch 1975 war der Güterschuppen der KTL in Demker erhalten. Er war eines der letzten Relikte der kurzlebigen Bahn.
Foto: W. List

Da die Gesellschafter der KTL bereits seit 1916 über einen Umbau der Strecke auf Regelspur nachdachten, fand der Vorschlag, die Strecke abzubrechen, die Fahrzeuge und Anlagen über die Militärverwaltung an die Heeresfeldbahnen zu verkaufen sowie den Erlös für die geplante Regelspurstrecke anzulegen, sofort eine Mehrheit. Am 7. Oktober 1917 verkehrten schließlich die letzten Züge zwischen Demker und Tangermünde. Das Ministerium der öffentlichen Arbeiten genehmigte am 18. Oktober 1917 die zeitweise Stillegung und den Abbruch dieses Abschnittes.
Das verbliebene neun Kilometer lange Reststück Demker–Lüderitz konnte die KTL auch nicht mehr retten, denn die Bauern konnten mit nur wenig Mehraufwand ihre Produkte direkt im Bahnhof Demker verladen. Auch der Personenverkehr war auf ein Minimum gesunken. Nur noch 69 Fahrgäste pro Tag zählte man. Damit war das Ende der KTL abzusehen. Im März 1920 schlug der Landeshauptmann der Provinz Sachsen schließlich die Stillegung und den Abbruch des letzten Abschnittes vor. Der Erlös aus dem Verkauf des Schrottes sollte für den Wiederbau als regelspurige Kleinbahn angelegt werden. Nachdem die Gesellschafter und das Ministerium der öffentlichen Arbeiten dem Vorschlag zugestimmt hatten, stellte die KTL am 17. Juni 1920 ihren Betrieb endgültig ein. Anschließend begann man mit dem Abriß der Anlagen. Das Sachsenwerk erwarb das Material.
Die Pläne zum Bau einer neuen regelspurigen Kleinbahn scheiterten aber am fehlenden Geld, ebenso 1936 die Pläne der Genthiner Zuckerfabrik, auf dem Planum der ehemaligen KTL eine Rübenbahn zur Elbe zu bauen.

Strecke und Anlagen

In Tangermünde besaßen die KTL und die regelspurige StTEG einen gemeinsamen Bahnhof. Hier befand sich auch der zweiständige Lokschuppen, in dem die Loks der KTL gewartet wurden. Eine Spezialität war die Aufrollrampe in Tangermünde: Hier wurden die Güterwagen der KTL auf regelspurige Transportwagen verladen und zum Hafen transportiert. Die Einfahrt in den Bahnhof war durch ein Flügelsignal gesichert. Die Schmalspurbahn verlief nach Südwesten. Hinter der Haltestelle Tangermünde-Neustadt (Kilometer 1,6), die im Volksmund »Klein Asien« hieß, ging es parallel zur Landstraße Tangermünde–Groß Schwarzlosen auf eigenem Planum weiter in Richtung Lüderitz. Vor Grobleben (Kilometer 4,3) wechselte die Schmalspurbahn von der rechten auf die linke Straßenseite. Hinter Elversdorf folgte bereits nach 8,8 km Demker. Hier gab es nur ein kleines Stationsgebäude und einen Güterschuppen, der heute noch steht. Hinter dieser Station zweigte das Verbindungsgleis zum KPEV-Bahnhof ab. Hier lag auch mit 1 : 100 die größte Steigung der KTL. Über eine Rampe konnten Schüttgüter von den Schmalpurwagen direkt in die regelspurigen Güterwagen umgeladen werden.
Die Strecke nach Lüderitz folgte weiter der Landstraße. Über Bellingen und Hüselitz dampften die Züge durch die Altmark. Hinter Hüselitz (Kilometer 11,8) schwenkte die Trasse nach Süden in Richtung Klein Schwarzlosen ab. In dem Dorf, beim Kilometer 13, wechselte die Strecke abermals die Richtung. Vor Groß Schwarzlosen kreuzte die KTL wieder die Landstraße. Nach 17,8 km war dann die Endstation Lüderitz erreicht. Neben dem kleinen eingeschossigen Stationsgebäude, das alle Bahnhöfe besaßen, existierte noch ein kleiner Lokschuppen.
Der Oberbau der Schmalspurbahn bestand aus neun Meter langen Schienen mit einem Gewicht von 16 kg/m, die auf 12 Holzschwellen genagelt waren. Der kleinste Radius betrug 70 m.

Fahrzeuge

Der Fuhrpark der KTL war sehr bescheiden. Zur Betriebseröffnung verfügte die Kleinbahn über zwei Cn2-Tenderloks von Borsig, zwei vierachsige Personenwagen, einen kombinierten Personenwagen der II./III.-Klasse mit Pack- und Postabteil, einen Güterwagen mit Postabteil, vier gedeckte und 38 offene Güterwagen mit einem Ladegewicht von 7,5 Tonnen. Die vier gedeckten Güterwagen konnten bei Bedarf in Personenwagen umgebaut werden. Mit wenigen Handgriffen ließen sich die O-Wagen in Drehschemel-Wagen für den Langholz-Transport umbauen. Dafür mußten lediglich die Wände abgezogen und die Drehschemel aufgesetzt werden. Später ergänzte die KTL ihren Wagenpark noch durch vierachsige Güterwagen.
Die beiden Borsig-Loks besaßen große seitliche Wasserkästen und waren nur 6,8 m lang, bei nur zwei Metern Achsstand. Für den recht umfangreichen Rangierdienst in Tangermünde kaufte die Kleinbahn noch 1910 bei Henschel einen Zweikuppler.
Alle Fahrzeuge besaßen die Seilzug-Bremse Bauart Heberlein, die aber im Gegensatz zu den sächsischen Schmalpurbahnen nicht über, sondern unter den Fahrzeugen verlief. Die Bremse wurde immer vom Lokführer aus bedient.

Triebfahrzeuge Kleinbahn Tangermünde–Lüderitz:

Dampflokomotiven

Bahn-Nr.	Bauart	Hersteller	Baujahr	Fabrik-Nr.	Bemerkungen
1	Cn2t	Borsig	1903	5246	am 1. Oktober 1903 geliefert
2	Cn2t	Borsig	1903	5247	am 24. Oktober 1903 geliefert
3	Bn2t	Henschel	1910	10 177	

Kleinbahn Wegenstedt–Calvörde

Vorgeschichte

Mit der Eröffnung der Strecke Neuhaldensleben–Oebisfelde am 1. November 1874 durch die MHE platzten die Träume der Gemeinderäte Calvördes, doch noch einen Anschluß an das Eisenbahnnetz zu erhalten. Immer wieder ersuchte der Gemeinderat des zum Herzogtum Braunschweig gehörenden Calvörde die MHE, ihre Strecke Magdeburg–Neuhaldensleben–Oebisfelde über Calvörde zu bauen. Doch die MHE lehnte die Wünsche der Gemeinde ab, da eine Strecke über Calvörde ein Umweg gewesen wäre. Allerdings richtete die MHE im rund sechs Kilometer entfernten Wegenstedt eine Bahnstation ein. Dennoch gab man in Calvörde den Gedanken an einen Eisenbahnanschluß nicht auf. Aber erst 1896 nahmen die Pläne für eine Kleinbahn von Neuhaldensleben über Bülstringen, Calvörde nach Gardelegen konkrete Formen an. Das Projekt scheiterte jedoch, da sich die Anliegergemeinden mit der Stadt Gardelegen nicht über den Streckenverlauf einigen konnten. Sechs Jahre später präsentierte die Firma Becker & Co den Entwurf einer Kleinbahn von Wolmirstedt über Colbitz und Letzlingen nach Calvörde. Aber auch dieser Plan verschwand wieder in der Schublade, da er viel zu teuer war.

In der Zwischenzeit hatten sich die Calvörder Gemeindevertreter ihre eigenen Gedanken gemacht. Sie plädierten für eine Stichbahn in das rund sechs Kilometer entfernte Wegenstedt. So neu war die Idee nicht: Bereits im April 1898 hatte man ein solches Projekt erstmals den Einwohnern der Enklave vorgestellt. Deshalb gab die Gemeinde Calvörde am 16. Dezember 1903 bekannt, daß sie keinerlei Interesse mehr an den Kleinbahnprojekten in der südlichen Altmark habe. Im Frühjahr 1904 waren die Unterlagen für eine Kleinbahn nach Flechtingen fertig.

Doch da die Finanzierung der beiden Bahnlinien nicht ganz einfach war, zeigte man im Sommer 1906 wieder Interesse an dem von der Provinz Sachsen vorgelegten Kleinbahnprojekt Gardelegen–Neuhaldensleben. Die Provinz Sachsen und das Herzogtum Braunschweig standen einer Stichbahn von Calvörde nach Flechtingen aufgeschlossen gegenüber. Doch über ein Jahr verging, bis sich am 6. Januar 1907 in Calvörde alle Interessenten über den Verlauf der Kleinbahn Neuhaldensleben–Uthmöden–Calvörde–Letzlingen–Gardelegen einigten. Allerdings zeichnete sich zu diesem Zeitpunkt schon der Widerstand einiger in der Provinz Sachsen liegender Gemeinden ab, die nicht einsahen, zugunsten des braunschweigischen Calvörde auf einen Bahnanschluß verzichten zu müssen.

Sie verhinderten schließlich das Projekt und der Bürgermeister Vibrans mußte eine gemeindeeigene Kleinbahn errichten. Noch 1907 begann man mit den notwendigen Vermessungsarbeiten für die Kleinbahn nach Wegenstedt. Die Baukosten wurden auf 350 000 Mark veranschlagt. Doch bevor die Bauarbeiten offiziell beginnen konnten, schlossen das Königreich Preußen und das Herzogtum Braunschweig einen entsprechenden Staatsvertrag ab.

Um 1910 entstand diese Postkarte von der KWC. Eine der beiden Loks samt Pack- und Personenwagen warteten auf die Abfahrt.
Foto: Sammlung G. Zieglgänsberger

209c Wegenstedt–Calvörde Alle Züge 2. Klasse

⚒ 1034		9193	† 1040		⚒ 1040	⚒ 1042		1044	km	Zug Nr *Rbd Magdeburg* Zug Nr	⚒ 1033	⚒ 1035	† 1037		1039		⚒ 9196	1043
⚒ 5.20	. .	8.58	† 11.03	. .	⚒ 12.48	⚒ 16.41	. .	18.38	0.0	ab **Wegenstedt** 209a . . . . an	⚒ 4.54	⚒ 7.15	† 8.00	. .	10.49	. .	⚒ 15.57	18.20
⚒ 6.00	. .	9.38	† 11.43	. .	⚒ 13.28	⚒ 17.21	. .	19.18	6.0	an **Calvörde** . . . . ab	⚒ 4.10	⚒ 6.35	† 7.20	. .	10.09	. .	⚒ 15.13	17.40

Bau und Eröffnung

Noch ehe die Bau- und Betriebskonzessionen aus Magdeburg und Braunschweig in Calvörde eintrafen, begannen im Herbst 1908 die Bauarbeiten an der Stichbahn nach Wegenstedt. Das Herzogtum genehmigte die Kleinbahn am 1. Februar 1909. Knapp zwei Monate später, am 28. April 1909, erteilte auch der Magdeburger Regierungspräsident der Kleinbahn Calvörde–Wegenstedt (KWC) die Betriebsgenehmigung für 99 Jahre. Die Bauarbeiten an der 6,25 Kilometer langen Strecke gingen zügig voran, so daß pünktlich zur alljährlichen Zuckerrüben-Kampagne, am 22. September 1909, der Güterverkehr auf der KWC eröffnet werden konnte. Nachdem die Bahnanlagen in Calvörde fertig waren, nahm die Kleinbahn am 1. Oktober 1909 auch den Personenverkehr auf.
Allerdings war die Freude bei den Calvörder Gemeindevertretern noch gedämpft, denn die Kosten für die Kleinbahn lagen mit 429 780 Mark weit über dem Kostenvoranschlag. Die Gemeinde mußte als Eigentümerin und Betreiberin der Kleinbahn 364 000 Mark ausgeben. Das Herzogtum unterstützte den Bahnbau nur mit 65 780 Mark.

Betrieb und Verkehr

Die Kleinbahn erfüllte von Beginn an die in sie gesetzten Erwartungen. Der Güter- und Personenverkehr lag weit über den Erwartungen der Gemeindevertreter. Für den sehr regen Güterverkehr sorgten die Zuckerfabrik und das Kalksandsteinwerk in Calvörde. Bereits im ersten Betriebsjahr nahm die KWC 64 965 Mark ein. Täglich pendelten auf der Kleinbahn vier bis fünf gemischte Zugpaare. Die Kleinbahn beschäftigte zwölf Eisenbahner. Lediglich in den Monaten der Zuckerrüben-Kampagne verkehrten auf der Kleinbahn reine Güterzüge. Im Volksmund hatte die KWC sehr schnell ihren Spitznamen weg: Wegen ihrer Kürze hieß sie nur der »Stummel«. Die Kleinbahn war für die Gemeinde Calvörde kein Zuschußgeschäft. Bis zum Rechnungsjahr 1921/22 konnten die Anlagen der Bahn mit 4,5 Prozent verzinst werden.
Oberster Betriebsleiter der gemeindeeigenen Bahn war immer der Calvörder Bürgermeister. Im Sommer 1921 verkehrten auf der KWC täglich vier Zugpaare, die die Strecke in 13 Minuten zurücklegten. Ab Sommerfahrplan 1927 setzte man auf der Kleinbahn täglich sechs Zugpaare ein. Dienstags und sonnabends legte man noch ein zusätzliches Zugpaar ein.
Allerdings genügte der Gemeinde Calvörde ihre Stichbahn nicht und man dachte über eine Verlängerung nach. Im Sommer 1927 diskutierte man über einen Ausbau der Kleinbahn von Wegenstedt über Eickhorst nach Weferlingen. Doch der Plan verlief im Sand.
Im Geschäftsjahr 1928 beförderte die Kleinbahn rund 38 000 Fahrgäste und 203 225 t Güter. Mit den 1928 beginnenden Bauarbeiten für den Mittellandkanal stieg der Güterverkehr auf dem »Stummel« durch Baustoff- und Aushubtransporte weiter an. Außerdem mußte man über den neuen Mittellandkanal eine Eisenbahnbrücke errichten.
Erst im Sommer 1941 trennte die Kleinbahn ihren Personen- und Güterverkehr, nachdem man von der GHWK einen Doppelstock-Schienenbus gebraucht erworben hatte. Von kriegsbedingten Zerstörungen blieb die KWC verschont.

Ein GmP war im Winterfahrplan 1956/57 (gültig vom 30. September 1956 bis zum 1. Juni 1957) zwischen Wegenstedt und Calvörde im Einsatz. Abbildung: Sammlung D. Endisch

Bis zur Übernahme der KWC durch die Deutsche Reichsbahn am 1. April 1949 blieb der »Stummel« Eigentum der Gemeinde Calvörde.
Die Deutsche Reichsbahn brachte zu Beginn der fünfziger Jahre das Zugangebot wieder auf Vorkriegsniveau. Bereits im Sommer 1954 verkehrten werktags auf der Kursbuchstrecke 209c sechs Zugpaare. An Sonn- und Feiertagen hingegen waren es nur noch drei. Allerdings hatte sich die Fahrzeit durch die jahrelange Vernachlässigung des Oberbaues auf 38 Minuten verlängert. Mit Ablauf des Sommerfahrplanes 1966 stellte die Reichsbahn am 25. September 1966 schließlich den Personen- und Güterverkehr ein.

Strecke und Anlagen

Im Gegensatz zu anderen Kleinbahnen begann die KWC offiziell im Bahnhof Calvörde. Als betrieblicher Mittelpunkt der Bahn gab es hier neben einem zweigeschossigen Empfangsgebäude und dem Lokschuppen eine Laderampe, einen Güterschuppen und eine Ladestraße. Den im Nordwesten des Ortes gelegenen Bahnhof verließ die Kleinbahn in westlicher Richtung. Nachdem sie den Mittellandkanal überquert und die Landstraße nach Wegenstedt gekreuzt hatte, verlief sie nun parallel zur Straße Wegenstedt–Calvörde. Hier zweigte auch das Anschlußgleis zum Kalksandsteinwerk ab.

Das ehemalige Empfangsgebäude und den Güterschuppen in Calvörde nutzt heute der Kindergarten der Gemeinde.
Foto: G. Zieglgänsberger

Südlich des Ortes Wegenstedt fädelte die Kleinbahn schließlich in den Staatsbahnhof ein. Die Einfahrt war durch ein Hauptsignal gesichert.
Die Gleisanlagen der KWC hatten eine Gesamtlänge von 6,2 km.

Fahrzeuge

Zur Eröffnung ihrer Kleinbahn kaufte das Bürgermeisteramt Calvörde bei der Lokomotivfabrik Borsig zwei Bn2-Tenderloks. Die unter der Fabrik-Nummer 7234 am 27. Juli 1909 gelieferte Maschine erhielt die Nummer 1, während die am 2. September 1909 fertiggestellte Lok als Nummer 2 bezeichnet wurde. Beide Maschinen waren bis 1949 auf dem »Stummel« im Einsatz und wurden erst dann zu anderen Strecken umgesetzt.
Auch der Wagenpark der KWC war sehr bescheiden. Zur Betriebseröffnung beschaffte man lediglich einen Personenwagen III. Klasse, einen kombinierten Personen-Pack-Postwagen und zwei zweiachsige Güterwagen mit zehn Tonnen Ladegewicht. Beide Personenwagen boten insgesamt 64 Sitzplätze. Später wurde ein Güterwagen ausgemustert und ein neuer Packwagen beschafft.
Um den Personenverkehr zu rationalisieren, erwarb die KWC am 10. Mai 1941 den als T 9 bezeichneten Doppelstock-Schienenbus der GHWK. Allerdings kam der Wagen wegen verschiedener technischer Probleme erst ab 1942 auf der Stichstrecke Calvörde–Wegenstedt zum Einsatz. Nach nicht einmal sechs Jahren gab die KWC den Doppeldecker 1948 an die GHWK zurück.

Triebfahrzeuge der Kleinbahn Wegenstedt–Calvörde:

Dampflokomotiven

Bahn-Nr.	Bauart	Hersteller	Baujahr	Fabrik-Nr.	DR-Nr.	Bemerkungen
1	Bn2t	Borsig	1909	7234	98 6006	am 17. Januar 1966 im Bw Gera ausgemustert
2	Bn2t	Borsig	1909	7235	98 6007	am 15. August 1958 als Werklok verkauft

Triebwagen

Bahn-Nr.	Bauart	Hersteller	Baujahr	Fabrik-Nr.	DR-Nr.	Bemerkungen
T 1	1-Adm	NAG	1927		VT 133 511	Doppelstock-Schienenbus; am 10. Mai 1941 von der GHWK als T 9 übernommen; 1948 wieder dorthin zurück; am 19. Dezember 1957 im Bw Prenzlau ausgemustert

Abkürzungsverzeichnis

Bahnen des vorliegenden Bandes

AM	Altmärkische Kleinbahn GmbH
AMK	Altmärkische Kleinbahn AG (ab 1937 Altmärkische Eisenbahn)
ASN	Aschersleben - Schneidlingen - Nienhagener Kleinbahn (ab 1927 Aschersleben - Schneidlingen - Nienhagener Eisenbahn)
BAK	Kleinbahn Bebitz - Alsleben
CK	Köthener Kleinbahn
CV	Centralverwaltung für Secundairbahnen Hermann Bachstein, Berlin
DeK	Delitzscher Kleinbahn
DRE	Dessau - Radegaster Eisenbahn
DRKB	Dessau - Radegast - Köthener Bahn
DWE	Dessau - Wörlitzer Eisenbahn
GeK	Genthiner Kleinbahn (ab 1923 Kleinbahn AG Genthin- Ziesar; ab 1930 Kleinbahn AG Genthin)
GHE	Gernrode- Harzgeroder Eisenbahn
GHWK	Kleinbahn Gardelegen - Haldensleben - Weferlingen
GPE	Gommern - Pretziener Eisenbahn
HB	Hallische Hafenbahn
HBE	Halberstadt - Blankenburger Eisenbahn
HHE	Halle - Hettstedter Eisenbahn
KAP	Kleinbahn Annaburg - Prettin
KBG	Kleinbahn Bismarck - Gardelegen - Diesdorf (ab 1911 KBGW)
KBGW	Kleinbahn Bismarck - Gardelegen - Wittingen (ab 1927 AMK)
KBK	Kleinbahn Bergwitz - Kemberg
KBM	Kleinbahn Burxdorf - Mühlberg
KCC	Kleinbahn Crensitz - Crostitz (ab 1927 DeK)
KGK	Kleinbahn Gardelegen - Kalbe/ Milde (1904 Fusion mit der KBG)
KGN	Kleinbahn Gardelegen - Neuhaldensleben (ab 1922 GHWK)
KGP	Kleinbahn Gommern - Pretzien
KGW	Kleinbahn Goldbeck - Werben
KHB	Kleinbahn Hornburg - Börßum
KHM	Kleinbahn Heudeber - Mattierzoll
KJ I	Kleinbahnen des Kreises Jerichow I
KKR	Kleinbahn Könnern - Rothenburg
KMB	Kleinbahn Marienborn - Beendorf
KNW	Kleinbahn Neuhaldensleben - Weferlingen (ab 1922 GHWK)
KOP	Kleinbahn Osterburg - Deutsch Pretzier
KSA	Kleinbahn Stendal - Arendsee (ab 1915 StK)
KSAb	Kleinbahn Stendal - Arneburg (ab 1915 StK)
KSM	Kleinbahn Schildau - Mockrehna
KTL	Kleinbahn Tangermünde - Lüderitz
KWC	Kleinbahn Wegenstedt - Calvörde
KWoC	Kleinbahn Wolmirstedt - Colbitz
KWW	Kleinbahn Wallwitz - Wettin
KZG	Kleinbahn Ziesar - Großwusterwitz (ab 1924 GeK)
NGE	Nauendorf - Gerlebogker Eisenbahn
NhE	Neuhaldenslebener Eisenbahn
NWE	Nordhausen - Wernigeroder Eisenbahn
OSE	Oschersleben - Schöninger Eisenbahn
OWE	Osterwieck - Wasserlebener Eisenbahn
SaK	Salzwedeler Kleinbahn
SaS	Salzwedeler Kleinbahngesellschaft Südost (ab 1921 SaK)
StTEG	Stendal - Tangermünder Eisenbahn
StK	Stendaler Kleinbahn
ZK	Zschornewitzer Kleinbahn

Andere Bahnen

AKBE	Anhalt - Köthen - Bernburger Eisenbahn-Gesellschaft
AKN	Eisenbahn-AG Altona - Kaltenkirchen - Neumünster
BbLE	Butzbach - Licher Eisenbahn
BAE	Berlin Anhaltische Eisenbahn-Gesellschaft
BE	Bentheimer Eisenbahn
BLE	Braunschweigische Landes-Eisenbahn
BSE	Braunschweig - Schöninger Eisenbahn
BSHK	Boizenburger Stadt- und Hafenbahn
BVG	Berliner Verkehrs-Gesellschaft
ELE	Eutin - Lübecker Eisenbahn
EOE	Esperstedt - Oldislebener Eisenbahn
FKB	Franzburger Kreisbahn
FKE	Frankfurt - Königsteiner Eisenbahn
GEKE	Greußen - Ebeleben - Keulaer Eisenbahn
HSB	Harzer Schmalspurbahnen GmbH
HSGE	Halle - Sorau - Gubener Eisenbahn-Gesellschaft
IGE	Ilmenau - Großbreitenbacher Eisenbahn
JM	Kleinbahn Jauer - Maltsch
KBB	Kleinbahn Köslin - Bubitz - Belgara
KCE	Königsberg - Crazer Eisenbahn
KEN	Kleinbahn Erfurt - Nottleben
KEZ	Kleinbahn Ellrich - Zorge
KN	Kleinbahn Kassel - Naumburg
KNHS	Kleinbahn Neheim-Hüsten - Sündern
KRF	Kleinbahn Rennsteig - Fauenwald
KSD	Kreisbahn Schönermark - Damme
KSH	Kleinbahn Strausberg - Herzfelde
KWO	Kleinbahn Wittingen - Oebisfelde
KyK	Kyffhäuser Kleinbahn
Lak	Langensalzaer Kleinbahn
LBE	Lübeck - Büchener Eisenbahn
LRE	Liegnitz - Rawitzscher Eisenbahn
MEE	Mühlhausen - Ebelebener Eisenbahn
MFFE	Mecklenburgische Friedrich-Franz Eisenbahn
MFWE	Mecklenburgische Friedrich-Wilhelm Eisenbahn
MHE	Magdeburg - Halberstädter Eisenbahn
MWE	Magdeburg - Wittenbergesche Eisenbahn
NFE	Neubrandenburg - Friedländer Eisenbahn
NLE	Niederlausitzer Eisenbahn
OeK	Obereichsfelder Kleinbahn
PME	Potsdam - Magdeburger Eisenbahn-Gesellschaft
RE	Ruhlaer Eisenbahn
RGB	Riesengebirgsbahn-Gesellschaft
RüKB	Rügensche Kleinbahn
StTe	Stralsund - Tribseer Eisenbahn
TE	Teltower Eisenbahn
TWE	Teutoburger Wald-Eisenbahn
WBBE	Weimar - Berka - Blankenhainer Eisenbahn
WLE	Westfälische Landes-Eisenbahn
ZBR	Eisenbahnzweckverband Buttstädt - Rastenberg

Eisenbahnverwaltungen und Institutionen

ADEG	Allgemeine Deutsche Eisenbahn-Betriebsgesellschaft
ADKG	Algemeine Deutsche Kleinbahn-Gesellschaft

ALE	Anhaltische Landes-Eisenbahngemeinschaft
AGV	Aktiengesellschaft Verkehr
BKK	Braunkohlenkombinat
Bw	Bahnbetriebswerk
CFL	Nationalgesellschaft der Luxemburgischen Eisenbahnen
DEBG	Deutsche Eisenbahn-Betriebs-Gesellschaft
DRG	Deutsche Reichsbahn-Gesellschaft
FEW	Forschungs- und Entwicklungswerk der Deutschen Reichsbahn
KED	Königliche Eisenbahn-Direktion
KPEV	Königlich Preußische Eisenbahn-Verwaltung
LPG	Landwirtschaftliche Produktionsgenossenschaft
MfV	Ministerium für Verkehr der DDR
NVA	Nationale Volksarmee der DDR
Raw	Reichsbahn-Ausbesserungswerk
Rba	Reichsbahnamt
Rbd	Reichsbahndirektion
RVM	Reichs-Verkehrsministerium
SMAD	Sowjetische Militäradministration
VEB	Volkseigener Betrieb
VKAG	Vereinigte Kleinbahn AG
VM	Verkehrsmuseum
VVB	Vereinigung Volkseigener Betriebe
WEG	Westdeutsche Eisenbahn-Gesellschaft

Lokomotivfabriken

AEG	Allgemeine Elektrizitäts-Gesellschaft Berlin; Abteilung Lokomotivbau Hennigsdorf-Osthavelland
Borsig	August Borsig, Berlin-Tegel; ab 1931 Borsig Lokomotiv-Werke GmbH, Hennigsdorf-Osthavelland
CKD	Ceskomoravskan Kolben Danék, Prag
Dessau	Dessauer Waggonfabrik AG
Deutz	Gasmotoren-Fabrik Deutz, Köln Deutz
DWK	Deutsche Werke Kiel
Esslingen	Maschinenfabrik Esslingen, Esslingen am Neckar
Freudenstein	Stahlwerke Freudenstein & Co, Berlin
Grafenstaden	Elsässische Maschinenbau Gesellschaft Grafenstaden
Güstrow	Mecklenburgische Waggonfabrik Güstrow
Hagans	Lokomotivfabrik Christian Hagans, Erfurt
Hanomag	Hannoversche Maschinenbau-AG, vormals Georg Eggestorff, Hannover-Linden
Hartmann	Sächsische Maschinenfabrik, vormals Richard Hartmann, Chemnitz
Henschel	Henschel & Sohn AG, Kassel; später Henschel & Sohn GmbH
Hohenzollern	Hohenzollern AG für Lokomotiven, Düsseldorf-Grafenberg
Humboldt	Maschinenbau AG und Lokomotivfabrik Humboldt, Köln-Kalck
Jung	Lokomotivfabrik Arnold Jung, Jungenthal bei Kirchen (Sieg)
Karlsruhe	Maschinenbau-Gesellschaft Karlsruhe
Krauss	Lokomotivfabrik Krauss & Co, München-Sendling und Linz
Krupp	Friedrich Krupp AG, Abteilung Lokomotivbau, Essen
LHB	Linke-Hoffmann Werke, Breslau
Lindner	Gottfried Lindner AG, Ammendorf
LKM	VEB Lokomotivbau »Karl Marx« Babelsberg
MAN	Maschinenfabrik Augsburg-Nürnberg
NAG	Nationale Automobil-Gesellschaft AG, Berlin-Oberschöneweide
O & K	Orenstein & Koppel, Drewitz und Nowawes (bei Potsdam); von 1938 bis 1945: Maschinenbau- und Bahnbedarfs-AG
Sachsenwerk	Sächsische Eisenbahnbedarfs- und Maschinenfabrik »Sachsenwerk« GmbH, Stendal
Schichau	Ferdinand Schichau Maschinen- und Lokomotivfabrik, Elbing
Schneider	Société Schneider-Creusot, Paris
Schwartzkopff	Berliner Maschinenbau-AG, vormals Louis Schwartzkopff
Skoda	Skoda-Werke, Pilsen
Uerdingen	Wagenbauanstalt Uerdingen
Union	Union-Gießerei Königsberg
Vulcan	Vulcan, Stettiner Maschinenbau AG
Wegmann	Waggonfabrik Gebrüder Wegmann AG; später Wegmann & Co, Kassel
Wismar	Triebwagen- und Waggonfabrik AG Wismar
Wumag	Fabrikation für Eisenbahnmaterial, Waggon- und Maschinenbau AG, Görlitz

Abkürzungen in Zeichnungen und sonstige Bezeichnungen

Ab	Abort
Anschl	Anschlußgleis
Bstg	Bahnsteig
Drsch	Draisinenschuppen
EG	Empfangsgebäude
Gs, Gsch	Güterschuppen
Kb	Kohlebansen
Kl	Kohlelager
Lagerh	Lagerhaus
LBm	Lager der Bahnmeisterei
Lsch	Lokschuppen
Lstr	Ladestraße
R	Rampe
Sch	Schuppen
TwSch	Triebwagenschuppen
W	Waage
Wb	Wärterbude
Wagensch, Wsch	Wagenschuppen
We	Werkstatt
Wh	Wohnhaus
Wt	Wasserturm
BHG	Bäuerliche Handels-Genossenschaft
KBS	Kursbuchstrecke
SEV	Schienenersatzverkehr

Quellen- und Literaturverzeichnis

Bücher

Anton, Volker; Fiebig, Günther: Die Zschornewitzer Kleinbahn GmbH; Dessau , 1987

Autorenkollektiv unter der Leitung von Hans Röper: Die Harzquer- und Brockenbahn nebst einem Anhang zur Südharzeisenbahn; Berlin, 1985

Bornemann, Manfred; Dorner, Hans: 75 Jahre Harzquerbahn und Brockenbahn; Clausthal-Zellerfeld; 1975

DMV der DDR, Bezirksvorstand Magdeburg (Hrsg.): Entwicklung und Aufgaben des Bahnbetriebswerkes Haldensleben; Magdeburg, 1981

Fiebig, Günther: Auf der Schiene von Dessau nach Wörlitz, Die Geschichte der Nebeneisenbahn Dessau - Wörlitz; Dessau, 1982

Göschel, Heinz (Hrsg.): Lexikon der Städte und Wappen der DDR; Berlin 1985

H.B.E. (Hrsg.): Halberstadt-Blankenburger Eisenbahn-Gesellschaft, Blankenburg (Harz); Berlin, 1923

Kieper, Klaus; Preuß, Reiner; Rehbein, Elfriede: Schmalspurbahn-Archiv; Berlin, 1981

Klebes, Günther: Die normalspurigen Privatbahnen des Deutschen Reiches im Jahre 1942, einschließlich der Bahnen im Protektorat Böhmen und Mähren, dem Generalgouvernement (Ostbahn) in Elsaß-Lothringen und Luxemburg sowie Österreich, Krefeld 1982

Kleinbahn AG Genthin-Ziesar (Hrsg.): Rechts und links der Kleinbahn im Bismarcklande, Genthin, 1926

Knoblauch, Dr. Uwe: Das Verkehrsmittel Eisenbahn in der westlichen DDR zwischen Elbe und Harz, Braunschweig 1992

Koerner, Hans Michael: ELNA-Dampflokomotiven, Das Einheitslok-Programm für die deutschen Kleinbahnen, Münster 1985

List, Wolfgang: Kleinbahnen in der Altmark; Berlin 1979

Löttgers, Rolf: Die Triebwagen der Deutschen Werke Kiel; Lübbecke, 1988

Lüderitz, Ralph; Rammelt, Hans-Dieter: Die Halle-Hettstedter Eisenbahn, Die wechselvolle Geschichte der H.H.E.; Freiburg, 1996

Mayer, Arthur v.: Geschichte und Geographie der Deutschen Eisenbahnen; Berlin 1891

Moll, Gerhard; Wenzel, Hansjürgen: Die Baureihe 89.70 (preußische T 3); Freiburg, 1981

Moll, Gerhard; Wenzel, Hansjürgen: Die Baureihe 91 (preußische T 9); Freiburg, 1984

Provinzialverband Merseburg (Hrsg.): Geschichte des Provinzialverbandes von Sachsen 1825 - 1925, Im Auftrage der Provinzialverwaltung mit Unterstützung der Derzernenten bearbeitet von Hermann Giesau, Provinzialbaurat; Merseburg, 1926

Quill, Klaus-Peter; Ebel, Jürgen U.: Privatbahnen in der DDR seit 1949 in Reichsbahn-Eigentum; Stuttgart, Köln, Berlin 1982

Röper, Hans: Die Kleinbahnen des Kreises Jerichow I, Die Geschichte einer ehemaligen Schmalspurbahn; Radebeul, 1988

Rossberg, Ralf-Roman: Grenze über deutschen Schienen; Freiburg 1991

Schulze-Niborn: Die Eisenbahnen im Herzogtum Anhalt bei Beginn des 20. Jahrhunderts; Magdeburg, 1900

Rammelt, Hans-Dieter; Fiebig, Günther; Preuß, Erich: Klein- und Privatbahnarchiv, Band 1, Geschichte, Bau, Betrieb; Berlin 1989

Rammelt, Hans-Dieter: Klein- und Privatbahnarchiv, Thüringen/Sachsen; Berlin 1994

Schöttge, Hartmut: Die Delitzscher Kleinbahn; Nordhorn, 1995

Siemß, Rüdiger: Schmalspurbahnen im Kreis Jerichow I; Nordhorn, 1992

Steinke, Werner: Die Rübelandbahn; Berlin, 1982

Wächter, Dr. Max: Die Kleinbahnen in Preussen; Berlin, 1902

Wagner, Wolfram; Zieglgänsberger, Gerhard: Die Geschichte der Dessau - Radegast - Köthener Bahn (DRKB); Radebeul, 1990

Zieglgänsberger, Gerhard; Röper Hans: Die Selketalbahn; Berlin, 1980

Zeitschriftenartikel und andere Veröffentlichungen

Ahrens, Hans: Erfahrungen mit benzin- und dieselelektrischen Triebwagen bei Privatbahnen, in: Verkehrstechnik, Heft 38 vom 22.12.1932

Dietrich, Werner: Die Halle-Hettstedter Eisenbahn und der wirtschaftliche Aufschwung der Stadt Halle (1895 - 1914), in: Sachsen-Anhalt, Land mit Geschichte, Beiträge zur Landesgeschichte Sachsen-Anhalt, Heft 3, 1994

Fiebig, Günther: Der Wismarer Schienenbus, Bauart Hannover, in: Modelleisenbahner Heft 1/1968

Köhler, Friedhelm; Kruse, Rolf: Fast vergessen - Die O.S.E., in: Modelleisenbahner Heft 1/1987 und Heft 2/1987

Kröger, Harald; Trösken, Michael: Stendal - Tangermünde 100 Jahre alt, in: Modelleisenbahner Heft 4/1986

List, Wolfgang; Kröger, Harald: Die Kleinbahnen der Altmark, Die Altmärkische Eisenbahn AG, in: Modelleisenbahner Heft 10/1972

Löttgers, Rolf: Die Bahn mit den Legionären, in: Eisenbahnmagagzin, Heft 11/1984

Maedel, Karl Ernst: Erinnerungen an die Halle-Hettstedter Eisenbahn, in: Lok-Magazin, Heft 50, 1971

Oppermann, Werner: Auf den Spuren einer Kleinbahn, in: Volksstimme, 28. Mai, 18. und 25. Juni 1966

Zeunert, Wolfgang: Die Osterwieck-Wasserlebener-Eisenbahn AG, in: Secundairbahnkurier Heft 5, 1964

Zieglgänsberger, Gerhard; Röper, Hans: Die OWE, in: Der Harz, Heft 21, 1989

Zieglgänsberger, Gerhard; Röper, Hans: Die Halberstädter Kreisbahn, in: Zwischen Harz und Bruch, Heft 9, 1989

o.A.: Die Halberstadt-Blankenburger Eisenbahn, Rückblick auf 40 Betriebsjahre, in: Glasers Annalen für Gewerbe und Bauwesen, Heft 887, 1914

verschiedene Ausgaben des »Handbuchs der deutschen Straßenbahnen, Kleinbahnen und Privatbahnen«; Verlag der Verkehrstechnik; Berlin

verschiedene Ausgaben des »Jahrbuchs der Deutschen Straßen- und Kleinbahn-Zeitung«; Verlag Gustav Ziemsen; Berlin

verschiedene Ausgaben der Zeitschrift »Modelleisenbahner« von 1964 bis 1988, Transpress-Verlag; Berlin

verschiedene Ausgaben der »Ilsezeitung« von 1881 bis 1944; Osterwieck

verschiedene Ausgaben der »Magdeburger Volksstimme«, Lokalausgaben Gardelegen, Halberstadt, Klötze, Oschersleben, Salzwedel und Stendal von 1945 bis 1990

Archive, dienstliche Unterlagen

Archiv der Rbd Magdeburg, Bestand Kleinbahnen Nr. 30, 67, 204, 208, 219, 231 bis 234, 245 bis 249, 260, 283 bis 288, 545, 548, 595, 673, 679, 700, 730, 958, 984, 1215, 1248, 1275, 1537, 1666, 1726, 2864, 3034, 3485, 3504, 3523, 3759 bis 3767, 3782

Atlas DR; Leipzig, 1976

Aufzeichnungen aus Geschäftsberichten der Kleinbahn-AG Goldbeck - Werben von Albrecht Plathe

Betriebschronik der Altmärkischen Kleinbahn-AG, Kalbe/Milde, 1937

DRG (Hrsg.): »Die deutschen Eisenbahnen in ihrer Entwicklung 1835 - 1935«; Berlin, 1935

49. Geschäftsbericht der Altmärkischen Eisenbahn-AG in Calbe/Milde für das Geschäftsjahr 1947/48

Hager, Fritz: Tabellen Reisezugwagen, Dresden

Jünemann, Klaus: Statistik Schmalspurbahn Klötze - Vinzelberg, Berlin

Kleinbahnen der Provinz Sachsen, soweit sie dem Einfluß des Herrn Landeshauptmannes in Merseburg unterstehen: Vorschrift über die Dienstkleidung der Gefolgschaftsangehörigen enthalten: Dienstkleidungsordnung (D.K.O.) und Kleiderkassenordnung (Kleiko), gültig vom 1. Januar 1936; Merseburg, 1935

Kleinbahnen der Provinz Sachsen, soweit sie dem Einfluß des Herrn Landeshauptmannes in Merseburg unterstehen: Dienstanweisung für Lokomotivheizer, gültig vom 1. August 1926; Merseburg, 1926

Kleinbahnen der Provinz Sachsen, soweit sie dem Einfluß des Herrn Landeshauptmannes in Merseburg unterstehen: Dienstanweisung für Lokomotivführer, gültig vom 1. August 1926; Merseburg, 1926

Kleinbahnen der Provinz Sachsen, soweit sie dem Einfluß des Herrn Landeshauptmannes in Merseburg unterstehen: Fahrdienstvorschriften (F.V.), gültig vom 1. August 1926; Merseburg, 1926

Landesarchiv Sachsen-Anhalt, Magdeburg

Rep. C 20 I b 3056

Rep. C 28 d 689, d 712, d 717, d 726 bis d 728,

Rep. C 30 Salzwedel A 1816, A 1824

Rep. C 30 Salzwedel B 803, B 804, B 809, B 812, B 823 bis B 827, B 829, B 831

Rep. C 48 I C 1970, C 2401, C 2402, C 2485 bis C 2493, C2515 bis C 2524, C 2632 bis 2635

Rep. C 92 3075

Umzeichnungsplan für die von den nicht reichsbahneigenen Eisenbahnen des öffentlichen Verkehrs in der sowjetischen Besatzungszone übernommenen Lokomotiven, Berlin, 12.12.1949

Ziegler, E.; Illiger, G.: Dokumentation »Verkehrsentwicklung der Stadt Klötze - Der Kampf um den Eisenbahnanschluß«, Klötze, 1966

diverse Bild- und Buchfahrpläne der Rbd Magdeburg, Deutsche Reichsbahn, 1950-1991

diverse Kursbücher und Taschenfahrpläne 1909-1992